"十二五"普通高等教育本科国家级规划教材

DAXUE WULIXUE
大学物理学（第三版）
下册

主　编　饶瑞昌
副主编　徐志强　韩元春　武晓霞
参　编（按姓氏笔画排序）
　　　　白旭峰　冯胜奇　刘丽娜
　　　　李加定　李　昂　李嵩松
　　　　李　静　杨成英　杨　蓓
　　　　余剑敏　张　静　林建平
　　　　高小珍　唐帆斌　曹春兰

中国教育出版传媒集团
高等教育出版社·北京

内容提要

本书是"十二五"普通高等教育本科国家级规划教材,是在第二版的基础上修订而成的。本次修订,保留了原书选材适当、体系合理、语言精练、便于教学等特点,增加了大量的扩展内容和育人元素。全书分为上、下两册,共 16 章。上册讲述力学、波动学和热学,内容包括:质点运动的基本规律、守恒定律、刚体和流体、机械振动、机械波、波动光学、气体动理论、热力学基础。下册讲述电磁学和近代物理学,内容包括:真空中的静电场、静电场中的导体和电介质、恒定磁场、变化的磁场和电场、相对论基础、早期量子论、量子力学初步、现代科学与高新技术物理基础专题。为配合本书的学习,作者还专门提供了配套的学习辅导书。

本书可作为普通高等学校理科非物理类专业和工科各专业的大学物理课程教材,也可供广大物理教师和学习大学物理的读者参考。

图书在版编目(CIP)数据

大学物理学. 下册 / 饶瑞昌主编;徐志强,韩元春,武晓霞副主编. -- 3 版. -- 北京:高等教育出版社,2024.5(2025.1 重印)

ISBN 978-7-04-061738-2

Ⅰ.①大… Ⅱ.①饶… ②徐… ③韩… ④武… Ⅲ.①物理学-高等学校-教材 Ⅳ.①O4

中国国家版本馆 CIP 数据核字(2024)第 039028 号

DAXUE WULIXUE

策划编辑	程福平	责任编辑	程福平	封面设计	李小璐	版式设计	童 丹
责任绘图	黄云燕	责任校对	胡美萍	责任印制	赵 佳		

出版发行	高等教育出版社	网 址	http://www.hep.edu.cn
社 址	北京市西城区德外大街 4 号		http://www.hep.com.cn
邮政编码	100120	网上订购	http://www.hepmall.com.cn
印 刷	北京中科印刷有限公司		http://www.hepmall.com
开 本	787 mm × 1092 mm 1/16		http://www.hepmall.cn
印 张	19.5	版 次	2012 年 12 月第 1 版
字 数	400 千字		2024 年 5 月第 3 版
购书热线	010-58581118	印 次	2025 年 1 月第 5 次印刷
咨询电话	400-810-0598	定 价	40.40 元

本书如有缺页、倒页、脱页等质量问题,请到所购图书销售部门联系调换
版权所有 侵权必究
物 料 号 61738-00

大学物理学

（第三版）下册

主　编　饶瑞昌
副主编　徐志强
　　　　韩元春
　　　　武晓霞

计算机访问：

1 计算机访问 https://abooks.hep.com.cn/12440424。

2 注册并登录，点击页面右上角的个人头像展开子菜单，进入"个人中心"，点击"绑定防伪码"按钮，输入图书封底防伪码（20位密码，刮开涂层可见），完成课程绑定。

3 在"个人中心"→"我的图书"中选择本书，开始学习。

大学物理学(第三版)下册
作者　饶瑞昌
出版单位　高等教育出版社
出版时间　2024-05
ISBN 978-7-04-061738-2

本书是"十二五"普通高等教育本科国家级规划教材，是在第二版的基础上修订而成的。本次修订，保留了原书选材适当、体系合理、语言精练、便于教学等特点，增加了大量的扩展内容和育人元素。全书分为上、下两册，共16章。上册讲述力学、波动学和热学，内容包括：质点运动的基本规律、守恒定律、刚体和流体、机械振动、机械波、波动光学、气体动理论、热力学基础。下册讲述电磁学和近代物理学，内容包括：真空中的静电场、静电场中的导体和电介质、恒定磁场、变化的磁场和电场、狭义相对论、早期量子论、量子力学初步、现代科学与高新技术物理基础专题。为配合本书的学习，作者还专门提供了配套的学习辅导书。

本书可作为普通高等学校理科非物理类专业和工科各专业的大学物理课程教材，也可供广大物理教师和学习大学物理的读者参考。

手机访问：

1 手机微信扫描下方二维码。

2 注册并登录后，点击"扫码"按钮，使用"扫码绑图书"功能或者输入图书封底防伪码（20位密码，刮开涂层可见），完成课程绑定。

3 在"个人中心"→"我的图书"中选择本书，开始学习。

课程绑定后一年为数字课程使用有效期。受硬件限制，部分内容无法在手机端显示，请按提示通过计算机访问学习。

如有使用问题，请直接在页面点击答疑图标进行问题咨询。

扫描二维码
下载Abooks应用

http://abooks.hep.com.cn/12440424

目 录

第4篇 电磁学

第9章 真空中的静电场 …………… 003
§9.1 电荷及其相互作用 …………… 003
- 9.1.1 电荷是量子化的 …………… 003
- 9.1.2 电荷守恒定律 …………… 004
- 9.1.3 库仑定律 …………… 004
- 9.1.4 静电力叠加原理 …………… 005

§9.2 电场与电场强度 …………… 007
- 9.2.1 电场 …………… 007
- 9.2.2 电场强度 …………… 007
- 9.2.3 电场叠加原理 …………… 008
- 9.2.4 电场强度的计算 …………… 008

§9.3 电场线与电场强度通量 …………… 016
- 9.3.1 电场线 …………… 016
- 9.3.2 电场强度通量 …………… 017

§9.4 静电场的高斯定理与环路定理 …………… 019
- 9.4.1 静电场的高斯定理 …………… 020
- 9.4.2 应用静电场的高斯定理求电场强度 …………… 021
- 9.4.3 静电场的环路定理 …………… 026

§9.5 电势与电势差 …………… 028
- 9.5.1 电势能 …………… 028
- 9.5.2 电势 …………… 030
- 9.5.3 电势差 …………… 030
- 9.5.4 电势的计算 …………… 031

§9.6 电场强度与电势的关系 …………… 035
- 9.6.1 等势面 …………… 035
- 9.6.2 电场强度与电势的微分关系 …………… 036

§9.7 电场对电荷的作用 …………… 039
- 9.7.1 带电粒子在电场中受力及其运动 …………… 039
- 9.7.2 电偶极子在均匀电场中所受的力矩 …………… 040

习题 …………… 041

第10章 静电场中的导体和电介质 …………… 046
§10.1 静电场中的导体 …………… 046
- 10.1.1 导体的静电平衡条件 …………… 046
- 10.1.2 导体处于静电平衡时的性质 …………… 047
- 10.1.3 静电屏蔽 …………… 049
- 10.1.4 有导体存在时静电场的电场强度和电势的计算 …………… 050

§10.2 电容与电容器 …………… 054
- 10.2.1 孤立导体的电容 …………… 054
- 10.2.2 电容器及其电容 …………… 055
- 10.2.3 电容器的连接方式 …………… 057

§10.3 静电场中的电介质 …………… 059
- 10.3.1 电介质对电场的影响 …………… 059
- *10.3.2 电介质的极化 …………… 060
- 10.3.3 充满均匀电介质的电场 …………… 061

§10.4 有电介质时的高斯定理与环路定理 …………… 062
- 10.4.1 有电介质时的高斯定理 …………… 062
- 10.4.2 有电介质时的环路定理 …………… 065
- *10.4.3 电极化强度 …………… 065

§10.5 电场的能量 …………… 067
- 10.5.1 电容器储存的能量 …………… 067
- 10.5.2 电场的能量 …………… 067

习题 …………… 069

第11章 恒定磁场 …………… 074
§11.1 恒定电流与恒定电场 …………… 074
- 11.1.1 电流和电流密度 …………… 074
- 11.1.2 电流的连续性方程 …………… 075
- 11.1.3 恒定电流与恒定电场 …………… 076
- *11.1.4 欧姆定律的微分形式 …………… 077
- 11.1.5 电动势 …………… 078

§11.2 磁场与磁感应强度 ·········· 079
　11.2.1 磁场 ················· 079
　11.2.2 磁感应强度 ··········· 080
§11.3 毕奥-萨伐尔定律及其应用 ··· 081
　11.3.1 毕奥-萨伐尔定律 ······ 081
　11.3.2 磁场叠加原理 ········· 082
　11.3.3 毕奥-萨伐尔定律的应用 ·· 082
　11.3.4 运动电荷的磁场 ······· 087
§11.4 磁感应线与磁通量 ········· 088
　11.4.1 磁感应线 ············· 088
　11.4.2 磁通量 ··············· 089
§11.5 磁场的高斯定理与环路定理 ·· 090
　11.5.1 磁场的高斯定理 ······· 090
　11.5.2 磁场的环路定理 ······· 090
　11.5.3 应用磁场的环路定理求磁感应强度 ··················· 092
§11.6 磁场对电流的作用 ········· 096
　11.6.1 安培定律 ············· 096
　11.6.2 两平行无限长载流直导线间的相互作用力 ············ 099
　11.6.3 磁场对载流线圈的作用 ·· 100
　11.6.4 磁场力做功 ··········· 101
§11.7 磁场对运动电荷的作用 ····· 103
　11.7.1 洛伦兹力 ············· 103
　11.7.2 带电粒子在均匀磁场中的运动 ··················· 104
　11.7.3 带电粒子在均匀电磁场中的运动 ··················· 105
§11.8 磁场中的磁介质 ··········· 110
　*11.8.1 磁介质及其磁化 ······ 110
　11.8.2 有磁介质时的高斯定理 ·· 111
　11.8.3 有磁介质时的环路定理 ·· 111
　*11.8.4 磁化强度 ············ 114
　*11.8.5 铁磁质 ·············· 114
习题 ······························ 117

第12章 变化的磁场和电场 ········ 125
§12.1 电磁感应的基本定律 ······· 125

　12.1.1 法拉第电磁感应定律 ···· 125
　12.1.2 楞次定律 ············· 128
§12.2 动生电动势 ··············· 129
　12.2.1 动生电动势的非静电力 ·· 129
　12.2.2 动生电动势的计算 ····· 130
§12.3 感生电场假设 ············· 133
　12.3.1 感生电动势的非静电力 ·· 133
　12.3.2 感生电场的高斯定理与环路定理 ··················· 133
　12.3.3 感生电动势的计算 ····· 135
　12.3.4 涡电流 ··············· 137
　12.3.5 导体在变化磁场里运动时的感应电动势 ············ 138
§12.4 自感与互感 ··············· 139
　12.4.1 自感 ················· 139
　12.4.2 互感 ················· 142
§12.5 磁场的能量 ··············· 145
　12.5.1 自感储存的能量 ······· 145
　12.5.2 磁场的能量 ··········· 146
§12.6 位移电流假设 ············· 148
　12.6.1 位移电流 ············· 148
　12.6.2 感生磁场的高斯定理与环路定理 ··················· 149
§12.7 麦克斯韦方程组 ··········· 152
　12.7.1 电场的性质 ··········· 152
　12.7.2 磁场的性质 ··········· 153
　12.7.3 麦克斯韦方程组的积分形式 ··················· 154
　*12.7.4 麦克斯韦方程组的微分形式 ··················· 155
§12.8 电磁波 ··················· 156
　12.8.1 电磁波的产生和传播 ···· 156
　12.8.2 电磁波的性质 ········· 157
　12.8.3 电磁波的能量 ········· 158
　12.8.4 电磁波谱 ············· 159
习题 ······························ 160

第5篇　近代物理学

第13章 相对论基础 ·············· 169
§13.1 经典力学的伽利略变换与时空观 ···················· 169
　13.1.1 经典力学的伽利略变换 ··· 169

13.1.2 经典力学的时空观 …… 170
  13.1.3 经典力学的相对性原理 …… 171
 §13.2 狭义相对论的基本原理 …… 173
 §13.3 洛伦兹变换 …… 174
  13.3.1 洛伦兹坐标变换 …… 174
  13.3.2 洛伦兹速度变换 …… 176
 §13.4 狭义相对论的时空观 …… 179
  13.4.1 长度缩短 …… 179
  13.4.2 时间延缓 …… 181
  13.4.3 同时的相对性 …… 182
  13.4.4 同时性与因果律 …… 182
 §13.5 狭义相对论动力学基础 …… 183
  13.5.1 质量和速度的关系 …… 184
  13.5.2 动力学基本方程 …… 186
  13.5.3 质量和能量的关系 …… 187
  *13.5.4 能量和动量的关系 …… 188
 *§13.6 广义相对论简介 …… 190
  13.6.1 广义相对论的基本原理 …… 190
  13.6.2 广义相对论的重要结论 …… 191
 习题 …… 192

第14章 早期量子论 …… 195
 §14.1 黑体辐射与普朗克量子假设 …… 195
  14.1.1 热辐射及其描述 …… 195
  14.1.2 黑体辐射规律 …… 195
  14.1.3 普朗克量子假设 …… 197
 §14.2 光电效应与爱因斯坦光子假设 …… 199
  14.2.1 光电效应的实验规律 …… 199
  14.2.2 爱因斯坦光子假设 …… 201
 §14.3 康普顿效应 …… 203
  14.3.1 康普顿效应 …… 203
  14.3.2 光的波粒二象性 …… 207
 §14.4 氢原子光谱与玻尔理论 …… 210
  14.4.1 氢原子光谱规律 …… 210
  14.4.2 原子的核式结构模型 …… 211
  14.4.3 玻尔的氢原子理论 …… 211
  14.4.4 玻尔理论的成就与局限性 …… 215
 习题 …… 216

第15章 量子力学初步 …… 219
 §15.1 实物粒子的波粒二象性 …… 219
  15.1.1 德布罗意假设 …… 219
  15.1.2 德布罗意假设的实验验证 …… 220
 §15.2 不确定关系 …… 223

 §15.3 波函数及其统计解释 …… 226
  15.3.1 波函数 …… 226
  15.3.2 波函数的统计解释 …… 227
 §15.4 态叠加原理 …… 229
 §15.5 力学量用算符表示 …… 231
  15.5.1 力学量算符 …… 231
  15.5.2 本征方程 …… 232
  15.5.3 力学量的平均值 …… 232
  15.5.4 线性厄米算符 …… 233
  15.5.5 算符的对易关系 …… 234
 §15.6 薛定谔方程 …… 235
  15.6.1 薛定谔方程 …… 235
  15.6.2 定态薛定谔方程 …… 236
 §15.7 薛定谔方程的应用 …… 237
  15.7.1 一维无限深方势阱 …… 237
  15.7.2 隧道效应 …… 241
  *15.7.3 一维线性简谐振子 …… 243
  15.7.4 氢原子 …… 245
 §15.8 定态非简并微扰论 …… 248
 §15.9 电子的自旋 …… 251
  15.9.1 施特恩-格拉赫实验 …… 251
  15.9.2 电子自旋假设 …… 252
  15.9.3 四个量子数 …… 252
 §15.10 全同性原理 …… 253
 §15.11 原子的壳层结构与元素
       周期表 …… 255
  15.11.1 泡利不相容原理 …… 255
  15.11.2 能量最小原理 …… 256
 习题 …… 258

*第16章 现代科学与高新技术物理
      基础专题 …… 262
 §16.1 原子核物理 …… 262
  16.1.1 原子核的基本性质 …… 262
  16.1.2 原子核的结合能 …… 265
  16.1.3 原子核的放射性衰变 …… 266
  16.1.4 放射性同位素的应用 …… 269
  16.1.5 原子核能的应用 …… 270
 §16.2 粒子物理 …… 272
  16.2.1 粒子的分类 …… 272
  16.2.2 粒子的相互作用 …… 274
  16.2.3 粒子的一些特性和规律 …… 275
  16.2.4 强子的夸克模型 …… 276

16.2.5　标准模型 …………………… 277
§16.3　激光 ………………………………… 278
　　16.3.1　自发辐射和受激辐射 ………… 278
　　16.3.2　激光器 ………………………… 279
　　16.3.3　激光产生的原理 ……………… 280
　　16.3.4　氦氖激光器 …………………… 282
　　16.3.5　激光的特性和应用 …………… 282
§16.4　固体的能带结构 …………………… 283
　　16.4.1　电子共有化 …………………… 283
　　16.4.2　能带的形成 …………………… 284
　　16.4.3　导体、半导体和绝缘体 ……… 285
　　16.4.4　半导体的导电机制 …………… 286
　　16.4.5　半导体的特性和应用 ………… 287
§16.5　纳米技术 …………………………… 289

　　16.5.1　纳米技术的基本概念 ………… 289
　　16.5.2　纳米技术的发展 ……………… 289
　　16.5.3　纳米材料的主要特性 ………… 290
　　16.5.4　纳米技术的应用 ……………… 290
　　16.5.5　碳纳米管 ………………………… 290
　　16.5.6　扫描隧穿显微镜与纳米
　　　　　　技术 ……………………………… 291
§16.6　超导电性 …………………………… 293
　　16.6.1　超导体的发现与发展 ………… 293
　　16.6.2　超导体的基本性质 …………… 294
　　16.6.3　超导电性理论简介 …………… 295
　　16.6.4　超导的应用前景 ……………… 296
习题 ………………………………………… 296

附录 A　历年诺贝尔物理学奖获得者 ……………………………………………………… 299
附录 B　常用物理常量 ……………………………………………………………………… 300
附录 C　本书中常用物理量的符号和单位 ………………………………………………… 301
参考文献 ……………………………………………………………………………………… 303

（1831—1879）

麦克斯韦,英国物理学家、数学家,经典电磁理论的奠基人.他提出了感生电场和位移电流的概念,建立了经典电磁理论,并预言了以光速传播的电磁波的存在.他所著的《电磁通论》与牛顿的《自然哲学的数学原理》在科学史上并驾齐驱,是人类探索电磁规律的一个里程碑.物理学家这样高度评价麦克斯韦:麦克斯韦的光辉名字将永远铭刻在经典物理学家的门扉上,永放光芒.从出生地来说,他属于爱丁堡,从个性来说,他属于剑桥大学,从功绩来说,他属于全世界.

文档:麦克斯韦简介

第 4 篇

电 磁 学

电磁运动是物质的又一种基本的运动形式,电磁相互作用是自然界已知的四种基本相互作用之一.电磁学研究的是物质电磁运动、电磁相互作用的规律及其应用.其理论不仅普遍应用在日常生活、科技和生产的各个方面,还是新科学和新技术发展的理论基础.

在相当长的历史时期内,电和磁被看作两种完全不同的现象而加以研究,直到1820年发现电流有磁效应以及之后发现了变化磁场有电效应,才将人类关于电磁之间联系的认识提升到一个新的高度.1864年,英国物理学家麦克斯韦在总结了大量实验研究成果的基础上提出了感生电场和位移电流假设,建立了完整的电磁场理论基础——麦克斯韦方程组.这个理论的重要意义在于它不仅支配一切宏观电磁现象,促进了工程技术和现代文明的飞速发展,还将光现象统一在电磁学这个理论框架内,深刻地影响着人们对物质世界的认识.

电磁学内容大体可划分为"场"和"路"两部分,大学物理学侧重于对场的介绍,而电路、电子线路等有关"路"的部分留待后续课程去介绍.需要指出的是,"通量"和"环路"是描述矢量场性质的两个重要特征量,考虑一个矢量场的"通量"和"环路"是人们总结出来的研究矢量场的基本方法,这一思想和方法将贯穿于电磁学的始末,从静电场到恒定磁场,再到变化的磁场和电场,这一基本方法是一脉相承的.把握了这一点,也就理清了电磁场理论的基本框架,对于电磁场的学习将是十分有益的.

本篇先介绍电现象,然后介绍磁现象,接着介绍电现象和磁现象之间的联系,最后介绍统一的电磁场和电磁波.

第 9 章

真空中的静电场

任何电荷周围都存在电场,相对于观察者静止的电荷在其周围空间所激发的电场称为静电场.静电场规律虽然简单,但却是复杂电场的基础.

本章讨论真空中静电场的基本性质与规律.

阅读材料:吉尔伯特的电学和磁学研究

§9.1 电荷及其相互作用

9.1.1 电荷是量子化的

两种不同材料的物体,如丝绸和玻璃棒,相互摩擦后都能吸引羽毛、纸片等较轻物体,这是因为丝绸和玻璃棒带了电(即有了电荷).处于带电状态的丝绸和玻璃棒称为带电体.带电体所带电荷的多少称为电荷量,电荷量常用 Q 或 q 表示.在国际单位制中,电荷量的单位为 C(库仑).

阅读材料:富兰克林的电学和磁学研究

实验证明,物体所带的电荷只有两种,称为正电荷和负电荷.电荷之间有相互作用,带同种电荷(或称为同号电荷)的物体相互排斥,带异种电荷(或称为异号电荷)的物体相互吸引.静止电荷之间的相互作用力称为静电力(或称为库仑力).

摩擦起电与物质的电结构有关.现代物理学指出,任何物体都是由分子、原子组成的.在每个原子内,电子绕由中子和质子组成的原子核运动.原子中电子带负电,质子带正电,中子不带电.而且,质子与电子所带电荷量的绝对值是相等的.在正常情况下,每个原子中电子数与质子数相等,故物体呈电中性,这就是通常所说的该物体不带电.如果在一定的外因作用下,物体得到或失去一定量的电子,物体就带电了,失去电子的物体带正电,获得电子的物体带负电.

阅读材料:起电机和莱顿瓶的发明

1913 年,美国物理学家密立根通过著名的油滴实验,得出所有电子都具有相同的电荷量,其绝对值以符号 e 表示,其 2018 年国际推荐值为

$$e = 1.602\,176\,634 \times 10^{-19}\ \text{C}$$

在计算中,可取 $e = 1.60 \times 10^{-19}$ C.

精确的实验表明,自然界中任何带电体所带电荷量只能是电子电荷量的整数倍,而不是连续变化的,即

$$Q = ne \quad (n = 1, 2, 3, \cdots) \tag{9-1}$$

式中 e 为电荷的量子(元电荷),n 为量子数.电荷的这种只能取分立的、不连续量值的性质称为电荷的量子化.

阅读材料:密立根油滴实验

在近代物理学中,量子化是一个重要的基本概念,在微观领域里将看到能量、角动量等也是量子化的.

需要指出,一个电荷的电荷量与它的运动状态无关,电荷的这一性质称为电荷的相对论不变性。

9.1.2 电荷守恒定律

大量实验事实表明,**在一个与外界没有电荷交换的孤立系统内,无论经过怎样的物理过程,系统的正、负电荷的代数和总保持不变**. 这一结论称为**电荷守恒定律**,它是自然界的基本守恒定律之一,无论是在宏观过程中,还是在微观领域里,它都是成立的. 例如,用丝绸与玻璃棒摩擦后,丝绸获得了负电荷,而玻璃棒获得了等量的正电荷,电荷总量既没有增加,也没有减少;在微观领域里,当高能光子穿过铅板后,可以产生正负电子对(一个为正电子,另一个为负电子),光子并不带电,而产生的正电子 e^+ 和负电子 e^- 带有等量异号电荷,所以光子穿过铅板前后系统的电荷量相等且均为零,可见系统的总电荷量保持不变.

9.1.3 库仑定律

文档:库仑简介

阅读材料:库仑定律的建立

两个静止带电体之间的作用力,除与带电体所带电荷量的多少及它们之间的距离有关外,还与带电体的形状、大小及带电体所在的电介质的性质有关. 但是,在一些具体问题中,往往可以忽略带电体的大小和形状. 例如,如图 9-1 所示,在讨论两个大小相同的带电球 A、B 间的相互作用时,当两带电球本身的直径 d 与它们间的距离 r 相比可以忽略,即当 $r \gg d$ 时,就可忽略它们的形状和大小,把带电球所带的电荷看成是集中在一点上的,从而把带电球看成一个点电荷. 显然,点电荷和质点、刚体一样是一种理想模型. 在宏观意义上谈论电子、质子等带电粒子时,完全可以把它们视为点电荷.

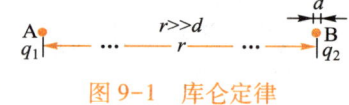

图 9-1　库仑定律

提示:
虽然在库仑定律中引入"4π"因子看上去有些烦琐,但会使由此推出的一些常用公式不会出现"4π"因子,从而变得非常简洁.

1785 年,法国科学家库仑通过扭秤实验总结出一条规律:**在真空中两个静止点电荷 q_1 和 q_2 之间的相互作用力的大小与其电荷量 q_1 和 q_2 的乘积成正比,与它们之间的距离 r 的二次方成反比;作用力的方向沿着它们的连线,同号电荷相互排斥,异号电荷相互吸引**. 这一结论称为**库仑定律**,其数学表达式为

$$F = k\frac{q_1 q_2}{r^2}$$

式中 k 为比例系数,称为库仑常量. 在国际单位制中,其值为

$$k = 8.99 \times 10^9 \text{ N} \cdot \text{m}^2/\text{C}^2 \approx 9.0 \times 10^9 \text{ N} \cdot \text{m}^2/\text{C}^2$$

为使以后导出的电学公式简化,在国际单位制中将 k 写成

$$k = \frac{1}{4\pi\varepsilon_0}$$

式中 ε_0 称为真空电容率(或称为真空介电常量),即

$$\varepsilon_0 = \frac{1}{4\pi k} = 8.85 \times 10^{-12} \text{ C}^2/(\text{N} \cdot \text{m}^2)$$

于是真空中的库仑定律可以写为

$$F = \frac{1}{4\pi\varepsilon_0} \frac{q_1 q_2}{r^2} \tag{9-2}$$

库仑定律对两个静止点电荷间静电力的大小和方向都作了确切的描述,然而式(9-2)只反映静电力的大小所服从的规律,并未涉及静电力的方向,若要同时反映静电力的大小和方向,可以用矢量式表示为

$$\boldsymbol{F} = \frac{1}{4\pi\varepsilon_0} \frac{q_1 q_2}{r^2} \boldsymbol{e}_r \tag{9-3}$$

式中 $\boldsymbol{F}$ 为 q_1 作用于 q_2 的力,$\boldsymbol{e}_r$ 为从 q_1 指向 q_2 方向上的单位矢量. 当 q_1、q_2 同号时,$q_1 q_2 > 0$,$\boldsymbol{F}$ 与 $\boldsymbol{e}_r$ 同向,如图9-2(a)所示,这时 $\boldsymbol{F}$ 是斥力;当 q_1、q_2 异号时,$q_1 q_2 < 0$,$\boldsymbol{F}$ 与 $\boldsymbol{e}_r$ 反向,如图9-2(b)所示,这时 $\boldsymbol{F}$ 是引力.

必须指出,库仑定律只适用于真空中两个静止点电荷之间的静电力,在计算一般带电体之间的静电力时不能直接使用.

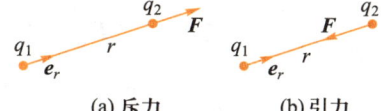

图 9-2 静电力的方向

例 9-1 在氢原子中,电子与质子的距离约为 5.3×10^{-11} m,求电子与质子间的静电力和万有引力.

解 由于电子的电荷量是 $-e$,质子的电荷量是 $+e$,而电子的质量 $m_e = 9.11 \times 10^{-31}$ kg,质子的质量 $m_p = 1.67 \times 10^{-27}$ kg,所以由库仑定律求得电子与质子间的静电力大小为

$$F_e = \frac{1}{4\pi\varepsilon_0} \frac{e^2}{r^2} = \frac{9.0 \times 10^9 \times (1.6 \times 10^{-19})^2}{(5.3 \times 10^{-11})^2} \text{ N} = 8.2 \times 10^{-8} \text{ N}$$

由万有引力定律求得电子与质子间的万有引力大小为

$$F_g = G_0 \frac{m_e m_p}{r^2} = \frac{6.67 \times 10^{-11} \times 9.11 \times 10^{-31} \times 1.67 \times 10^{-27}}{(5.3 \times 10^{-11})^2} \text{ N} = 3.6 \times 10^{-47} \text{ N}$$

由计算结果可以看出,氢原子中电子与质子间的静电力远比万有引力大,前者约为后者的 2×10^{39} 倍. 所以在原子中电子与质子间的万有引力完全可以忽略不计,作用在电子上的力主要为静电力.

提示: 在讨论行星、恒星和星系等大型天体之间的相互作用力时,主要考虑万有引力,因为它们都是电中性的.

9.1.4 静电力叠加原理

实验表明,**若干个点电荷对同一个点电荷的作用力等于各个点电荷单独存在时对该点电荷的作用力的矢量和**,这一结论称为**静电力叠加原理**. 如果用 $\boldsymbol{F}_1$,$\boldsymbol{F}_2$,…,$\boldsymbol{F}_n$ 分别代表点电荷 q_1,q_2,…,q_n 单独存在时对 q_0 的作用力,那么,各个点电荷作用在 q_0 上的静电力的合力则为

$$F = F_1 + F_2 + \cdots + F_n = \sum_{i=1}^{n} F_i \qquad (9-4)$$

库仑定律和静电力叠加原理是关于静电荷之间相互作用的两个基本实验规律,它们一起构成了静电理论的基础.

例 9-2 如图 9-3 所示,q_1、q_2、q_3 为处于真空中的三个点电荷,$q_1 = -2.0 \times 10^{-8}$ C,$q_2 = +4.0 \times 10^{-8}$ C,$q_3 = -3.0 \times 10^{-8}$ C,$r_{12} = 0.15$ m,$r_{13} = 0.10$ m,$\theta = 30°$,求 q_2 和 q_3 作用于 q_1 上的合力 F_1.

解 用库仑定律计算时,我们通常忽略电荷的正负号,而用它们是引力还是斥力来确定力的方向。建立如图 9-3 所示坐标系,q_3 对 q_1 的作用力 F_{13} 为斥力,q_2 对 q_1 的作用力 F_{12} 为引力,由库仑定律可得

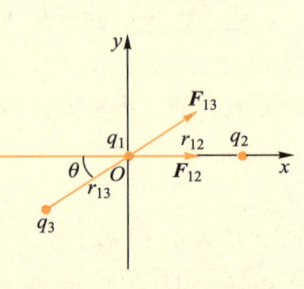

图 9-3 例 9-2 用图

$$F_{12} = \frac{1}{4\pi\varepsilon_0} \frac{q_1 q_2}{r_{12}^2} = 9.0 \times 10^9 \times \frac{2.0 \times 10^{-8} \times 4.0 \times 10^{-8}}{0.15^2} \text{ N}$$

$$= 3.2 \times 10^{-4} \text{ N}$$

$$F_{13} = \frac{1}{4\pi\varepsilon_0} \frac{q_1 q_3}{r_{13}^2} = 9.0 \times 10^9 \times \frac{2.0 \times 10^{-8} \times 3.0 \times 10^{-8}}{0.10^2} \text{ N}$$

$$= 5.4 \times 10^{-4} \text{ N}$$

作用在 q_1 上的合力 F_1 在 x 轴和 y 轴上的分量分别为

$$F_{1x} = F_{12} + F_{13} \cos\theta = (3.2 \times 10^{-4} + 5.4 \times 10^{-4} \cos 30°) \text{ N} = 7.88 \times 10^{-4} \text{ N}$$

$$F_{1y} = F_{13} \sin\theta = (5.4 \times 10^{-4} \sin 30°) \text{ N} = 2.7 \times 10^{-4} \text{ N}$$

所以 F_1 的大小为

$$F_1 = \sqrt{F_{1x}^2 + F_{1y}^2} = 8.33 \times 10^{-4} \text{ N}$$

F_1 与 x 轴的夹角为

$$\theta = \arctan\frac{F_{1y}}{F_{1x}} = \arctan\frac{2.7 \times 10^{-4}}{7.88 \times 10^{-4}} = 18.9°$$

思考题

9-1 一个金属球带上正电,该球质量增大、减小还是不变?

9-2 在真空中两个点电荷之间的相互作用力是否会因为其他电荷被移近而改变?

9-3 根据库仑定律,两点电荷间的作用力 F 与它们所带电荷量的乘积成正比,与它们之间的距离 r 的平方成反比. 当 $r \to 0$ 时,$F \to \infty$,这个结论正确吗?为什么?

§9.2 电场与电场强度

9.2.1 电场

库仑定律定量地确定了点电荷之间的相互作用力. 但是,电荷之间的相互作用力是通过什么途径得以实现的呢? 对这一问题,在物理学历史上,曾有过两种不同的观点. 一种观点认为,电荷之间的作用是"超距"作用,即一个电荷所受到的作用力是由另一个电荷直接给予的,既不需要中间介质进行传递,也不需要时间,而是从一个电荷立即到达另一个电荷的. 这种作用方式可表示为

$$电荷 \Longleftrightarrow 电荷$$

另一种观点认为,任何电荷都会在其周围的空间激发电场,电荷与电荷之间的相互作用是通过电场来实现的. 例如,当电荷 q_1 位于电荷 q_2 附近时,即处于 q_2 的电场中,q_1 所受的作用力就是通过 q_2 激发的电场施加给它的. 同理,q_2 也处于 q_1 的电场中,q_2 受到的作用力是通过 q_1 激发的电场施加给它的. 这也就是说电荷之间的相互作用是由电场传递的. 这种作用方式可表示为

$$电荷 \Longleftrightarrow 电场 \Longleftrightarrow 电荷$$

现代科学实验证明,电场的观点是正确的,电场虽然看不见、摸不着,却是物质的一种形态,它与由分子、原子所组成的实物(实际物体)一样,具有质量、能量和动量. 但电场和实物之间也有差异. 例如,某一实物所占有的空间不能再被其他实物所占有,而多个电场却可以同时占有同一空间,所以,电场是一种特殊形式的物质.

> 提示:
> 实物和场是物质存在的基本形式.

相对于观察者静止的带电体周围存在的电场称为静电场,静电场对外的表现主要有两种:

(1) 电场中的任何电荷都会受到电场的作用力,这种力称为电场力. 因此,静电力本质上就是电场力.

(2) 当电荷在电场中移动时,电场力会对运动电荷做功,这表明电场是具有能量的.

因此,可以根据电场的上述两种表现,来研究电场的性质.

9.2.2 电场强度

由于电场对置于其中的电荷有力的作用,因此,为了测定电场的分布,可将一电荷量为 q_0 的检验电荷引入电场中,若检验电荷 q_0 受到电场力的作用就表示存在电场. 所谓检验电荷是指这样一种电荷:它的线度要充分小,可以看作点电荷,同时,它所带的电荷量要充分小,不至于因它的引入而影响原来的电场分布. 为方便起见,不妨假设检验电荷带正电.

实验发现,在电场中不同地点(称为场点),检验电荷所受的电场力大小和方向不同,但在给定的场点,检验电荷 q_0 所受的电场力 $\boldsymbol{F}$ 与 q_0 之比为常矢量,与 q_0 的

大小无关,不同的场点,比值不同. 因此,比值 $\dfrac{F}{q_0}$ 反映了 q_0 所在点的电场性质,将它定义为该点的电场强度(或称为场强),用 E 表示,即

$$E = \dfrac{F}{q_0} \tag{9-5}$$

在式(9-5)中取 $q_0 = +1\ \text{C}$,则得 $E = F/(1\ \text{C})$,可见,静电场中任意一点的电场强度 E 是一个矢量,其大小等于单位正电荷在该点所受的电场力,其方向与正电荷在该点的受力方向相同.

一般情况下,电场中不同的点,其电场强度的大小和方向是各不相同的. E 通常是空间坐标 (x,y,z) 的矢量函数,即电场是一个矢量场. 因此,要完整地描述整个电场,必须知道空间各点的电场分布,即求出矢量场函数 $E = E(x,y,z)$.

在国际单位制中,电场强度的单位是 N/C(牛顿每库仑),也可用 V/m(伏特每米)表示. 可以证明,这两个单位是等价的,不过 V/m 使用得更普遍一些.

必须指出,只要有电荷存在,就有电场存在,电场的存在是客观的,与是否引入检验电荷无关,引入检验电荷只是为了检验电场的存在和确定电场的强弱和方向而已.

由式(9-5)可知,当已知电场中任意一点的电场强度 $E(x,y,z)$ 时,任意一点电荷 q 在该点所受电场力为

$$F = qE \tag{9-6}$$

式中若 q 为正电荷,则电场力的方向与电场强度方向相同;若 q 为负电荷,则电场力的方向与电场强度方向相反.

9.2.3 电场叠加原理

实验表明,**在 n 个点电荷产生的电场中,某点的电场强度等于各个点电荷单独存在时,在该点产生的电场强度的矢量和**,这一结论称为**电场叠加原理**. 如果 $E_1, E_2, \cdots, E_n$ 分别代表 $q_1, q_2, \cdots, q_n$ 单独存在时产生的电场强度,那么,总电场强度则为

$$E = E_1 + E_2 + \cdots + E_n = \sum_{i=1}^{n} E_i \tag{9-7}$$

9.2.4 电场强度的计算

电场强度的计算是静电场的基本问题之一,下面根据电场强度的定义和电场叠加原理讨论几种典型分布电荷在真空中激发的电场,所得结论和公式在今后解题时可直接引用.

1. 点电荷的电场强度

设有一个静止点电荷 q(可称为场源),在它激发的电场中任意取一点 P(可称为场点),由 q 指向点 P 的位矢为 r. 由库仑定律可知,检验电荷 q_0 在点 P 受到的电场力为

$$F = \frac{1}{4\pi\varepsilon_0} \frac{qq_0}{r^2} \boldsymbol{e}_r$$

式中 $\boldsymbol{e}_r$ 是位矢 $\boldsymbol{r}$ 的单位矢量. 再由电场强度的定义式(9-5)可得点 P 的电场强度为

$$\boldsymbol{E} = \frac{\boldsymbol{F}}{q_0} = \frac{1}{4\pi\varepsilon_0} \frac{q}{r^2} \boldsymbol{e}_r \tag{9-8}$$

式中若 $q>0$，则 $\boldsymbol{E}$ 与 $\boldsymbol{e}_r$ 同向；若 $q<0$，则 $\boldsymbol{E}$ 与 $\boldsymbol{e}_r$ 反向，如图9-4所示. 式(9-8)就是点电荷电场强度公式. 该式表明，点电荷在空间任意一点所激发的电场强度的大小与检验电荷 q_0 的大小无关. 且在点电荷 q 的电场中，以点电荷 q 为球心，以 r 为半径的球面上各点的电场强度大小均相等，方向沿半径向外($q>0$ 时)或指向中心($q<0$ 时)，通常称具有这样特点的电场为球对称电场.

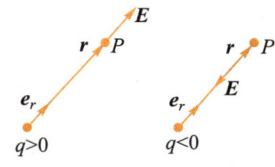

图 9-4 点电荷的电场强度

按式(9-8)，在点电荷所在处 $r=0$，因此 E 变为无限大，这显然是不可能的，这是因为在此情况下，点电荷的理想模型已不再成立，所以按式(9-8)去求点电荷所在处的电场强度是没有意义的.

2. 点电荷系的电场强度

所谓点电荷系，就是由若干个点电荷组成的系统. 将点电荷电场强度公式(9-8)代入电场叠加原理式(9-7)可得点电荷系 $q_1, q_2, \cdots, q_n$ 的电场中任意一点 P 的电场强度为

$$\boldsymbol{E} = \sum_{i=1}^{n} \frac{1}{4\pi\varepsilon_0} \frac{q_i}{r_i^2} \boldsymbol{e}_{ri} \tag{9-9}$$

式中 $\boldsymbol{e}_{ri}$ 为场源 q_i 指向点 P 的位矢 $\boldsymbol{r}_i$ 的单位矢量.

计算点电荷系的电场强度的步骤是先分别计算各点电荷在给定点的电场强度(各个点电荷电场强度的计算就像只有该点电荷单独存在时一样)，然后再求各点电荷在给定点处的电场强度的矢量和.

例 9-3 一对等量异号点电荷 $+q$ 和 $-q(q>0)$，其间距为 l 且很小，这样的点电荷系称为电偶极子. 常把 $\boldsymbol{p} = q\boldsymbol{l}$ 称为电偶极矩，简称电矩，其大小为 ql，方向由 $-q$ 指向 $+q$，试求：

(1) 两点电荷连线的延长线上任意一点 A 的电场强度 $\boldsymbol{E}_A$；

(2) 两点电荷连线的中垂线上任意一点 B 的电场强度 $\boldsymbol{E}_B$.

解 (1) 建立如图9-5(a)所示的坐标系，设点 A 到电偶极子中心 O 的距离为 $r(r \gg l)$，$+q$ 和 $-q$ 在点 A 产生的电场强度大小分别为

$$E_+ = \frac{q}{4\pi\varepsilon_0 \left(r - \dfrac{l}{2}\right)^2}, \quad E_- = \frac{q}{4\pi\varepsilon_0 \left(r + \dfrac{l}{2}\right)^2}$$

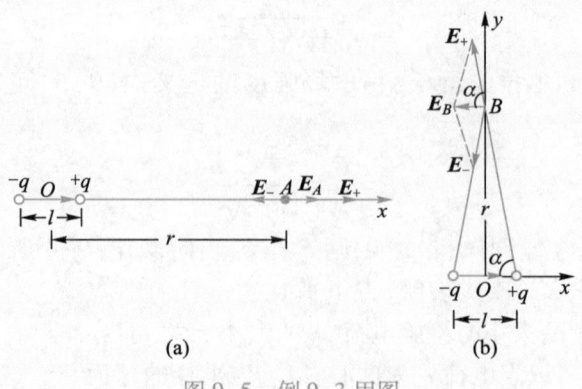

图 9-5 例 9-3 用图

E_+ 沿 x 轴正方向，E_- 沿 x 轴负方向，所以点 A 的总电场强度大小为

$$E_A = E_+ - E_- = \frac{1}{4\pi\varepsilon_0}\left[\frac{q}{\left(r-\frac{l}{2}\right)^2} - \frac{q}{\left(r+\frac{l}{2}\right)^2}\right] = \frac{2qrl}{4\pi\varepsilon_0 r^4 \left(1-\frac{l}{2r}\right)^2 \left(1+\frac{l}{2r}\right)^2}$$

因为 $r \gg l$，所以

$$E_A = \frac{1}{4\pi\varepsilon_0}\frac{2ql}{r^3} = \frac{1}{4\pi\varepsilon_0}\frac{2p}{r^3}$$

$\boldsymbol{E}_A$ 的指向与电矩 $\boldsymbol{p}$ 指向相同，写成矢量式为

$$\boldsymbol{E}_A = \frac{1}{4\pi\varepsilon_0}\frac{2\boldsymbol{p}}{r^3}$$

（2）建立如图 9-5(b) 所示坐标系，设中垂线上点 B 到电偶极子的中心 O 的距离为 r（$r \gg l$），$+q$ 和 $-q$ 在点 B 产生的电场强度 $\boldsymbol{E}_+$ 和 $\boldsymbol{E}_-$ 的大小分别为

$$E_+ = \frac{1}{4\pi\varepsilon_0}\frac{q}{r^2+\frac{l^2}{4}}, \quad E_- = \frac{1}{4\pi\varepsilon_0}\frac{q}{r^2+\frac{l^2}{4}}$$

方向分别在 $+q$ 和 $-q$ 到点 B 的连线上，前者背向正电荷，后者指向负电荷。根据对称性，$\boldsymbol{E}_+$ 和 $\boldsymbol{E}_-$ 在 y 轴方向上的分量大小相等、方向相反，相互抵消，而在 x 轴方向上的分量大小相等、方向一致。故点 B 的总电场强度大小为

$$E_B = E_+ \cos\alpha + E_- \cos\alpha = 2E_+ \cos\alpha$$

因为

$$\cos\alpha = \frac{l}{2\sqrt{r^2+\frac{l^2}{4}}}$$

所以

$$E_B = \frac{1}{4\pi\varepsilon_0}\frac{ql}{\left(r^2+\frac{l^2}{4}\right)^{\frac{3}{2}}}$$

由于 $r \gg l$,得
$$\left(r^2+\frac{l^2}{4}\right)^{\frac{3}{2}} \approx r^3$$

$$E_B = \frac{ql}{4\pi\varepsilon_0 r^3} = \frac{1}{4\pi\varepsilon_0}\frac{p}{r^3}$$

E_B 沿 x 轴负方向,与电矩 p 方向相反,写成矢量式为

$$\boldsymbol{E}_B = -\frac{\boldsymbol{p}}{4\pi\varepsilon_0 r^3}$$

由上述结果可见,在电偶极子轴线的延长线或电偶极子的中垂线上任意一点处的电场强度的大小与该点到电偶极子中点的距离的三次方成反比,而点电荷电场中任意一点处的电场强度大小与该点到点电荷的距离的二次方成反比.

在物理学中,与点电荷一样,电偶极子也是一个重要的理想模型,在研究电介质的极化、电磁波的发射等问题时都要用到这个模型.

3. 电荷连续分布带电体的电场强度

电荷是量子化的,但由于电荷量子的值很小,致使电荷的量子性在研究宏观电现象时表现不出来,因而在研究宏观电现象时,可以不考虑电荷的量子化,而将电荷看作连续分布在带电体上. 为了表征电荷在任意一点附近的分布情况,引入电荷密度概念.

若电荷连续分布在细长线上,则定义电荷线密度 λ 为

$$\lambda = \frac{\mathrm{d}q}{\mathrm{d}l} \tag{9-10}$$

式中 $\mathrm{d}q$ 为线元 $\mathrm{d}l$ 所带的电荷量.

若电荷连续分布在一个平面或曲面上,则定义电荷面密度 σ 为

$$\sigma = \frac{\mathrm{d}q}{\mathrm{d}S} \tag{9-11}$$

式中 $\mathrm{d}q$ 为面元 $\mathrm{d}S$ 所带的电荷量.

若电荷连续分布在一个体积内,则定义电荷体密度 ρ 为

$$\rho = \frac{\mathrm{d}q}{\mathrm{d}V} \tag{9-12}$$

式中 $\mathrm{d}q$ 为体元 $\mathrm{d}V$ 所带的电荷量.

引进电荷密度概念,再应用电场叠加原理就可以计算任意带电体所激发的电场强度,其步骤是:把带电体看成是由许多无限小的电荷元 $\mathrm{d}q$ 组成的,每个电荷元都可以当作点电荷来处理,由点电荷电场强度公式,每一个电荷元 $\mathrm{d}q$ 在电场中任意一点 P 产生的电场强度为

$$\mathrm{d}\boldsymbol{E} = \frac{\mathrm{d}q}{4\pi\varepsilon_0 r^2}\boldsymbol{e}_r \tag{9-13}$$

式中 r 为电荷元 $\mathrm{d}q$ 到点 P 的距离,$\boldsymbol{e}_r$ 为这一方向上的单位矢量. 根据电场叠加原理,整个带电体在点 P 产生的总电场强度可用积分表示,即

$$E = \int dE = \int \frac{dq}{4\pi\varepsilon_0 r^2} e_r \qquad (9\text{-}14)$$

式(9-14)是矢量积分形式,具体计算时,应先分析带电体上各电荷元所产生的各个 dE 的方向是否一致,若各 dE 的方向相同,则矢量积分化为标量积分 $E = \int dE$;若各 dE 方向不同,通常取直角坐标系,将 dE 分别投影到坐标轴上进行标量积分,即

$$E_x = \int dE_x \quad E_y = \int dE_y \quad E_z = \int dE_z$$

然后再合成求得 $E = E_x \boldsymbol{i} + E_y \boldsymbol{j} + E_z \boldsymbol{k}$

(1) 均匀带电直线的电场强度

设长为 l 的均匀带电直线,电荷线密度为 λ,线外一点 P 到直线的垂直距离为 a,点 P 和直线两端的连线与直线之间的夹角分别为 θ_1 和 θ_2,如图 9-6 所示.

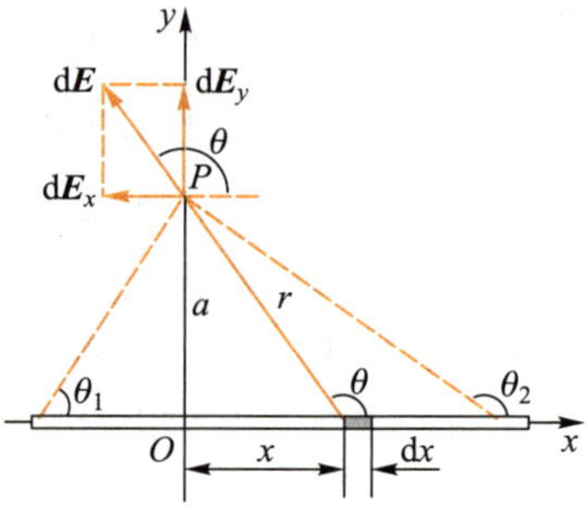

取点 P 到直线的垂足 O 为原点,建立如图 9-6 所示坐标系. 在带电直线上离原点 x 处取长度为 dx 的电荷元,其所带电荷量为 dq. 因带电直线的电荷线密度为 λ,则 $dq = \lambda dx$, dq 在点 P 产生的电场强度 dE 的大小为

$$dE = \frac{1}{4\pi\varepsilon_0} \frac{\lambda dx}{r^2}$$

图 9-6 均匀带电直线的电场强度

式中 r 为 dq 到点 P 的距离.

dE 的方向如图 9-6 所示,dE 与 x 轴正方向之间的夹角为 θ,dE 沿 x 轴和 y 轴的两个分量大小分别为

$$dE_x = dE\cos\theta, \quad dE_y = dE\sin\theta$$

从图 9-6 可知

$$x = a\tan\left(\theta - \frac{\pi}{2}\right) = -a\cot\theta, \quad dx = a\csc^2\theta d\theta$$

$$r^2 = a^2 + x^2 = a^2\csc^2\theta$$

所以

$$dE_x = \frac{\lambda}{4\pi\varepsilon_0 a}\cos\theta d\theta, \quad dE_y = \frac{\lambda}{4\pi\varepsilon_0 a}\sin\theta d\theta$$

将以上两式积分得

$$E_x = \int dE_x = \int_{\theta_1}^{\theta_2} \frac{\lambda}{4\pi\varepsilon_0 a}\cos\theta d\theta = \frac{\lambda}{4\pi\varepsilon_0 a}(\sin\theta_2 - \sin\theta_1)$$

$$E_y = \int dE_y = \int_{\theta_1}^{\theta_2} \frac{\lambda}{4\pi\varepsilon_0 a}\sin\theta d\theta = \frac{\lambda}{4\pi\varepsilon_0 a}(\cos\theta_1 - \cos\theta_2)$$

写成矢量式即为

$$E = \frac{\lambda}{4\pi\varepsilon_0 a}(\sin\theta_2 - \sin\theta_1)\boldsymbol{i} + \frac{\lambda}{4\pi\varepsilon_0 a}(\cos\theta_1 - \cos\theta_2)\boldsymbol{j}$$

式中 $\boldsymbol{i}$、$\boldsymbol{j}$ 分别为 x 轴和 y 轴的单位矢量.

当 $l \gg a$ 时，点 P 靠近带电直线，这时带电直线如同无限长的均匀带电直线一样，此时 $\theta_1 = 0, \theta_2 = \pi$，则有

$$E = \frac{\lambda}{2\pi\varepsilon_0 a}\boldsymbol{j} \tag{9-15}$$

当然，无限长带电直线实际上是不存在的，这是在一定条件下的理想情形，实际上，只要 $l \gg a$，有限长带电直线即可作为无限长带电直线来看待。

（2）均匀带电细圆环轴线上的电场强度

设均匀带电细圆环的半径为 R，所带电荷量为 q，细圆环轴线上一点 P 与环心相距 x。建立如图 9-7 所示的坐标系，在细圆环上任取一长度为 $\mathrm{d}l$ 的电荷元，其所带电荷量为 $\mathrm{d}q = \lambda\mathrm{d}l$，电荷线密度 $\lambda = \dfrac{q}{2\pi R}$，电荷元 $\mathrm{d}q$ 在点 P 产生的电场强度的大小为

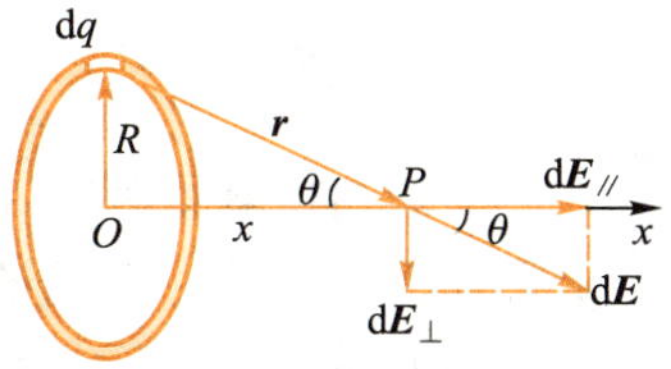

$$\mathrm{d}E = \frac{\mathrm{d}q}{4\pi\varepsilon_0 r^2} = \frac{\lambda\mathrm{d}l}{4\pi\varepsilon_0 r^2}$$

图 9-7　均匀带电细圆环轴线上的电场强度

式中 r 为 $\mathrm{d}q$ 到点 P 的距离，$r = (x^2 + R^2)^{\frac{1}{2}}$。显然，细圆环上各电荷元在点 P 激发的电场强度 $\mathrm{d}\boldsymbol{E}$ 的方向各不相同，因此，把 $\mathrm{d}\boldsymbol{E}$ 分解为沿 x 轴的分量 $\mathrm{d}\boldsymbol{E}_{/\!/}$ 和垂直于 x 轴的分量 $\mathrm{d}\boldsymbol{E}_\perp$。但由于电荷分布具有轴对称性，故各电荷元的电场强度在垂直于 x 轴方向上的分量 $\mathrm{d}\boldsymbol{E}_\perp$ 相对于点 P 也是对称分布的，因此相互抵消，即

$$\int \mathrm{d}\boldsymbol{E}_\perp = \boldsymbol{0}$$

所以，点 P 的总电场强度只是沿 x 轴的分量 $\mathrm{d}\boldsymbol{E}_{/\!/}$ 的总和。由图 9-7 可知

$$\mathrm{d}E_{/\!/} = \mathrm{d}E\cos\theta = \frac{\lambda\mathrm{d}l}{4\pi\varepsilon_0 r^2}\cos\theta = \frac{\lambda\mathrm{d}l}{4\pi\varepsilon_0 r^2}\frac{x}{r} = \frac{\lambda\mathrm{d}l}{4\pi\varepsilon_0}\frac{x}{(x^2+R^2)^{\frac{3}{2}}}$$

故 E 的大小为

$$E = \int \mathrm{d}E_{/\!/} = \frac{1}{4\pi\varepsilon_0}\frac{\lambda x}{(x^2+R^2)^{\frac{3}{2}}}\int_0^{2\pi R}\mathrm{d}l$$

$$= \frac{1}{4\pi\varepsilon_0}\frac{qx}{(x^2+R^2)^{\frac{3}{2}}}$$

考虑到 $\boldsymbol{E}$ 的方向沿着 x 轴正方向，写成矢量式为

$$\boldsymbol{E} = \frac{1}{4\pi\varepsilon_0}\frac{qx}{(x^2+R^2)^{\frac{3}{2}}}\boldsymbol{i} \tag{9-16}$$

式中 $\boldsymbol{i}$ 为 x 轴的单位矢量。

下面讨论几种情况。

① 当 $x \gg R$ 时，有 $(x^2+R^2)^{\frac{3}{2}} \approx x^3$，这时电场强度大小为

$$E \approx \frac{1}{4\pi\varepsilon_0}\frac{q}{x^2}$$

即在圆环轴线上远离细圆环的地方,可以把带电细圆环看成点电荷.

② 当 $x=0$ 时,$E=0$,这表明环心处的电场强度为零.

③ 因 E 为 x 的函数,所以 E 在 x 轴上会有极大值. 由 $\dfrac{\mathrm{d}E}{\mathrm{d}x}=0$,得

$$x = \pm \frac{\sqrt{2}}{2} R$$

即距环心 $\dfrac{\sqrt{2}}{2}R$ 处为 E 的极大值位置,±表示左右两边对称,并可算出

$$E_{\max} = \frac{q}{6\sqrt{3}\,\pi\varepsilon_0 R^2}$$

(3) 均匀带电圆盘轴线上的电场强度

设圆盘的半径为 R,电荷面密度为 $+\sigma$. 点 P 在圆盘轴线上,与盘心 O 相距 x.

建立如图 9-8 所示的坐标系,把圆盘分成许多同心的细圆环. 取圆盘上任一半径为 ρ、宽度为 $\mathrm{d}\rho$ 的细圆环为研究对象,其面积 $\mathrm{d}S=2\pi\rho\mathrm{d}\rho$ 该细圆环所带的电荷量为

$$\mathrm{d}q = \sigma\mathrm{d}S = 2\sigma\pi\rho\mathrm{d}\rho$$

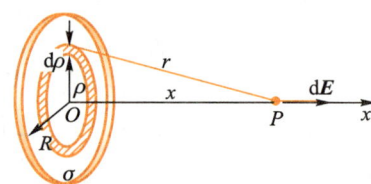

图 9-8 均匀带电圆盘轴线上的电场强度

利用式(9-16),可得此带电细圆环在点 P 产生的电场强度为

$$\mathrm{d}E = \frac{1}{4\pi\varepsilon_0}\frac{x\mathrm{d}q}{(x^2+\rho^2)^{\frac{3}{2}}} = \frac{1}{4\pi\varepsilon_0}\frac{x}{(x^2+\rho^2)^{\frac{3}{2}}}2\sigma\pi\rho\mathrm{d}\rho$$

由于各带电细圆环在点 P 产生的电场强度的方向都是指向 x 轴正方向的,而带电圆盘的电场强度 E 就是这些带电细圆环所产生的电场强度的矢量和,所以

$$E = \int\mathrm{d}E = \frac{1}{4\pi\varepsilon_0}2\sigma\pi x\int_0^R\frac{\rho\mathrm{d}\rho}{(x^2+\rho^2)^{\frac{3}{2}}} = \frac{\sigma}{2\varepsilon_0}\left(1-\frac{1}{\sqrt{1+R^2/x^2}}\right)$$

$$= \frac{\sigma}{2\varepsilon_0}\left(1-\frac{x}{\sqrt{R^2+x^2}}\right)$$

电场强度 E 的方向与圆盘垂直,沿 x 轴正方向,写成矢量式为

$$\boldsymbol{E} = \frac{\sigma}{2\varepsilon_0}\left(1-\frac{x}{\sqrt{R^2+x^2}}\right)\boldsymbol{i} \tag{9-17}$$

下面讨论几种情况.

(1) 当 $x\ll R$ 时,此时带电圆盘可视为无限大的均匀带电平面,则点 P 的电场强度大小为

$$E = \frac{\sigma}{2\varepsilon_0} \tag{9-18}$$

方向与带电平面垂直.

(2) 当 $x\gg R$ 时,由于

$$\frac{x}{\sqrt{R^2+x^2}}=\left(1+\frac{R^2}{x^2}\right)^{-\frac{1}{2}}$$

根据二项式定理展开,并略去高次项,得

$$\left(1+\frac{R^2}{x^2}\right)^{-\frac{1}{2}}=1-\frac{1}{2}\frac{R^2}{x^2}+\frac{3}{8}\left(\frac{R^2}{x^2}\right)^2-\cdots\approx1-\frac{1}{2}\frac{R^2}{x^2}$$

将上式代入式(9-17)得到点 P 的电场强度大小为

$$E=\frac{\sigma}{2\varepsilon_0}\frac{1}{2}\frac{R^2}{x^2}=\frac{1}{4\pi\varepsilon_0}\frac{\sigma\pi R^2}{x^2}=\frac{q}{4\pi\varepsilon_0 x^2}$$

这一结果与点电荷的电场强度公式完全一致. 这表明,当 $x \gg R$ 时,带电圆盘可视为点电荷.

上述解题思路是电场叠加原理的灵活应用,可以推广到许多类似的问题上去. 例如,对均匀带电矩形平面,可将其看作由无数带电直线段组成的无限大带电平面;对无限长均匀带电圆柱面,可将其看作由无数条无限长带电直线组成的.

例 9-4 如图 9-9(a)所示,一无限长均匀带电半圆柱面,半径为 R,电荷面密度为 σ,求轴线上任意一点的电场强度.

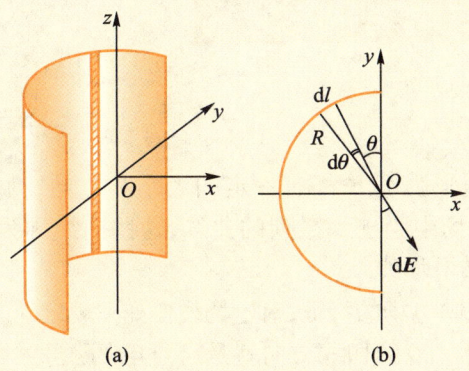

图 9-9 例 9-4 用图

解 由于带电体为半圆柱面,因此可将其看成许多无限长的带电直导线,任取一无限长、宽度为 $dl=Rd\theta$ 的直线元,如图 9-9(b)所示,其电荷线密度 $\lambda=\sigma Rd\theta$. 应用无限长带电直线在其周围任意一点产生的电场强度公式[式(9-15)],该无限长直线元在轴线上任意一点产生的电场强度大小为

$$dE=\frac{\lambda}{2\pi\varepsilon_0 R}=\frac{\sigma d\theta}{2\pi\varepsilon_0}$$

由对称性分析可知,E_y 分量为零,总电场强度必沿 x 轴正方向. 于是有

$$dE_x=dE\sin\theta=\frac{\sigma d\theta}{2\pi\varepsilon_0}\sin\theta$$

则

$$E=E_x=\frac{\sigma}{2\pi\varepsilon_0}\int_0^\pi \sin\theta d\theta=\frac{\sigma}{\pi\varepsilon_0}$$

思考题

9-4 电场强度的定义为 $E=\dfrac{F}{q_0}$,是否可以这样认为:电场中某点的电场强度与检验电荷 q_0 在电场中所受的电场力 F 成正比,与检验电荷所带电荷量 q_0 成反比,为什么?

9-5 $E=\dfrac{F}{q_0}$ 与 $E=\dfrac{q}{4\pi\varepsilon_0 r^2}e_r$ 两公式有什么区别和联系? 对前一公式中的 q_0 有何要求?

9-6 两静止点电荷之间的相互作用力遵守牛顿第三定律吗?

9-7 在一个带正电的金属球附近的点 P 处,放一个带正电的点电荷 q_0,实际测得它所受的电场力为 F. 若考虑到 q_0 所带电荷量不是足够小的,则 $\dfrac{F}{q_0}$ 是大于、等于还是小于点 P 的电场强度 E? 如果金属球带负电,情况又如何?

§9.3 电场线与电场强度通量

9.3.1 电场线

电场中每一点的电场强度 E 都有一定的大小和方向,为了形象地描绘电场在空间的分布情况,在电场中画出一系列的曲线,这些曲线称为电场线,图 9-10 所示即为某一电场中的一条电场线.

为了使电场线能反映电场的特征,对电场线作如下规定.

提示: 电场线只是为了描述电场的分布而引入的一簇曲线,电场线不是电荷在电场中运动的轨道.

(1)电场线上任意一点的切线方向就是该点电场强度 E 的方向,如图 9-10 所示. 这样,电场线的方向就反映了电场强度方向的分布情况.

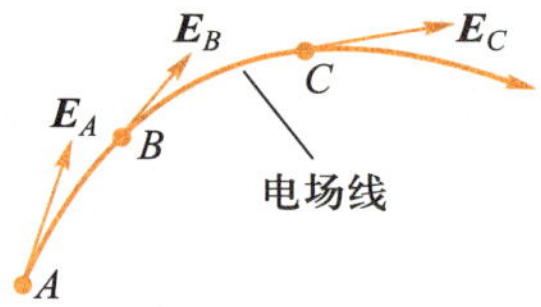

(2)在电场中任意一点处,通过垂直于电场强度 E 的单位面积 $dS_\perp$ 的电场线条数 dN 等于该点电场强度 E 的大小,即

$$E=\dfrac{dN}{dS_\perp} \qquad (9-19)$$

图 9-10 电场线

由上式可知,在电场强度较大的区域电场线较密集,在电场强度较小的区域电场线较稀疏,这样,电场线的疏密情况就形象地反映了电场中电场强度大小的分布.

图 9-11 所示是几种典型带电系统的电场线分布.

由图 9-11(f)可以看出,带等量异种电荷的两平行板中间部分电场的电场线密度处处相同,而且方向一致. 这表明中间部分电场的电场强度处处相同(方向处处一致,大小处处相等),这种电场称为均匀电场(或称为匀强电场),而其他几种电场都是非均匀电场.

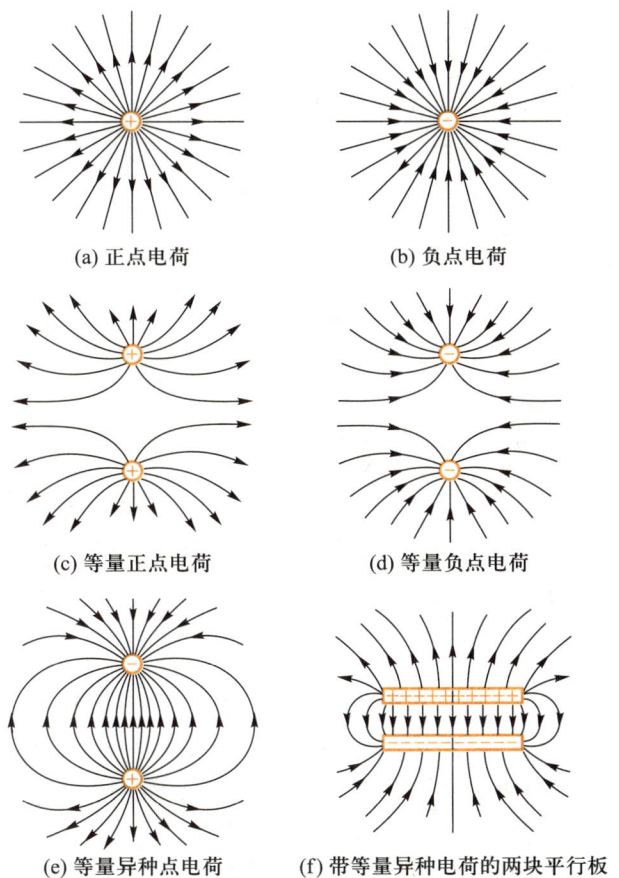

演示实验:点电荷电场

演示实验:带电体周围电场

图 9-11　几种典型带电系统的电场线分布

静电场的电场线有如下性质:

(1) 电场线总是起始于正电荷(或来自无限远处),终止于负电荷(或伸向无限远处),不形成闭合曲线;

(2) 任何两条电场线不能相交,因为电场中每一点的电场强度只有一个确定的方向;

(3) 电场线在电场所在空间中是连续的、不中断的.

9.3.2　电场强度通量

一个平面 S 在空间中不仅有大小,而且有方向,为了把平面 S 的大小和方向同时表示出来,引入面积矢量 S,规定其大小为 S,其方向用平面法线的单位矢量 e_n 表示,即

$$S = S e_n \tag{9-20}$$

任何矢量都可以引入通量的概念,电场强度 E 是空间位置的矢量函数,电场是矢量场,可以引入相应的电场强度通量. 我们把通过电场中任意给定平面的电场线的条数称为通过该平面的电场强度通量,用符号 Φ_e 表示.

设在均匀电场中取一个平面 S,并使它和电场强度方向垂直,如图 9-12(a)所示. 由于均匀电场的电场强度大小处处相等,所以电场线是一些方向一致且距离相

等的平行直线. 根据电场线的规定,通过平面 S 的电场强度通量为
$$\Phi_e = ES \tag{9-21a}$$

在均匀电场中,若平面 S 与电场强度不垂直,即 e_n 与 E 不平行,如图 9-12(b) 所示,令面积矢量 S 与电场强度 E 的夹角为 θ,这时可先求出平面 S 在垂直于 E 的平面上的投影面积 $S_\perp = S\cos\theta$,由图可知,通过面积 $S_\perp$ 的电场线必定全部通过面积 S,由式(9-21a)可知,通过 $S_\perp$ 的电场线条数等于 $ES_\perp = ES\cos\theta$,所以穿过倾斜面积 S 的电场强度通量为
$$\Phi_e = ES\cos\theta = \boldsymbol{E} \cdot \boldsymbol{S} \tag{9-21b}$$

提示:
推导的过程是由特殊情况到一般情况,这是常用的推理方式.

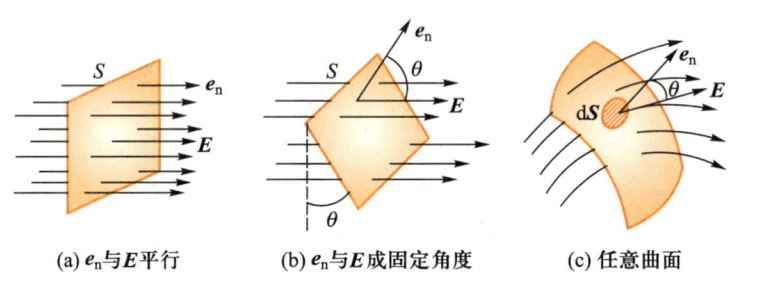

(a) e_n 与 E 平行 　　(b) e_n 与 E 成固定角度 　　(c) 任意曲面

图 9-12　电场强度通量

如果在非均匀电场中,曲面 S 是一个有限曲面,如图 9-12(c)所示. 对于这种情况,可以把曲面分成无限多个面元 $\mathrm{d}S$,并把每个面元视为一个小平面,而且还可认为面元 $\mathrm{d}S$ 上各点的电场强度大小 E 处处相等. 于是通过面元 $\mathrm{d}S$ 的电场强度通量为
$$\mathrm{d}\Phi_e = \boldsymbol{E} \cdot \mathrm{d}\boldsymbol{S}$$

那么通过整个曲面 S 的电场强度通量,就等于通过曲面 S 上所有面元 $\mathrm{d}S$ 的电场强度通量的总和,即
$$\Phi_e = \int_S \mathrm{d}\Phi_e = \int_S E\cos\theta \mathrm{d}S = \int_S \boldsymbol{E} \cdot \mathrm{d}\boldsymbol{S} \tag{9-22}$$

式中 $\int_S$ 表示对整个曲面 S 进行积分. 这样的积分在数学上称为面积分.

如果曲面是一个闭合曲面,那么通过闭合曲面的电场强度通量为
$$\Phi_e = \oint_S E\cos\theta \mathrm{d}S = \oint_S \boldsymbol{E} \cdot \mathrm{d}\boldsymbol{S} \tag{9-23}$$

式中 $\oint_S$ 表示对闭合曲面 S 进行积分. 在国际单位制中,电场强度通量的单位为 $\mathrm{N} \cdot \mathrm{m}^2/\mathrm{C}$(牛顿平方米每库仑).

根据定义,电场强度通量是个标量,但却有正负之分,电场强度通量的正负取决于电场强度 E 与面元 $\mathrm{d}S$ 的法线方向 e_n 之间的夹角 θ. 对于非闭合曲面,其法线方向可以选取指向曲面的任意一侧;对于闭合曲面,在物理学中规定法线 e_n 的方向为垂直于曲面向外,如图 9-13 所示. 依照这个规定,在电场线穿出曲面处,$\theta_1 < \dfrac{\pi}{2}$,电场强度通量为正;在电场

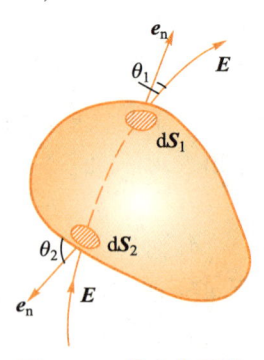

图 9-13　闭合曲面的电场强度通量

线穿入曲面处，$\theta_2 > \dfrac{\pi}{2}$，电场强度通量为负.

顺便指出，本教材与国标保持一致，所有的体积分、面积分和线积分都使用一个积分符号，而以积分元 dV、dS 和 dl 来区别.

例 9-5 图 9-14 表示在均匀电场中的一个半径为 R 的假想圆柱面，其轴线与电场强度 E 平行，求通过整个闭合圆柱面的电场强度通量.

解 通过整个圆柱面的电场强度通量由三部分组成：通过圆柱左底面 S_1 的电场强度通量 Φ_{e1}，通过圆柱侧面 S_2 的电场强度通量 Φ_{e2}，通过圆柱右底面 S_3 的电场强度通量 Φ_{e3}，即

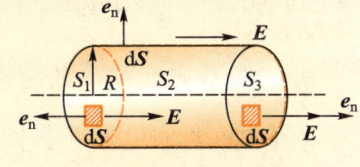

图 9-14 例 9-5 用图

$$\Phi_e = \oint_S E \cdot dS = \int_{S_1} E \cdot dS + \int_{S_2} E \cdot dS + \int_{S_3} E \cdot dS = \Phi_{e1} + \Phi_{e2} + \Phi_{e3}$$

对于圆柱左底面 S_1，由于 $\theta = 180°$，而且电场强度大小不变，所以

$$\Phi_{e1} = \int_{S_1} E \cdot dS = \int_{S_1} E\cos 180° dS = -E \int_{S_1} dS = -E\pi R^2$$

类似可得

$$\Phi_{e2} = \int_{S_2} E \cdot dS = \int_{S_2} E\cos 90° dS = 0$$

$$\Phi_{e3} = \int_{S_3} E \cdot dS = \int_{S_3} E\cos 0° dS = \int_{S_3} dS = E\pi R^2$$

所以

$$\Phi_e = \Phi_{e1} + \Phi_{e2} + \Phi_{e3} = 0$$

由图 9-14 可知，Φ_{e1} 为穿进去的电场线条数，故为负；Φ_{e3} 为穿出来的电场线条数，故为正；但没有电场线穿过 S_2，故 Φ_{e2} 为零. 由于穿进去的电场线条数与穿出来的电场线条数相等，所以通过整个闭合圆柱面的总的电场强度通量为零.

思考题

9-8 电场线、电场强度通量和电场强度的关系如何？电场强度通量的正、负表示什么意义？

9-9 空间中的电场线能相交吗？为什么？

9-10 有人说："电场线描述空间各点电场的方向，并不表示质量为 m 的电荷量为 q 的质点在电场中受电场力运动时的轨道. 只有当质点初速度为零时，其运动轨道才和电场线重合."这种说法正确吗？请分析之.

§9.4 静电场的高斯定理与环路定理

通量和环路是描述矢量场性质的两个重要特征量，要掌握一个矢量场 A 的性

质,只需讨论 $\boldsymbol{A}$ 对任一闭合面的通量(即面积分) $\oint_S \boldsymbol{A} \cdot d\boldsymbol{S}$ 和 $\boldsymbol{A}$ 沿任一闭合回路的环路积分(即线积分) $\oint_L \boldsymbol{A} \cdot d\boldsymbol{l}$. 理论研究指出,若 $\oint_S \boldsymbol{A} \cdot d\boldsymbol{S} = 0$,则矢量场 $\boldsymbol{A}$ 为无源场;若 $\oint_S \boldsymbol{A} \cdot d\boldsymbol{S} \neq 0$,则矢量场 $\boldsymbol{A}$ 为有源场;若 $\oint_L \boldsymbol{A} \cdot d\boldsymbol{l} = 0$,则矢量场 $\boldsymbol{A}$ 为保守场;若 $\oint_L \boldsymbol{A} \cdot d\boldsymbol{l} \neq 0$,则矢量场 $\boldsymbol{A}$ 为非保守场.

9.4.1 静电场的高斯定理

阅读材料:静电学的数学研究

静电场的高斯定理给出了通过任一闭合面的电场强度通量与该闭合面内所包围的电荷之间的关系. 下面利用电场强度通量的概念,根据库仑定律和电场叠加原理来导出这个定理.

设真空中有一正点电荷 $q(q>0)$,在其周围激发电场,显然,电场线是沿径向对称分布的直线. 以 q 为中心,取任意长度 r 为半径作闭合球面 S 包围点电荷,如图 9-15(a)所示. 球面上任意一点的电场强度 $\boldsymbol{E}$ 的大小都是 $\dfrac{q}{4\pi\varepsilon_0 r^2}$,方向沿着位矢 $\boldsymbol{r}$ 的方向,处处与球面 S 垂直,即任意一处 $\boldsymbol{E}$ 与 $d\boldsymbol{S}$ 方向相同. 由式(9-23)可求得通过这个球面的电场强度通量为

$$\Phi_e = \oint_S \boldsymbol{E} \cdot d\boldsymbol{S} = \oint_S \dfrac{q}{4\pi\varepsilon_0 r^2} dS = \dfrac{q}{4\pi\varepsilon_0 r^2} \oint_S dS = \dfrac{q}{4\pi\varepsilon_0 r^2} \cdot 4\pi r^2 = \dfrac{q}{\varepsilon_0}$$

提示:

" $\oint_S$ " 表示对整个闭合曲面的面积分.

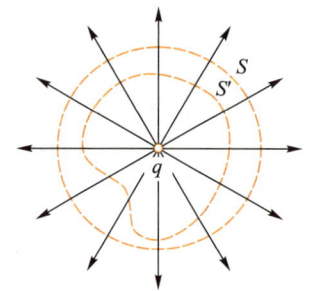

(a) 闭合球面 $S(S')$ 内存在点电荷

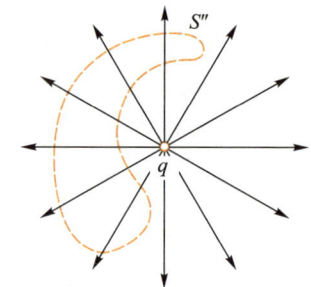

(b) 闭合曲面 S'' 内不存在点电荷

图 9-15 用点电荷电场验证静电场的高斯定理

这一结果说明,通过闭合球面的电场强度通量 Φ_e 只与它所包围的电荷量 q 成正比,而与球面的半径无关,即穿过以点电荷为球心的任意球面的电场强度通量都等于 $\dfrac{q}{\varepsilon_0}$. 这说明自 q 发出的电场线条数为 $\dfrac{q}{\varepsilon_0}$,且电场线不间断地向无限远处延伸.

在图 9-15(a)中,任意包含点电荷 q 的闭合曲面 S' 与球面 S 均包围同一个正点电荷 q. 由于电场线的连续性,所以通过闭合曲面 S 和 S' 的电场线数目是相等的. 因此,通过任意形状的包围点电荷 q 的闭合曲面的电场强度通量也等于 $\dfrac{q}{\varepsilon_0}$.

如果闭合曲面 S'' 不包含点电荷 q,如图 9-15(b)所示,则由电场线的连续性可

得出，由一侧穿入 S'' 的电场线条数一定等于从另一侧穿出 S'' 的电场线条数，所以穿过闭合面 S'' 的电场线条数为零，亦即通过 S'' 的电场强度通量为零，可表示为

$$\Phi_e = \oint_{S''} \boldsymbol{E} \cdot \mathrm{d}\boldsymbol{S} = 0$$

若闭合曲面内有点电荷 $q_1, q_2, \cdots, q_n$ 等组成的点电荷系，由电场叠加原理可得

$$\boldsymbol{E} = \boldsymbol{E}_1 + \boldsymbol{E}_2 + \cdots + \boldsymbol{E}_n$$

> **提示：**
> 这又是一个由特殊到一般的推导过程.

式中 $\boldsymbol{E}_1, \boldsymbol{E}_2, \cdots, \boldsymbol{E}_n$ 为单个点电荷产生的电场强度；$\boldsymbol{E}$ 为总的电场强度. 这时通过闭合曲面的电场强度通量为

$$\Phi_e = \oint_S \boldsymbol{E} \cdot \mathrm{d}\boldsymbol{S} = \oint_S \boldsymbol{E}_1 \cdot \mathrm{d}\boldsymbol{S} + \oint_S \boldsymbol{E}_2 \cdot \mathrm{d}\boldsymbol{S} + \cdots + \oint_S \boldsymbol{E}_n \cdot \mathrm{d}\boldsymbol{S} = \Phi_{e1} + \Phi_{e2} + \cdots + \Phi_{en}$$

式中 $\Phi_{e1}, \Phi_{e2}, \cdots, \Phi_{en}$ 为单个点电荷的电场通过闭合曲面的电场强度通量. 由于 $\Phi_{ei} = \dfrac{q_i}{\varepsilon_0}$，所以上式可写成

$$\Phi_e = \oint_S \boldsymbol{E} \cdot \mathrm{d}\boldsymbol{S} = \frac{1}{\varepsilon_0} \sum_{i=1}^{n} q_i \qquad (9\text{-}24)$$

式中 $\sum\limits_{i=1}^{n} q_i$ 表示在闭合曲面 S 内的电荷量的代数和. 式(9-24)表明：**在真空中的任何静电场，通过任意闭合曲面的电场强度通量都等于该闭合曲面所包围的正负电荷的代数和除以 ε_0**，这一结论称为**真空中静电场的高斯定理**，简称**静电场的高斯定理**.

如果闭合面内的电荷连续分布在一个有限体积内，则式(9-24)可写为

$$\Phi_e = \oint_S \boldsymbol{E} \cdot \mathrm{d}\boldsymbol{S} = \frac{1}{\varepsilon_0} \int_V \rho \mathrm{d}V \qquad (9\text{-}25)$$

式中 ρ 为电荷体密度，V 为闭合曲面内所包围的带电体的体积.

对静电场的高斯定理，作如下几点说明.

(1) 静电场中通过任一闭合曲面的电场强度通量只取决于曲面内电荷的代数和，而与曲面外电荷无关，也与曲面内电荷的分布无关.

(2) 静电场的高斯定理的数学表达式中，左方的电场强度 $\boldsymbol{E}$ 是闭合曲面上各点的电场强度，它是由电荷系中全部电荷共同产生的总电场强度，即由闭合曲面内外所有的电荷产生的总电场强度，而不是只由闭合曲面内的电荷产生的.

(3) 静电场的高斯定理是反映静电场性质的基本定理之一. 由式(9-24)可知，当 $\sum\limits_{i=1}^{n} q_i$ 为正时，$\Phi_e > 0$，表示有电场线由正电荷发出并穿出闭合曲面，所以正电荷称为静电场的源头；当 $\sum\limits_{i=1}^{n} q_i$ 为负时，$\Phi_e < 0$，表明有电场线穿入闭合面而终止于负电荷，所以负电荷称为静电场的尾闾. 静电场的高斯定理说明了电场线起始于正电荷，终止于负电荷，亦即静电场是有源场.

9.4.2 应用静电场的高斯定理求电场强度

当带电体的电荷分布已知时，原则上可由点电荷的电场强度公式和电场叠加

原理求出空间各点的电场强度,但计算往往比较复杂. 在电荷分布具有某种对称性,而电场分布也具有某种对称性的情况下,利用静电场的高斯定理可以方便地求出电场强度. 可用静电场的高斯定理求解电场强度的典型带电体有:

（1）球对称带电体,如均匀带电球面、球体、球壳和多层同心球壳等；

（2）轴对称带电体,如均匀带电的无限长直线、圆柱面、圆柱体等；

（3）面对称带电体,如均匀带电的无限大平面、带电平板等.

应用静电场的高斯定理计算电场强度的步骤是:首先,由电荷分布的对称性分析电场分布的对称性；其次,根据具体的对称性特点,通过拟求的场点,选取合适的闭合曲面(称为高斯面),使高斯面上各点电场强度 E 的大小相等,或在一部分高斯面上电场强度 E 大小相等而在另一部分高斯面上电场强度 E 与法线垂直或平行；最后,计算穿过高斯面的电场强度通量和高斯面所包围电荷量的代数和,求出电场强度 E.

下面举例说明应用静电场的高斯定理计算电场强度的方法.

1. 无限长均匀带电直线的电场强度

设均匀带电直线的电荷线密度为 λ. 如图 9-16(a) 所示,取距离细棒 r 的一点 P,因为带电直线为无限长,且均匀带电,所以电荷分布相对于直线 OP 是上下对称的,因而点 P 的电场强度 E 垂直于带电直线且方向沿径向,即无限长均匀带电直线产生的电场强度分布具有轴对称性. 因此,与点 P 在同一圆柱面上的各点,电场强度大小相等,方向都沿径向.

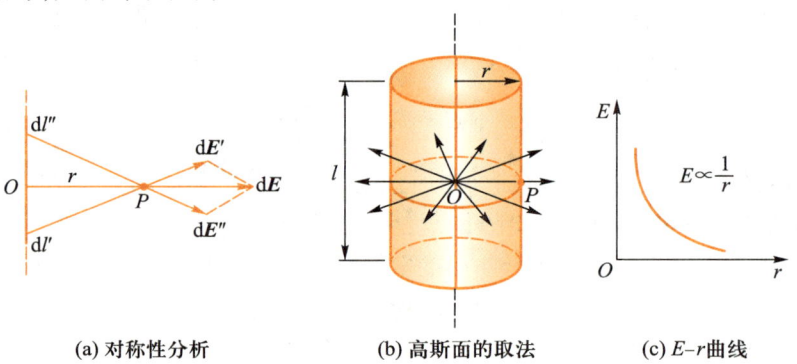

(a) 对称性分析　　　　(b) 高斯面的取法　　　　(c) E-r 曲线

图 9-16　无限长均匀带电直线的电场强度

过点 P 作一个以带电直线为轴,以 l 为高的闭合圆柱面 S,如图 9-16(b) 所示,则通过闭合圆柱面 S 的电场强度通量为

$$\Phi_e = \oint_S \boldsymbol{E} \cdot \mathrm{d}\boldsymbol{S} = \int_{上底面} \boldsymbol{E} \cdot \mathrm{d}\boldsymbol{S} + \int_{侧面} \boldsymbol{E} \cdot \mathrm{d}\boldsymbol{S} + \int_{下底面} \boldsymbol{E} \cdot \mathrm{d}\boldsymbol{S}$$

由于在上、下底面上的电场强度方向与底面的法线方向垂直,因此穿过上、下底面的电场强度通量为零,而侧面上各点的电场强度方向与各点所对应的面元的法线方向一致,则

$$\oint_S \boldsymbol{E} \cdot \mathrm{d}\boldsymbol{S} = \int_{侧面} E \mathrm{d}S = E \int_{侧面} \mathrm{d}S = E \cdot 2\pi r l = \frac{1}{\varepsilon_0} \lambda l$$

亦即

$$E = \frac{\lambda}{2\pi\varepsilon_0 r}$$

写成矢量式为
$$E = \frac{\lambda}{2\pi\varepsilon_0 r}e_r$$

式中 e_r 为位矢 r 的单位矢量.

上式与式(9-15)是一致的,但计算方法却简便得多. 由此可见,当条件允许时,利用静电场的高斯定理计算电场强度比用电场叠加原理计算要简便得多.

由上式可作出 E-r 曲线,如图 9-16(c) 所示.

2. 均匀带电球面的电场强度

设球面半径为 R,其所带总电荷量为 q,点 P 距离球心 O 的距离为 r,如图 9-17(a) 所示. 由于电荷的分布是球对称的,所以电场强度 E 的分布也是球对称的. 点 P 的电场强度方向沿位矢 r(由点 O 指向点 P)的方向,电场强度 E 的大小仅依赖于 r. 这就是说,以 O 为球心的同一球面上各点电场强度的大小相等. 所以选取以 O 为球心过点 P 的球面 S 为高斯面,高斯面所包围电荷的电荷量为 q,由静电场的高斯定理式(9-24)可得

$$\oint_S \boldsymbol{E} \cdot \mathrm{d}\boldsymbol{S} = \oint_S E\mathrm{d}S = E\oint_S \mathrm{d}S = E4\pi r^2 = \frac{q}{\varepsilon_0}$$

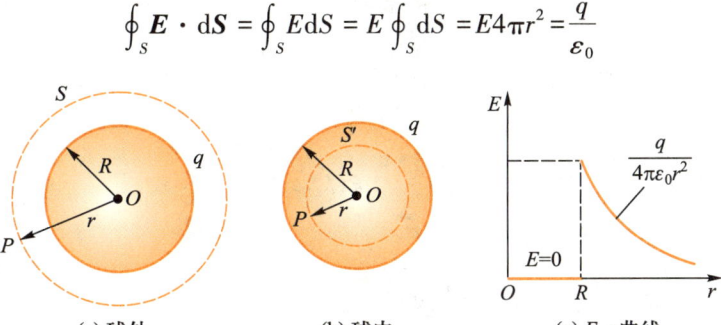

图 9-17 均匀带电球面的电场强度

于是点 P 的电场强度大小为

$$E = \frac{1}{4\pi\varepsilon_0}\frac{q}{r^2} \quad (r>R)$$

写成矢量式为

$$\boldsymbol{E} = \frac{1}{4\pi\varepsilon_0}\frac{q}{r^2}\boldsymbol{e}_r \quad (r>R) \tag{9-26a}$$

式中 e_r 为位矢 r 的单位矢量.

式(9-26a)表明,均匀带电球面在其外部产生的电场强度与等量电荷全部集中在球心时产生的电场强度相等.

如果点 P 在带电球面内,如图 9-17(b) 所示,那么以球心 O 到点 P 的距离 $r(r<R)$ 为半径所作的球面为高斯面 S',高斯面 S' 内没有被包围的电荷,即 $q=0$. 由静电场的高斯定理可得

$$\oint_{S'} \boldsymbol{E} \cdot \mathrm{d}\boldsymbol{S} = 4E\pi r^2 = 0$$

有
$$E = 0 \quad (r<R) \tag{9-26b}$$

式(9-26b)表明,均匀带电球面内部的电场强度为零.

由式(9-26a)和式(9-26b)可作出 E-r 曲线,如图 9-17(c)所示. 从曲线可以看出:在球面内($r<R$),E 为零;在球面外($r>R$),E 与 r^2 成反比;在球面上($r=R$),E 有跃变.

3. 均匀带电球体的电场强度

设球体半径为 R,所带电荷量为 q. 由于电荷的分布具有球对称性,所以电场的分布也具有球对称性. 故在均匀带电球体的电场中任意点的电场强度 E 的方向均沿位矢方向,而且在以球心为中心的同一球面上各点电场强度的大小均相等.

为求球体内的电场强度,以球心到球内任意一点 P 之间的距离 $r(r<R)$ 为半径,以球心为中心作一球面 S 为高斯面,如图 9-18(a)所示.

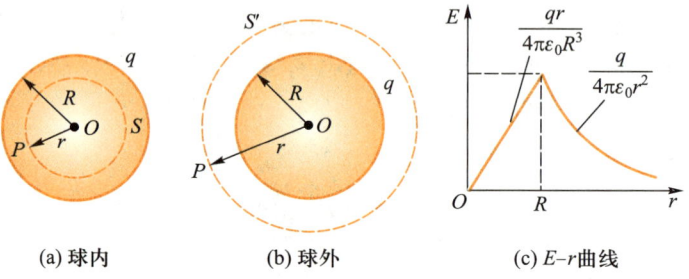

(a) 球内　　　　(b) 球外　　　　(c) E-r 曲线

图 9-18　均匀带电球体的电场强度

这一高斯面 S 所包围的电荷量 $q'=\dfrac{4}{3}\rho\pi r^3$,$\rho$ 为电荷体密度,即 $\rho=\dfrac{q}{\dfrac{4}{3}\pi R^3}$. 于是,

S 所包围的电荷量 $q'=\dfrac{qr^3}{R^3}$. 由静电场的高斯定理可得

$$\oint_S \boldsymbol{E}\cdot\mathrm{d}\boldsymbol{S}=4E\pi r^2=\dfrac{qr^3}{\varepsilon_0 R^3}$$

于是球内点 P 的电场强度 E 的大小为

$$E=\dfrac{1}{4\pi\varepsilon_0}\dfrac{qr}{R^3}\quad (r<R)$$

写成矢量式为

$$\boldsymbol{E}=\dfrac{1}{4\pi\varepsilon_0}\dfrac{qr}{R^3}\boldsymbol{e}_r \quad (r<R) \tag{9-27a}$$

式中 $\boldsymbol{e}_r$ 为位矢 $\boldsymbol{r}$ 的单位矢量. 式(9-27a)表明,在均匀带电球体内的电场强度大小与 r 成正比.

为求球体外部点 P 的电场强度,以球心到点 P 之间的距离 $r(r>R)$ 为半径作一球面 S' 为高斯面,如图 9-18(b)所示. 此高斯面 S' 所包围的电荷量为 q. 由静电场的高斯定理可得

$$\oint_{S'} \boldsymbol{E}\cdot\mathrm{d}\boldsymbol{S}=4E\pi r^2=\dfrac{q}{\varepsilon_0}$$

故有

$$\boldsymbol{E}=\dfrac{1}{4\pi\varepsilon_0}\dfrac{q}{r^2}\quad (r>R)$$

写成矢量式为

$$E=\frac{1}{4\pi\varepsilon_0}\frac{q}{r^2}e_r \quad (9-27b)$$

式中 e_r 为位矢 r 的单位矢量.

式(9-27b)表明,均匀带电球体外部的电场强度与等量电荷全部集中在球心时产生的电场强度相等.

由式(9-27a)和式(9-27b)可作出 E-r 曲线,如图 9-18(c)所示. 从曲线可以看出:在球内($r<R$),E 随 r 的增大而线性增加;在球面上($r=R$),E 达到极大值;在球外($r>R$),E 与 r^2 成反比.

4. 无限大均匀带电平面的电场强度

设无限大均匀带电平面上的电荷面密度为 σ. 由于均匀带电平面是无限大的,带电平面两侧的电场具有面对称性,所以带电平面两侧的电场强度垂直于该带电平面,而且在带电平面两侧距带电平面等距离处的电场强度的大小相等,如图 9-19(a)所示.

选一个闭合圆柱面为高斯面,如图 9-19(b)所示,使其轴线与带电平面垂直,两底面与带电平面平行并在带电平面两侧的对称位置上,点 P 位于一个底面上,由静电场的高斯定理可得

$$\oint_S E\cdot dS=\int_{左底面}E\cdot dS+\int_{侧面}E\cdot dS+\int_{右底面}E\cdot dS=\frac{\sigma S}{\varepsilon_0}$$

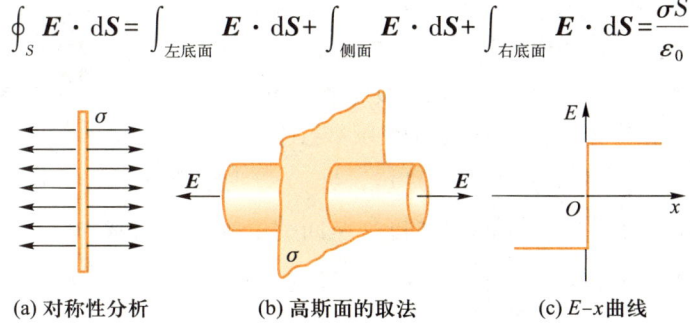

(a) 对称性分析　　(b) 高斯面的取法　　(c) E-x 曲线

图 9-19　无限大均匀带电平面的电场强度

由于侧面的法线与电场强度方向垂直,所以通过侧面的电场强度通量为零,而底面的法线与电场强度方向平行,底面上电场强度大小相等. 所以通过两底面的电场强度通量均为 ES,则

$$ES+ES=\frac{\sigma S}{\varepsilon_0}$$

故有

$$E=\frac{\sigma}{2\varepsilon_0}$$

上式与式(9-18)是一致的,表明无限大均匀带电平面两侧的电场是均匀电场,与场点到平面的距离无关. 由上式可作出 E-r 曲线,如图 9-19(c)所示.

应用本例结果及电场叠加原理,可以求出带等量异种电荷且均匀分布的两个无限大的平行平面的电场强度. 如图 9-20 所示,设两个带电平面的电荷面密度分

别为 $+\sigma$ 和 $-\sigma$,每一点的电场强度都等于这两个带电平面的电场强度的矢量和,在两个带电平面之间有一点 P,两电场强度方向相同,故点 P 的总电场强度大小为

$$E_P = \frac{\sigma}{2\varepsilon_0} + \frac{\sigma}{2\varepsilon_0} = \frac{\sigma}{\varepsilon_0}$$

在两个带电平面之外有一点 M,两个带电平面产生的电场强度方向相反,故点 M 的电场强度大小为

$$E_M = \frac{\sigma}{2\varepsilon_0} - \frac{\sigma}{2\varepsilon_0} = 0$$

图 9-20 两个无限大的平行平面的电场强度

即当两平行板带等量异种电荷时,其电场集中在两板之间,而且是均匀电场.这是实验中经常用来产生均匀电场的装置.

例 9-6 实验表明,在靠近地面处有相当强的电场,电场强度 E 垂直于地面向下,大小约为 100 V/m. 在离地 1.5 km 高度处,电场强度 E 也垂直于地面向下,大小约为 25 V/m. 试计算从地面到此高度,大气中的平均电荷体密度.

解 地球虽然为球形,但在小范围内可近似把地面视为一无限大平面,而且在地面附近 1.5 km 的高度范围内,距离地面相同高度的电场强度 E 大小相等,方向垂直于地面向下.

在靠近地面处和离地 1.5 km 高度处作与地面平行的平面 S_3、S_1,并作与地面垂直且高度为 $h = 1.5$ km 的侧面 S_2(通过 S_2 的电场强度通量为零),这些面构成闭合曲面(高斯面),如图 9-21 所示. 通过高斯面的电场强度通量为

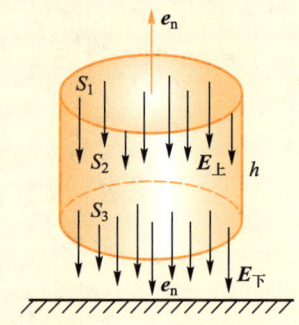

图 9-21 例 9-6 用图

$$\Phi_e = \oint_S \boldsymbol{E} \cdot \mathrm{d}\boldsymbol{S} = \int_{S_1} \boldsymbol{E}_\perp \cdot \mathrm{d}\boldsymbol{S} + \int_{S_3} \boldsymbol{E}_\top \cdot \mathrm{d}\boldsymbol{S} = (E_\top - E_\perp)S$$

从地面到离地 1.5 km 高的大气中的平均电荷体密度为 $\bar{\rho}$,则高斯面所包围的电荷为 $\bar{\rho}Sh$,根据高斯定理可得

$$(E_\top - E_\perp)S = \frac{1}{\varepsilon_0}\bar{\rho}Sh$$

所以 $\bar{\rho} = \dfrac{(E_\top - E_\perp)\varepsilon_0}{h} = \dfrac{(100-25)\times 8.85\times 10^{-12}}{1\,500}$ C/m³ $= 4.43\times 10^{-13}$ C/m³

提示:
可将地球视为球形来求解,试比较两者的区别.

9.4.3 静电场的环路定理

现在从电场力对电荷做功的角度来研究静电场的性质. 如图 9-22 所示,有一正点电荷 q 固定于点 O,检验电荷 q_0 在场源电荷 q 的电场中由点 B 沿任一路径 BDC 到达点 C. 在路径上点 D 处取位移元 $\mathrm{d}\boldsymbol{l}$,电场力对 q_0 所做的元功为

$$\mathrm{d}A = q_0\boldsymbol{E}\cdot\mathrm{d}\boldsymbol{l} = q_0 E\mathrm{d}l\cos\theta$$

式中 θ 为点 D 的 $\boldsymbol{E}$ 与 $\mathrm{d}\boldsymbol{l}$ 之间的夹角. 已知点电荷的电场强度为

$$\boldsymbol{E} = \frac{1}{4\pi\varepsilon_0} \frac{q}{r^2} \boldsymbol{e}_r$$

所以
$$\mathrm{d}A = \frac{1}{4\pi\varepsilon_0} \frac{qq_0}{r^2} \boldsymbol{e}_r \cdot \mathrm{d}\boldsymbol{l}$$

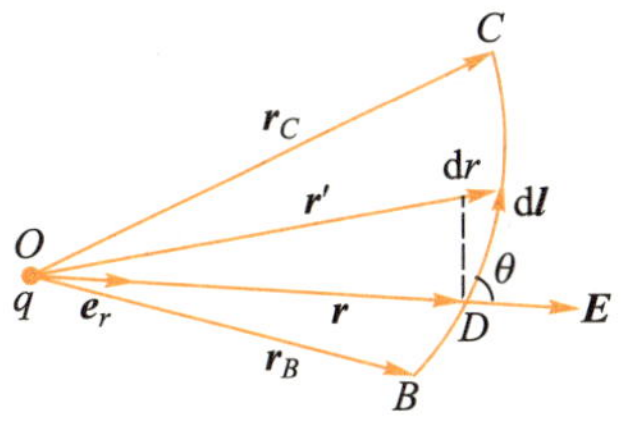

由图 9-22 可以看出
$$\boldsymbol{e}_r \cdot \mathrm{d}\boldsymbol{l} = \mathrm{d}l\cos\theta = \mathrm{d}r$$

图 9-22　静电场的电场力做功

故有
$$\mathrm{d}A = \frac{1}{4\pi\varepsilon_0} \frac{qq_0}{r^2} \mathrm{d}r$$

在检验电荷 q_0 从点 B 移至点 C 的过程中，电场力所做的总功为

$$A_{BC} = \int_{r_B}^{r_C} \mathrm{d}A = \int_{r_B}^{r_C} \frac{1}{4\pi\varepsilon_0} \frac{qq_0}{r^2} \mathrm{d}r = \frac{qq_0}{4\pi\varepsilon_0} \int_{r_B}^{r_C} \frac{\mathrm{d}r}{r^2} = \frac{qq_0}{4\pi\varepsilon_0} \left(\frac{1}{r_B} - \frac{1}{r_C} \right) \quad (9\text{-}28\mathrm{a})$$

式中 r_B 和 r_C 分别为检验电荷 q_0 所在处点 B、C 距场源电荷 q 的距离. 在静止点电荷 q 的电场中，电场力对检验电荷 q_0 所做的功与路径无关，只与检验电荷的电荷量大小及路径的起点和终点位置有关.

上述结论可以推广到任意带电体的电场. 任意一个带电体都可以看成许多点电荷的集合，总电场强度 $\boldsymbol{E}$ 等于各点电荷电场强度的矢量和，即

$$\boldsymbol{E} = \boldsymbol{E}_1 + \boldsymbol{E}_2 + \cdots + \boldsymbol{E}_n = \sum_{i=1}^{n} \boldsymbol{E}_i$$

当检验电荷 q_0 在电场强度为 $\boldsymbol{E}$ 的电场中移动时，电场力对检验电荷所做的功为

$$\begin{aligned} A_{BC} &= \int_{r_B}^{r_C} q_0 \boldsymbol{E} \cdot \mathrm{d}\boldsymbol{l} = \int_{r_B}^{r_C} q_0 (\boldsymbol{E}_1 + \boldsymbol{E}_2 + \cdots + \boldsymbol{E}_n) \cdot \mathrm{d}\boldsymbol{l} \\ &= \int_{r_B}^{r_C} q_0 \boldsymbol{E}_1 \cdot \mathrm{d}\boldsymbol{l} + \int_{r_B}^{r_C} q_0 \boldsymbol{E}_2 \cdot \mathrm{d}\boldsymbol{l} + \cdots + \int_{r_B}^{r_C} q_0 \boldsymbol{E}_n \cdot \mathrm{d}\boldsymbol{l} \\ &= \sum_{i=1}^{n} \frac{q_0 q_i}{4\pi\varepsilon_0} \left(\frac{1}{r_{iB}} - \frac{1}{r_{iC}} \right) \end{aligned} \quad (9\text{-}28\mathrm{b})$$

提示：

电场能够对电荷做功，表明电场具有做功的本领，即具有能量.

式中 r_{iB} 和 r_{iC} 分别表示 q_i 所在处到路径起点 A 和路径终点 B 的距离. 由于每个点电荷的电场力所做的功都与路径无关，所以相应的代数和也与路径无关. 因此得出结论：在静电场中，电场力对检验电荷所做的功仅与检验电荷所带电荷量大小及其移动路径的起点和终点位置有关，而与具体路径无关. 这是静电场的一个重要性质. 在力学中，凡是做功与路径无关的力都称为保守力，故静电场中的电场力是保守力.

静电场中的电场力做功与路径无关的特性还可以用另外一种形式来表示. 设在静电场中，检验电荷 q_0 由点 B 出发沿任意闭合回路移动一周又回到点 B，这时有 $r_B = r_C$，由式(9-28)可得

$$A = \oint_L q_0 \boldsymbol{E} \cdot \mathrm{d}\boldsymbol{l} = q_0 \oint_L \boldsymbol{E} \cdot \mathrm{d}\boldsymbol{l} = 0$$

由于 $q_0 \neq 0$，所以

$$\oint_L \boldsymbol{E} \cdot \mathrm{d}\boldsymbol{l} = 0 \tag{9-29}$$

式(9-29)表明,**在静电场中,电场强度 E 沿任意闭合回路的线积分恒等于零**. 这一结论称为**静电场的环路定理**. 静电场的环路定理是描述静电场性质的另一个基本定理,它表明静电场是保守场. 由于这一性质,才能引进电势能和电势的概念.

> **提示:**
> "$\oint_L \boldsymbol{E} \cdot \mathrm{d}\boldsymbol{l}$"表示电场强度 E 沿任意闭合回路(或称为环路)的线积分,称为 E 的环流.

思考题

9-11 一点电荷 q_1 放在球形高斯面的球心处. 试讨论下列情形下电场强度通量的变化情况:
(1) 点电荷 q_1 离开球心,但仍在球内;
(2) 有另一个点电荷 q_2 放在球面外;
(3) 有另一个点电荷 q_2 放在球面内;
(4) 此球形高斯面被一与它相切的正方体表面所代替.

9-12 如高斯面内有净电荷,能否肯定高斯面上各点的电场强度都不为零?

9-13 求均匀带电无限大平板的电场强度时,一般选侧面与带电面垂直,两底面与带电面平行,并取它与带电面对称的封闭柱面为高斯面.
(1) 为什么圆柱体的两底面要关于带电面对称? 不对称行不行?
(2) 柱体底面是否一定要是圆形? 面积取多大才合适?
(3) 为了求距带电面 x 处的电场强度,圆柱面应取多长?

9-14 能否利用静电场的高斯定理算出一根有限长的均匀带电直线的电场强度?

§9.5 电势与电势差

9.5.1 电势能

对保守场可以引入势能的概念. 由于静电场是保守场,所以在静电场中也可以引入势能的概念,称为电势能. 与物体在重力场中具有一定的重力势能一样,电荷在静电场中也具有一定的电势能. 在静电场中,如果以 W_B 和 W_C 分别表示检验电荷 q_0 在点 B 和点 C 的电势能,则检验电荷 q_0 从点 B 移动到点 C 的过程中,电场力对 q_0 所做的功为

$$A_{BC} = \int_B^C q_0 \boldsymbol{E} \cdot \mathrm{d}\boldsymbol{l} = W_B - W_C \tag{9-30}$$

式(9-30)表明,电场力对检验电荷 q_0 所做的功等于相应的电势能之差. 当电场力做正功时, $A_{BC}>0$,即 $W_B>W_C$,表示 q_0 从点 B 移动到点 C 过程中电势能减少;当电场力做负功(即外力克服电场力做功)时, $A_{BC}<0$,即 $W_B<W_C$,表示 q_0 从点 B 移动到点 C 过程中电势能增加. 可见,电场力所做的功是电势能改变的量度.

与其他形式的势能一样,电势能也是一个相对量.只有先选定一个电势能零点,才能确定电荷在某一点处的电势能的大小,电势能零点的选择是任意的.

若选电荷在点 C 的电势能为零,即 $W_C=0$,则有

$$W_B = \int_B^{\text{电势能零点}} q_0 \boldsymbol{E} \cdot \mathrm{d}\boldsymbol{l} \tag{9-31}$$

这就是说电荷 q_0 在电场中某一点 B 处的电势能 W_B 在数值上等于 q_0 从点 B 移动到电势能零点过程中电场力所做的功.

当电荷分布在有限区域内时,通常选无限远处为电势能零点,即 $W_\infty=0$,因此电荷 q_0 在点 B 的电势能为

$$W_B = A_{B\infty} = q_0 \int_B^\infty \boldsymbol{E} \cdot \mathrm{d}\boldsymbol{l} \tag{9-32}$$

由式(9-30)可知,若令 $r_C=\infty$,$W_C=0$,则检验电荷 q_0 在点电荷 q 的静电场中的点 B 的电势能为

$$W_B = \frac{qq_0}{4\pi\varepsilon_0 r_B}$$

应该指出,与其他形式的势能相同,电势能是属于系统的,它属于检验电荷 q_0 和电场所组成的系统,其实质是检验电荷 q_0 与电场之间的相互作用能量.平常为了叙述方便,常把这种能量说成是检验电荷 q_0 在电场中某一场点处的电势能.

在国际单位制中,电势能的单位就是一般能量的单位 J(焦耳).还有一种常用的能量单位,即 eV(电子伏特),1 eV = 1.602 177×10^{-19} J.计算中,可取 1 eV = 1.6× 10^{-19} J.

在近代物理中,电子、质子等粒子的能量往往很高,常用 MeV(兆电子伏特)、GeV(吉电子伏特)为单位.

$$1 \text{ MeV} = 10^6 \text{ eV}$$
$$1 \text{ GeV} = 10^9 \text{ eV}$$

例 9-7 在电荷量为 Q 的点电荷的静电场中,有一电荷量为 q 的点电荷,如图 9-23 所示.试求点电荷 q 在点 B 和点 C 处的电势能以及两点电势能之差.

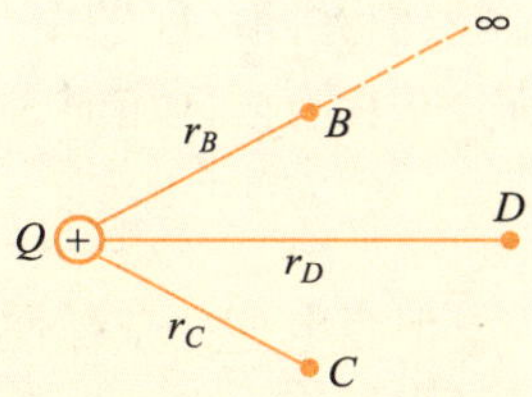

解 选取距电荷 Q 无限远处为电势能零点.根据电势能的定义,点电荷 q 在电场中点 B 处的电势能等于把 q 从点 B 移至无限远处时电场力所做的功,而静电场中的电场力做功与路径无关,则由式(9-32)可知

$$W_B = \int_B^\infty q\boldsymbol{E} \cdot \mathrm{d}\boldsymbol{l} = \frac{qQ}{4\pi\varepsilon_0 r_B}$$

图 9-23 例 9-7 用图

同理可得

$$W_C = \int_C^\infty q\boldsymbol{E} \cdot \mathrm{d}\boldsymbol{l} = \frac{qQ}{4\pi\varepsilon_0 r_C}$$

如果选取点 D 为电势能零点,如图 9-23 所示,则点电荷 q 在点 B 的电势能等于把 q 从点 B 移至点 D 时电场力所做的功.由静电场中电场力做功与路径无

关,即式(9-28a)可知

$$W'_B = \int_B^D q\boldsymbol{E} \cdot \mathrm{d}\boldsymbol{l} = \frac{qQ}{4\pi\varepsilon_0}\left(\frac{1}{r_B} - \frac{1}{r_D}\right)$$

同理可得

$$W'_C = \int_C^D q\boldsymbol{E} \cdot \mathrm{d}\boldsymbol{l} = \frac{qQ}{4\pi\varepsilon_0}\left(\frac{1}{r_C} - \frac{1}{r_D}\right)$$

不论选取何处为电势能零点,点电荷 q 在 B、C 两点的电势能之差都为

$$W_B - W_C = \int_B^C q\boldsymbol{E} \cdot \mathrm{d}\boldsymbol{l} = \frac{qQ}{4\pi\varepsilon_0}\left(\frac{1}{r_B} - \frac{1}{r_C}\right)$$

从以上的计算可以看出,在给定的电场中,若选取的电势能零点不同,则某一电荷在确定点具有的电势能也不同. 但是,电荷在两确定点具有的电势能之差是相同的,即电势能之差与电势能零点的选取是无关的.

9.5.2 电势

由式(9-31)可以看出,电势能不仅和静电场本身的性质有关,还与引入电场的检验电荷 q_0 的大小和正负有关,所以电势能 W 不能作为描述电场性质的物理量. 但电荷 q_0 在电场中某一点 B 的电势能 W_B 与它的电荷量的比值 W_B/q_0 和检验电荷无关,只取决于场中给定点 B 的电场性质,所以可用这一比值来作为表征静电场中给定点 B 处电场性质的物理量,称为点 B 的电势(或称为点 B 的电位),用 V_B 表示,即

$$V_B = \frac{W_B}{q_0} = \int_B^{\text{电势能零点}} \boldsymbol{E} \cdot \mathrm{d}\boldsymbol{l} \tag{9-33}$$

由式(9-33)可知,静电场中某点的电势,在数值上等于单位正电荷在该点处的电势能,也等于单位正电荷从该点经过任意路径移动到电势能零点时电场力所做的功. 电势是标量,可正可负. 在国际单位制中,电势的单位是 V(伏特).

电势能的大小与电势能零点的选取有关,它是个相对量,因而电势也是一个相对量. 要确定电场中某点的电势大小,必须选定电势零点. 电势零点的选取具有任意性,但在同一问题中,电势零点一般选择和电势能零点相同. 在理论计算中,当电荷分布在有限区域时,通常选择无限远处为电势零点,即

$$V_B = \int_B^\infty \boldsymbol{E} \cdot \mathrm{d}\boldsymbol{l} \tag{9-34}$$

但当电荷分布延伸到无限远处时,不能再取无限远处为电势零点,否则会导致电场中任意一点的电势均为无限大. 这时只能在电场内选一个适当位置作为电势零点. 在实际问题中,常选地球(或电气设备的外壳)作为电势零点.

9.5.3 电势差

在静电场中,任意两点 B 和 C 的电势差通常也称为电压,用 U 表示,根据式(9-34)有

$$U = V_B - V_C = \int_B^{\text{电势零点}} \boldsymbol{E} \cdot \mathrm{d}\boldsymbol{l} - \int_C^{\text{电势零点}} \boldsymbol{E} \cdot \mathrm{d}\boldsymbol{l} = \int_B^C \boldsymbol{E} \cdot \mathrm{d}\boldsymbol{l} \tag{9-35}$$

式(9-35)表明,在静电场中,B、C 两点的电势差等于单位正电荷由点 B 经任意路径移动到点 C 过程中电场力所做的功.

当电场中的电势分布已知时,利用式(9-33)可以方便地计算出点电荷 q 在某点 B 的电势能为

$$W_B = qV_B \tag{9-36}$$

即电荷在电场中某点所具有的电势能等于电荷的电荷量与该点电势的乘积. 也可以利用式(9-35)方便地计算出电荷在电场中移动过程中电场力所做的功. 显然,当把电荷 q_0 从点 B 移动到点 C 过程中,电场力所做的功为

$$A_{BC} = q_0(V_B - V_C) \tag{9-37}$$

式(9-37)是个常用公式,在计算电场力做功和电势能增减变化时会经常用到.

在实际应用中,经常用到两点间的电势差,而不是某一点的电势. 以任意一点作为电势零点,都不会影响任意两点间的电势差大小. 所以通常计算电势差时不需选择电势零点.

9.5.4 电势的计算

1. 点电荷电场中的电势

设在点电荷 q 的电场中有一点 P,点 P 到点电荷 q 的距离为 r,如图 9-24 所示.选无限远处为电势零点,由式(9-34)可得点 P 的电势为

$$V_P = \int_P^\infty \boldsymbol{E} \cdot \mathrm{d}\boldsymbol{l} = \int_P^\infty \frac{1}{4\pi\varepsilon_0}\frac{q}{r^2}\boldsymbol{e}_r \cdot \mathrm{d}\boldsymbol{r} = \int_r^\infty \frac{1}{4\pi\varepsilon_0}\frac{q}{r^2}\mathrm{d}r = \frac{q}{4\pi\varepsilon_0}\int_r^\infty \frac{1}{r^2}\mathrm{d}r$$

$$= \frac{q}{4\pi\varepsilon_0}\left(\frac{1}{r} - \frac{1}{\infty}\right) = \frac{q}{4\pi\varepsilon_0 r} \tag{9-38}$$

2. 点电荷系电场中的电势

如图 9-25 所示,有一个由 $q_1, q_2, \cdots, q_n$ 组成的点电荷系,由电场叠加原理可知,在点电荷系的电场中某点 P 的电场强度为

$$\boldsymbol{E} = \boldsymbol{E}_1 + \boldsymbol{E}_2 + \cdots + \boldsymbol{E}_n$$

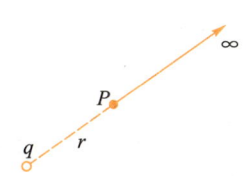

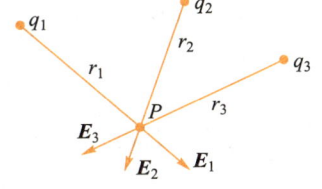

图 9-24 点电荷电场中的电势   图 9-25 点电荷系电场中的电势

根据电势的定义式(9-34)可得点 P 的电势为

$$V_P = \int_P^\infty \boldsymbol{E} \cdot \mathrm{d}\boldsymbol{l} = \int_P^\infty \boldsymbol{E}_1 \cdot \mathrm{d}\boldsymbol{l} + \int_P^\infty \boldsymbol{E}_2 \cdot \mathrm{d}\boldsymbol{l} + \cdots + \int_P^\infty \boldsymbol{E}_n \cdot \mathrm{d}\boldsymbol{l}$$

$$= V_1 + V_2 + \cdots + V_n$$

式中 $V_1, V_2, \cdots, V_n$ 分别为点电荷 $q_1, q_2, \cdots, q_n$ 单独存在时电场中点 P 的电势. 由式(9-38)可把上式写成

提示:

电势是标量,叠加就是求代数和.

$$V_P = \frac{1}{4\pi\varepsilon_0}\frac{q_1}{r_1} + \frac{1}{4\pi\varepsilon_0}\frac{q_2}{r_2} + \cdots + \frac{1}{4\pi\varepsilon_0}\frac{q_n}{r_n} = \sum_{i=1}^{n}\frac{1}{4\pi\varepsilon_0}\frac{q_i}{r_i} \tag{9-39}$$

式(9-39)表明,点电荷系电场中某点的电势,等于各个点电荷单独存在时该点电势的代数和. 这一结论称为**电势叠加原理**.

3. 电荷连续分布带电体电场中的电势

对于电荷连续分布的带电体,可将带电体看成是由许多个电荷量为 dq 的电荷元组成的,选无限远处为电势零点,每一个电荷元在空间某点产生的电势为

$$dV = \frac{1}{4\pi\varepsilon_0}\frac{dq}{r}$$

带电体在空间某点产生的电势则为这些电荷元在该点产生的电势的代数和,即

$$V = \int dV = \int \frac{dq}{4\pi\varepsilon_0 r} \tag{9-40}$$

式中 r 为电荷元 dq 到该点的距离.

从以上的讨论可知,计算电势有两种方法:一种是已知产生电场的电荷分布求电势,这时可以点电荷的电势为基础,利用电势叠加原理来计算;另一种是已知电场强度 E 的空间分布(或者利用静电场的高斯定理可以简便求出电场强度 E),可应用电场强度与电势的积分关系计算电势.

例 9-8 三个点电荷 q_1、q_2、q_3,分布在一边长为 a 的正三角形的三个顶点上,如图 9-26 所示,求在三角形中心点 O 处的电势.

解 由图 9-26 可见,三个点电荷到点 O 的距离 r 均相等,且 $r = \frac{\sqrt{3}}{3}a$,选无限远处为电势零点,三个点电荷在点 O 的电势 V_O 为

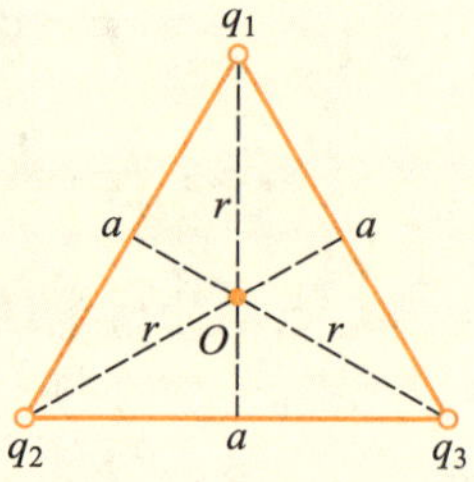

$$V_O = \frac{1}{4\pi\varepsilon_0}\left(\frac{q_1}{r} + \frac{q_2}{r} + \frac{q_3}{r}\right)$$

图 9-26 例 9-8 用图

若其中 $q_1 = q_2 = 3\times 10^{-9}$ C, $q_3 = -6\times 10^{-9}$ C, $a = 1.732$ m,则 $V_O = 0$,即点 O 的电势为零,但读者可以自己证明,这三个点电荷在点 O 的电场强度 E 并不等于零.

例 9-9 求均匀带电细圆环轴线上的电势分布. 已知细圆环半径为 R,电荷量为 q.

解 如图 9-27 所示,以 x 表示细圆环中心 O 到轴上任一点 P 的距离. 在细圆环上任取电荷元 dq,选无限远处为电势零点,则 dq 在点 P 产生的电势为

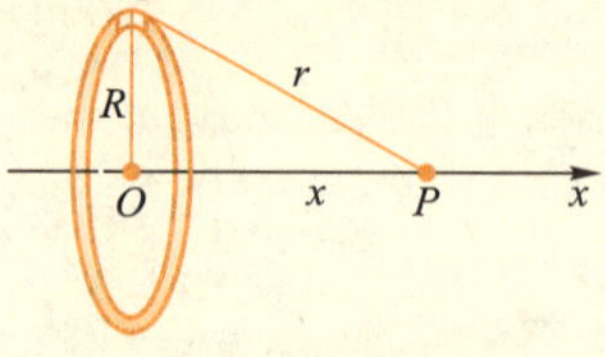

$$dV = \frac{dq}{4\pi\varepsilon_0 r}$$

图 9-27 例 9-9 用图

提示: 这是一道典型的例题,应好好掌握,并记住其结果.

其中 $r=\sqrt{R^2+x^2}$,每个电荷元到点 P 的距离都为 r. 根据电势叠加原理,整个带电细圆环在点 P 产生的电势为

$$V=\int_0^q \frac{dq}{4\pi\varepsilon_0 r}=\frac{1}{4\pi\varepsilon_0 r}\int_0^q dq=\frac{q}{4\pi\varepsilon_0\sqrt{R^2+x^2}}$$

下面讨论几种情况.

(1) 当点 P 位于细圆环中心 O 处时,即 $x=0$,则

$$V=\frac{q}{4\pi\varepsilon_0 R}$$

(2) 当点 P 位于轴线上且离细圆环相当远处时,即 $x\gg R$,则

$$V=\frac{q}{4\pi\varepsilon_0 x}$$

可见,在细圆环轴线上足够远处一点 P 的电势,相当于电荷量集中于细圆环中心处的点电荷产生的电势.

例 9-10 已知球面半径为 R,所带电荷量为 q,求均匀带电球面内、外的电势分布.

解 由于均匀带电球面具有球对称性,利用高斯定理容易求得均匀带电球面在空间激发的电场强度沿球的半径方向,其大小分布为

$$E=\begin{cases} 0 & (r<R) \\ \dfrac{q}{4\pi\varepsilon_0 r^2} & (r>R) \end{cases}$$

由于均匀带电球面的电荷分布在有限区域,所以选无限远处为电势零点,利用电场强度与电势的积分关系式(9-34),并沿半径方向积分,得点 P 的电势为

$$V_P=\int_r^\infty \boldsymbol{E}\cdot d\boldsymbol{l}=\int_r^\infty E dr$$

当 $r>R$ 时,有

$$V_P=\int_r^\infty \frac{q}{4\pi\varepsilon_0 r^2}dr=\frac{q}{4\pi\varepsilon_0 r}$$

当 $r<R$ 时,由于球内、外电场强度的函数关系不同,积分必须分段进行,即

$$V_P=\int_r^R 0\cdot dr+\int_R^\infty \frac{q}{4\pi\varepsilon_0 r^2}dr=\frac{q}{4\pi\varepsilon_0 R}$$

由此可见,一个均匀带电球面在球外任意一点产生的电势,与全部电荷集中于球心的点电荷在该点产生的电势相同;在球面内任意一点的电势与球面上的电势相等.故均匀带电球面及其内部是一个等电势的区域.电势 V 随距离 r 的变化关系如图 9-28 所示.

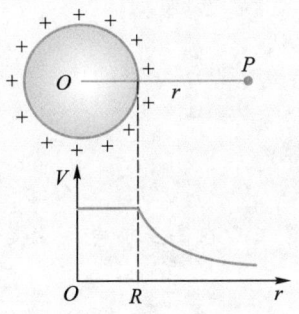

图 9-28 例 9-10 用图

例 9-11 已知带电直线上的电荷线密度为 λ,求无限长均匀带电直线电场的电势分布.

解 由于无限长均匀带电直线的电场具有轴对称性,利用 $V_P = \int_P^{\text{电势零点}} \boldsymbol{E} \cdot d\boldsymbol{l}$ 计算电势分布比较方便.

无限长均匀带电直线周围任意一点电场强度的大小为 $E = \dfrac{\lambda}{2\pi\varepsilon_0 r}$,若选无限远处为电势零点,则带电直线外任意一点 P 的电势为

$$V_P = \int_P^\infty \boldsymbol{E} \cdot d\boldsymbol{l} = \int_r^\infty \frac{\lambda}{2\pi\varepsilon_0 r} dr = \frac{\lambda}{2\pi\varepsilon_0}(\ln\infty - \ln r)$$

由于 $\ln\infty$ 是发散的,电势为无限大,这是不合理的. 因此,在无限长均匀带电直线的电场中不能选无限远处为电势零点.

对于具有轴对称分布的电场,电势零点也不能选在轴线上($r=0$ 处),若选在轴线上,则

$$V_P = \int_r^0 \boldsymbol{E} \cdot d\boldsymbol{l} = \frac{\lambda}{2\pi\varepsilon_0}(\ln 0 - \ln r)$$

由于 $\ln 0$ 是无意义的,电势零点选在轴线上也无法计算出电场中的电场分布.

所以对于无限长均匀带电直线,电势零点只能选在有限远处的适当位置.

选择电场中任意一点 P_0(到带电直线的距离为 r_0)为电势零点,如图 9-29 所示,则距带电直线距离为 r 的点 P 的电势为

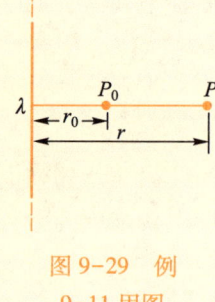

图 9-29 例 9-11 用图

$$V_P = \int_P^{P_0} \boldsymbol{E} \cdot d\boldsymbol{l} = \int_r^{r_0} E dr = \int_r^{r_0} \frac{\lambda}{2\pi\varepsilon_0 r} dr = \frac{\lambda}{2\pi\varepsilon_0} \ln \frac{r_0}{r}$$

由上式可看出,若 $\lambda > 0$,在 $r > r_0$ 处,$V_P < 0$,为负值;在 $r < r_0$ 处,$V_P > 0$,为正值.

思考题

9-15 当我们认为地球的电势为零时,是否意味着地球没有净电荷?

9-16 电荷在电势高的地方的电势能是否一定比在电势低的地方的电势能大?

9-17 维修工人站在一根 50 kV 的高压输电线上,他是否会有触电危险?维修工人在高压输电线上是如何工作的?

§9.6 电场强度与电势的关系

9.6.1 等势面

前面用电场线来描绘电场中电场强度的分布情况,使我们对电场有了一个比较形象、直观的认识.同样,也可以用图示的方法来描绘电场中电势的分布.

一般说来,静电场中各点有自己的电势,但电场中总有许多电势相等的点,由这些电势相等的点所连成的曲面(或平面)称为等势面.

前面用电场线的疏密程度来表示电场的强弱,这里也可以用等势面的疏密程度来表示电场的强弱.为此,对等势面的疏密作这样的规定:电场中任意两个相邻等势面之间的电势差都相等.根据这样的规定,可画出一些典型电场的等势面和电场线的图形,如图 9-30 所示,图中实线代表电场线,虚线代表等势面.从图中可以看出,等势面越密的地方,电场强度越大.

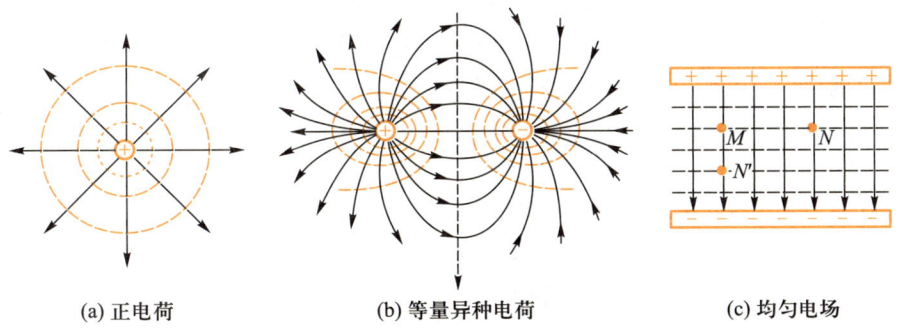

(a) 正电荷   (b) 等量异种电荷   (c) 均匀电场

图 9-30 一些典型电场的等势面和电场线

等势面有以下两点性质.

(1) 在静电场中,电场线总是和等势面互相垂直的.

设在静电场中电荷 q_0 沿着等势面上的位移元 $\mathrm{d}\boldsymbol{l}$ 从点 M 移动到点 N,如图 9-30(c)所示.电场力所做的功为

$$\mathrm{d}A = q_0 \boldsymbol{E} \cdot \mathrm{d}\boldsymbol{l} = q_0 E \cos\theta \mathrm{d}l = q_0(V_M - V_N) = 0$$

因为上式中 q_0、E、$\mathrm{d}l$ 均不等于零,所以

$$\cos\theta = 0, \quad 即 \quad \theta = \pi/2$$

这说明 $\boldsymbol{E}$ 与 $\mathrm{d}\boldsymbol{l}$ 垂直,即电场线与等势面互相垂直.

(2) 在静电场中,电场线总是指向电势降低的方向.

正电荷 q_0 沿静电场的电场线上的位移元 $\mathrm{d}\boldsymbol{l}$ 从点 M 移到点 N',如图 9-30(c)所示.电场力所做的功为

$$\mathrm{d}A' = q_0 \boldsymbol{E} \cdot \mathrm{d}\boldsymbol{l} = q_0 E \mathrm{d}l \cos 0° = q_0 E \mathrm{d}l > 0$$

又有

$$\mathrm{d}A' = q_0(V_M - V_{N'})$$

所以 $V_M - V_{N'} > 0$，即 $V_M > V_{N'}$，说明电场线总是指向电势降低的方向.

在实际测量中，可以比较容易地用仪表测量电势和电势差，而要测量电场强度 E 就不那么容易了，所以常常先测出电场中电势差为零的各点，并把这些点连起来，画出电场的等势面，再根据等势面与电场线垂直的关系画出电场线，从而对电场有一个定性的、直观的了解.

9.6.2 电场强度与电势的微分关系

电场强度和电势都是描写静电场性质的物理量，因此，它们之间必然有一定关系. 电势的定义式反映了电场强度与电势的积分关系. 电场强度和电势的关系也可以用微分形式来表示.

设在任意静电场中，取两个十分靠近的等势面 1 和 2，电势分别为 V 和 $V+dV$，并设 $dV>0$，如图 9-31 所示. 过等势面上一点 M 作该面的单位法向矢量 e_n，规定其正方向为沿电势增加的方向，该法线与等势面 2 正交于点 N，考虑到电场线与等势面正交且指向电势降低的方向，则点 M 的电场强度 E 指向 e_n 的反方向.

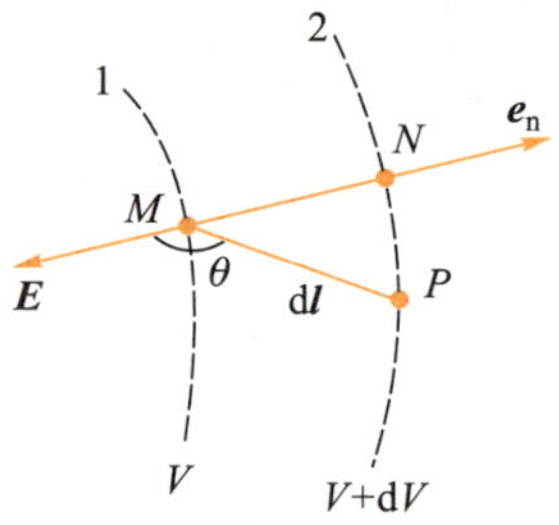

现过点 M 沿任意方向 l 作一直线与等势面 2 相交于点 P，令 $MP=dl$，当正电荷 q_0 由点 M 沿 dl 运动至点 P 时，由于电场强度 E 近似不变，则电场力所做的功为

$$dA = q_0(V_M - V_N) = q_0[V - (V + dV)] = -q_0 dV$$

又有
$$dA = q_0 \boldsymbol{E} \cdot d\boldsymbol{l}$$

图 9-31 电场强度与电势的微分关系

两式相比较可得到 V 与 E 的一个重要关系式：

$$-dV = \boldsymbol{E} \cdot d\boldsymbol{l} \tag{9-41}$$

若用 θ 表示 $\boldsymbol{E}$ 与 $d\boldsymbol{l}$ 之间的夹角，用 $E_l = E\cos\theta$ 表示 $\boldsymbol{E}$ 在 $d\boldsymbol{l}$ 方向上的投影，如图 9-31 所示，则式(9-41)又可写为

$$-dV = E\cos\theta dl = E_l dl$$

即
$$E_l = -\frac{dV}{dl} \tag{9-42}$$

式(9-42)表明：电场中某一点的电场强度 E 沿某一方向分量 E_l 的大小等于电势沿该方向上变化率的负值.

在直角坐标系中，电势可写为 $V = V(x,y,z)$，则其全微分为

$$dV = \frac{\partial V}{\partial x}dx + \frac{\partial V}{\partial y}dy + \frac{\partial V}{\partial z}dz \tag{9-43}$$

另外有
$$-dV = \boldsymbol{E} \cdot d\boldsymbol{l} = E_x dx + E_y dy + E_z dz \tag{9-44}$$

比较式(9-43)和式(9-44)，可得

$$E_x = -\frac{\partial V}{\partial x}, \quad E_y = -\frac{\partial V}{\partial y}, \quad E_z = -\frac{\partial V}{\partial z} \tag{9-45}$$

式(9-45)表明，电场强度在各坐标轴的分量等于电势对各坐标轴的偏导数的负值. 于是，直角坐标系中电场强度 E 可写成

$$E = -\left(\frac{\partial V}{\partial x}i + \frac{\partial V}{\partial y}j + \frac{\partial V}{\partial z}k\right) = -\mathbf{grad}\, V = -\nabla V \qquad (9-46)$$

式中 **grad** V 称为电势梯度，**grad** $V = \nabla V = \frac{\partial V}{\partial x}i + \frac{\partial V}{\partial y}j + \frac{\partial V}{\partial z}k$.

式(9-46)就是电场强度与电势的微分关系，它表明，电场中任意一点的电场强度等于该点的电势梯度的负值. 只有电势梯度为零处其电场强度才为零，而电势为零处，电场强度不一定为零. 同样，电场强度为零处，电势也不一定为零. 在国际单位制中，电势梯度的单位为 V/m(伏特每米)，所以电场强度也用这个单位.

由于电势是标量，它的计算往往比电场强度简单，因此在很多情况下都是先计算出电势，然后利用电场强度和电势的微分关系来计算电场的分布，这样就可以避免较复杂的矢量运算.

例 9-12 应用电势梯度的概念，求均匀带电圆盘轴线上一点 P 处的电场强度.

解 如图 9-32 所示，设圆盘半径为 R，电荷面密度为 $\sigma(\sigma>0)$，轴线上点 P 离圆盘中心 O 的距离为 x，在圆盘上任取半径为 ρ、宽为 $\mathrm{d}\rho$ 的圆环，圆环上所带电荷量为

$$\mathrm{d}q = \sigma 2\pi\rho\mathrm{d}\rho$$

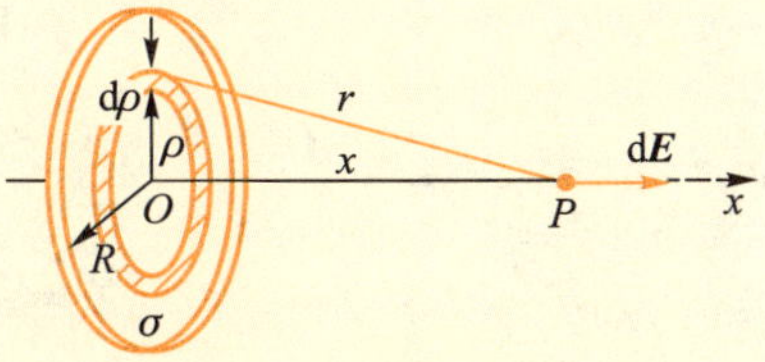

由例 9-9 可知，它在点 P 的电势为

图 9-32 例 9-12 用图

$$\mathrm{d}V = \frac{\mathrm{d}q}{4\pi\varepsilon_0\sqrt{\rho^2+x^2}} = \frac{\sigma\rho\mathrm{d}\rho}{2\varepsilon_0\sqrt{\rho^2+x^2}}$$

整个带电圆盘在点 P 产生的电势为

$$V = \int \mathrm{d}V = \int_0^R \frac{\sigma\rho\mathrm{d}\rho}{2\varepsilon_0\sqrt{\rho^2+x^2}} = \frac{\sigma}{2\varepsilon_0}(\sqrt{R^2+x^2}-x)$$

可见，点 P 处的电势 V 是 x 的函数，所以 E 在 x 轴方向的分量大小为

$$E_x = -\frac{\partial V}{\partial x} = -\frac{\partial}{\partial x}\left[\frac{\sigma}{2\varepsilon_0}(\sqrt{R^2+x^2}-x)\right] = \frac{\sigma}{2\varepsilon_0}\left(1-\frac{x}{\sqrt{R^2+x^2}}\right)$$

将上式写成矢量式，均匀带电圆盘轴线上距圆盘中心距离为 x 处的电场强度为

$$E = \frac{\sigma}{2\varepsilon_0}\left(1-\frac{x}{\sqrt{R^2+x^2}}\right)i$$

这一结果与式(9-17)利用点电荷电场强度公式和电场叠加原理计算的结果相同.

例 9-13 求电偶极子电场中任意一点 P 的电势和电场强度.

解 设点 P 与 $+q$ 和 $-q$ 均在 Oxy 平面内，点 P 的坐标为 (x,y)，点 P 到 $-q$ 和 $+q$ 的距离分别为 r_- 和 r_+，点 P 到电偶极子中心点 O 的距离为 r，如图 9-33 所示. $+q$ 和 $-q$ 单独存在时，它们在点 P 处的电势分别为

提示：
先判断 E 的方向，从而决定求 V 在哪个方向的变化率.

$$V_+ = \frac{1}{4\pi\varepsilon_0}\frac{q}{r_+}, \quad V_- = -\frac{1}{4\pi\varepsilon_0}\frac{q}{r_-}$$

根据电势叠加原理,点 P 的电势为

$$V = V_+ + V_- = \frac{q}{4\pi\varepsilon_0}\left(\frac{1}{r_+} - \frac{1}{r_-}\right) = \frac{q}{4\pi\varepsilon_0}\left(\frac{r_- - r_+}{r_+ r_-}\right)$$

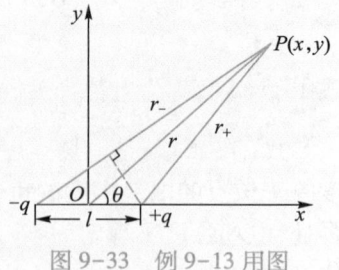

图 9-33 例 9-13 用图

对电偶极子而言,$l \ll r$,所以 $r_- - r_+ \approx l\cos\theta$, $r_- r_+ \approx r^2$,于是,上式可写成

$$V \approx \frac{q}{4\pi\varepsilon_0}\frac{l\cos\theta}{r^2}$$

又因为

$$\cos\theta = \frac{x}{r} = \frac{x}{(x^2+y^2)^{\frac{1}{2}}}$$

所以,点 P 的电势又可写成

$$V = \frac{ql}{4\pi\varepsilon_0}\frac{x}{(x^2+y^2)^{\frac{3}{2}}}$$

由式(9-45)得

$$E_x = -\frac{\partial V}{\partial x} = -\frac{ql}{4\pi\varepsilon_0}\frac{y^2 - 2x^2}{(x^2+y^2)^{\frac{5}{2}}}$$

$$E_y = -\frac{\partial V}{\partial y} = -\frac{ql}{4\pi\varepsilon_0}\frac{-3xy}{(x^2+y^2)^{\frac{5}{2}}}$$

提示:

$$E_z = -\frac{\partial V}{\partial z} = 0$$

于是,点 P 的电场强度大小为

$$E = \sqrt{E_x^2 + E_y^2} = \frac{ql}{4\pi\varepsilon_0}\frac{(4x^2+y^2)^{\frac{1}{2}}}{(x^2+y^2)^2}$$

下面讨论几种情况.

(1) 当点 P 在电偶极子的延长线(即 x 轴)上时,$y=0$,有

$$E_x = \frac{1}{4\pi\varepsilon_0}\frac{2p}{x^3}, \quad E_y = 0$$

写成矢量式为

$$\boldsymbol{E} = \frac{1}{4\pi\varepsilon_0}\frac{2\boldsymbol{p}}{x^3}$$

(2) 当点 P 在电偶极子中点的垂线(即 y 轴)上时,$x=0$,有

$$E_x = 0, \quad E_y = \frac{1}{4\pi\varepsilon_0}\frac{p}{y^3}$$

写成矢量式为

$$\boldsymbol{E} = -\frac{1}{4\pi\varepsilon_0}\frac{\boldsymbol{p}}{y^3}$$

这一结果与例 9-3 完全相同.

思考题

9-18 在静电学中,有下列几种常见的电场强度公式:

(1) $E = \dfrac{F}{q}$;

(2) $E = \dfrac{q}{4\pi\varepsilon_0 r^2}$;

(3) $E = \dfrac{V_A - V_B}{L}$.

请指出它们的适用范围,其中 q 的意义是否相同?

9-19 比较下列几种情况下 B、C 两点的电势高低.

(1) 正电荷由 B 移动到 C 时,外力克服电场力做正功;

(2) 正电荷由 B 移动到 C 时,电场力做正功;

(3) 负电荷由 B 移动到 C 时,外力克服电场力做正功;

(4) 负电荷由 B 移动到 C 时,电场力做正功;

(5) 电荷顺着电场线方向由 B 移动到 C;

(6) 电荷逆着电场线方向由 B 移动到 C.

§9.7 电场对电荷的作用

9.7.1 带电粒子在电场中受力及其运动

我们知道,电荷量为 q 的带电粒子在静电场中受到的电场力为

$$\boldsymbol{F} = q\boldsymbol{E}$$

根据牛顿第二定律,质量为 m 的带电粒子在电场力的作用下将获得加速度. 其运动方程(设重力可略去不计)为

$$q\boldsymbol{E} = m\boldsymbol{a} = m\dfrac{\mathrm{d}\boldsymbol{v}}{\mathrm{d}t} \tag{9-47}$$

式中 $\boldsymbol{a}$ 表示粒子的加速度. 在一般情况下,求解这一方程是比较复杂的,下面我们讨论几种简单而重要的情况.

(1) 质量为 m、电荷量为 q 的带电粒子,以速度 $\boldsymbol{v}_0$ 进入均匀电场(忽略重力的作用). 设初速度 $\boldsymbol{v}_0$ 与电场强度 $\boldsymbol{E}$ 同向,如图 9-34 所示,那么带电粒子将以恒定加速度

$$\boldsymbol{a} = \dfrac{q\boldsymbol{E}}{m}$$

沿电场方向做匀加速运动,由于 $\boldsymbol{a}$、$\boldsymbol{E}$、$\boldsymbol{v}_0$ 三者方向一致,所以带电粒子进入电场后的运动速度 $\boldsymbol{v}$ 和 $\boldsymbol{v}_0$ 方向相同,经过时间 t 和路程 s 之后. 带电粒子的末速度为

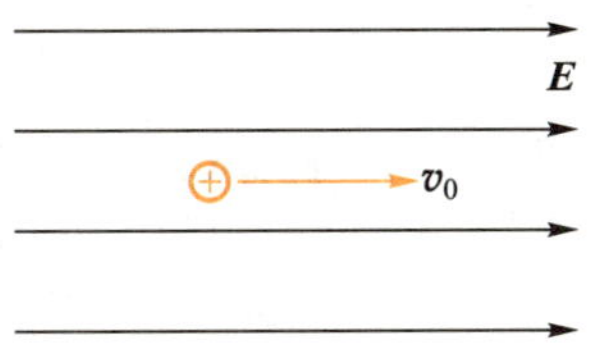

图 9-34 带电粒子在均匀电场中运动($\boldsymbol{v}_0 /\!/ \boldsymbol{E}$)

$$v^2 - v_0^2 = 2as = 2\frac{qE}{m}s$$

因为 Es 等于带电粒子通过距离为 s 的两点间的电势差 U，所以

$$\frac{1}{2}mv^2 - \frac{1}{2}mv_0^2 = qU \tag{9-48}$$

式(9-48)表明，带电粒子在通过距离 s 后，电场力所做功 qU 等于带电粒子动能的增量，这就是带电粒子在电场中的加速原理.

在一般电子光学器件中的电子枪就是利用这个原理制成的. 电子枪中的灯丝发射电子，如电子离开灯丝时的初速度为零，电子通过加速电场的电势差为 U，电场力所做的功为 eU，在电子速度不太大时，电子获得的动能为

$$E_k = \frac{1}{2}mv^2 = eU$$

则电子速度 v 可用下式计算：

$$v = \sqrt{\frac{2eU}{m}} \tag{9-49}$$

（2）如果带电粒子以初速度 $\boldsymbol{v}_0$ 进入一均匀电场中运动（忽略重力的作用），且 $\boldsymbol{v}_0$ 与电场 $\boldsymbol{E}$ 互相垂直，如图 9-35 所示，这时，由于带电粒子的加速度垂直于初速方向，带电粒子的这种运动与物体在地球重力场中的平抛运动十分类似，它将沿一抛物线运动，在电场力作用下发生偏转，在 x 轴方向（水平），带电粒子仍做匀速直线运动，即

$$x = v_0 t$$

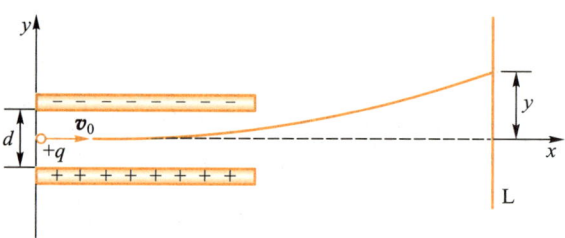

图 9-35　带电粒子在均匀电场中的运动（$\boldsymbol{v}_0 \perp \boldsymbol{E}$）

在 y 轴方向，带电粒子受电场力作用做匀加速运动，即

$$y = \frac{1}{2}at^2 = \frac{qE}{2m}t^2$$

消去 t 后得到轨道方程

$$y = \frac{qE}{2mv_0^2}x^2 \tag{9-50}$$

这是一个抛物线方程. 在带电粒子从两板间射出后，它将沿着抛物线切线方向做匀速直线运动，如果让这个带电粒子射到荧光屏 L 上，在屏上可见一亮斑，如图 9-35 所示.

9.7.2　电偶极子在均匀电场中所受的力矩

如图 9-36 所示，电偶极子处于均匀电场中，正、负电荷所受的力分别为 $\boldsymbol{F}_+ =$

$+q\boldsymbol{E}$ 和 $\boldsymbol{F}_- = -q\boldsymbol{E}$,它们的大小相等,方向相反,所以电偶极子所受的合力为零,不产生平动. 但是 $\boldsymbol{F}_+$ 和 $\boldsymbol{F}_-$ 的作用线不在同一直线上,这样两个力称为力偶. 它们对于中点 O 的力矩方向相同,力臂都是 $\dfrac{1}{2}l\sin\theta$,θ 为 $\boldsymbol{p}$ 与 $\boldsymbol{E}$ 的夹角. 所以力偶矩(或称为总力矩)的大小为

$$M = F_+ \cdot \frac{1}{2}l\sin\theta + F_- \cdot \frac{1}{2}l\sin\theta = qlE\sin\theta$$

图 9-36 电偶极子在均匀电场中所受的力矩

$\boldsymbol{M}$ 的方向垂直于 $\boldsymbol{P}$ 与 $\boldsymbol{E}$ 所组成的平面,方向由右手螺旋定则确定,写成矢量式为

$$\boldsymbol{M} = \boldsymbol{p} \times \boldsymbol{E} \tag{9-51}$$

电偶极子在力偶矩的作用下将在纸平面内做顺时针转动. 下面讨论三种特殊情况.

(1) 当 $\theta = 0$ 时,$\boldsymbol{M} = 0$,电偶极子处于稳定平衡状态.

(2) 当 $\theta = \dfrac{\pi}{2}$ 时,电偶极子受到的力偶矩达最大值,即 $M_{\max} = qlE$.

(3) 当 $\theta = \pi$ 时,$\boldsymbol{M} = 0$,但这时电偶极子处于非稳定平衡状态,电偶极子稍受扰动,它就会在力偶矩的作用下离开这一位置,而转到 $\theta = 0$($\boldsymbol{p}$ 和 $\boldsymbol{E}$ 方向一致)的稳定平衡状态.

显然,当电偶极子处在非均匀电场中时,电偶极子不但受到力偶矩的作用而产生转动,还因所受的合力不为零而产生平动.

思考题

9-20 电偶极子在均匀电场中总要使自身转向稳定平衡的位置. 若此电偶极子处在非均匀电场中,它将怎样运动?

习题

9-1 选择题

(1) 两块均匀带电的平行平板相距 d,板面积均为 S,所带电荷量分别为 $+q$ 和 $-q$,若两板的线度远大于 d,则它们的相互作用力的大小为(   ).

(A) $\dfrac{q^2}{4\pi\varepsilon_0 d^2}$ (B) $\dfrac{q^2}{\varepsilon_0 S}$

(C) $\dfrac{q^2}{2\varepsilon_0 S}$ (D) ∞

(2) 如图所示,半径为 R 的半球面置于电场强度为 $\boldsymbol{E}$ 的均匀电场中,选半球面的外法线为法线正方向,则通过该半球面的电场强度通量 Φ_e 为(   ).

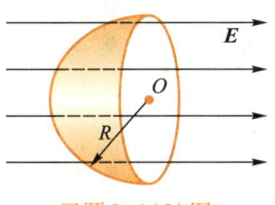

习题 9-1(2)图

(A) $\pi R^2 E$　　　　　　　　　　(B) 0
(C) $2\pi R^2 E$　　　　　　　　　 (D) $-\pi R^2 E$

(3) 下列表述中正确的是(　　).
(A) 闭合曲面上各点电场强度都为零时,曲面内一定没有电荷
(B) 闭合曲面上各点电场强度都为零时,曲面内电荷量的代数和必定为零
(C) 闭合曲面的电场强度通量为零时,曲面上各点的电场强度必定为零
(D) 闭合曲面的电场强度通量不为零时,曲面上任意一点的电场强度都不可能为零

(4) 空间某区域静电场的电场线分布如图所示,现将电荷为$-q$的点电荷由点M经任意路径移到点N,则在下列表述中,正确的是(　　).
(A) 电场强度 $E_M > E_N$,电场力做正功
(B) 电势 $V_M < V_N$,电场力做负功
(C) 电势能 $W_M > W_N$,电场力做正功
(D) 电势能 $W_M \leq W_N$,电场力做负功

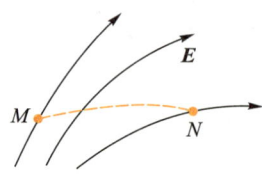

习题 9-1(4)图

(5) 下列表述中正确的是(　　).
(A) 电场强度为零的点,电势也一定为零
(B) 电场强度不为零的点,电势也一定不为零
(C) 电势为零的点,电场强度也一定为零
(D) 电势在某一区域内为常量,则电场强度在该区域内必定为零

9-2 填空题

(1) 电荷量为q和$-2q$的点电荷分别置于$x=-1$ m 和$x=1$ m 处,检验电荷q_0置于$x=$_____m 处,所受合力等于零.

(2) 一均匀带电细圆环,半径为R,所带总电荷量为q,环上有一极小的缺口,缺口长度为$d(d \ll R)$,如图所示. 带电细圆环在圆心处产生的电场强度大小 $E=$_____,方向为_____.

(3) 如图所示的曲线为某种球对称静电场的电场强度大小 E 随径向距离 r 的变化关系. 请指出该电场是由_____带电体产生的.

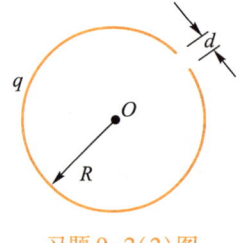

习题 9-2(2)图

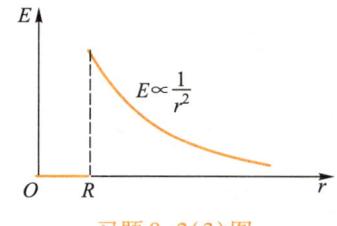

习题 9-2(3)图

(4) 如图所示,M、N 两点与点 O 分别相距 5 cm 和 20 cm,位于点 O 的点电荷 $Q=10^{-9}$ C. 若选点 M 为电势零点,则点 N 的电势 $V_N=$_____;若选无限远处为电势零点,则 $V_N=$_____.

(5) 如图所示,M、N 两点相距 $2R$,点 M 处有一点电荷$-Q$,点 N 处有一点电荷$+Q$,以点 N 为圆心、R 为半径作一半圆弧 OCD. 若将一检验电荷$+q_0$从点 O 沿路径 $OCDP$ 移到无限远处,并设无限远处为电势零点,则$+q_0$在点 D 的电势能 $W_D=$_____,电场力做的功 $A_{O\infty}=$_____,$A_{OD}=$_____,$A_{D\infty}=$_____.

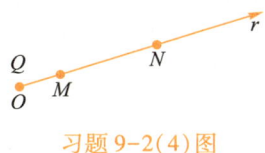

习题 9-2(4)图

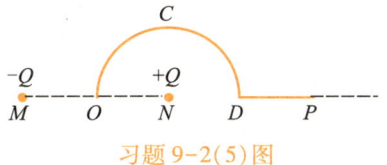

习题 9-2(5)图

9-3 在正方形的两个相对的角上各放置一点电荷 Q,在另外两个相对角上各放置一点电荷 q,如果作用在 Q 上的合外力为零,求 Q 与 q 的关系.

9-4 如图所示,在直角三角形 ABC 的顶点 A 放置一点电荷 $q_1=1.8\times10^{-9}$ C,点 B 放置一点电荷 $q_2=-4.8\times10^{-9}$ C. 已知 $BC=0.04$ m,$AC=0.03$ m,试求直角顶点 C 处的电场强度.

9-5 电子所带电荷量最先是由密立根通过油滴实验测得的. 其原理是将一个很小的带电油滴置于均匀电场内,调节电场强度 E 使作用在油滴上的电场力与油滴的重力平衡. 如果油滴的半径为 1.64×10^{-4} cm,平衡时的电场强度大小为 1.92×10^5 V/m,油滴的密度为 0.851×10^3 kg/m^3,试求油滴所带的电荷量.

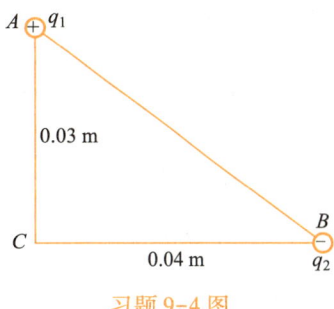

习题 9-4 图

9-6 一长为 l 的均匀带电直导线,其电荷线密度为 λ. 试求导线延长线上距离近端为 a 的一点 P 处的电场密度.

9-7 如图所示,一绝缘细棒被弯成半径为 R 的半圆环. 其左半部分均匀带电,电荷量为 $+q$,右半部分均匀带电,电荷量为 $-q$. 求环心处的电场强度.

9-8 一无限大平面开有一个半径为 R 的圆孔,设该平面均匀带电,其电荷面密度为 $+\sigma$. 试求圆孔轴线上离圆孔中心距离为 x 的一点的电场强度.

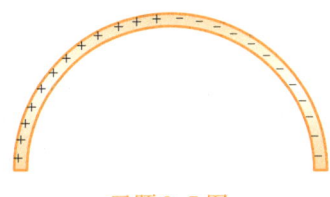

习题 9-7 图

9-9 两根相互平行的无限长均匀带电直线,电荷线密度分别为 λ_1 和 λ_2. 设 $|\lambda_1|<|\lambda_2|$,两直线间的距离为 d,求电场强度为零的点所连成的直线的位置.

9-10 如图所示,一无限长均匀带电直线,其电荷线密度为 λ_1,另一长度为 l 的均匀带电直线 AB,其电荷线密度为 λ_2. AB 与无限长带电直线共面且垂直放置,AB 直线的 A 端到无限长均匀带电直线的距离为 a. 求它们之间的静电力.

9-11 设空间某区域电场强度的分布为 $E_x=bx^{\frac{1}{2}}$,$E_y=E_z=0$,其中 $b=800$ N/(C·m$^{1/2}$). 试求:

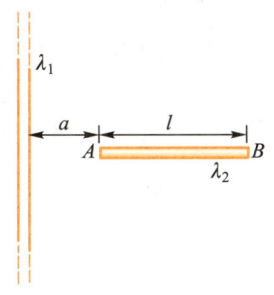

习题 9-10 图

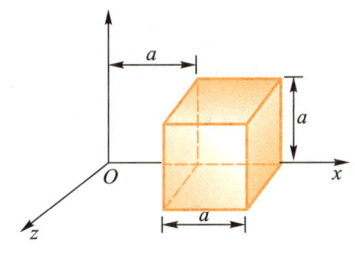

习题 9-11 图

(1) 通过如图所示的立方体表面的电场强度通量,该立方体边长为 $a = 10$ cm,它的一个侧面与 Oyz 平面平行且相距为 a;

(2) 该立方体内的总电荷量.

9-12 如图所示,在半径分别为 R_1、R_2 的两个均匀带电同心球面上,电荷量分别为 Q_1 和 Q_2,求空间的电场强度分布,并作出 E-r 关系曲线.

9-13 一对无限长均匀带电直圆筒,半径分别为 R_1 和 R_2 ($R_1 < R_2$),沿轴线单位长度的电荷量分别为 λ_1 和 λ_2. 试求空间的电场强度分布.

9-14 厚度为 b 的无限大均匀带电平板,其电荷体密度为 ρ. 求板内、外任意一点的电场强度.

9-15 一半径为 R 的无限长均匀带电直圆柱体,其电荷体密度为 $\rho = Ar$ ($r<R$),式中 A 为常量. 试求圆柱体内、外各点电场强度大小分布.

9-16 如图所示,在一电荷体密度为 ρ 的均匀带电球体中,挖去一个以 O' 为球心的球状小空腔,空腔的球心相对带电球体中心 O 的位矢用 $\boldsymbol{b}$ 表示.

试证:球状空腔内的电场是均匀电场,其表达式为 $\boldsymbol{E} = \dfrac{\rho}{3\varepsilon_0}\boldsymbol{b}$.

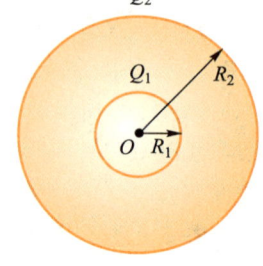

习题 9-12 图

9-17 真空中一均匀带电曲线,形状如图所示,有 $AB = DE = R$,电荷线密度为 λ,求圆心 O 的电势.

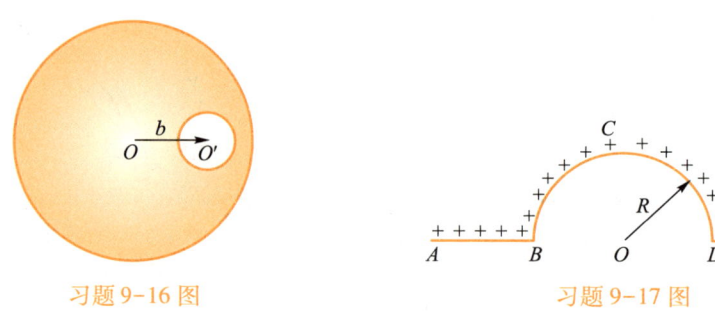

习题 9-16 图   习题 9-17 图

9-18 半径为 2 mm 的球形水滴的电势为 300 V(以无限远处为电势零点).

(1) 求水滴所带的电荷量;

(2) 如果两个相同的上述水滴结合成一个较大的水滴,其电势为多少(假定结合时电荷没有漏失)?

9-19 电荷面密度分别为 $+\sigma$ 和 $-\sigma$ 的两块无限大均匀带电平行板,如图所示,取坐标原点为电势零点,求空间各点的电势分布并画出电势随坐标 x 变化的关系曲线.

9-20 一半径为 R 的均匀带电球体,其电荷体密度为 ρ. 求:

(1) 球外任意一点的电势;

(2) 球表面上的电势;

(3) 球内任意一点的电势.

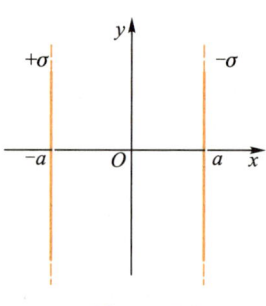

习题 9-19 图

9-21 如图所示,一电偶极子置于均匀电场中,其电偶极矩与电场强度方向成 30° 角,电场强度的大小为 2×10^3 V/m,作用在电偶极子上的力矩为 5.0×10^{-2} N·m,试计算其电偶极矩和电势能.

9-22 一次闪电的放电电压大约是 1.0×10^9 V,而被中和的电荷量约为 30 C.
（1）求一次闪电所释放的能量.
（2）一所希望小学每天消耗电能 20 kW·h. 一次闪电所释放的电能够该小学用多长时间?

9-23 一半径为 R 的均匀带电细圆环,其电荷线密度为 λ,水平放置. 今有一质量为 m、电荷量为 q 的粒子沿细圆环轴线自上而下向圆环的中心运动,如图所示. 已知该粒子在通过距环心高为 h 的一点时的速度为 v_1,试问:该粒子到达环心时的速度为多少?

9-24 如图所示,一长为 l 的均匀带电细棒,电荷量为 Q,求 z 轴上一点 $P(0,a)$ 的电势 V_P 及电场强度 E_P 在 z 轴方向上的分量 E_z(要求用 $\boldsymbol{E}=-\nabla V$ 来求电场强度).

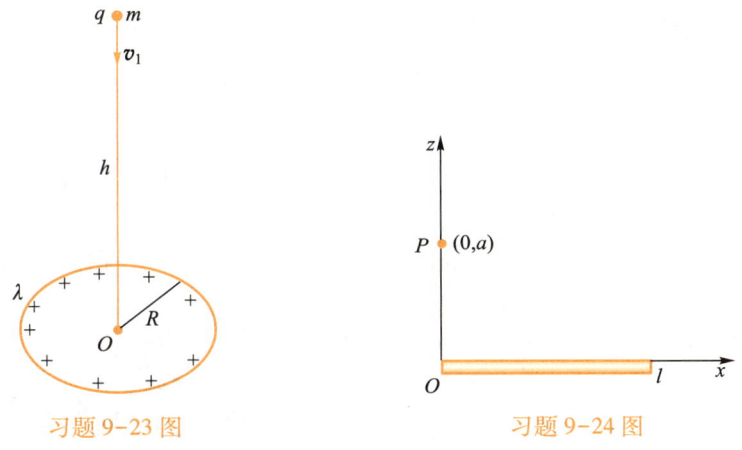

习题 9-21 图

习题 9-23 图   习题 9-24 图

9-25 一电子初速为零,在 5 000 V 的电压下加速后水平飞入两平行板空间的中央,若平行板是水平放置的,且板长 $b=5$ cm,两板间距离 $d=1$ cm. 问至少要在两板上加多大电压才能使电子不再飞出两板的空间?

第 9 章参考答案

第 10 章

静电场中的导体和电介质

第 9 章讨论了真空中的静电场及其特性. 实际上,在静电场中总存在着导体和电介质. 由于导体和电介质结构的差异,它们在静电场中有明显区别,因此研究静电场中的导体、电介质与电场的相互作用就具有重要的现实意义.

本章讨论导体、电介质放入静电场后产生的现象及其所遵循的规律.

§ 10.1 静电场中的导体

10.1.1 导体的静电平衡条件

本章讨论的导体均指金属导体,其特点是导体内部含有大量的自由电子. 当导体不带电、也不受外电场作用时,自由电子做无规则热运动,并在导体内均匀分布.

如果把导体放入静电场 E_0 中,如图 10-1(a)所示,在最初的极短暂时间内,导体所占据的那部分空间里是有电场的,在电场的作用下,导体中自由电子将发生宏观的定向运动,结果使导体的一端带上正电,另一端带上负电,如图 10-1(b)所示. 这种现象称为静电感应现象. 由静电感应产生的电荷称为感应电荷. 感应电荷也会产生电场,称为附加电场,用 E' 表示,因此导体内部的电场应为上述两种电场的叠加,即

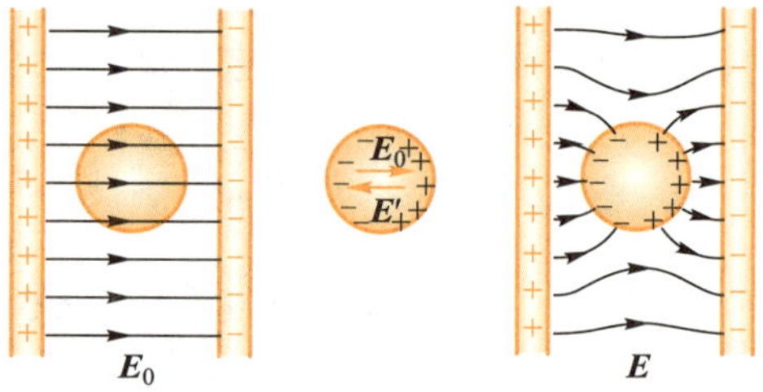

(a) 静电场　　(b) 静电感应　　(c) 总电场

图 10-1　导体的静电感应过程

$$E = E_0 + E' \tag{10-1}$$

由于在导体内部,E' 的方向总是与外加电场 E_0 的方向相反,如图 10-1(b)所示,当导体两端的正、负电荷积累到一定程度时,E' 的值就会大到足以把 E_0 完全抵消,此时导体内部的总电场 $E = E_0 + E'$ 的大小处处为零,自由电子便不再做定向移动,导体两端正、负电荷也不再增加,导体外的电场强度也发生了畸变,如图 10-1(c)所示. 静电场中导体内部和表面上任何一部分都没有电荷做宏观定向运动的状态称为静电平衡. 显然,导体达到静电平衡的条件是导体内任意一点的电场强度的值都等于零,即

$$E = 0 \tag{10-2}$$

需要注意的是，这里所说的电场强度，指的是外加的静电场 E_0 和感应电荷产生的附加电场 E' 叠加后的总电场强度. 可以设想：如果导体内部有一点的电场强度不为零，该点的自由电子就要在电场力作用下做定向运动，这就表明导体并没有达到静电平衡.

10.1.2 导体处于静电平衡时的性质

静电学中所讨论的导体都是处于静电平衡的导体. 根据静电平衡条件可推出导体具有以下性质.

1. 导体是等势体，导体表面是等势面

由于处于静电平衡的导体内部电场强度为零，那么导体内任意两点 M、N 之间的电势差为

$$V_M - V_N = \int_M^N \boldsymbol{E} \cdot \mathrm{d}\boldsymbol{l} = 0$$

即
$$V_M = V_N$$

这就是说，处于静电平衡的导体，其内部的电势相等，其表面为等势面.

2. 电荷只分布在导体表面上

利用静电场的高斯定理及电荷守恒定律很容易证明这一结论，下面分两种情况讨论.

1）实心导体

在处于静电平衡的导体内部围绕任意一点 P 作一高斯面 S，如图 10-2 中虚线所示. 由于导体内任意一点的电场强度为零，所以通过闭合曲面 S 的电场强度通量也必定为零，即

$$\oint_S \boldsymbol{E} \cdot \mathrm{d}\boldsymbol{S} = 0$$

根据静电场的高斯定理，高斯面内包围的电荷量的代数和必然为零. 因为点 P 是在导体内任意取的，所以可得出，带电导体处于静电平衡时，导体内没有净电荷（即没有未被抵消的正、负电荷），导体所带的电荷只能分布在导体表面上.

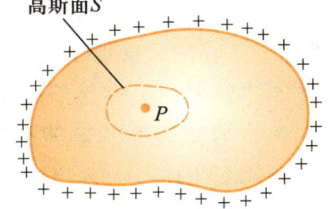

图 10-2 实心导体的电荷分布

2）空腔导体

设空腔导体（或称为导体壳）所带正电荷量为 Q，空腔内无电荷. 在导体内作一包围空腔的高斯面 S，如图 10-3(a) 中虚线所示. 由于空腔导体处于静电平衡时，导体内的电场强度为零，所以根据静电场的高斯定理有

$$\oint_S \boldsymbol{E} \cdot \mathrm{d}\boldsymbol{S} = \frac{\sum_{i=1}^{n} q_i}{\varepsilon_0} = 0$$

这说明在空腔的内表面上没有净电荷[图 10-3(a)]或者分布着等量异号电荷[图 10-3(b)]. 如果是后者，那么在空腔内就会有起始于正电荷而终止于负电荷的电场线，即空腔内的电场强度不为零，那么有

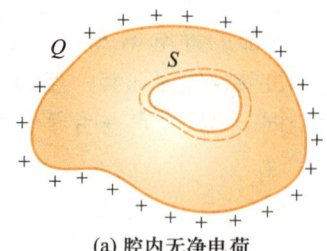
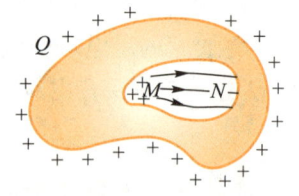

(a) 腔内无净电荷　　　　(b) 假设腔内表面分布有等量异号电荷

图 10-3　空腔导体的电荷分布（腔内无电荷）

$$V_M - V_N = \int_N^M \boldsymbol{E} \cdot \mathrm{d}\boldsymbol{l} \neq 0$$

这说明点 M 与点 N 的电势不相等，这与静电平衡条件相违背，因此，在导体的空腔内没有净电荷，电荷只分布在空腔导体的外表面上。

设空腔导体带正电荷 Q，空腔内有电荷 $+q$，作一包围空腔的高斯面 S_1，如图 10-4 中虚线所示。由静电场的高斯定理有

$$\oint_{S_1} \boldsymbol{E} \cdot \mathrm{d}\boldsymbol{S} = \frac{q}{\varepsilon_0}$$

再在导体内取另一高斯面 S_2。由静电平衡条件知，导体内的电场强度为零，故根据静电场的高斯定理有

$$\oint_{S_2} \boldsymbol{E} \cdot \mathrm{d}\boldsymbol{S} = \frac{\sum\limits_{i=1}^{n} q_i}{\varepsilon_0} = 0$$

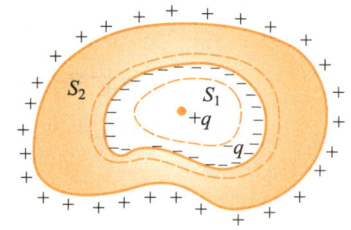

图 10-4　空腔导体的电荷分布（腔内有电荷）

这就说明，在闭合曲面 S_2 内电荷的代数和为零。因此，在空腔内表面必有感应电荷 $-q$，且 $+q$ 与 $-q$ 的代数和为零。由电荷守恒定律知此时导体外表面上有感应电荷 $+q$，导体外表面所带电荷量为 $Q+q$。

3. 导体表面的电荷面密度与其外紧邻处的电场强度的大小成正比

如图 10-5 所示，设在导体表面取一小面元 ΔS，当面元很小时，可以认为 ΔS 上电荷的分布是均匀的。以面元 ΔS 的大小为底面作一个如图 10-5 所示的扁圆柱形的高斯面，使两底面平行于 ΔS。因导体内的电场强度为零，通过导体内的底面的电场强度通量为零；因侧面上的法线与电场强度垂直，所以通过侧面的电场强度通量也为零；通过扁圆柱形高斯面的电场强度通量只有通过导体外的底面的电场强度通量 $E\Delta S$。根据静电场的高斯定理有

图 10-5　导体表面的电荷面密度

$$E\Delta S = \frac{\sigma \Delta S}{\varepsilon_0}$$

故

$$E = \frac{\sigma}{\varepsilon_0}$$

写成矢量式为

$$\boldsymbol{E} = \frac{\sigma}{\varepsilon_0} \boldsymbol{e}_n \tag{10-3}$$

4. 孤立导体上的电荷面密度与导体表面曲率有关，曲率大处电荷面密度较大

电荷在导体表面的分布不仅与该导体的形状有关，还与它附近其他带电体有关．然而对于孤立导体（离其他导体足够远的导体），一般说来，导体表面凸而尖锐处曲率较大，σ 也较大；导体表面较平坦处曲率较小，σ 也较小；导体表面凹陷处曲率为负值，σ 则更小．由式（10-3）可知，导体表面电场分布也与 σ 分布相似，即凸而尖锐处电场强度大，平坦处电场强度次之，凹陷处电场强度最弱．只有孤立的球形导体，因各部分的曲率相同，球面上的电荷分布才是均匀的．

尖端附近的电场特别强，甚至会使周围的空气电离，这时与尖端上所带电荷符号相反的离子会被吸引到尖端上去，和尖端上的电荷中和，而与尖端上所带电荷符号相同的离子则被排斥，加速离开尖端，如图 10-6 所示，电荷好像从尖端上喷射出来一样，这种现象称为尖端放电．对于尖端放电，在实际中，有些地方要避免它，有些地方要利用它．例如，为了防止因尖端放电而引起危险或漏电造成损失，高压输电线应采用表面光滑的粗导线，高压设备中的零部件的表面也必须做得十分光滑并尽可能做成球面．与此相反，在很多情况下，人们还利用尖端放电，例如，家用燃气灶等点火电极往往要做成尖锐的形状，就是利用其尖端放电现象来进行点火．此外，避雷针也是根据尖端放电的原理制成的，当雷电发生时，利用尖端放电原理使强大的放电电流从和避雷针连接并接地良好的粗导线中流过，从而避免了建筑物遭受雷击的破坏．

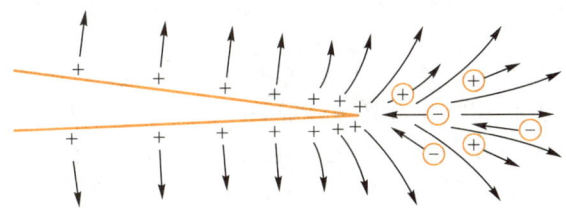

图 10-6　带电导体尖端处的电场最强

10.1.3　静电屏蔽

由于导体内部电场强度为零，若把一空腔导体放在静电场中，电场线就将终止于导体的外面，而不能穿过导体进入空腔，如图 10-7(a)所示，这时，导体空腔的内部电场强度处处为零．这表明，可以用导体空腔来屏蔽外电场，使腔内的物体不受外电场的影响，这种现象称为静电屏蔽．

静电屏蔽也可用于防止放在空腔中的带电体对空腔外其他物体的影响．例如，一空心球壳内有一带正电的小球，则球壳的内表面上将产生感应负电荷，外表面上产生感应正电荷，如图 10-7(b)所示．如果将球壳接地，则外表面上正电荷将和从地上来的负电荷中和，使球壳外面的电场消失，如图 10-7(c)所示．这样，空腔内的带电体就不会对空腔外的物体产生任何影响了，这种现象也称静电屏蔽．

演示实验：法拉第圆筒

演示实验：法拉第笼

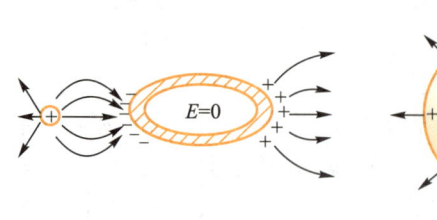 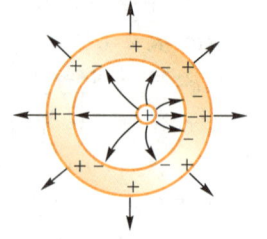 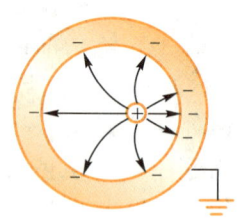

(a) 空腔内无电荷　　(b) 空腔内有电荷(空腔不接地)　　(c) 空腔内有电荷(空腔接地)

图 10-7　静电屏蔽

提示:
金属外壳起静电屏蔽作用.

静电屏蔽原理的实际应用非常广泛,例如,为了避免外界电场对某些精密电磁测量仪器的干扰和避免高压设备的电场对外界的影响,一般都在这些设备的外面安装接地的金属外壳(网、罩);场效应管、集成电路常放置在屏蔽盒内;对传送弱信号的电缆线,为了避免外界的干扰,也往往在导线外面包一层用金属丝编织的屏蔽线层.

10.1.4　有导体存在时静电场的电场强度和电势的计算

导体放入静电场后,电场会影响导体上电荷的分布,同时,导体上的电荷分布也会影响电场的分布. 这种相互影响将一直持续到导体处于静电平衡时为止,这时导体上的电荷分布及周围的电场分布就不再改变了. 因此,在计算有导体存在时的静电场的电场和电势时,首先要根据静电平衡条件和电荷守恒定律确定导体上新的电荷分布,然后由新的电荷分布(应用第9章中的方法)来计算电场强度 E 和电势 V.

例 10-1 如图 10-8 所示,一半径为 R 的不带电导体球附近有一电荷量为 $q(q>0)$ 的点电荷,它与球心 O 相距 d,试求:

(1) 导体球上感应电荷在球心处产生的电场强度及此时球心处的电势;

(2) 若将导体球接地,球上的净电荷为多少?

解 (1) 按题意可知,由于 q 的存在,导体球面将感应出电荷 $-q'$ 和 q',如图 10-8 所示. 因此,球心 O 处的电场强度应为 $-q'$ 和 q' 激发的电场的电场强度 E' 和点电荷 q 激发的电场的电场强度 E 的矢量和,即

$$E_0 = E' + E$$

由静电平衡条件可知,导体内电场强度应处处为零,即 $E_0 = 0$. 建立如图 10-8 所示的坐标系,则

图 10-8　例 10-1 用图

$$E' = -E = -\left[\frac{q}{4\pi\varepsilon_0 d^2}(-i)\right] = \frac{q}{4\pi\varepsilon_0 d^2}i$$

因为 $-q'$ 和 q' 分布在金属球表面上,它们距球心 O 的距离均为 R. 在球面上任取感应电荷元 dq',则 dq' 在点 O 处的电势为

$$dV' = \frac{dq'}{4\pi\varepsilon_0 R}$$

于是,所有的感应电荷在 O 处的电势为

$$V' = \int_{\pm q'} \frac{\mathrm{d}q'}{4\pi\varepsilon_0 R} = 0$$

而 q 在 O 处的电势为

$$V = \frac{q}{4\pi\varepsilon_0 d}$$

根据电势叠加原理,球心 O 处的电势 V_O 应为两者的叠加,即

$$V_O = V' + V = \frac{q}{4\pi\varepsilon_0 d}$$

(2) 将导体球接地后,其与地球等电势,即 $V_{球} = 0$. 由于导体球为等势体,球心 O 处的电势也应为零,即 $V_O = 0$. 但是,因为有 q 的存在,它在 O 处产生的电势 $V = \dfrac{q}{4\pi\varepsilon_0 d}$ 并不为零,表明还有其他电荷也在 O 处产生电势 V',且与 q 在 O 处产生的电势等值、反号,叠加后使 O 处的电势为零. 不难看出,这个电荷只能是球面上感应电荷中的一部分 q_0'. 所以,O 处的电势为

$$V_O = V + V' = \frac{q}{4\pi\varepsilon_0 d} + \frac{q_0'}{4\pi\varepsilon_0 R} = 0$$

解得

$$q_0' = -\frac{R}{d}q$$

例 10-2 两块无限大导体平板平行并相对放置,其所带电荷量分别为 Q_A 和 Q_B,如图 10-9 所示. 如果两块导体平板的四个平行表面的面积都是 S,且都可视为无限大平板,试求这四个面上的电荷面密度.

解 处于静电平衡时,导体上的电荷都分布在表面上,因此可设四个面的电荷面密度分别为 σ_1、σ_2、σ_3 和 σ_4,如图 10-9 所示.

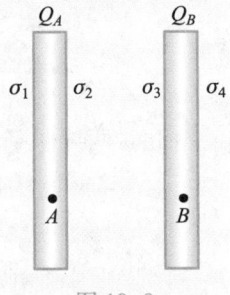

图 10-9
例 10-2 用图

根据电荷守恒定律,有

$$\sigma_1 S + \sigma_2 S = Q_A \qquad (1)$$

$$\sigma_3 S + \sigma_4 S = Q_B \qquad (2)$$

由电场叠加原理可知,空间任意一点的电场都是由四个面上的电荷产生的电场叠加而成的,每一个面上的电荷在空间任意一点产生的电场的电场强度的大小都是 $\dfrac{\sigma_i}{2\varepsilon_0}$.

根据导体的静电平衡条件可知,导体平板上点 A 和点 B 的电场强度为零,若取右向为坐标轴的正方向,则有

$$E_A = \frac{\sigma_1}{2\varepsilon_0} - \frac{\sigma_2}{2\varepsilon_0} - \frac{\sigma_3}{2\varepsilon_0} - \frac{\sigma_4}{2\varepsilon_0} = 0$$

$$E_B = \frac{\sigma_1}{2\varepsilon_0} + \frac{\sigma_2}{2\varepsilon_0} + \frac{\sigma_3}{2\varepsilon_0} - \frac{\sigma_4}{2\varepsilon_0} = 0$$

即
$$\sigma_1 - \sigma_2 - \sigma_3 - \sigma_4 = 0 \tag{3}$$

$$\sigma_1 + \sigma_2 + \sigma_3 - \sigma_4 = 0 \tag{4}$$

联立式(1)—式(4)求得

$$\sigma_1 = \sigma_4 = \frac{Q_A + Q_B}{2S}$$

$$\sigma_2 = -\sigma_3 = \frac{Q_A - Q_B}{2S}$$

由此可见,对于两块无限大的导体平板,相对的两内侧表面上电荷面密度大小相等、符号相反,相背的两外侧表面上电荷面密度大小相等、符号相同.

下面讨论几种特殊情况.

(1) 若 $Q_A = -Q_B = Q$,则

$$\sigma_1 = \sigma_4 = 0$$

$$\sigma_2 = -\sigma_3 = \frac{Q}{S}$$

这时,两导体平板的外侧均无电荷,电荷只分布在相对的两内侧表面上,且等量异种,因此电场只集中在两导体平板之间的区域,电场强度大小处处相等. 平行板电容器正属于这种情况.

(2) 若 $Q_A = Q_B = Q$,则

$$\sigma_1 = \sigma_4 = \frac{Q}{S}$$

$$\sigma_2 = -\sigma_3 = 0$$

此时两导体平板之间电场强度为零,导体平板外侧有电场分布.

(3) 若 $Q_A \neq 0, Q_B = 0$,达到静电平衡时,有

$$\sigma_1 = \sigma_4 = \frac{Q_A}{2S}$$

$$\sigma_2 = -\sigma_3 = \frac{Q_A}{2S}$$

此时两导体平板内、外两侧均存在电场.

例 10-3 若点电荷 q 位于原来不带电的导体球壳中心,球壳内、外半径分别为 R_1 和 R_2,如图 10-10 所示. 求:

(1) 球壳内、外表面的电荷分布;

(2) 图 10-10 中 Ⅰ、Ⅱ、Ⅲ 三部分的电场分布;

(3) 图 10-10 中 Ⅰ、Ⅱ、Ⅲ 三部分的电势分布.

解 （1）原来不带电的导体球壳中心放入点电荷 q 后，在电场的作用下，达到静电平衡时，根据静电场的高斯定理和导体静电平衡条件，球壳内表面所带电荷量为 $-q$，又根据电荷守恒定律，球壳外表面所带电荷量为 q，由对称性可以看出这两个表面的电荷分布都是均匀的．

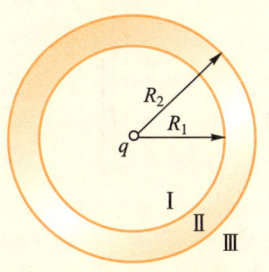

图 10-10　例 10-3 用图

（2）由静电场的高斯定理可求出电场强度分布为

$$E_{\text{I}} = \frac{q}{4\pi\varepsilon_0 r^2} \quad (r<R_1)$$

$$E_{\text{II}} = 0 \quad (R_1 \leq r \leq R_2)$$

$$E_{\text{III}} = \frac{q}{4\pi\varepsilon_0 r^2} \quad (r>R_2)$$

（3）从上面结果可以看出，球壳外部空间中的电场分布与点电荷的电场分布相同．所以在 $r>R_2$ 的空间，总的电势分布与点电荷的电势分布相同，即

$$V_{\text{III}} = \int_r^\infty E_{\text{III}}\, \mathrm{d}r = \int_r^\infty \frac{q}{4\pi\varepsilon_0 r^2}\mathrm{d}r = \frac{q}{4\pi\varepsilon_0 r}$$

当 $R_1 < r < R_2$ 时，由于导体是等势体，即导体的电势为上式中 $r=R_2$ 时的电势值，则

$$V_{\text{II}} = \frac{q}{4\pi\varepsilon_0 R_2}$$

当 $r<R_1$ 时，有

$$V_{\text{I}} = \int_r^{R_1} E_{\text{I}}\, \mathrm{d}r + \int_{R_1}^{R_2} E_{\text{II}}\, \mathrm{d}r + \int_{R_2}^\infty E_{\text{III}}\, \mathrm{d}r$$

$$= \int_r^{R_1} \frac{q}{4\pi\varepsilon_0 r^2}\mathrm{d}r + \int_{R_1}^{R_2} 0\, \mathrm{d}r + \int_{R_2}^\infty \frac{q}{4\pi\varepsilon_0 r^2}\mathrm{d}r$$

$$= \frac{q}{4\pi\varepsilon_0}\left(\frac{1}{r} - \frac{1}{R_1} + \frac{1}{R_2}\right)$$

思考题

10-1　把两块大小相当、靠得很紧的金属薄板 A、B 放在两个带有异号电荷且电荷量相等的点电荷之间，两薄板均与点电荷的连线垂直，如图所示．如果金属板可以自由移动，将会发生怎样的现象？

10-2　如图所示，在金属球 A 内有两个球形空腔．此金属球整体上不带电．在两空腔中心各放置一点电荷 q_1 和 q_2，求金属球 A 上的电荷分布．此外在远处放置一点电荷 q（q 至 A 中心的距离为 R，球 A 的半径为 r，而 $R \gg r$），则作用在 A、q_1、q_2、q 上的电场力各为多少？

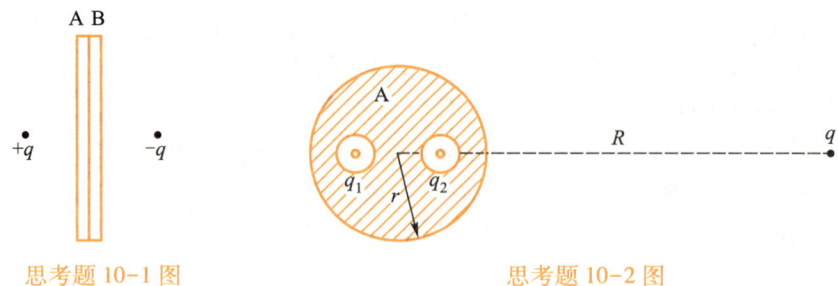

思考题 10-1 图　　　　　思考题 10-2 图

10-3　一电荷量为 q 的导体靠近一电荷量为 Q 的导体球,达到静电平衡后,如图所示.问:(1)在导体球内会激发电场吗?导体球内电场强度为多大?(2)随着 q 移近导体球,导体球上的电荷分布是否会发生变化?(3)导体球附近一点 P 的电场强度 $E_P = \dfrac{\sigma}{\varepsilon_0}$ 还成立吗?为什么?

10-4　将一电中性导体放在静电场中,在导体上感应出的正负电荷是否一定相等?这时导体是否是等势体?如果在电场中把导体分开为两部分,则一部分导体带正电,另一部分带负电,这时两部分导体电势是否相等?

10-5　将空腔的导体表面接地,使它成为"静电屏",设静电屏内部和外部都有电荷,如图所示.试分析下面的问题:

(1) 当静电屏不接地时,静电屏内部的电场强度是否受到外面电荷的影响?

(2) 当静电屏不接地时,静电屏外的电场强度能否受到静电屏内电荷的影响?

(3) 一般的静电屏要接地,有何好处?

思考题 10-3 图　　　　　思考题 10-5 图

§ 10.2　电容与电容器

10.2.1　孤立导体的电容

考虑一个半径为 R 的孤立导体球,如果导体球所带电荷量为 Q,取无限远处为电势零点,则该导体球的电势为

$$V = \frac{1}{4\pi\varepsilon_0} \frac{Q}{R}$$

上式说明：孤立导体球的电势与其所带电荷量成正比，比值 $\frac{Q}{V}=4\pi\varepsilon_0 R$ 是一个只与导体球半径 R 有关，而与导体球的 Q、V 无关的常量，将 Q 与 V 的比值定义为孤立导体的电容，用 C 表示，即

$$C=\frac{Q}{V} \tag{10-4}$$

C 是描写导体容纳电荷能力大小的物理量，由式(10-4)可知，取无限远处为电势零点，C 在数值上等于孤立导体电势为 1 V 时导体所带电荷量 Q 的大小。

在国际单位制中，电容的单位为 F(法拉)，即

$$1\ \text{F}=1\ \text{C/V}$$

在实际使用中，F 这个单位太大，常用 μF(微法)、pF(皮法)作为电容的单位，它们之间的关系为

$$1\ \text{F}=10^6\ \mu\text{F}=10^{12}\ \text{pF}$$

10.2.2 电容器及其电容

前面提到的孤立导体是一个理想模型，实际上是不存在的。一个导体的周围总会有别的导体，它们一起构成了一个导体系统。通常把两个靠得很近的导体系统称为电容器，两个导体称为电容器的极板，如图 10-11 所示。

设将两个导体 A、B 放在真空中，它们所带的电荷量分别为 $+Q$ 和 $-Q(Q>0)$，如果它们的电势分别为 V_A 和 V_B，则将两导体中任意一个导体所带的电荷量绝对值 Q 与两导体间的电势差的比值定义为电容器的电容，即

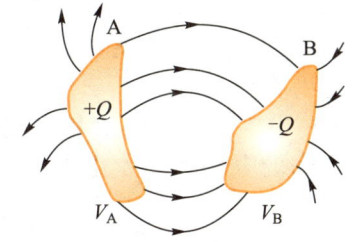

图 10-11　导体 A 和导体 B 组成的电容器

$$C=\frac{Q}{V_A-V_B}=\frac{Q}{U} \tag{10-5}$$

电容器是一个重要的电子元件，按形状来分，有平行板电容器、圆柱形电容器和球形电容器等；按极板间所充的电介质来分，有空气电容器、云母电容器、陶瓷电容器和电解电容器等。在电力系统中，电容器是提高功率因数的重要元件。在电子线路中，电容器是获得振荡、滤波、相移、旁路、耦合等的重要元件。

简单电容器的电容是比较容易计算的。计算电容器电容的步骤是：先设电容器两极板的电荷量分别为 $+Q$ 和 $-Q$，求出两极板间的电场分布，计算两极板间的电势差，然后利用电容器电容的定义式 $C=\frac{Q}{V_A-V_B}$ 求出电容器的电容。下面讨论几种典型电容器的电容。

1. 平行板电容器

如图 10-12 所示，平行板电容器由两块彼此靠得很近、相互平行的金属板组成。设极板面积为 S，当板内侧间距离为 $d(d^2 \ll S)$ 时，可忽略板边缘处电场不均匀的影

提示：
导体的电容反映了导体的容电本领，仅与导体的形状与尺寸有关，与导体是否带电无关。

响,那么两极板间的电场是均匀电场. 设极板 A、B 上所带电荷量分别为 $+Q$ 和 $-Q$,则电荷均匀分布在相对的两内侧表面上,平行板电容器内的电场强度大小为

$$E = \frac{\sigma}{\varepsilon_0} = \frac{Q}{\varepsilon_0 S}$$

方向由极板 A 指向极板 B,则两极板的电势差为

$$V_A - V_B = \int_0^d \boldsymbol{E} \cdot \mathrm{d}\boldsymbol{l} = Ed = \frac{Qd}{\varepsilon_0 S}$$

因此,平行板电容器的电容为

$$C = \frac{Q}{V_A - V_B} = \frac{\varepsilon_0 S}{d} \qquad (10\text{-}6)$$

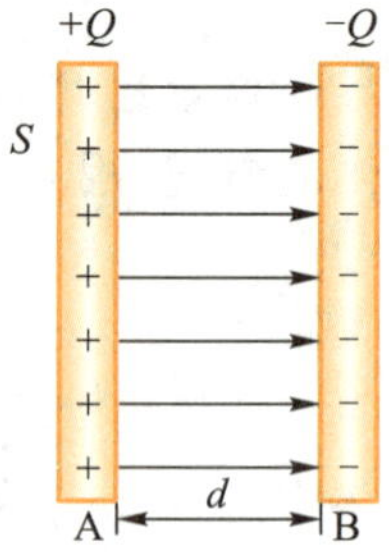

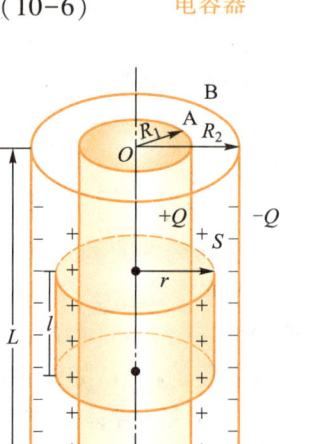

图 10-12　平行板电容器

2. 圆柱形电容器

如图 10-13 所示,圆柱形电容器是由两个同轴的半径分别为 R_1 和 R_2 的金属圆筒 A、B 所组成. 筒的长度 $L \gg R_2$,故圆柱可视为无限长圆柱. 设内筒的电荷量为 $+Q$、外筒的电荷量为 $-Q$,则单位长度上的电荷量 $\lambda = \dfrac{Q}{L}$. 略去边缘效应,根据电荷的轴对称性,可知两筒间电场也具有轴对称性. 在两筒之间,过任意一点作半径为 r、长为 l 的与筒同轴的圆柱形闭合面 S 作为高斯面. 由静电场的高斯定理可求得两筒之间的电场强度大小为

$$\oint_S \boldsymbol{E} \cdot \mathrm{d}\boldsymbol{S} = 2\pi r l E = \frac{\lambda l}{\varepsilon_0}$$

所以有

$$E = \frac{Q}{2\pi\varepsilon_0 L} \frac{1}{r}$$

电场强度的方向沿径向. 于是,两圆柱面间的电势差为

$$V_A - V_B = \int_{R_1}^{R_2} \boldsymbol{E} \cdot \mathrm{d}\boldsymbol{l} = \int_{R_1}^{R_2} \boldsymbol{E} \cdot \mathrm{d}\boldsymbol{r} = \int_{R_1}^{R_2} \frac{Q}{2\pi\varepsilon_0 L} \frac{\mathrm{d}r}{r} = \frac{Q}{2\pi\varepsilon_0 L} \ln \frac{R_2}{R_1}$$

图 10-13　圆柱形电容器

因此,圆柱形电容器的电容为

$$C = \frac{Q}{V_A - V_B} = \frac{2\pi\varepsilon_0 L}{\ln\left(\dfrac{R_2}{R_1}\right)} \qquad (10\text{-}7)$$

3. 球形电容器

如图 10-14 所示,球形电容器由半径分别为 R_1 和 R_2 的两个同心金属球壳组成. 设内球壳的电荷量为 $+Q$,外球壳的电荷量为 $-Q$;内球壳的电势为 V_A,外球壳的电势为 V_B,由静电场的高斯定理可求得两金属球壳之间的电场强度大小为

$$E = \frac{Q}{4\pi\varepsilon_0 r^2} \quad (R_1 < r < R_2)$$

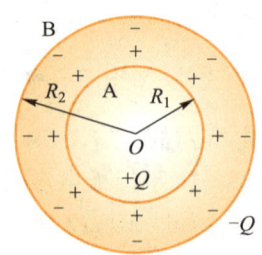

图 10-14　球形电容器

电场强度的方向沿径向,则两球壳之间的电势差为

$$V_A - V_B = \int_{R_1}^{R_2} \boldsymbol{E} \cdot \mathrm{d}\boldsymbol{l} = \int_{R_1}^{R_2} \boldsymbol{E} \cdot \mathrm{d}\boldsymbol{r}$$

$$= \frac{Q}{4\pi\varepsilon_0} \int_{R_1}^{R_2} \frac{\mathrm{d}r}{r^2} = \frac{Q}{4\pi\varepsilon_0}\left(\frac{1}{R_1} - \frac{1}{R_2}\right)$$

因此,球形电容器的电容为

$$C = \frac{Q}{V_1 - V_2} = \frac{4\pi\varepsilon_0 R_1 R_2}{R_2 - R_1} \tag{10-8}$$

当组成球形电容器的外球在无限远处($R_2 = \infty$),即 $R_2 \gg R_1$ 时,则式(10-8)可写为

$$C = 4\pi\varepsilon_0 R_1$$

此式就是孤立导体球的电容公式.

由式(10-6)—式(10-8)可见,电容器的电容仅由组成电容器导体的形状、几何尺寸、相对位置决定,即仅由电容器本身的性质决定,与它所带电荷量无关.

以上是几种典型电容器的电容. 实际上任何导体间都存在着电容,如导线之间、电子元器件之间都存在着电容,通常称为分布电容. 一般情况下,分布电容很小,通常可忽略不计,但在高频电路中则必须考虑分布电容的影响.

10.2.3 电容器的连接方式

电容器有两个非常重要的性能指标,一个是电容,另一个是耐压值. 使用电容器时,两极板上的电压不能超过所规定的耐压值,否则电容器中的电介质因电场强度过大而失去绝缘性能而转化为导体,称为击穿. 因而当单独一个电容器的电容或耐压值不能满足实际要求时,可把多个电容器连接起来使用,电容器的连接方式主要有串联、并联两种.

将 n 个电容器按图 10-15 所示的方式连接(称为串联),其中每个电容器的一个极板与另一个电容器的一个极板连接,电源接在 A、B 两端. 串联电容器组的特点是:电容器组的总电势差等于各电容器两端的电势差之和,各个电容器的极板所带电荷量的绝对值都相等,等于电容器组的总电荷量. 即

$$U_{AB} = U_1 + U_2 + \cdots + U_n$$
$$Q = Q_1 = Q_2 = \cdots = Q_n$$

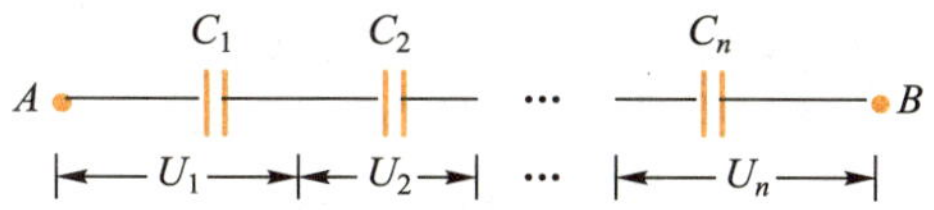

图 10-15 电容器的串联

当电容器充电后,C_1 左边的极板所带电荷量为 $+Q$,由于静电感应,其右边的极板上产生的电荷量为 $-Q$,C_2 左边的极板所带电荷量为 $+Q$,在其右边极板上产生的电荷量为 $-Q$……所以,每个电容器的两个极板上都带有等量异号的电荷量 $+Q$ 和 $-Q$. 由电容定义可得

$$U_1 = \frac{Q}{C_1}, \quad U_2 = \frac{Q}{C_2}, \quad \cdots, \quad U_n = \frac{Q}{C_n}$$

所以
$$U_{AB} = \frac{Q}{C_1} + \frac{Q}{C_2} + \cdots + \frac{Q}{C_n} = Q\left(\frac{1}{C_1} + \frac{1}{C_2} + \cdots + \frac{1}{C_n}\right)$$

此时,U_{AB} 与 Q 仍成正比,把 $\frac{Q}{U_{AB}}$ 称为串联电容器组的电容(或等效电容),用 C 表示,则

$$\frac{1}{C} = \frac{1}{C_1} + \frac{1}{C_2} + \cdots + \frac{1}{C_n} \tag{10-9}$$

式(10-9)表明:电容器串联后的总电容的倒数等于各电容器电容倒数之和.

将 n 个电容器按图 10-16 所示的方式连接(称为并联),其中每个电容器的一个极板接到共同点 A,另一个极板接到另一共同点 B,在 A、B 两点接电源. 并联电容器组的特点是:电容器组中每个电容器两端的电势相同,电容器总电荷量等于各电容器电荷量之和. 即

$$U_{AB} = U_1 = U_2 = \cdots = U_n$$
$$Q = Q_1 + Q_2 + \cdots + Q_n$$

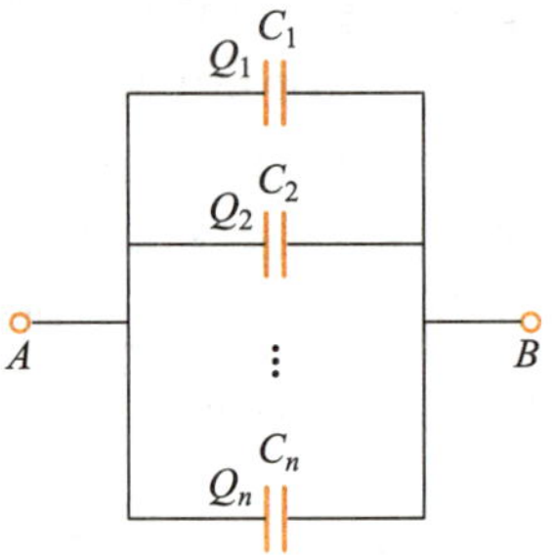

分配在每个电容器上的电荷量分别为

$$Q_1 = C_1 U_1, \quad Q_2 = C_2 U_2, \quad \cdots, \quad Q_n = C_n U_n$$

所以
$$Q = U_{AB}(C_1 + C_2 + \cdots + C_n)$$

图 10-16 电容器的并联

仍有 U_{AB} 正比于 Q,因此并联电容器组的电容为

$$C = C_1 + C_2 + \cdots + C_n \tag{10-10}$$

式(10-10)表明:电容器并联后的总电容等于各电容器的电容之和.

由此可见,电容器串联后其总电容减少了,但这时组合电容器的耐压值将比单个电容器的高;并联后其总电容增加了,但不能提高组合电容器的耐压值. 在实际应用中,一般采用混联,也就是既有串联也有并联.

思考题

10-6 回答下面问题:

(1) 一导体球上不带电,其电容是否为零?

(2) "一个电容器,所带电荷量多时电容大,所带电荷量少时电容小",这种说法对否?

(3) 由于 $C = \frac{Q}{U}$. 如电容器两极的电势差增加一倍,$\frac{Q}{U}$ 将如何变化?

(4) 当平行板电容器的两极板分别带上等量同号电荷时,其电容是否会改变?

(5) 当平行板电容器两极板分别带上不等量的同号电荷时,其电容是否会改变?

10-7 有两个彼此远离的金属球,一大一小,带有等量同号电荷,问这两个球

的电势是否相等？其电容是否相等？如果用一根导线连接两球，是否有电荷流动？

10-8 一对相同的电容器，分别串联、并联后连接到相同的电源上后，问哪一种情况电压高？为什么？

10-9 如图所示，三块完全相同的金属板构成两个电容器．试判断图(a)、图(b)哪种接法是串联，哪种接法是并联．在两种情况下，当中间的金属板上、下平移时，总电容是否会改变？

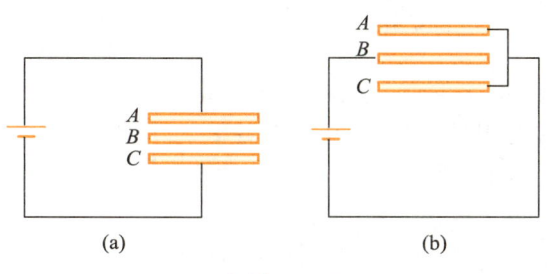

思考题 10-9 图

§ 10.3 静电场中的电介质

10.3.1 电介质对电场的影响

电介质通常是指不导电的物质，故又称绝缘体，如云母、变压器油等都是电介质，在电介质内没有可以自由移动的电荷（自由电子等）．图 10-17(a)所示是一个平行板电容器，充电后撤去电源，使两极板分别带上等量异号电荷+Q和-Q．用静电电压表测出当两极板间为真空时，极板间的电压为 U_0．当两极板间充满均匀的各向同性电介质（各个方向物理特性都相同的电介质）时，如图 10-17(b)所示，两极板间的电压为 U，并有

$$U = \frac{U_0}{\varepsilon_r} \tag{10-11}$$

式中 ε_r 为量纲为 1 的量（纯数）．若平行板电容器两极板间距离为 d，则得

$$U_0 = E_0 d, \quad U = E d$$

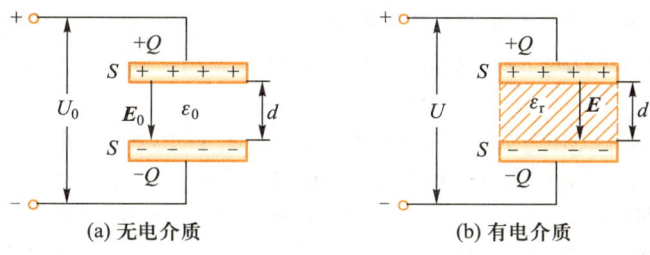

图 10-17 电介质对电场的影响

式中 E_0 和 E 分别为真空电容器极板间的电场强度和有电介质时电容器极板间的电场强度. 由式(10-11)得

$$E = \frac{E_0}{\varepsilon_r} \quad (10-12)$$

式(10-12)表明,电容器中有电介质时,极板间的电场与真空电容器极板间的电场相比减弱了.

由于有真空电容器极板上的电荷均不变,所以由式(10-5)和式(10-11)可知

$$C = \varepsilon_r C_0 \quad (10-13)$$

式中 C 为充满电介质时电容器的电容,C_0 为真空电容器的电容. C 比 C_0 大 ε_r 倍. 所以,ε_r 称为电介质的相对电容率. 相对电容率 ε_r 和真空电容率 ε_0 的乘积,称为电介质的电容率,用 ε 表示,即

$$\varepsilon = \varepsilon_r \varepsilon_0 \quad (10-14)$$

应该注意,电介质在一般情况下是不导电的. 但是,当电介质内的电场强度超过某一极限值时,其绝缘性就被破坏而变成导体,这种现象称为电介质的击穿,这个极限值(即电介质所能承受的最大电场强度)称为电介质的击穿电场强度.

表 10-1 给出了几种常见电介质的相对电容率和击穿电场强度.

表 10-1　几种常见电介质的相对电容率和击穿电场强度

电介质	相对电容率 ε_r	击穿电场强度/$(kV \cdot mm^{-1})$
空气(标准状态)	1.000 5	3
纸	3.5	16
变压器油	4.5	14
陶瓷	5.7~6.8	6~20
云母	3.7~7.5	80~200
电木	5.0~7.6	10~20
玻璃	5.0~10	10~15

*10.3.2　电介质的极化

虽然在电介质内没有可以自由移动的电荷,但是,当把电介质放入电场时,电介质内的正、负电荷仍可做微观的相对移动,结果是在电介质内部或表面出现带电现象. 这种电介质在外电场作用下出现的带电现象称为电介质的极化. 电介质极化所出现的电荷,称为极化电荷(或称为束缚电荷).

一般来说,电介质分子中的正、负电荷都不集中在一点. 但是,在远大于分子线度的距离处观察,分子的全部负电荷的影响将与一个单独的负电荷等效,这个等效负电荷的位置称为分子的负电荷等效中心. 同理,每个分子的全部正电荷也有一个相应的正电荷等效中心. 对于中性分子,由于其正电荷和负电荷的电荷量相等,所以一个分子就可以看成是由一个由正、负点电荷相隔一定距离所组成的电偶极子. 在讨论电场中的电介质行为时,可以认为电介质是由大量的这种微小

的电偶极子所组成的.

电介质可分为两类,若分子的正、负电荷的中心不重合,这种分子有固有电矩,即 $p=ql$,如氯化氢(HCl)、水蒸气(H_2O)、一氧化碳(CO)等电介质分子就是这种电偶极子,因而这一类电介质称为有极分子电介质. 还有如氦气(He)、氮气(N_2)、二氧化碳(CO_2)等另一类电介质,其分子正、负电荷中心重合,这种分子没有固有电矩,即 $p=0$,因而这一类介质称为无极分子电介质.

无极分子电介质在外电场作用下,正、负电荷中心发生相对位移,形成电偶极子. 这些电偶极子的方向都沿着外电场的方向,因此,在电介质的表面将出现正负极化电荷,如图 10-18(a)所示. 这类极化称为位移极化.

有极分子电介质虽然有电偶极子,但在没有外电场存在时,由于分子的热运动,各个电偶极子的排列十分混乱,电介质宏观不显电性. 当电介质处于外电场中时,每个电偶极子都受到力矩的作用,电偶极子转向外电场方向,使电介质带电,这种极化称为取向极化,如图 10-18(b)所示. 当然,有极分子电介质也存在位移极化,只是比取向极化弱得多. 还应指出,由于相邻电偶极子间距很小,在各向同性均匀电介质内部的任何体元内其所包含的电荷量代数和均为零,所以在电介质内部不存在极化电荷.

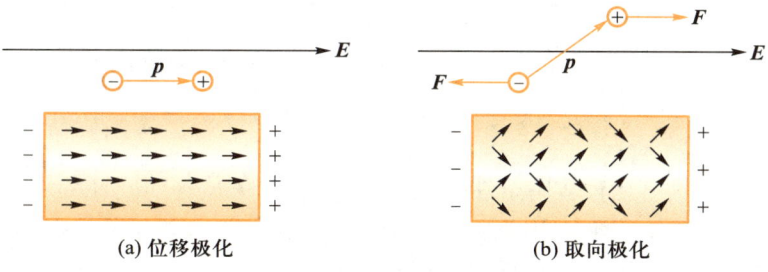

(a) 位移极化　　　　(b) 取向极化

图 10-18　电介质的极化

从上面的讨论可看出,这两类电介质极化的微观机制虽然不同,但宏观结果都是使电介质表面处出现极化电荷,因此,在以后的讨论中对两类电介质不再加以区分,而是统一进行论述.

10.3.3　充满均匀电介质的电场

由于电介质放入电场后会产生极化现象,极化后又会产生极化电荷,极化电荷也会产生相应的附加电场,显然,这对原来的电场会产生影响. 一般来说,要计算在外电场中电介质内部的电场强度是很复杂的. 为简单起见,下面以充满各向同性均匀电介质的平行板电容器为例,来研究电介质内部的电场.

如图 10-19 所示,有一极板面积为 S 的平行板电容器,两极板上自由电荷的电荷面密度分别为 $+\sigma_0$ 和 $-\sigma_0$,方向由正极板指向负极板. 自由电荷在两极板间产生的均匀电场的电场强度大小为 $E_0=\dfrac{\sigma_0}{\varepsilon_0}$. 在充入相对电容率为 ε_r 的均匀电介质后,由于电介质极化,在它的两个垂直于 E_0 的表面上分别出现电荷面密度为 $-\sigma'$ 和 $+\sigma'$ 的极化电荷. 设极化电荷产生的电场强度为 E'. 由图 10-19 可以看出,电介质中的总电场 E 应为自由电荷产生的电场 E_0 与极化电荷产生的电场

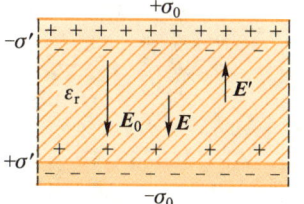

图 10-19　充满均匀电介质的电容

E' 的叠加，即

$$E = E_0 + E' \tag{10-15}$$

由于两表面是平行的平面，极化电荷激发的电场也是均匀电场，即

$$E' = \frac{\sigma'}{\varepsilon_0} \tag{10-16}$$

然而 E' 与 E_0 的方向相反，因此，电介质内总的电场强度 E 的大小为

$$E = E_0 - E' = \frac{\sigma_0 - \sigma'}{\varepsilon_0} \tag{10-17}$$

式（10-17）表明：充满电场的各向同性均匀电介质内部的电场强度 E 减弱了。这一结论虽然是从特例得到的，但它却是普遍成立的。

据式（10-12）知，$E = \dfrac{E_0}{\varepsilon_r}$，将其代入式（10-17），得

$$\sigma' = \left(1 - \frac{1}{\varepsilon_r}\right)\sigma_0 \tag{10-18}$$

这表明，极化电荷的电荷面密度总是小于自由电荷的电荷面密度的。

需要指出的是，式（10-12）给出的关系式 $E = \dfrac{E_0}{\varepsilon_r}$ 既是经实验确认的，也可从理论上推导出来。但它是有适用条件的，这个条件就是一种各向同性的均匀电介质要充满整个电场；或者一种各向同性的均匀电介质虽未充满电场所在空间，但只要电介质的表面是等势面；或者用多种各向同性均匀电介质来充满电场所在空间，但各种电介质的界面皆为等势面。

思考题

10-10　从物理概念上说明自由电荷与极化电荷的差别。

10-11　为什么带电的胶木棒能把中性的纸屑吸起来？

10-12　试分析空气平行板电容器插入介质 ε_r 时，在如下两种情况下，E、U、C、σ 和 q 的变化规律。

（1）充电后的电容器和电源断开；

（2）电容器始终和电源相连。

§10.4　有电介质时的高斯定理与环路定理

10.4.1　有电介质时的高斯定理

静电场的高斯定理是建立在库仑定律的基础上的，在有电介质存在时，它也能够成立。只不过当静电场中有电介质存在时，空间电荷的分布既有自由电荷，也有极化电荷，在计算总的电场强度通量时，应计及高斯面内所包围的自由电荷和极化

电荷,仍以充满均匀各向同性电介质的无限大平行板电容器为例进行讨论. 如图 10-20 所示,在平行板电容器中,作一闭合圆柱面为高斯面,使得面积为 ΔS 的两个底面平行于电容器极板,且一个底面在导体极板内,另一个在电介质中,侧面与极板表面垂直.

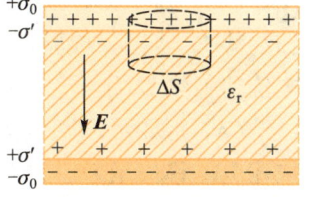

图 10-20 推导有电介质时的高斯定理用图

设自由电荷和极化电荷的电荷面密度分别为 σ_0 和 σ',应用静电场的高斯定理,有

$$\oint_S \boldsymbol{E} \cdot \mathrm{d}\boldsymbol{S} = \frac{1}{\varepsilon_0}(\sigma_0 - \sigma')\Delta S \qquad (10\text{-}19)$$

从式(10-19)可以看出,电介质中的电场分布与极化电荷的分布有关. 然而,在一般情况下极化电荷的分布是很难确定的,必须设法把它从方程中消去.

由式(10-18)可得

$$\frac{1}{\varepsilon_0}(\sigma_0 - \sigma') = \frac{\sigma_0}{\varepsilon_0 \varepsilon_r}$$

将上式代入式(10-19)得

$$\oint_S \boldsymbol{E} \cdot \mathrm{d}\boldsymbol{S} = \frac{1}{\varepsilon_0 \varepsilon_r}\sigma_0 \Delta S$$

显然,高斯面内的自由电荷代数和为

$$\sum_{i=1}^n q_i = \sigma_0 \Delta S$$

即

$$\oint_S \varepsilon_0 \varepsilon_r \boldsymbol{E} \cdot \mathrm{d}\boldsymbol{S} = \sum_{i=1}^n q_i \qquad (10\text{-}20)$$

令

$$\boldsymbol{D} = \varepsilon_0 \varepsilon_r \boldsymbol{E} = \varepsilon \boldsymbol{E} \qquad (10\text{-}21)$$

式中 $\boldsymbol{D}$ 称为电位移矢量. 式(10-21)是点点对应的关系式,即电介质中某点的 $\boldsymbol{D}$ 等于该点的 $\boldsymbol{E}$ 与电介质在该点的电容率 ε 的乘积,两者方向相同. 引入矢量 $\boldsymbol{D}$ 后,式(10-20)可写为

$$\oint_S \boldsymbol{D} \cdot \mathrm{d}\boldsymbol{S} = \sum_{i=1}^n q_i \qquad (10\text{-}22)$$

式(10-22)虽然是从平行板电容器的特例中得出的,但是可以证明,在一般情况下也是正确的. 式(10-22)表明,**在任何静电场中,通过任意闭合曲面的电位移通量等于该闭合曲面所包围的自由电荷的代数和**,这一结论称为**有电介质时的高斯定理**. 它表明有电介质时的电场仍然是有源场. 与式(10-19)相比,式(10-22)中不明显出现极化电荷,这就使我们在讨论电介质中的电场问题时可以避开极化电荷未知的困难.

在国际单位制中,电位移矢量 $\boldsymbol{D}$ 的单位是 C/m^2(库仑每二次方米).

对于有电介质时的高斯定理,作如下几点说明:

(1) 有电介质时的高斯定理表明,穿过闭合曲面的电位移通量只与它所包围的自由电荷有关,而与极化电荷无关. 但这绝不意味着闭合曲面上各点的电位移矢

量 D 只是由自由电荷所决定的.

(2) 电位移矢量 D 是一个辅助矢量,描述电场性质的物理量仍是电场强度 E 和电势 V. 若把一检验电荷 q_0 放入电场中,决定它受力的是电场强度矢量 E 而不是电位移矢量 D.

(3) 正如可以用电场线来描述电场强度矢量 E 一样,我们可以用电位移线来描述电位移矢量 D. 在有电介质的静电场中,仿照电场线的画法,可作一系列电位移线,线上每点的切线方向就是电位移矢量的方向,垂直于电位移矢量 D 方向单位面积的电位移线的条数等于该点电位移矢量 D 的大小. 但应注意,电位移线是从正的自由电荷(或无限远处)出发,终止于负的自由电荷(或无限远处). 这与电场线不同,电场线起始于各种正电荷(或无限远处),终止于各种负电荷(或无限远处),包括自由电荷和极化电荷.

(4) 如果把有电介质时的高斯定理应用于真空的情形,就会得到与真空中静电场的高斯定理一致的结果. 这说明,有电介质时的高斯定理是静电场的高斯定理的普遍形式.

有电介质时的高斯定理除理论意义外,还可用于计算自由电荷分布和电介质分布均具有对称性的带电系统的电场分布. 其步骤是利用有电介质时的高斯定理求出电位移矢量 D,然后再用 $D=\varepsilon E$ 求出电场强度 E.

例 10-4 有一平行板电容器,两极板的面积为 S,如图 10-21 所示,两极板之间有两层电介质,电容率分别为 ε_1 和 ε_2,厚度分别为 d_1 和 d_2,电容器两极板上自由电荷的电荷面密度为 $\pm\sigma_0$,求:

(1) 各电介质内的电位移矢量 D 和电场强度 E 的大小;
(2) 电容器的电容.

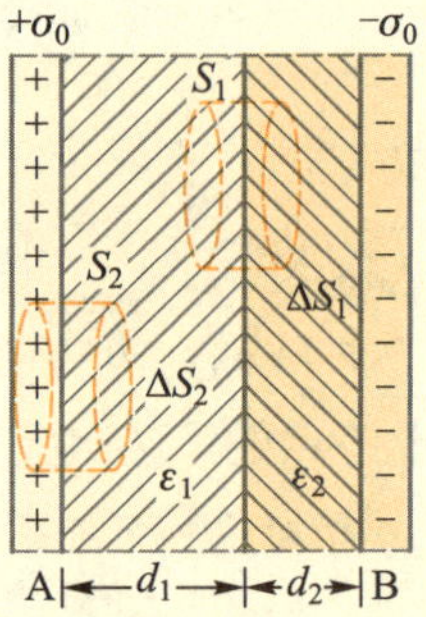

解 (1) 设这两层电介质中的电场强度分别为 E_1 和 E_2,电位移矢量分别为 D_1 和 D_2,在电介质中作一闭合圆柱面 S_1 为高斯面,其底面为 ΔS_1,如图 10-21 中右边虚线所示,由于 S_1 内的自由电荷为零,利用有电介质时的高斯定理,有

$$\oint_{S_1} \boldsymbol{D} \cdot \mathrm{d}\boldsymbol{S} = -D_1\Delta S_1 + D_2\Delta S_1 = 0$$

图 10-21 例 10-4 用图

所以
$$D_1 = D_2$$
即在两层电介质内,电位移矢量 D_1 和 D_2 的大小相等.

若作一闭合圆柱面 S_2 为高斯面,其底面为 ΔS_2,如图 10-21 中左边虚线所示,在 S_2 内的自由电荷等于正极板上的电荷 $\sigma_0 S$,利用有电介质时的高斯定理,有

$$\oint_{S_2} \boldsymbol{D} \cdot \mathrm{d}\boldsymbol{S} = D_1\Delta S_2 = \sigma_0 \Delta S_2$$

于是有
$$D_1 = \sigma_0$$

提示: 这一结果可推广到两极板间含有任意层数的电介质中去.

可见在平行板电容器内，D 的大小等于自由电荷的电荷面密度的大小.

由 $D_1=\varepsilon_1 E_1, D_1=D_2, D_2=\varepsilon_2 E_2$ 可得

$$E_1=\frac{\sigma_0}{\varepsilon_1}, \quad E_2=\frac{\sigma_0}{\varepsilon_2}$$

（2）**解法 1**　两极板 A、B 间的电势差为

$$V_A-V_B=E_1 d_1+E_2 d_2=\sigma_0\left(\frac{d_1}{\varepsilon_1}+\frac{d_2}{\varepsilon_2}\right)=\frac{q_0}{S}\left(\frac{d_1}{\varepsilon_1}+\frac{d_2}{\varepsilon_2}\right)$$

式中 q_0 为每一极板上的自由电荷，$q_0=\sigma_0 S$. 所以这个电容器的电容为

$$C=\frac{q_0}{V_A-V_B}=\frac{S}{\dfrac{d_1}{\varepsilon_1}+\dfrac{d_2}{\varepsilon_2}}=\frac{\varepsilon_1\varepsilon_2 S}{\varepsilon_1 d_2+\varepsilon_2 d_1}$$

解法 2　将此电容器视为电容率分别为 ε_1 和 ε_2 的电介质的两个平行板电容器的串联，则

$$C=\frac{C_1 C_2}{C_1+C_2}=\frac{\dfrac{\varepsilon_1 S}{d_1}\cdot\dfrac{\varepsilon_2 S}{d_2}}{\dfrac{\varepsilon_1 S}{d_1}+\dfrac{\varepsilon_2 S}{d_2}}=\frac{\varepsilon_1\varepsilon_2 S}{\varepsilon_1 d_2+\varepsilon_2 d_1}$$

10.4.2　有电介质时的环路定理

将导体放入电场中时，由于导体上只出现自由电荷的重新分布，此时空间的电场仍是自由电荷激发的，因此真空中静电场的两个基本定理仍然适用，形式不变. 但当电场中存在电介质时，此时空间的电场将由自由电荷和极化电荷共同激发. 而极化电荷所激发的电场，其性质应和自由电荷激发的电场一样，仍应是保守场. 因此，在有电介质时，静电场的环路定理仍取以下的形式，即

$$\oint_L \boldsymbol{E}\cdot \mathrm{d}\boldsymbol{l}=0 \tag{10-23}$$

式（10-23）中的 E 应理解为空间所有自由电荷、极化电荷共同产生的电场强度. 式（10-23）表明：**在有电介质时，电场强度 E 沿任意闭合回路的线积分恒等于零**，这一结论称**为有电介质时的环路定理**. 它表明有电介质时的电场仍然是保守场，可引进电势能和电势的概念.

*10.4.3　电极化强度

由电介质极化的机理可知，当外电场不同时，电介质的极化程度就不同，外电场越强，电介质表面出现的极化电荷就越多，为定量描述电介质中某点处电介质的极化程度，取一包含此点的无限小的体积元 ΔV（体积元中包含大量的分子），以 $\boldsymbol{p}$ 表示 ΔV 中单个分子的电偶极矩（固有的或感生的），则 ΔV 中所有分子的电偶极矩矢量和为 $\sum \boldsymbol{p}$，定义

$$\boldsymbol{P}=\frac{\sum \boldsymbol{p}}{\Delta V} \tag{10-24}$$

P 是该点处单位体积内分子电偶极矩的矢量和,称为电极化强度. 它是表征该点处电介质极化程度的物理量. 如果电介质中各点的电极化强度 P 相同,则称电介质被均匀极化.

在国际单位制中,电极化强度的单位为 C/m^2(库仑每平方米).

由于极化电荷是电介质极化的结果,所以极化电荷与电极化强度之间必定存在定量关系.

以无极分子电介质为例,如图 10-22 所示,在均匀极化的均匀电介质中取一段长为 L、截面积为 S 的斜柱体,使电极化强度 P 的方向与斜柱体的轴线平行,而与底面的外法线 e_n 的方向成 θ 角. 设底面 S 的极化电荷面密度为 σ',此时斜柱体内所有分子电偶极矩的矢量和相当于一个"大电偶极子",即

$$\sum p_i = \sigma' SL$$

因为斜柱体的体积为 $V = SL\cos\theta$,因而电极化强度的大小为

$$P = \frac{\sum p_i}{\Delta V} = \frac{\sigma' SL}{SL\cos\theta} = \frac{\sigma'}{\cos\theta}$$

由此得到极化电荷面密度与电极化强度的关系为

$$\sigma' = P\cos\theta = \boldsymbol{P} \cdot \boldsymbol{e}_n = P_n \qquad (10\text{-}25)$$

即均匀电介质表面上产生的极化电荷面密度等于该处电极化强度 P 在外法线的分量. 对于图 10-22 中的斜柱体,在下底面上 $\theta > \frac{\pi}{2}$, $\sigma' < 0$,呈现负极化电荷,在上底面上 $\theta < \frac{\pi}{2}$, $\sigma' > 0$,呈现正极化电荷,而在侧面 $\theta = \frac{\pi}{2}$ 时, $\sigma' = 0$,没有极化电荷.

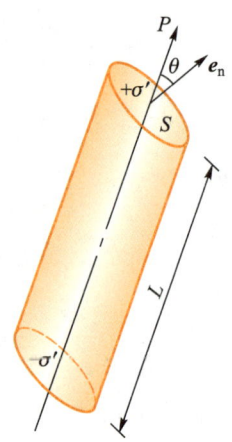

图 10-22 推导电介质的电极化强度用图

此外,实验还表明,对各向同性均匀电介质,电介质内任意一点的电极化强度 P 与该点的电场强度 E 成正比,即

$$\boldsymbol{P} = \chi_e \varepsilon_0 \boldsymbol{E} \qquad (10\text{-}26)$$

式中 E 为外电场与极化电荷所激发电场的叠加. χ_e 是量纲为 1 的量(纯数),称为电介质的电极化率.

可以证明(证明从略)电极化率 χ_e 与相对电容率 ε_r 的关系为

$$\chi_e = \varepsilon_r - 1 \qquad (10\text{-}27)$$

将式(10-26)和式(10-27)代入式(10-21)得

$$\boldsymbol{D} = \varepsilon_0 \boldsymbol{E} + \boldsymbol{P} \qquad (10\text{-}28)$$

式(10-28)对各向同性电介质和各向异性电介质都适用,而式(10-21)只适用于各向同性电介质.

对真空,有 $\boldsymbol{P} = 0$, $\chi_e = 0$, $\varepsilon_r = 1$, $\varepsilon_0 = \varepsilon$,因此, $\boldsymbol{D} = \varepsilon_0 \boldsymbol{E}$.

电介质的电极化率 χ_e、相对电容率 ε_r、电容率 ε 都是描述电介质极化特性的物理量,由于已知三个量中任一个量便可求出其他两个量,因此只要知道三个量中的任一个,该电介质的特性就清楚了.

思考题

10-13 (1)有两个靠得较近的均匀带电球,其上电荷分布保持不变,是否能用有电介质时的高斯定理求空间电场强度分布,为什么?

(2)如果靠得较近的是一个带电绝缘导体球和一个不带电绝缘导体球,是否能用有电介质时的高斯定理求空间电场强度分布,为什么?

10-14 （1）一个带电的金属球壳里充满了均匀电介质，球外是真空，该球壳的电势是否等于 $\dfrac{Q}{4\pi\varepsilon_0\varepsilon_r R}$，为什么？

（2）若球壳内为真空，球壳外充满无限大均匀电介质，这时球壳的电势为多少？（Q 为球壳上的自由电荷，R 为球壳半径，ε_r 为介质的相对电容率.）

§10.5 电场的能量

10.5.1 电容器储存的能量

下面以平行板电容器为例来讨论充电后的电容器储存的能量．电容器的充电过程实际上是不断地将正电荷由电容器带负电的极板向带正电的极板搬运的过程．设电容器在充电前两极板不带电，当充电过程结束时，两个极板分别带有 $+Q$ 和 $-Q$ 的电荷量．

如图 10-23 所示，设在时刻 t 两极板上所带电荷量分别为 $+q$ 和 $-q$，极板间的电势差为 U．今再把电荷 $\mathrm{d}q$ 由负极板移到正极板，外力对电荷 $\mathrm{d}q$ 所做的功为

$$\mathrm{d}A = U\mathrm{d}q = \dfrac{q}{C}\mathrm{d}q$$

在电容器充电的整个过程中，外力所做的总功为

$$A = \int \mathrm{d}A = \int_0^Q \dfrac{q}{C}\mathrm{d}q = \dfrac{Q^2}{2C}$$

根据功能定理，外力所做的功等于电容器的能量增量，对应的能量增量亦即充电过程中储存于电容器中的能量，即

$$W_e = A = \dfrac{Q^2}{2C}$$

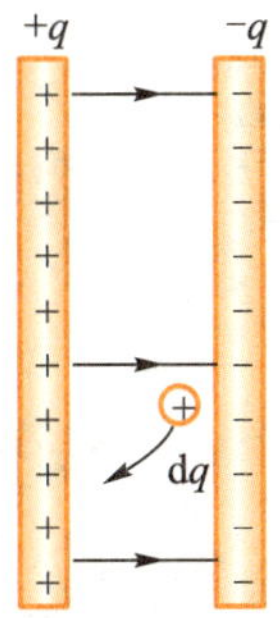

图 10-23 电容器中的能量

上式即为电容器所带电荷量为 Q 时所具有的能量，称为电容器电能．根据 $Q = CU$，有

$$W_e = \dfrac{Q^2}{2C} = \dfrac{1}{2}CU^2 = \dfrac{1}{2}QU \tag{10-29}$$

式(10-29)说明，电容器的电容越大，充电电压越高，电容器储存的能量就越多．不管电容器结构如何，这一结果对任何电容器都是正确的．

10.5.2 电场的能量

从式(10-29)看，很容易误认为电容器储存的能量是由电荷携带的．随着电磁波的发现，人们认识到电容器的能量是由电场携带的，它分布在两极板的电场中，因此，用描述电场的物理量来表征电场的能量更具有普遍意义．对于极板面积为 S、

极板间距离为 d 的平行板电容器，若不考虑边缘效应，则电场所占的空间体积为 Sd，此电容器储存的能量为

$$W_e = \frac{1}{2}CU^2 = \frac{1}{2}\frac{\varepsilon S}{d}(Ed)^2 = \frac{1}{2}\varepsilon E^2 Sd = \frac{1}{2}\varepsilon E^2 V \tag{10-30}$$

式(10-30)说明，电容器储存的能量与电介质、电场强度的大小、电场占据的空间有关. 由于平行板电容器中电场是均匀分布的，储存的能量也应该是均匀分布的. 因此电场中单位体积内储存的能量，即电场能量密度为

$$w_e = \frac{W_e}{V} = \frac{1}{2}\varepsilon E^2 = \frac{1}{2}DE \tag{10-31}$$

式(10-31)说明，能量与场有不可分割的联系. 电场强度不为零的电场必定储存能量.

应该指出，式(10-31)虽然是从平行板电容器这个特例推导出来的，但是可以证明这是一个普遍适用的公式，对任意电场都是正确的.

在国际单位制中，电场能量密度的单位为 J/m^3（焦耳每立方米）.

若要计算非均匀电场的能量，可以在非均匀电场中任取一体积元 dV，dV 内电场可以看成是均匀的，于是，体积元 dV 内的电场能量为

$$dW_e = w_e dV = \frac{1}{2}\varepsilon E^2 dV = \frac{1}{2}DE dV$$

则整个电场中的能量为

$$W_e = \int_V w_e dV = \int_V \frac{1}{2}\varepsilon E^2 dV = \int_V \frac{1}{2}DE dV \tag{10-32}$$

式中 $\int_V$ 表示积分遍及整个电场空间.

例 10-5 一半径为 R 的均匀带电金属球面，其电荷量为 q，球外空间充满电容率为 ε 的均匀电介质. 求：

（1）电场的总能量和电容；
（2）球面所包围的能量为总能量的一半时的球面半径.

解 （1）利用有电介质时的高斯定理可求出电场强度分布为

$$E = \begin{cases} 0 & (r<R) \\ \dfrac{q}{4\pi\varepsilon r^2} & (r>R) \end{cases}$$

显然，球外 r 相等处的各点，电场强度 E 的大小相等，电场能量密度也应相等. 若选取的体积元 dV 是半径为 r、厚为 dr 的薄球壳，则薄球壳内各点的电场能量密度应处处相等. 于是体积元 dV 中的电场能量为

$$dW_e = w_e dV = \frac{1}{2}\varepsilon E^2 \cdot 4\pi r^2 dr = \frac{1}{2}\varepsilon \left(\frac{q}{4\pi\varepsilon r^2}\right)^2 \cdot 4\pi r^2 dr = \frac{q^2}{8\pi\varepsilon r^2}dr$$

电场的总能量为上式对 r 从 R 到无限远的积分，即

$$W_e = \int dW_e = \int_R^\infty \frac{q^2}{8\pi\varepsilon r^2} dr = \frac{q^2}{8\pi\varepsilon R}$$

由电容器能量公式 $W_e = \frac{1}{2}\frac{q^2}{C} = \frac{q^2}{8\pi\varepsilon R}$ 得

$$C = 4\pi\varepsilon R$$

（2）设半径为 $r = R_0$ 时，在半径 R 至 R_0 球壳范围内的电场能量应为整个电场总能量的一半，即

$$\int_R^{R_0} dW_e = \int_R^{R_0} \frac{1}{2}\varepsilon\left(\frac{q}{4\pi\varepsilon r^2}\right)^2 4\pi r^2 dr = \frac{W_e}{2} = \frac{q^2}{16\pi\varepsilon R}$$

由上式可得，当 $R_0 = 2R$ 即 $r = 2R$ 时，球面所包围的电场能量为总电场能量的一半．

思考题

10-15 如图所示，用电源将平行板电容器充电后将开关 S 断开，然后移近两极板．电容器储存的能量是增加还是减少？如果充电后不断开开关 S，情况又怎样？

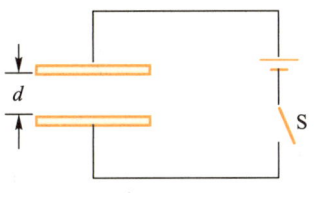

思考题 10-15 图

习题

10-1 选择题

（1）将一带负电的物体 M 靠近一不带电的导体 N，在导体 N 的左端感应出正电荷，右端感应出负电荷．若将导体 N 的左端接地，如图所示，则（　　）．

（A）N 上的负电荷入地
（B）N 上的正电荷入地
（C）N 上的所有电荷入地
（D）N 上的所有感应电荷入地

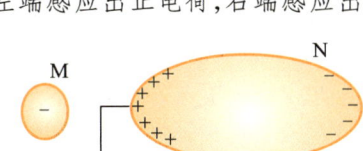

习题 10-1(1) 图

（2）两个半径分别为 R_1 和 R_2（$R_2 > R_1$）的同心球壳，如果外球壳所带电荷量为 Q，内球壳接地，则内球壳上所带电荷量是（　　）．

（A）$-\frac{R_1}{R_2}Q$　　　　（B）$-Q$　　　　（C）0　　　　（D）$\left(1-\frac{R_1}{R_2}\right)Q$

（3）对于各向同性的均匀电介质，下列表述中正确的是（　　）．

（A）电介质充满整个电场并且自由电荷的分布不发生变化时，电介质中的电场强度一定等于没有电介质时该点电场强度的 $1/\varepsilon_r$．

（B）电介质中的电场强度一定等于没有电介质时该点电场强度的 $1/\varepsilon_r$．

（C）在电介质充满整个电场时，电介质中的电场强度一定等于没有电介质时该点电场强度的 $1/\varepsilon_r$．

(D) 电介质中的电场强度一定等于没有电介质时该点电场强度的 ε_r 倍

(4) 关于有电介质时的高斯定理,下列表述中正确的是( ).

(A) 高斯面内不包围自由电荷,则穿过高斯面的电位移通量与电场强度通量均为零

(B) 若高斯面上的电位移处处为零,则面内自由电荷的代数和必为零

(C) 高斯面上各点电位移仅由面内自由电荷决定

(D) 穿过高斯面的电位移通量仅与面内自由电荷有关,而穿过高斯面的电场强度通量与高斯面内外的自由电荷均有关

(5) 一空气平行板电容器充电后与电源断开,然后在两极板间充满各向同性均匀电介质,则电场强度的大小 E、电容 C、电压 U、电场能量 W_e 四个量各自与充入电介质前相比较,增大(用↑表示)或减小(用↓表示)的情形为( ).

(A) $E\downarrow, C\uparrow, U\uparrow, W_e\downarrow$ (B) $E\uparrow, C\downarrow, U\downarrow, W_e\uparrow$
(C) $E\uparrow, C\uparrow, U\uparrow, W_e\uparrow$ (D) $E\downarrow, C\uparrow, U\downarrow, W_e\downarrow$

10-2 填空题

(1) 一实心金属导体,不论原先是否带电,当它处在其他带电体所产生的电场中而达到静电平衡时,其上的电荷必定分布在_____,导体表面的电场强度 E 的方向必定沿_____,导体内任意一点的电势梯度 $\mathbf{grad}\,V =$ _____.

(2) 如图所示,一无限大均匀带电平面 A 附近放置一与之平行的无限大导体平板 B. 已知带电平面 A 的电荷面密度为 σ,则导体板 B 两表面 1 和 2 的感应电荷面密度分别为 $\sigma_1 =$ _____ 和 $\sigma_2 =$ _____.

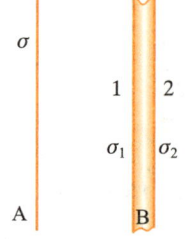

习题 10-2(2)图

(3) 把一个 100 pF 的电容器充电到 50 V 之后,将充电的电源撤去,再将此电容器和另外一个未带电的电容器并联. 如果测得并联后的电势差降至 35 V,则另外一个电容器的电容为_____.

(4) 如图所示,半径为 R 的导体球面 A,电荷量为 Q,球面外套一内半径为 R_1、外半径为 R_2 的同心导体球壳 B,图中 Ⅰ、Ⅱ、Ⅲ、Ⅳ 区域内任一点电场强度的大小分别为 $E_1 =$ _____, $E_2 =$ _____, $E_3 =$ _____, $E_4 =$ _____.

(5) 如图所示,一平行板电容器,两极板 A、B 间距为 a,极板面积为 S,极板上电荷面密度为 σ. 若在极板间插入一厚度为 b 的电介质平行板,电介质板的相对电容率为 ε_r,则两极板间的电势差 $U_{AB} =$ _____,插入电介质板后电容器储能 $W_e =$ _____.

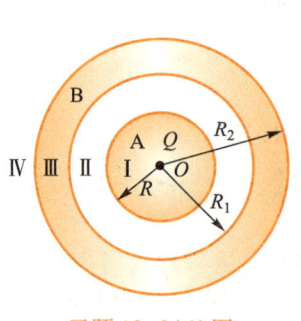

习题 10-2(4)图

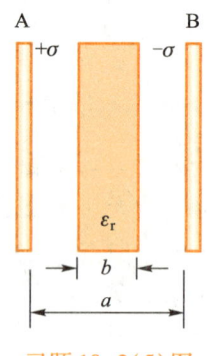

习题 10-2(5)图

10-3 人体的某些细胞壁两侧带有等量的异号电荷. 设某细胞壁厚为 $5.2×10^{-9}$ m, 两表面的电荷面密度均为 $±0.52×10^{-3}$ C/m, 内表面为正电荷, 外表面为负电荷. 如果细胞壁的相对电容率为 6.0, 求:

(1) 细胞壁内的电场强度;
(2) 细胞壁内、外表面间的电势差.

10-4 如图所示, 一半径为 a 的导体球 A, 带正电荷 q; 另有一内、外半径分别为 b 和 c 的导体球壳 B, 带正电荷 Q. 现把球壳 B 罩在 A 球外面使 A、B 同心, 然后 A 球接地, 求 A 球所带电荷量.

10-5 如图所示的三块平行金属板 A、B、C, 面积均为 200 cm², A、B 间相距 4.0 cm, A、C 间相距 2.0 cm, B 和 C 两板都接地. 若使 A 板带正电荷 $q = 3.0×10^{-7}$ C, 求:

(1) B、C 板上的感应电荷;
(2) A 板的电势.

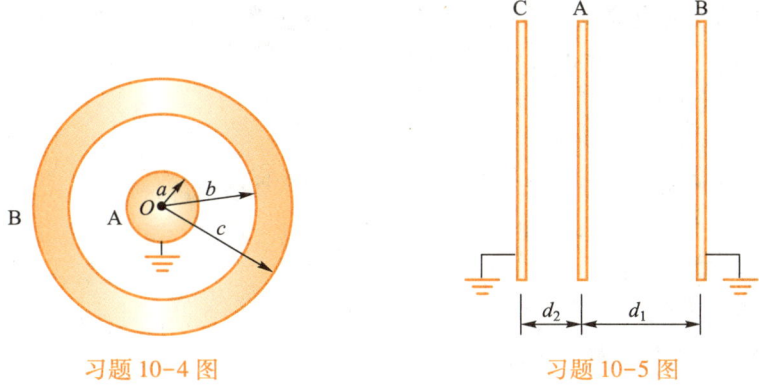

习题 10-4 图　　　　　习题 10-5 图

10-6 半径为 R_1 的导体球带有电荷量 q, 球外有一内半径为 R_2、外半径为 R_3 的同心导体球壳, 球壳上带有电荷量 Q.

(1) 求两球间的电势差;
(2) 如用导线将内球和球壳连接, 两球电势各变为多少?

10-7 计算两条带异种电荷的平行导线单位长度的电容. 设导线的电荷线密度分别为 $+\lambda$、$-\lambda$, 导线的半径为 a, 相隔的距离为 $d(d \gg a)$, 且两导线为无限长.

10-8 盖革计数器由一根细金属丝和包围它的同轴导电圆筒组成. 金属丝直径为 $2.5×10^{-2}$ mm, 圆筒内直径为 25 mm, 盖革计数器长为 100 mm. 设导体间为真空, 计算盖革计数器的电容.

10-9 如图所示, 一平行板电容器左半部充有相对电容率为 ε_{r1} 的电介质, 右半部充有相对电容率分别为 ε_{r2} 和 ε_{r3} 的电介质, 板面积为 S、间距为 $2d$. 求此平行板电容器电容.

10-10 如图所示, $C_1 = 10$ μF, $C_2 = 5$ μF, $C_3 = 5$ μF.

(1) 求 A、B 间的电容;
(2) 在 A、B 间加上 100 V 的电势差, 求 C_2 上的电荷量和电势差;
(3) 如果这时 C_1 被击穿 (即变成通路), C_3 上的电荷量和电势差各是多少?

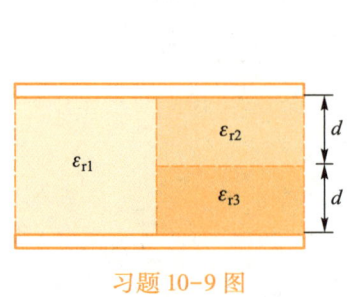
习题 10-9 图

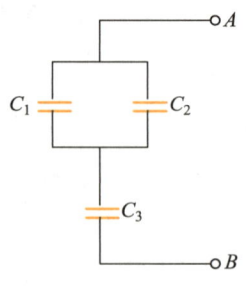
习题 10-10 图

10-11 一个半径为 R 的金属球所带电荷量为 $+q$，将其浸没在一个大油箱中，油的相对电容率为 ε_r. 试求其电场分布以及贴近金属球表面的油面上所出现的极化电荷的电荷量 q'.

10-12 如图所示，一平行板电容器两极板间距离为 d、面积为 S，其中平行于极板放有一层厚度为 t 的电介质，它的相对电容率为 ε_r. 设两极板间电势差为 U，略去边缘效应. 试求：

(1) 电介质中的电场强度和电位移大小；

(2) 极板上的电荷 Q；

(3) 电容.

10-13 如图所示的两层均匀电介质充满的圆柱形电容器的截面，两电介质的相对电容率分别为 ε_{r1} 和 ε_{r2}，设沿轴线方向上内、外圆筒的电荷线密度分别为 λ 和 $-\lambda$. 求：

(1) 两介质中的 $\boldsymbol{D}$ 和 $\boldsymbol{E}$；

(2) 内、外圆筒间的电势差；

(3) 此电容器单位长度上的电容.

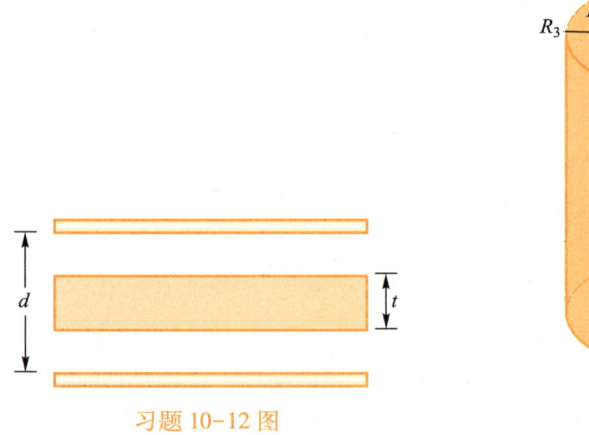
习题 10-12 图

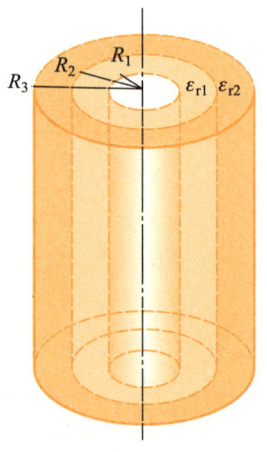
习题 10-13 图

10-14 一圆柱形电容器，外导体的内直径为 4 cm，内导体的直径可以自由选择，中间充满击穿电场强度大小为 $E_{\text{击}} = 200$ kV/cm 的介质. 问：该电容器能承受的最大电压为多少？

10-15 一平行板电容器两极板带有等量异种电荷，两板间距离为 5.0 mm，充以 $\varepsilon_r = 3$ 的电介质，电介质中电场强度为 1.0×10^6 V/m. 求：

(1) 电介质中的电位移矢量；

(2) 两极板上的自由电荷面密度；
(3) 电介质中的极化强度；
(4) 电介质面上极化电荷面密度；
(5) 平行板上自由电荷及电介质面上极化电荷产生的电场强度.

*10−16 一平行板电容器，充电后极板上电荷面密度为 $\sigma = 4.5 \times 10^{-5}$ C/m^2. 现将两极板与电源断开，然后再把相对电容率 $\varepsilon_r = 2.0$ 的电介质插入两极板之间. 此时电介质中的 **D**、**E** 和 **P** 各为多少？

10−17 一电介质为空气的球形电容器，其内、外球壳的半径分别为 R_1 和 R_2，分别带有等量异种电荷，电势差为 U. 试求：
(1) 球形电容器储存的能量；
(2) 电场的能量.

10−18 一平行板电容器，板的面积为 S，极板间距离为 d，把它充电到两极板电势差为 U 时撤去电源，然后把两极板拉开到距离为 $2d$，并略去边缘效应. 试求：
(1) 分开两极板所需的功；
(2) 两极板间的电势差；
(3) 电容器所储存的能量.

第 10 章参考答案

>>> 第 11 章

恒 定 磁 场

　　静止电荷周围存在着静电场,运动电荷周围不仅有电场,而且还有磁场,当电荷运动形成恒定电流时,在它的周围产生不随时间变化的恒定磁场,虽然恒定磁场与静电场的性质、规律不同,但在研究方法上却有很多相同之处.

　　本章讨论恒定磁场的性质及规律.

§ 11.1　恒定电流与恒定电场

11.1.1　电流和电流密度

　　电流是大量电荷有规则的定向运动,从微观上看,电流实际上是带电粒子的定向移动. 形成电流的带电粒子统称为载流子. 它们可以是电子、质子、正负离子,在半导体中还有可能是带正电的"空穴". 在导体中,电子或离子相对于导体做定向移动所形成的电流称为传导电流.

　　常见的电流是沿着一根导线流动的电流. 为了描述电流的强弱,引入电流这个物理量,其定义是单位时间内通过导线某一截面的电荷量,常用符号 I 表示,如果在一段时间 Δt 内通过导线某一截面的电荷量为 Δq,则电流为

$$I = \lim_{\Delta t \to 0} \frac{\Delta q}{\Delta t} = \frac{\mathrm{d}q}{\mathrm{d}t} \tag{11-1}$$

阅读材料:
电流的发现

　　电流虽然是标量,但是,由于电荷沿导线流动有正反两个方向,所以电流仍有正负之分. 习惯上常将正电荷流动的方向规定为电流的方向. 在导体中电流的方向总是沿着电场方向从高电势处指向低电势处.

　　在国际单位制中,电流的单位为 A(安培),它是国际单位制中的七个基本单位之一. 常用的电流单位还有 mA(毫安)和 μA(微安).

$$1 \text{ A} = 10^3 \text{ mA} = 10^6 \text{ μA}$$

　　当电流沿着均匀导体流动时,电流在同一截面上各点的分布是均匀的. 但是,当电流在如图 11-1(a)所示的粗细不均匀的导体或在如图 11-1(b)所示的大块导体中通过时,电流的分布就不再均匀了. 这说明电流只能反映导体截面上电流的整体特性,并不能说明电流通过截面时在各点的分布情况. 为了定量地描述导体中各处的电流分布,引入电流密度的概念. 定义导体中任意一点的电流密度为矢量,其方向为该点正电荷的运动方向(亦即电场强度 E 的方向),大小等于通过该点垂直

于正电荷运动方向的单位面积的电流,常用符号 j 表示. 如图 11-2(a)所示,设 $dS_\perp$ 为垂直于该点正电荷运动方向的面积元(简称面元), e_n 为面元 $dS_\perp$ 的法线方向, dI 为通过面元 $dS_\perp$ 的电流. 根据定义,电流密度为

$$j = \frac{dI}{dS_\perp} e_n \tag{11-2}$$

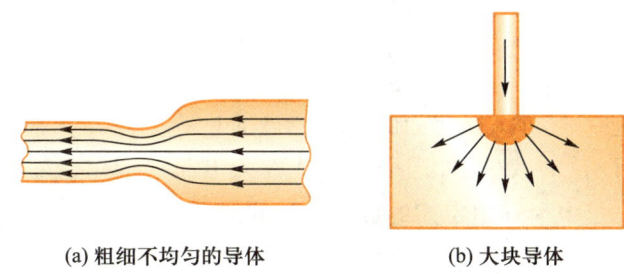

(a) 粗细不均匀的导体　　　(b) 大块导体

图 11-1　电流分布

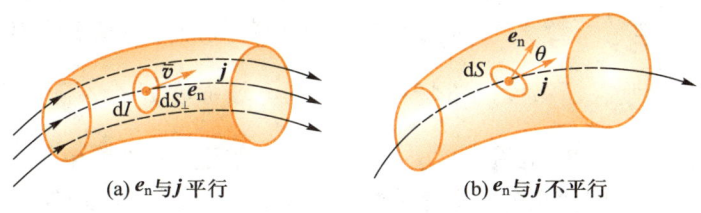

(a) e_n 与 j 平行　　　(b) e_n 与 j 不平行

图 11-2　电流密度

在国际单位制中,电流密度的单位为 A/m^2(安培每平方米).

当面元 dS 的法线方向与正电荷运动方向成 θ 角时,如图 11-2(b)所示,则通过面元 dS 的电流可表示为

$$dI = j dS \cos\theta$$

式中 $dS\cos\theta$ 为面元在电流密度方向上的分量. 故上式可写成矢量形式

$$dI = \boldsymbol{j} \cdot d\boldsymbol{S} \tag{11-3}$$

将式(11-3)对整个截面 S 积分,可得通过该截面的电流为

$$I = \int dI = \int_S \boldsymbol{j} \cdot d\boldsymbol{S} \tag{11-4}$$

由式(11-4)可以看出,电流 I 的实质就是通过某一面积的电流密度通量. 由于导体中各点电流密度 j 可以有不同的数值和方向,所以导体中所有点的电流密度就形成了一个电流密度矢量场,称为电流场.

11.1.2　电流的连续性方程

设在导体内任取一个闭合曲面,如图 11-3 所示. 规定闭合曲面上任意点的法线方向都是向外. 这样,通过一个闭合曲面 S 的电流可以表示为

$$I = \oint_S \boldsymbol{j} \cdot d\boldsymbol{S} \tag{11-5}$$

> **提示:**
> 图中带箭头的直线或曲线为电流线,表示电流的流向,电流线的密度表示电流的大小.

由电流密度 j 的意义可知,式(11-5)实际上表示净流出闭合曲面的电流,也就是单位时间内从闭合曲面内向外流出的正电荷的电荷量. 根据电荷守恒定律,通过闭合曲面流出的电荷量应等于闭合曲面内电荷量的减小,以 $\dfrac{\mathrm{d}q}{\mathrm{d}t}$ 表示闭合曲面内单位时间所减少的电荷量,则有

$$\oint_S \boldsymbol{j} \cdot \mathrm{d}\boldsymbol{S} = -\frac{\mathrm{d}q}{\mathrm{d}t} \qquad (11-6)$$

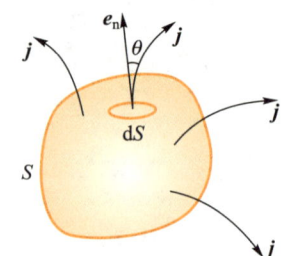

图 11-3　电流与电流密度

式(11-6)表明,通过任意闭合曲面的电流密度通量等于该闭合曲面内的电荷量的减少率,这一关系式称为电流连续性方程,它实际上是电荷守恒定律的数学表达式.

11.1.3　恒定电流与恒定电场

我们知道,在通有电流的导体内必存在电场强度不为零的电场,这个电场是由分布在导体内的电荷所激发的. 若导体内电荷在各处的分布情况不随时间的变化而变化,即 $\dfrac{\mathrm{d}q}{\mathrm{d}t}=0$,则在所激发的电场中,各点的电场强度 $\boldsymbol{E}$ 也不随时间而改变,由此所引起的导体中各点的电流密度 $\boldsymbol{j}$ 和通过任一给定截面上的电流 I 都不随时间而变化. 这种不随时间变化的电流称为恒定电流,常称为直流电. 这样,上述连续性方程应为

$$\oint_S \boldsymbol{j} \cdot \mathrm{d}\boldsymbol{S} = 0 \qquad (11-7)$$

这就是恒定电流条件的数学表示式. 它表明,当电流分布恒定时,在导体内穿过任意闭合曲面流入的电荷量等于流出的电荷量. 这就决定了恒定电流的电路必然是闭合的,并且在没有分支的电路中,电流是处处相等的.

需要指出的是,要在导体中维持恒定电流,就要求导体中各处的电荷分布不随时间变化,但这并不意味着电荷没有运动;否则,导体中也就没有电流了,对于这一点可以这样理解:空间某处如有电荷移去,必然同时有等量的电荷补充,因而在宏观上达到动态平衡,即形成了不随时间变化的电荷分布.

恒定分布电荷所激发的电场称为恒定电场,恒定分布电荷体系中的电荷可以是静止的,也可以是运动的,其共同点就是电荷的空间分布不随时间变化. 这就使得由静止电荷激发的静电场和由运动的恒定分布电荷激发的恒定电场有许多相似之处. 因此,静电场的高斯定理 $\left(\oint_S \boldsymbol{E} \cdot \mathrm{d}\boldsymbol{S} = \dfrac{1}{\varepsilon_0}\sum_{i=1}^{n} q_i\right)$ 与静电场的环路定理 $\left(\oint_L \boldsymbol{E} \cdot \mathrm{d}\boldsymbol{l} = 0\right)$ 对于恒定电场完全适用. 所以在恒定电场中同样可以引入电势的概念.

虽然恒定电场和静电场有许多相同之处,但它们之间也有显著的区别. 其根本原因是产生恒定电场的电荷分布虽然不随时间改变,但这种分布总伴随着电荷的定向运动,而产生静电场的电荷始终是固定不动的. 因此,在有电荷定向运动的情

况下，即使在导体内部，恒定电场也不等于零，导体内任意两点电势不相等；而静电场中的导体处于静电平衡，导体内的电场为零，导体是等势体．恒定电场的存在总要伴随着能量的转化，如电流做功就是电能转化为其他形式的能量，而维持静电场不需要能量的转化．

例 11-1 金属导体中的传导电流是由大量自由电子的定向漂移运动形成的，自由电子除热运动外，在电场的影响下，将沿着电场强度 E 的反方向漂移．设电子电荷量的绝对值为 e，电子漂移的定向运动速度的平均值为 $\bar{v}$，单位体积内的自由电子数为 n，试证明电流密度 $\boldsymbol{j}=-ne\bar{\boldsymbol{v}}$．

解 在金属导体中，取微小截面 ΔS，ΔS 的法线与电场方向平行．设通过 ΔS 的电流为 ΔI，它等于每秒内通过截面 ΔS 的所有自由电子的总电荷量（绝对值）．以 ΔS 为底面积，以 $\bar{v}$ 为高作小柱体，如图 11-4 所示．

显然，柱体内的自由电子数 $n\Delta S\bar{v}$ 等于每秒内通过截面 ΔS 的自由电子数，因此

$$\Delta I = (n\Delta S \bar{v})e = ne\bar{v}\Delta S$$

而电流密度的大小为

$$j = \frac{\Delta I}{\Delta S} = ne\bar{v}$$

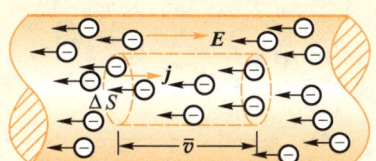

图 11-4 例 11-1 用图

由于电流密度 $\boldsymbol{j}$ 与自由电子的定向漂移速度 $\bar{\boldsymbol{v}}$ 的方向相反，故金属中的电流密度可用矢量式表示为

$$\boldsymbol{j} = -ne\bar{\boldsymbol{v}} \tag{11-8}$$

*11.1.4 欧姆定律的微分形式

1826 年，欧姆在实验中总结、发现了欧姆定律 $I=U/R$．该定律给出了电流 I 与电压 U 之间的关系，反映了一段导体整体导电的情况．由于电场强度与电势差有一定的关系，因此根据欧姆定律可以推导出电场强度与电流之间的关系．

设有一段导体，其电阻率为 ρ，在其中取一圆柱形体积元，长为 $\mathrm{d}l$，横截面积为 $\mathrm{d}S$，柱体轴线沿该处电流密度 $\boldsymbol{j}$ 的方向，如图 11-5 所示．根据欧姆定律，流过 $\mathrm{d}S$ 的电流 $\mathrm{d}I$ 为

$$\mathrm{d}I = \frac{V-(V+\mathrm{d}V)}{R} = -\frac{\mathrm{d}V}{R}$$

因为 $\mathrm{d}I = j\mathrm{d}S$，$R = \frac{\rho\mathrm{d}l}{\mathrm{d}S}$，所以有

$$j\mathrm{d}S = -\frac{\mathrm{d}V}{R} = -\frac{1}{\rho}\frac{\mathrm{d}V}{\mathrm{d}l}\mathrm{d}S$$

由电场强度与电势的关系 $E=-\mathrm{d}V/\mathrm{d}l$，可得

$$j = \frac{1}{\rho}E = \gamma E$$

式中 γ 为导体的电导率，$\gamma=\dfrac{1}{\rho}$．在国际单位制中，电阻率 ρ 的单位为 $\Omega\cdot\mathrm{m}$（欧姆米），电导率 γ

图 11-5 推导欧姆定律的微分形式用图

阅读材料：欧姆定律的建立

的单位为 S/m(西门子每米),它们均是反映导体性质的物理量. 由于 j 与 E 的方向相同,上式用矢量式表示为

$$j=\gamma E \tag{11-9}$$

式(11-9)称为欧姆定律的微分形式. 它表明导体中任一点处电流密度 j 与该点的电场强度 E 和电导率 γ 的点点对应关系,它不仅适用于恒定电场,也适用于变化的电场.

11.1.5 电动势

要在导体中维持恒定电流,必须在其两端维持恒定不变的电势差. 这一条件是怎样满足的呢?下面以带电电容器放电时产生的电流为例来讨论.

如图 11-6 所示,当用导线把充电的电容器两极板 A、B 连接起来后,由于两极板间有电势差,导线内部就有电场,在电场力的作用下,正电荷从极板 A 通过导线流向极板 B,从而在导线内形成电流. 但这个电流是不稳定的,会随着两个极板上的正负电荷逐渐中和而减少,极板间的电势差也会逐渐减小直至 0,电流也就逐渐降为 0 了. 因此,单纯依靠静电力的作用,在导体两端是不可能维持恒定电势差的,也就不可能获得恒定电流.

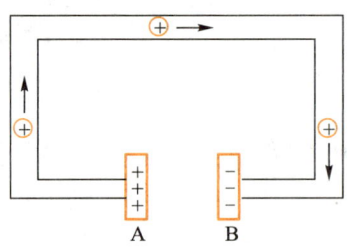

图 11-6 电容器放电时产生的电流

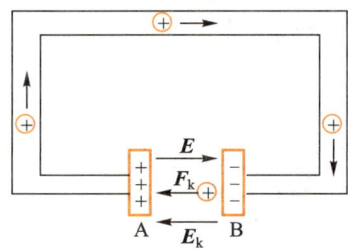

图 11-7 电源

为了获得恒定电流,必须有一种本质上完全不同于静电性质的力,把图 11-6 中由极板 A 经导线流向极板 B 的正电荷再送回到极板 A,从而使两极板间保持恒定的电势差来维持由 A 到 B 的恒定电流. 能把正电荷从电势较低的点送到电势较高的点的作用力称为非静电力,记为 F_k. 如图 11-7 所示,而把提供非静电力的装置称为电源. 从能量角度看,电源是实现能量转化的一种装置. 不同类型的电源形成非静电力的过程不同,实现能量转化的形式也不同. 常见的化学电池、普通发电机、温差电池、光电池等电源,就是分别把化学能、机械能、热能、光能等转化为电能的装置.

电源有两个电极,带正电的一端称为正极,电势高,带负电的一端称为负极,电势低. 在电源的外部,由正极连到负极的电路叫外电路,在电源的内部,由负极到正极的电路叫内电路. 在外电路中,正电荷在静电力作用下从正极流向负极;在内电路中,正电荷在非静电力作用下从负极流向正极.

像静电场中电场强度的定义那样,我们把作用在单位正电荷上的非静电力称为非静电场的电场强度,即

$$E_k = \frac{F_k}{q} \tag{11-10}$$

将单位正电荷从负极经电源内部运送到正极时,非静电力所做的功定义为电源的

电动势,用 $\mathscr{E}$ 表示,即

$$\mathscr{E} = \int_{(内)-}^{+} \boldsymbol{E}_k \cdot \mathrm{d}\boldsymbol{l} \tag{11-11}$$

电源的电动势 $\mathscr{E}$ 表示单位正电荷在电源内通过时有多少其他形式的能量(如电池的化学能、发电机的机械能等)转化成电能. 对于一般的电源,$\mathscr{E}$ 为一常量,与外电路的性质以及是否接通电路无关. 电动势是标量,其单位与电势的单位相同,也是 V(伏特). 规定自负极经电源内部到正极的方向为电动势的方向,如图 11-8 所示.

某些电源在整个闭合回路上均存在着非静电力 $\boldsymbol{F}_k$(如感应电动机、温差电源等),这时整个闭合回路的电动势定义为

图 11-8 电动势的方向

$$\mathscr{E} = \oint_L \boldsymbol{E}_k \cdot \mathrm{d}\boldsymbol{l} \tag{11-12}$$

即电动势的大小等于单位正电荷绕闭合回路移动一周时非静电力所做的功.

思考题

11-1 一铜线表面涂以银层,若在导线两端加上电压后,此时铜线和银层中的电场强度是否相同？电流密度是否相同？电流是否相同？

11-2 静电场与电源中存在的电场有何不同？

§11.2 磁场与磁感应强度

11.2.1 磁场

我国是世界上最早认识磁性和应用磁性的国家,早在公元前 300 年,古人就已经发现磁石吸铁的现象,11 世纪时,我国科学家沈括制作了航海用的指南针,并发现了地磁偏转. 实际上,无论是天然磁石(Fe_3O_4)还是人工磁铁都具有磁性. 条形磁铁两端的磁性最强,称为磁极. 所有磁铁都有两个磁极. 若用细线系住条形磁铁的中部,将它水平悬挂起来,使其可在水平面内自由转动,磁铁最终静止时,两个磁极将会分别指向地球的南、北极方向. 指向南方的磁极称为南极,用 S 表示,指向北方的磁极称为北极,用 N 表示. 实验表明,同名磁极相互排斥,异名磁极相互吸引.

1820 年,丹麦科学家奥斯特发现电流对磁针的作用之后,人们才逐渐认识到一切磁现象都源于运动的电荷. 运动电荷不仅在其周围空间产生电场,而且还同时能产生磁场. 运动电荷与运动电荷之间的作用就是通过磁场传递的. 这种相互作用可表示为

运动电荷(电流、磁铁) ⟷ 磁场 ⟷ 运动电荷(电流、磁铁)

磁场也是物质存在的一种特殊形式,磁场对外的表现主要有两种：

(1) 磁场对处于磁场中的磁铁、运动电荷和载流导线有作用力,这种力称为磁场力；

阅读材料：
电流磁效应的发现

(2) 当载流导线在变化的磁场中运动时,磁场对它们要做功,这表明磁场是具有能量的.

11.2.2 磁感应强度

为了定量地描述电场的分布,我们引入了电场强度 E,同样,为了定量地描述磁场的分布,也需要引入一个与电场中电场强度 E 地位相当的物理量,这个物理量称为磁感应强度,用 B 表示.既然磁场中的 B 与电场中的 E 相对应,那为什么不把 B 称为磁场强度?这纯粹是由于历史的原因所造成的.因为当时已有了另一个描述磁场的矢量 H 称为磁场强度,H 占用了本该属于 B 的"名分".既然张冠李戴已久,人们也就没有再为 B 正名.

在电场中,我们曾用电场对检验电荷的作用来定义电场强度 E.与此类似,我们用磁场对运动电荷的作用来定义磁感应强度 B.

将一个速度为 v、电荷量为 q 的运动检验电荷引入磁场,实验发现,磁场对运动检验电荷的作用有如下规律.

(1) 磁场中任意一点都有一确定的方向,它与磁场中可转动的小磁针静止时 N 极的指向一致.将这一方向规定为磁场的方向,当电荷沿此方向运动时,其受力为零.

(2) 运动电荷在磁场中任意一点的受力方向均垂直于该点的磁场与速度方向决定的平面.受力的大小与运动电荷的电荷量 q、速度 v 及速度与磁场方向的夹角 θ 有关;当 v 与磁场方向垂直时,其受力最大,以 F_{max} 表示,且 v、F_{max} 与磁场方向相互垂直,如图 11-9 所示.

(3) 不管 q、v、θ 如何不同,对于给定点,比值 $\dfrac{F_{max}}{qv}$ 不变,其值仅由磁场的性质决定.将这一比值定义为该点的磁感应强度的大小,用 B 表示,即

$$B = \frac{F_{max}}{qv} \qquad (11\text{-}13)$$

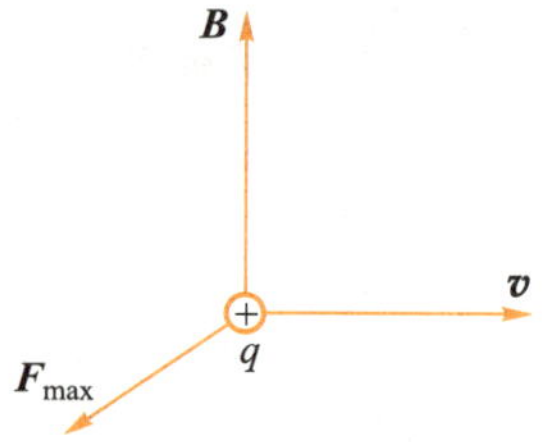

图 11-9 v、B 和 F_{max} 的关系

由图 11-9 可以看出,磁感应强度 B 的方向与 $F_{max} \times v$ 相同.磁感应强度 B 的单位为 T(特斯拉),即

$$1\ \text{T} = 1\ \text{N}/(\text{A} \cdot \text{m})$$

地球的磁场是随地理位置的不同而变化的.赤道处的磁感应强度约为 3×10^{-4} T,两极处磁感应强度约为 6×10^{-4} T.一般永久磁铁的磁感应强度约为 10^{-2} T.大型电磁铁能产生 2 T 的磁场.近年来,由于超导材料的新发展,已能取得 40 T 的强磁场.

应当指出,磁感应强度 B 是描述磁场中各点磁场强弱和方向的物理量,是与空间位置有关的点函数.若磁场中各点的磁感应强度 B 都相同,即各点的 B 方向一致,大小相等,则该磁场称为均匀磁场(或称为匀强磁场),不符合上述情况的磁场就是非均匀磁场.而空间各点磁感应强度 B 都不随时间改变的磁场通常称为恒定磁场.

思考题

11-3 为什么不把作用于运动电荷在磁场中的受力方向定义为磁感应强度 B 的方向?

11-4 为什么当磁铁靠近电视机的屏幕时会使图像变形?

§11.3 毕奥-萨伐尔定律及其应用

11.3.1 毕奥-萨伐尔定律

在静电场中计算任意带电体在某点的电场强度 E 时,曾把带电体分成无限多个电荷元 dq,求出每个电荷元在该点产生的电场强度 dE,而所有电荷元在该点产生的电场强度的叠加即为此带电体在该点产生的电场强度 E. 同样,为了求得任意形状载流导线所产生的磁场,可以将载流导线分割成许多电流元 Idl. 所谓电流元 Idl,就是电流为 I、长度为 dl 的导线,因为导线是任意形状的,所以分割出来的长度元在空间的取向可能是各不相同的,规定电流元是矢量,它的方向与电流的方向相同.

电流元 Idl 在真空中任意一点所产生的磁感应强度,遵从**毕奥-萨伐尔定律**. 这个定律可表述为:**电流元 Idl 在真空中某点 P 产生的磁感应强度 dB 的大小与电流元的大小成正比,与电流元和由电流元到点 P 的位矢 r 之间的夹角的正弦成正比,与电流元到点 P 的距离的二次方成反比**,即

$$dB = k\frac{Idl\sin\theta}{r^2}$$

阅读材料:
导电理论研究

式中 k 为比例系数,$k = \mu_0/4\pi$. μ_0 为真空磁导率,$\mu_0 = 4\pi \times 10^{-7}$ H/m. 这样

$$dB = \frac{\mu_0}{4\pi}\frac{Idl\sin\theta}{r^2} \qquad (11-14)$$

dB 的方向既垂直于 Idl,又垂直于 r,即垂直于 Idl 与 r 组成的平面,指向由右手螺旋定则确定,如图 11-10 所示.

写成矢量式为

$$dB = \frac{\mu_0}{4\pi}\frac{Idl \times e_r}{r^2} \qquad (11-15)$$

式中 e_r 是从电流元到点 P 的位矢 r 方向的单位矢量.

应该指出的是,由于恒定电流电路总是闭合的,在实验中无法获得独立的电流元,因此,毕奥-萨伐尔定律的正确性无法直接通过实验验证. 毕奥-萨伐尔定律是在大量实验结果上进行归纳、经过科学抽象提炼出来的基本定律,将该定律应用于任意形状的载流导线,得出的结果

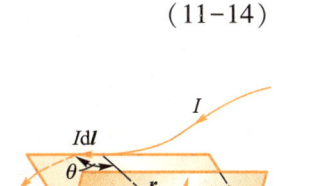
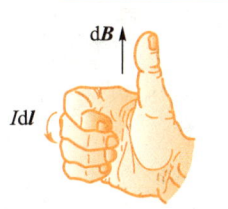

图 11-10 毕奥-萨伐尔定律

都很好地和实验相符,从而间接地证明了式(11-15)的正确性.

11.3.2 磁场叠加原理

能够产生磁场的电流、电流元、运动电荷等统称为磁场源. 实验表明,**在 n 个磁场源产生的磁场中,某点的磁感应强度等于各个磁场源单独存在时在该点产生磁感应强度的矢量和**,这一结论称为**磁场叠加原理**. 如果 $\boldsymbol{B}_1, \boldsymbol{B}_2, \cdots, \boldsymbol{B}_n$ 分别代表磁场源 1,磁场源 2,…,磁场源 n 单独存在时产生的磁感应强度,那么,总磁感应强度为

$$\boldsymbol{B} = \boldsymbol{B}_1 + \boldsymbol{B}_2 + \cdots + \boldsymbol{B}_n = \sum_{i=1}^{n} \boldsymbol{B}_i \qquad (11-16)$$

11.3.3 毕奥-萨伐尔定律的应用

利用毕奥-萨伐尔定律和磁场叠加原理,可求出任意形状的载流导线所激发的总磁感应强度为

$$\boldsymbol{B} = \int_L d\boldsymbol{B} = \frac{\mu_0}{4\pi} \int_L \frac{Id\boldsymbol{l} \times \boldsymbol{e}_r}{r^2} \qquad (11-17)$$

式(11-17)为矢量积分,具体计算时,首先要分析载流导线上各电流元所产生的各个 $d\boldsymbol{B}$ 的方向是否一致,若各 $d\boldsymbol{B}$ 方向相同,则上述积分即化为标量积分 $B = \int dB$;若各 $d\boldsymbol{B}$ 的方向不同,通常取直角坐标系,将 $d\boldsymbol{B}$ 分别投影到坐标轴上进行标量积分,即

$$B_x = \int dB_x, \quad B_y = \int dB_y, \quad z = \int dB_z$$

然后再合成求得 $\boldsymbol{B} = B_x\boldsymbol{i} + B_y\boldsymbol{j} + B_z\boldsymbol{k}$.

下面利用毕奥-萨伐尔定律讨论几种典型的载流导线的磁场,所得结论和公式在今后解题时可直接引用.

1. 载流直导线的磁场

设真空中有一载流直导线,长为 L,通过导线的电流为 I,方向如图 11-11 所示. 在直导线旁任取一点 P,点 P 到直导线的垂直距离为 a,在载流直导线上取一电流元 Idz,根据毕奥-萨伐尔定律,此电流元在点 P 产生的磁感应强度 $d\boldsymbol{B}$ 的大小为

$$dB = \frac{\mu_0}{4\pi} \frac{Idz\sin\theta}{r^2}$$

式中 θ 为电流元 Idz 与位矢 $\boldsymbol{r}$ 之间的夹角. $d\boldsymbol{B}$ 的方向垂直于 Idz 和 $\boldsymbol{r}$ 所组成的平面(即 Oyz 平面),沿 x 轴负方向.

从图 11-11 中可以看出,直导线上各个电流元在点 P 所产生的 $d\boldsymbol{B}$ 的方向都相同,都指向 x 轴负方向,因此,点 P 的磁感应强度的大小就等于各电流元所产生的磁感应强度大小的代

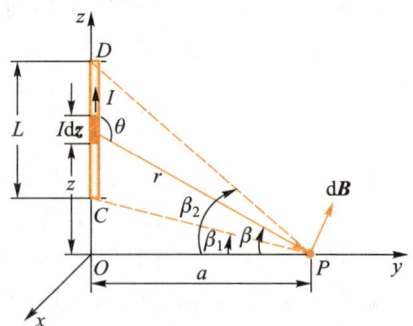

图 11-11 载流直导线的磁场

数和,用积分表示,有

$$B = \int_L dB = \int_L \frac{\mu_0}{4\pi} \frac{I dz \sin\theta}{r^2} \quad (11-18)$$

由于 z、r 和 θ 都是变量,因此进行积分运算时,必须首先把它们用同一个参量来表示. 现在取位矢 r 与点 P 到载流直导线的垂线 PO 之间的夹角 β 为自变量,则由图 11-11 知

$$\sin\theta = \cos\beta, \quad r = a\sec\beta, \quad z = a\tan\beta$$

且
$$dz = a\sec^2\beta d\beta$$

把这些关系代入式(11-18),并且从图 11-11 可知积分的上下限为 β_1 和 β_2,可得

$$B = \int_{\beta_1}^{\beta_2} \frac{\mu_0}{4\pi} \frac{I a\sec^2\beta \cos\beta d\beta}{a^2\sec^2\beta} = \frac{\mu_0 I}{4\pi a}\int_{\beta_1}^{\beta_2} \cos\beta d\beta = \frac{\mu_0 I}{4\pi a}(\sin\beta_2 - \sin\beta_1)$$

即
$$B = \frac{\mu_0 I}{4\pi a}(\sin\beta_2 - \sin\beta_1) \quad (11-19a)$$

式中 β_1 为 PO 与 PC 之间的夹角,β_2 为 PO 与 PD 之间的夹角. 当角 β 的转向与电流方向相同时,β 取正值,当角 β 的转向与电流方向相反时,β 取负值. 在图 11-11 中,β_1 和 β_2 均为正值.

下面讨论几种特殊情况.

(1) 当 $L \gg a$ 时,有限长载流直导线可视为无限长载流直导线(或称为长直载流导线),因而 $\beta_1 = -\pi/2$,$\beta_2 = \pi/2$,由式(11-19a)可得

$$B = \frac{\mu_0 I}{2\pi a} \quad (11-19b)$$

其方向仍沿 x 轴负方向.

(2) 如果点 P 位于载流导线的延长线上,因而 $\beta_1 = 0$,$\beta_2 = \pi$,由式(11-19a)可得

$$B = 0 \quad (11-19c)$$

2. 载流圆线圈轴线上的磁场

设真空中有一半径为 R 的载流圆线圈(或称为圆电流),通有电流 I,方向如图 11-12 所示,根据毕奥-萨伐尔定律可求出通过圆心并且垂直于载流圆线圈平面的轴线上任意一点 P 的磁感应强度 B.

建立如图 11-12 所示的坐标系,其中 x 轴通过圆心 O 并垂直于载流圆线圈平面. 在圆上任取一电流元 IdI,此处 IdI 与位矢 r 之间的夹角 $\theta = 90°$,则 IdI 在点 P 所产生的磁感应强度的大小为

$$dB = \frac{\mu_0}{4\pi} \frac{I dl \sin\theta}{r^2} = \frac{\mu_0}{4\pi} \frac{I dl}{r^2}$$

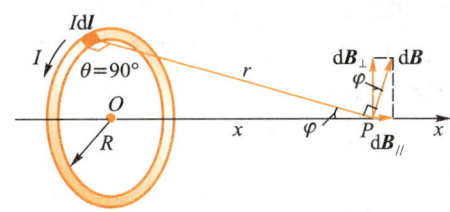

图 11-12 载流圆线圈
轴线上的磁场

由图 11-12 可见,各电流元在点 P 的磁感应

强度大小相等,方向不同,但它们与轴线的夹角相等. 于是把 d$\boldsymbol{B}$ 分解为平行于轴线的分量 d$\boldsymbol{B}_\parallel$ 与垂直于轴线的分量 d$\boldsymbol{B}_\perp$,由于对称关系,所有的 d$\boldsymbol{B}_\perp$ 互相抵消,所以点 P 的磁感应强度大小为

$$B = \int_L \mathrm{d}B_\parallel = \int_L \mathrm{d}B \sin\varphi = \int_L \frac{\mu_0}{4\pi} \frac{I\mathrm{d}l}{r^2} \cdot \frac{R}{r}$$

点 P 确定后,r 即为定值,不随 dl 的位置改变而变化,所以

$$B = \frac{\mu_0 IR}{4\pi r^3} \int_0^{2\pi R} \mathrm{d}l = \frac{\mu_0}{2} \frac{R^2 I}{(R^2+x^2)^{3/2}} \tag{11-20a}$$

载流圆线圈轴线上各点的磁感应强度都沿轴线方向,其指向由右手螺旋定则确定,如图 11-13 所示.

下面讨论几种特殊情况.

(1) 在 $x=0$ 处,即在圆心处

$$B = \frac{\mu_0 I}{2R} \tag{11-20b}$$

图 11-13 载流圆线圈轴线上磁感应强度的方向

如果载流导线为一段圆弧,它对圆心的张角为 θ,由式 (11-20b) 可知,圆心处有

$$B = \frac{\mu_0 I}{2R} \frac{\theta}{2\pi} = \frac{\mu_0 I\theta}{4\pi R} \tag{11-20c}$$

(2) 当 $x \gg R$ 时,即在轴线上很远处 $(R^2+x^2)^{3/2} \approx x^3$,由式 (11-20a) 可得

$$B = \frac{\mu_0 IR^2}{2x^3}$$

载流圆线圈的面积 $S = \pi R^2$,上式可写成

$$B = \frac{\mu_0}{2\pi} \frac{IS}{x^3} \tag{11-20d}$$

在静电场中研究电偶极子产生的电场时,曾引入电矩 $\boldsymbol{p} = q\boldsymbol{l}$ 这一物理量. 现研究载流圆线圈产生的磁场,类似地引入磁偶极矩,简称磁矩,用 $\boldsymbol{m}$ 表示. 如图 11-14 所示,一平面载流圆线圈面积为 S,电流强度为 I,$\boldsymbol{e}_n$ 为载流圆线圈平面的法向单位矢量,$\boldsymbol{e}_n$ 与电流环绕的方向之间满足右手螺旋定则. 现定义载流圆线圈的磁矩为

$$\boldsymbol{m} = IS\boldsymbol{e}_n \tag{11-21}$$

$\boldsymbol{m}$ 的方向与载流圆线圈的法向单位矢量 $\boldsymbol{e}_n$ 的方向相同. 式 (11-21) 不仅适用于载流圆线圈,而且对任意形状的载流线圈都适用.

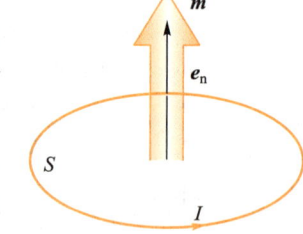

图 11-14 载流线圈的磁矩

如果线圈由 N 匝组成,则

$$\boldsymbol{m} = NIS\boldsymbol{e}_n$$

采用磁矩表示,则式 (11-20d) 可写成

$$B = \frac{\mu_0}{2\pi} \frac{m}{x^3} \quad (11-22)$$

写成矢量式为

$$\boldsymbol{B} = \frac{\mu_0}{2\pi} \frac{\boldsymbol{m}}{x^3} \quad (11-23)$$

式中 $\boldsymbol{B}$ 与 $\boldsymbol{m}$ 方向一致.

3. 载流直螺线管轴线上的磁场

直螺线管就是绕在直圆柱面上的螺旋线圈,对于密绕的螺线管,每匝线圈可近似当作闭合的圆线圈,因此载流直螺线管就相当于由许多半径相同、电流相等的共轴圆线圈密排而成. 根据磁场叠加原理,载流直螺线管在轴线上某点 P 处产生的磁感应强度,就等于所有载流圆线圈在该处磁感应强度的矢量和.

如图 11-15 所示,一均匀密绕螺线管长度为 L、半径为 R,单位长度上绕有 n 匝线圈,通有电流 I,其剖面如图 11-16 所示,图中小圈"○"表示密绕导线的横截面,圈中的点"·"表示电流流出纸面,圈中的叉"×"表示电流流进纸面.

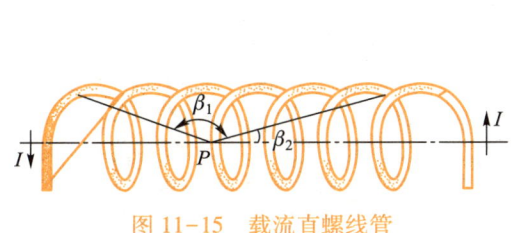

图 11-15　载流直螺线管　　　图 11-16　载流直螺线管剖面图

在螺线管长度方向上取长为 dl 的一小段,这小段有线圈 ndl 匝,将它看成一个载流圆线圈,其电流强度为 $Indl$,应用公式(11-20a),则它在点 P 产生的磁感应强度大小为

$$dB = \frac{\mu_0}{2} \frac{R^2 Indl}{(R^2+l^2)^{3/2}}$$

式中 l 为点 P 离 dl 这一小段螺线管线圈的距离. 磁感应强度的方向沿轴线向右,因为螺线管的各小段载流圆线圈在点 P 产生的磁感应强度的方向都相同,因此,整个螺线管在点 P 产生的总磁感应强度的大小为

$$B = \int_L dB = \int_L \frac{\mu_0}{2} \frac{R^2 Indl}{(R^2+l^2)^{3/2}}$$

为了便于积分,引入参变量角 β,它是螺线管的轴线与从点 P 到 dl 小段线圈上任一点的位矢 r 之间的夹角,根据图 11-16 中几何关系可知

$$l = R\cot\beta$$

将上式微分,得

$$dl = -R\csc^2\beta d\beta$$

又

$$R^2 + l^2 = R^2\csc^2\beta$$

所以
$$B = \int -\frac{\mu_0}{2}nI\sin\beta\, d\beta \tag{11-24}$$

β 的上下限分别为 β_2 和 β_1,将其代入式(11-24)后得

$$B = \frac{\mu_0}{2}nI\int_{\beta_1}^{\beta_2}-\sin\beta\, d\beta = \frac{\mu_0}{2}nI(\cos\beta_2-\cos\beta_1) \tag{11-25a}$$

下面讨论几种特殊情况.

(1) 如果 $L \gg R$,即螺线管的长度比直径大很多,则载流直螺线管可视为无限长载流直螺线管. 因而 $\beta_1 = \pi$, $\beta_2 = 0$,由式(11-25a)可得

$$B = \mu_0 nI \tag{11-25b}$$

可见,任何绕得很紧密的无限长载流直螺线管内部轴线中部附近的磁场都是均匀的.

(2) 对无限长载流直螺线管的端点来说,例如在点 A_1 处,$\beta_1 = \frac{\pi}{2}$,$\beta_2 = 0$,由式(11-25a)可得

$$B = \frac{1}{2}\mu_0 nI \tag{11-25c}$$

可见,无限长载流直螺线管轴线上两端的磁感应强度只有管内轴线中间磁感应强度的一半,如图 11-17 所示.

无限长载流直螺线管内部轴线上各点的磁感应强度的方向沿着螺线管轴线,其指向由右手螺旋定则确定.

图 11-17 载流直螺线管轴线上的磁场分布

例 11-2 通有电流 I 的导线弯曲成如图 11-18 所示的形状(虚线部分伸向无限远). 求点 O 的磁感应强度.

解 将此导线看成由载流直导线 CD 和 MN、两个半圆环电流 $\overset{\frown}{DEF}$ 和 $\overset{\frown}{GHM}$ 及右边一小段载流导线 FG 组成,点 O 的磁感应强度 B 为各段导线产生的磁感应强度的矢量和.

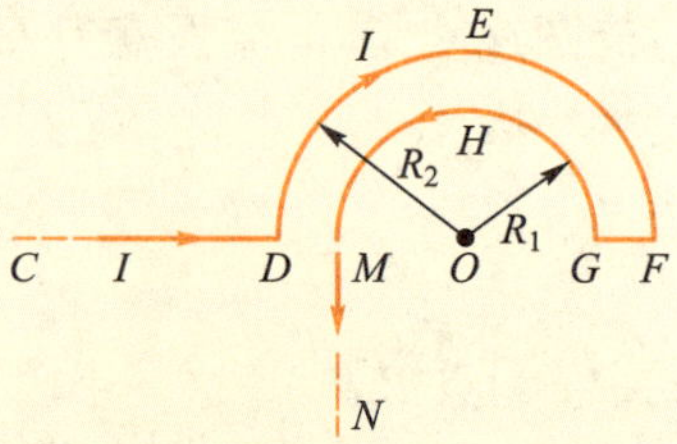

由于点 O 在 CD 及 GF 的延长线上,由式(11-19c)知

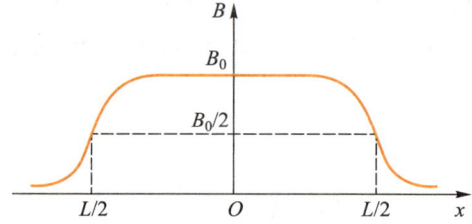

图 11-18 例 11-2 用图

$$B_{CD} = B_{GF} = 0$$

由图 11-18 知,弧 $\overset{\frown}{DEF}$ 和弧 $\overset{\frown}{GHM}$ 对点 O 的张角为 π,由式(11-20c)得

$$B_{\overset{\frown}{DEF}} = \frac{\mu_0 I\theta}{4\pi R} = \frac{\mu_0 I}{4\pi R_2}\pi = \frac{\mu_0 I}{4R_2}$$

方向垂直于纸面向里.

$$B_{\overset{\frown}{GHM}} = \frac{\mu_0 I\theta}{4\pi R} = \frac{\mu_0 I}{4\pi R_1}\pi = \frac{\mu_0 I}{4R_1}$$

方向垂直于纸面向外.

导线 MN 可视为半无限长直导线. 由式(11-19a)得

$$B_{MN} = \frac{\mu_0 I}{4\pi R_1}$$

方向垂直于纸面向外,故

$$\bm{B}_O = \bm{B}_{CD} + \bm{B}_{GF} + \bm{B}_{\widehat{DEF}} + \bm{B}_{\widehat{GHM}} + \bm{B}_{MN}$$

即

$$B_O = \frac{\mu_0 I}{4\pi R_1} + \frac{\mu_0 I}{4 R_1} - \frac{\mu_0 I}{4 R_2}$$

方向垂直于纸面向外.

11.3.4 运动电荷的磁场

电流是由大量的电荷定向运动形成的,因此从本质上来说,电流的磁场也是由大量运动电荷的磁场叠加而成的. 如图 11-19 所示,设载流导体中有一电流元,其横截面积为 S,单位体积内的运动电荷(正电荷)为 n 个,每个电荷的电荷量均为 q,且定向运动速度均为 $\bm{v}$,则单位时间内通过横截面 S 的电荷量,即电流为

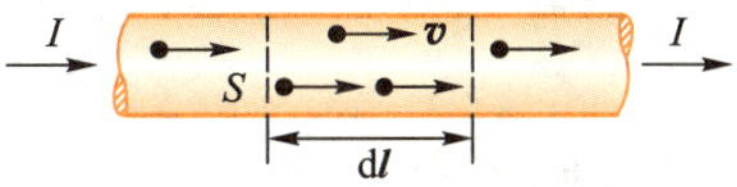

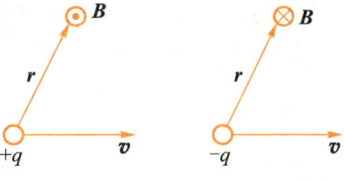

图 11-19 运动电荷的磁场

$$I = qnvS$$

$Id\bm{l}$ 的方向和 $\bm{v}$ 相同,故

$$Id\bm{l} = qnSdl\bm{v}$$

代入毕奥-萨伐尔定律,得

$$d\bm{B} = \frac{\mu_0}{4\pi} \frac{qnSdl\bm{v} \times \bm{e}_r}{r^2}$$

式中 Sdl 为电流元的体积,$Sdl = dV$. 设 dN 为电流元中做定向运动的电荷数,$dN = ndV = nSdl$. 故上式中电流元 $Id\bm{l}$ 在 $\bm{r}$ 处产生的磁场,可理解为由 dN 个运动电荷产生的. 因此,一个以速度 $\bm{v}$ 运动、电荷量为 q 的电荷,在距它 $\bm{r}$ 处一点产生的磁感应强度为

$$\bm{B} = \frac{d\bm{B}}{dN} = \frac{\mu_0}{4\pi} \frac{q\bm{v} \times \bm{e}_r}{r^2} \qquad (11-26)$$

$\bm{B}$ 的方向垂直于 $\bm{v}$ 和 $\bm{r}$ 所组成的平面,指向由右手螺旋定则确定. 当 q 为正电荷时,$\bm{B}$ 的方向为矢积 $\bm{v} \times \bm{r}$ 的方向;当 q 为负电荷时,$\bm{B}$ 的方向与矢积 $\bm{v} \times \bm{r}$ 的方向相反,如图 11-20 所示.

图 11-20 运动电荷磁场的方向

例 11-3 一半径为 R 的薄圆盘,其电荷面密度为 $\sigma(\sigma > 0)$. 设薄圆盘以角速度 ω 绕通过盘心且垂直于盘面的轴转动,求薄圆盘中心的磁感应强度.

解 如图 11-21 所示,在薄圆盘上取一半径分别为 r 和 $r+dr$ 的细环带. 细环带面积 $dS=2\pi r dr$,此细环带所带电荷量为 $dq=\sigma dS=2\pi\sigma r dr$. 圆盘以角速度 ω 绕轴 O 旋转,转动周期为 $T=\dfrac{2\pi}{\omega}$,故此细环带上的圆电流为

$$dI=\dfrac{dq}{T}=\sigma\omega r dr$$

由式(11-20b)可知,圆电流在盘心处的磁感应强度 $B=\dfrac{\mu_0 I}{2R}$,其中 I 为圆电流,R 为圆电流半径. 因此,薄圆盘上细环带在盘心点 O 产生的磁感应强度的大小为

$$dB=\dfrac{\mu_0 dI}{2r}=\dfrac{\mu_0\sigma\omega}{2}dr$$

整个薄圆盘转动时,在盘心点 O 产生的磁感应强度的大小为

$$B=\int dB=\dfrac{\mu_0\sigma\omega}{2}\int_0^R dr=\dfrac{1}{2}\mu_0\omega\sigma R$$

因为薄圆盘带正电,**B** 的方向垂直纸面向外.

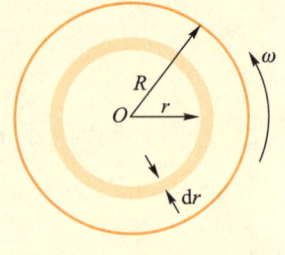

图 11-21　例 11-3 用图

思考题

11-5　一个点电荷能够在其周围空间任意一点激发电场而不为零,那么,一个电流元是否也能在周围空间任意一点激发磁场?

11-6　无限长载流直导线在周围空间激发的磁场的磁感应强度大小为 $B=\dfrac{\mu_0 I}{2\pi a}$,现在,让考察点无限接近导线时,磁感应强度大小 $B\to\infty$,对不对? 为什么?

11-7　在电子仪器中常把载有大小相等、方向相反的电流的那些导线扭在一起,以此减少它们在远处所产生的磁场,这样做为什么有效?

§11.4　磁感应线与磁通量

11.4.1　磁感应线

与用电场线形象地描绘电场一样,为了形象地表示磁场在空间的分布情况,在磁场中画出一系列曲线,称为磁感应线. 为了能用磁感应线反映磁场的特征,规定:

(1) 磁感应线上任意一点的切线方向为该点的磁感应强度 **B** 的方向;

(2) 在某点处,通过垂直于磁感应强度 **B** 的单位面积的磁感应线条数等于该点磁感应强度 **B** 的大小.

显然,用磁感应线不仅能反映磁场中各点的磁感应强度方向,而且能反映各点磁场的强弱. 在磁场中 **B** 大的地方,磁感应线的密度大,磁场就强;**B** 小的地方,磁感应线的密度小,磁场就弱. 如果磁场中的某一区域内的磁感应强度 **B** 处处相等,则用磁感应线表示出来的是一系列方向一致、彼此等间距的平行线,这样的磁场称为均匀磁场(或称为匀强磁场),如图 11-22(a)所示;否则,即为非均匀磁场,如图 11-22(b)所示.

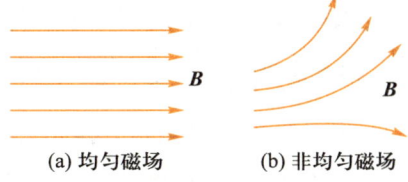

图 11-22 磁感应线

几种不同载流体的磁感应线分布如图 11-23 所示,分析各种载流体周围的磁感应线,发现它们有如下特点.

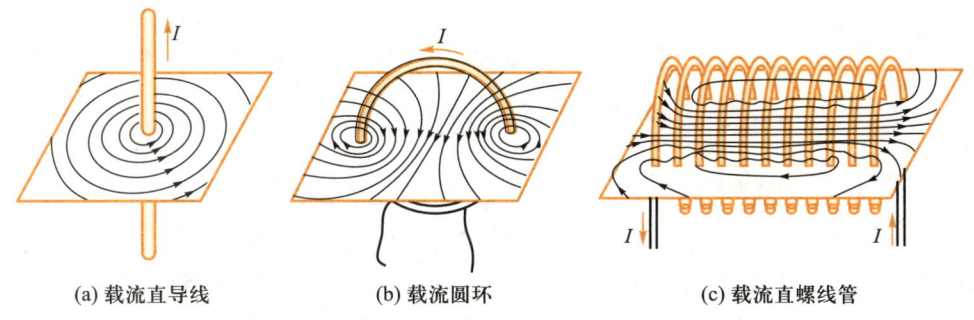

图 11-23 几种不同载流体的磁感应线分布

(1) 磁场中的每一条磁感应线都是环绕电流的闭合曲线,而且每条闭合的磁感应线都与载流回路相互套连在一起.

(2) 任何两条磁感应线在空间不相交,因为磁场中任一点的磁场方向都是唯一确定的.

(3) 磁感应线的环绕方向和电流方向服从右手螺旋定则,若拇指指向电流方向,则四指方向即为磁感应线方向,如图 11-22(a)所示;若四指方向为电流方向,则拇指方向为磁感应线方向,如图 11-22(b)、(c)所示. 利用这种关系可以确定电流或磁场的方向.

11.4.2 磁通量

通过磁场中某一曲面的磁感应线条数称为通过该曲面的磁通量,用符号 Φ 表示. 其计算方法与电场强度通量的计算方法相似.

如图 11-24 所示,设 $\mathrm{d}S$ 为磁感应强度为 **B** 的磁场中的某一面积元,根据定义,穿过此面积元的磁通量为

$$\mathrm{d}\Phi = B\cos\theta \mathrm{d}S = \boldsymbol{B} \cdot \mathrm{d}\boldsymbol{S}$$

式中 θ 为面积元的法线方向 $\boldsymbol{e}_n$ 与该点处磁感应强度方向之间的夹角. 于是通过整个曲面 S 的磁通量为

$$\Phi = \int_S B\cos\theta \mathrm{d}S = \int_S \boldsymbol{B} \cdot \mathrm{d}\boldsymbol{S} \qquad (11-27)$$

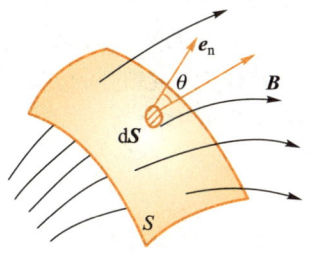

图 11-24 磁通量

在国际单位制中,磁通量的单位为 Wb(韦伯)
$$1\ \text{Wb} = 1\ \text{T} \cdot \text{m}^2$$

思考题

11-8 对于一根给定的磁感应线上各点,B 的大小是否是恒定的?

§11.5 磁场的高斯定理与环路定理

在静电场的研究中,曾用高斯定理和环路定理来描述静电场的性质,$\oint_S \boldsymbol{E} \cdot \mathrm{d}\boldsymbol{S} = \dfrac{1}{\varepsilon_0}\sum\limits_{i=1}^n q_i$ 表明静电场是有源场,电场线是不闭合的;$\oint_L \boldsymbol{E} \cdot \mathrm{d}\boldsymbol{l} = 0$ 则表明静电场是保守场. 同样,在磁场的研究中,也可用高斯定理和环路定理来表述磁场的性质.

11.5.1 磁场的高斯定理

对于闭合曲面来说,取垂直于闭合曲面向外的方向为法线的正方向,因此,当磁感应线从闭合曲面内穿出时,磁通量为正;而当磁感应线从闭合曲面外穿入时,磁通量为负. 由于磁感应线是闭合的曲线,因此对任一闭合面来说,有多少条磁感应线进入闭合面,就一定有多少条磁感应线穿出闭合面,因此**通过任意闭合面的磁通量必等于零**,即

$$\oint_S \boldsymbol{B} \cdot \mathrm{d}\boldsymbol{S} = 0 \tag{11-28}$$

这一结论称为**磁场的高斯定理**. 它表明磁场是无源场,即不存在单独的磁极——磁单极. 但是,1931 年英国物理学家狄拉克却从理论上推出了磁单极的存在,不过至今仍未获得实验的证实. 显然,如果一旦在实验中找到了磁单极,磁场的高斯定理乃至整个电磁学理论就要进行重大修改了.

11.5.2 磁场的环路定理

以无限长载流直导线的磁场为例,计算 $\boldsymbol{B}$ 的环路积分 $\oint_L \boldsymbol{B} \cdot \mathrm{d}\boldsymbol{l}$ 的值,可以得出磁场的环路定理(或称为安培环路定理).

对于无限长载流直导线,其周围磁场的磁感应线是在垂直于导线的平面内、并以导线为中心的同心圆,如图 11-25(a)中虚线圆所示,磁场中任意一点 P 处的磁感应强度大小为

$$B = \dfrac{\mu_0 I}{2\pi r}$$

式中 r 为点 P 到导线的垂直距离,I 为无限长直导线上的电流. 磁感应强度方向为通过该点处圆的切线方向,其指向与电流方向满足右手螺旋定则. 在垂直于导线的

平面内,过点 P 环绕导线取任意闭合回路 L,其环绕方向为逆时针方向,如图 11-25(a)中实线所示.

在闭合回路 L 上的点 P 处取一线元 $\mathrm{d}\boldsymbol{l}$,$\mathrm{d}\boldsymbol{l}$ 与 $\boldsymbol{B}$ 的夹角为 θ,$\mathrm{d}\boldsymbol{l}$ 对通过点 O 的电流的张角为 $\mathrm{d}\varphi$. 由于 $\boldsymbol{B}$ 垂直于位矢 $\boldsymbol{r}$,因而 $|\mathrm{d}\boldsymbol{l}|\cos\theta$ 就是 $|\mathrm{d}\boldsymbol{l}|$ 在垂直于 $\boldsymbol{r}$ 方向上的投影,它等于 $\mathrm{d}\varphi$ 所对应的以 r 为半径的弧长. 由于此弧长等于 $r\mathrm{d}\varphi$,所以

$$\boldsymbol{B}\cdot\mathrm{d}\boldsymbol{l}=B\mathrm{d}l\cos\theta=Br\mathrm{d}\varphi$$

磁感应强度 $\boldsymbol{B}$ 沿闭合回路 L 的线积分为

$$\oint_L \boldsymbol{B}\cdot\mathrm{d}\boldsymbol{l}=\oint_L Br\mathrm{d}\varphi \tag{11-29}$$

将 $B=\dfrac{\mu_0 I}{2\pi r}$ 代入式(11-29),可得

$$\oint_L \boldsymbol{B}\cdot\mathrm{d}\boldsymbol{l}=\oint_L \frac{\mu_0 I}{2\pi r}r\mathrm{d}\varphi=\frac{\mu_0 I}{2\pi}\oint_L \mathrm{d}\varphi$$

沿整个回路一周积分,$\oint_L \mathrm{d}\varphi=2\pi$,所以

$$\oint_L \boldsymbol{B}\cdot\mathrm{d}\boldsymbol{l}=\mu_0 I$$

如果电流方向相反,仍按图 11-25(a)所示闭合回路 L 的方向积分,由于 $\boldsymbol{B}$ 的方向与图示方向相反,所以 $\boldsymbol{B}$ 与 $\mathrm{d}\boldsymbol{l}$ 的夹角为 $\pi-\theta$,这时

$$\oint_L \boldsymbol{B}\cdot\mathrm{d}\boldsymbol{l}=\oint_L B\cos(\pi-\theta)\mathrm{d}l=-\oint_L B\cos\theta\mathrm{d}l$$

则有

$$\oint_L \boldsymbol{B}\cdot\mathrm{d}\boldsymbol{l}=-\mu_0 I=\mu_0(-I)$$

如果闭合回路不包围电流,如图 11-25(b)所示,L 为在垂直于导线平面内的任一不包围电流的闭合回路. 从导线与上述平面的交点 O 作 L 的两条切线,将 L 分为 L_1 和 L_2 两部分. 沿 L 的图示方向取 $\boldsymbol{B}$ 的线积分,有

$$\oint_L \boldsymbol{B}\cdot\mathrm{d}\boldsymbol{l}=\int_{L_1}\boldsymbol{B}\cdot\mathrm{d}\boldsymbol{l}+\int_{L_2}\boldsymbol{B}\cdot\mathrm{d}\boldsymbol{l}$$

$$=\frac{\mu_0 I}{2\pi}\left(\int_{L_1}\mathrm{d}\varphi+\int_{L_2}\mathrm{d}\varphi\right)$$

$$=\frac{\mu_0 I}{2\pi}[\varphi+(-\varphi)]=0$$

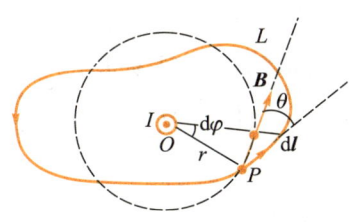 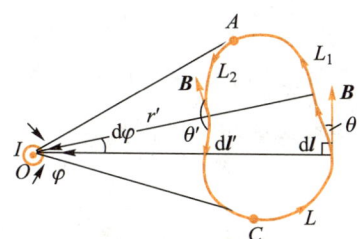

(a) 闭合回路 L 包围电流　　(b) 闭合回路 L 不包围电流

图 11-25　用无限长载流直导线的磁场验证磁场的环路定理

此结果表明,当闭合回路 L 没有包围电流时,对 $\boldsymbol{B}$ 沿该闭合回路的线积分无贡献. $\boldsymbol{B}$ 的线积分只与该闭合回路所包围的电流有关.

上面结果是从无限长载流直导线产生的磁场的特例中导出的,但其结论具有普遍性,对任意几何形状载流导线的磁场都是适用的. 而且当闭合回路 L 包围多根载有不同大小和方向的电流的导线时也适用,故普遍式为

$$\oint_L \boldsymbol{B} \cdot \mathrm{d}\boldsymbol{l} = \mu_0 \sum_{i=1}^{n} I_i \tag{11-30}$$

式(11-30)表明:**在真空中的恒定磁场中,磁感应强度 $\boldsymbol{B}$ 沿任意闭合回路的线积分等于 μ_0 乘以该闭合回路所包围的各电流的代数和**,这一结论称为**磁场的环路定理**.

对于磁场的环路定理,作如下几点说明.

(1) 式(11-30)中的电流为闭合恒定电流,无限长载流导线可视为在无限远处闭合的恒定电流. 对于一段恒定电流的磁场,磁场的环路定理不成立.

当电流的方向与闭合回路的绕行方向满足右手螺旋定则时,I 取正值;反之,I 取负值.

(2) 磁场的环路定理中的电流,是指被闭合回路所包围的电流,实际就是穿过以闭合回路为边界的任意曲面的电流,如图 11-26(a)所示.

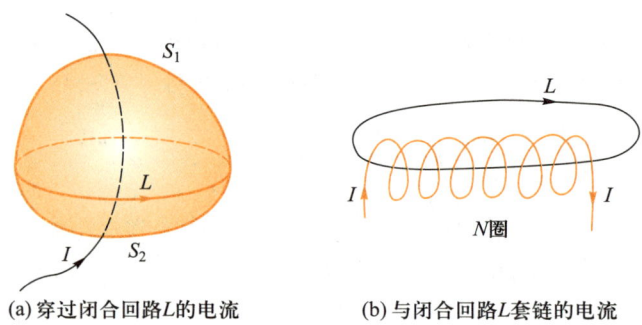

(a) 穿过闭合回路 L 的电流　　(b) 与闭合回路 L 套链的电流

图 11-26　闭合回路包围电流的代数和

若同一电流与闭合回路套连 N 圈,如图 11-26(b)所示,则有

$$\oint_L \boldsymbol{B} \cdot \mathrm{d}\boldsymbol{l} = \mu_0 N I$$

(3) 式(11-30)中的 $\boldsymbol{B}$ 是由闭合回路 L 内外所有电流共同激发的,如果 $\oint_L \boldsymbol{B} \cdot \mathrm{d}\boldsymbol{l} = 0$,它只说明闭合回路 L 所包围的电流代数和为零,而闭合回路 L 上的 $\boldsymbol{B}$ 却不一定为零.

(4) $\boldsymbol{B}$ 的线积分 $\oint_L \boldsymbol{B} \cdot \mathrm{d}\boldsymbol{l}$ 不一定等于零,它表明恒定磁场是非保守场,不能引入磁标势来描述磁场. 由于磁场的无源性,可以引入磁矢势来描述磁场. 对此本课程不作讨论.

11.5.3　应用磁场的环路定理求磁感应强度

在电流分布以及它所激发的磁场分布具有某种空间对称性时,利用磁场的环

路定理可以十分简便地求出磁感应强度 **B**. 利用磁场的环路定理求解磁感应强度的典型问题有：

（1）轴对称性磁场，如无限长载流直导线的磁场、无限长均匀载流圆柱面或圆柱体的磁场、无限长载流直螺线管或螺绕环的磁场等.

（2）面对称性磁场，如无限大均匀载流平面或平板等.

应用磁场的环路定理计算磁感应强度分布的步骤是：首先，分析磁场分布是否具有对称性；其次，根据磁场分布对称性特点，通过拟求的场点选取适当的积分回路 L，并规定回路的绕行方向，所取积分回路 L 必须满足使整个回路或部分回路上各点磁感应强度 **B** 的大小相等，而 **B** 的方向与 d**l** 平行或垂直；最后根据磁场的环路定理列方程求解.

下面举例说明应用磁场的环路定理计算磁感应强度的方法.

1. 无限长载流直圆柱体导体内外的磁场

设有一无限长直圆柱体导体，半径为 R，电流均匀分布在导体的横截面上，电流为 I，且沿轴向流动，如图 11-27(a)所示. 由于磁场对圆柱体导体的轴线具有对称性，磁感应线是在一组分布在垂直于轴线的平面上并以轴线为中心的同心圆，与圆柱体轴线等距离处各点的磁感应强度 **B** 的大小相等，方向沿圆周上该点处切线方向.

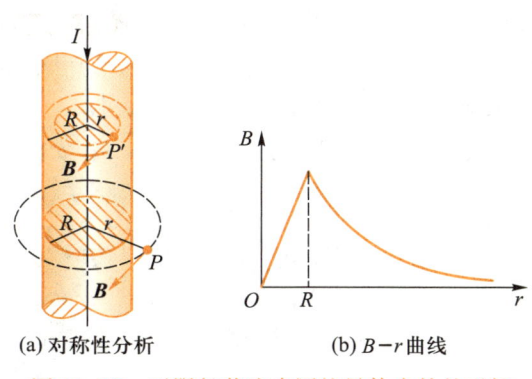

(a) 对称性分析　　(b) $B-r$ 曲线

图 11-27　无限长载流直圆柱导体内外的磁场

先计算圆柱体外任意一点 P 处的磁感应强度. 设点 P 与轴线的距离为 r，过点 P 沿磁感应线方向作圆形回路 L，回路绕行方向与电流方向满足右手螺旋定则，在回路上任意一点的 **B** 的大小处处相等，**B** 的方向与该点的 d**l** 方向一致，由磁场的环路定理可得

$$\oint_L \boldsymbol{B} \cdot \mathrm{d}\boldsymbol{l} = \oint_L B\cos\theta \mathrm{d}l = B\oint_L \mathrm{d}l = 2\pi r B = \mu_0 I$$

$$B = \frac{\mu_0 I}{2\pi r} \tag{11-31a}$$

由此可见，无限长载流直圆柱体导体外的磁场与无限长载流直导线产生的磁场相同.

再计算圆柱体内任意一点 P' 处的磁感应强度. 设点 P' 与轴线的距离为 r，取过

点 P' 的磁感应线为积分回路，包围在这一回路之内的电流应是 $\dfrac{I}{\pi R^2}\pi r^2$，所以应用磁场的环路定理得

$$\oint_L \boldsymbol{B} \cdot \mathrm{d}\boldsymbol{l} = B \cdot 2\pi r = \mu_0 \dfrac{I}{\pi R^2}\pi r^2$$

即
$$B = \dfrac{\mu_0 I r}{2\pi R^2} \qquad (11\text{-}31\mathrm{b})$$

可见在导体内部磁感应强度的大小与 r 成正比，而在圆柱体外，磁感应强度的大小与 r 成反比.

由式(11-31a)和式(11-31b)可作出 B-r 曲线，如图 11-27(b) 所示.

2. 无限长载流直螺线管内的磁场

设有绕得很紧密的无限长直螺线管，单位长度的匝数为 n，螺线管通有电流 I. 先分析螺线管产生磁场的大致情况，由于螺线管是由一根很长的导线一圈一圈地绕制起来的，螺线管足够长且缠绕紧密（即所谓理想的长直螺线管），其剖面如图 11-28 所示，这时整个螺线管就相当于环绕圆柱侧面的电流片. 根据对称性，可以想象，这时管内的磁场为平行于轴线方向的均匀磁场，而管外磁场则为零.

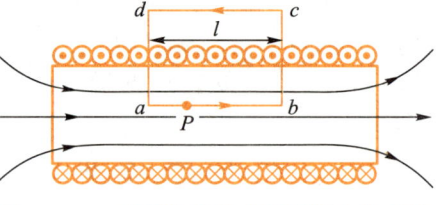

图 11-28　无限长载流直螺线管内的磁场

为了计算管内中间部分任意一点 P 的磁感应强度 $\boldsymbol{B}$，可以通过点 P 作一矩形的闭合回路 $abcda$，如图 11-27 所示，应用磁场的环路定理有

$$\int_L \boldsymbol{B} \cdot \mathrm{d}\boldsymbol{l} = \int_a^b \boldsymbol{B} \cdot \mathrm{d}\boldsymbol{l} + \int_b^c \boldsymbol{B} \cdot \mathrm{d}\boldsymbol{l} + \int_c^d \boldsymbol{B} \cdot \mathrm{d}\boldsymbol{l} + \int_d^a \boldsymbol{B} \cdot \mathrm{d}\boldsymbol{l} = \mu_0 \sum_{i=1}^{n} I_i$$

式中 $\sum\limits_{i=1}^{n} I_i$ 为回路所包围的总电流，$\sum\limits_{i=1}^{n} I_i = nlI$. 由于 cd 边在螺线管外部，$B=0$，所以 $\int_c^d \boldsymbol{B} \cdot \mathrm{d}\boldsymbol{l} = 0$，$bc$、$da$ 两边的一部分在管外，另一部分虽在管内，但 $\mathrm{d}\boldsymbol{l}$ 与 $\boldsymbol{B}$ 相互垂直，故

$$\int_b^c \boldsymbol{B} \cdot \mathrm{d}\boldsymbol{l} = \int_d^a \boldsymbol{B} \cdot \mathrm{d}\boldsymbol{l} = 0$$

又由于螺线管内的磁场是均匀的，方向由 a 指向 b，所以

$$\int_a^b \boldsymbol{B} \cdot \mathrm{d}\boldsymbol{l} = Bl$$

这样上式可变为

$$\oint_L \boldsymbol{B} \cdot \mathrm{d}\boldsymbol{l} = Bl = \mu_0 nlI$$

由此得
$$B = \mu_0 n I$$

这一结果与式(11-25b)完全相同，但应用磁场的环路定理计算却简便得多.

3. 环形载流螺线管内的磁场

均匀密绕在环形管上的线圈形成环形载流螺线管(也称螺绕环),如图 11-29(a)所示. 如果螺线管上的线圈绕得很紧密,则磁场几乎全部集中在螺线管内,螺线管外磁场接近于零. 由于对称性的缘故,螺线管内磁场的磁感应线都是一些同心圆,在同一条磁感应线上,$\boldsymbol{B}$ 的大小相等,方向就是该圆形磁感应线的切线方向.

现在计算螺线管内任意一点 P 处的磁感应强度. 环形载流螺线管剖面如图 11-29(b)所示,在环形载流螺线管内取过点 P 的磁感应线作为闭合回路,则有

$$\oint_L \boldsymbol{B} \cdot \mathrm{d}\boldsymbol{l} = B\oint_L \mathrm{d}l = 2\pi r B$$

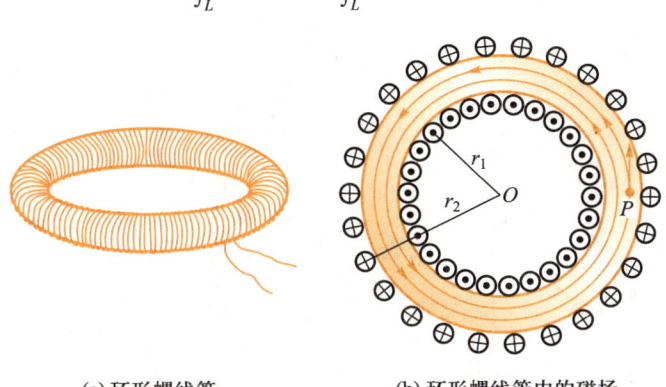

(a) 环形螺线管　　　　(b) 环形螺线管内的磁场

图 11-29　环形载流螺线管

式中 r 为回路半径. 设螺线管上线圈的总匝数为 N,电流为 I,则由磁场的环路定理得

$$\oint_L \boldsymbol{B} \cdot \mathrm{d}\boldsymbol{l} = 2\pi r B = \mu_0 N I$$

因而点 P 的磁感应强度大小为

$$B = \frac{\mu_0 N I}{2\pi r} \tag{11-32a}$$

当环形载流螺线管的截面积很小时,即当螺线管的孔径 $r_2 - r_1$ 比平均半径 r 小得多时,螺线管内各点磁感应强度大小几乎相同,因而可以取螺线管平均长度为 l,而螺线管内各点的磁感应强度大小为

$$B = \frac{\mu_0 N I}{l} = \mu_0 n I \tag{11-32b}$$

式中 n 为环形载流螺线管单位长度上的匝数,$\boldsymbol{B}$ 的方向与电流方向符合右手螺旋定则.

例 11-4　如图 11-30(a)所示,一无限大导体薄平板垂直于纸面放置,其上有方向垂直于纸面向里的电流,电流面密度(单位宽度上的电流)处处均匀,大小均为 j. 试求无限大导体薄平板周围的磁感应强度.

解　将无限大载流导体薄平板看成是由一系列无限长载流导线紧密排列而

成的,如图 11-30(b)所示,周围的磁场是每一根载流导线在其周围激发的磁场的叠加,由对称分析得磁场方向在薄平板左侧平行于薄平板向上,在薄平板右侧平行于薄平板向下,可以肯定的是无限大导体薄平板两边距离相等的点的磁感应强度 **B** 大小也相等,作闭合回路 abcda,ad 和 bc 边平行于无限大导体薄平板,到薄平板距离相等,其上各点的 **B** 的大小相等,ab 和 cd 边垂直于无限大导体薄平板,因而与 **B** 垂直,回路内包围电流大小为 lj,方向与回路绕向成右手螺旋关系,于是有

$$\oint_L \bm{B} \cdot \mathrm{d}\bm{l} = \int_a^b \bm{B} \cdot \mathrm{d}\bm{l} + \int_b^c \bm{B} \cdot \mathrm{d}\bm{l} + \int_c^d \bm{B} \cdot \mathrm{d}\bm{l} + \int_d^a \bm{B} \cdot \mathrm{d}\bm{l} = 2Bl = \mu_0 lj$$

即

$$B = \frac{1}{2}\mu_0 j$$

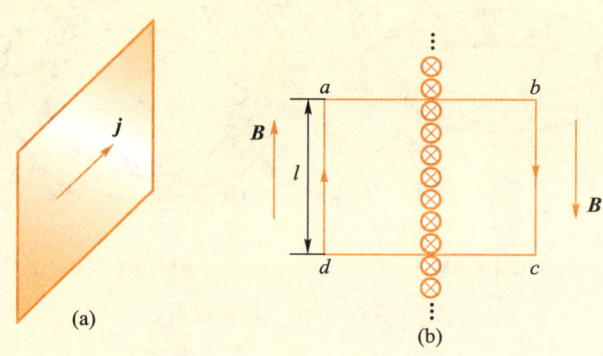

图 11-30 例 11-4 用图

可见,无限大载流导体薄平板(面)周围或离有限大载流导体薄平板(面)很近的区域是均匀磁场(忽略边缘效应),并且两边大小相等、方向相反.

思考题

11-9 能否用磁场的环路定律直接求出下列各种截面的长直载流导线表面附近的磁感应强度 **B**:

(1) 圆形截面;(2) 空心圆管;(3) 半圆形截面;(4) 正方形截面.

11-10 能否用磁场的环路定理求有限长载流直导线周围的磁场?

11-11 磁场与电场有什么类似之处?又有什么区别?

§11.6 磁场对电流的作用

11.6.1 安培定律

载流导线在磁场中所受的磁场力称为安培力.安培力的基本规律是在 1820 年由安培在实验的基础上总结得到的,称为**安培定律**,其表述如下:**电流元 $I\mathrm{d}\bm{l}$ 在磁场**

中某点处所受的磁场力 d**F** 的大小,与该点磁感应强度 **B** 的大小、电流元 $Id\boldsymbol{l}$ 的大小及 $Id\boldsymbol{l}$ 和 **B** 之间夹角的正弦 $\sin\theta$ 成正比.

$$\mathrm{d}F = kId lB\sin\theta$$

式中 k 为比例系数,在国际单位制中 $k=1$. 所以安培定律可表示为

$$\mathrm{d}F = Id lB\sin\theta \tag{11-33a}$$

d**F** 的方向垂直于 $Id\boldsymbol{l}$ 与 **B** 组成的平面,指向由右手螺旋定则确定,写成矢量式为

$$\mathrm{d}\boldsymbol{F} = Id\boldsymbol{l}\times\boldsymbol{B} \tag{11-33b}$$

因此,有限长载流导线所受的安培力等于各电流元 $Id\boldsymbol{l}$ 所受的安培力 d**F** 的矢量和,即

$$\boldsymbol{F} = \int_L \mathrm{d}\boldsymbol{F} = \int_L Id\boldsymbol{l}\times\boldsymbol{B} \tag{11-33c}$$

式(11-33c)是矢量积分形式,具体计算时,应先分析载流导线上各电流元所受力 d**F** 的方向是否一致,若各 d**F** 方向相同,则矢量积分化为标量积 $F=\int \mathrm{d}F$;若各 d**F** 方向不同,通常取直角坐标系,将各电流元所受的力 d**F** 分别投影到坐标轴上进行标量积分. 即

$$F_x = \int \mathrm{d}F_x, \quad F_y = \int \mathrm{d}F_y, \quad F_z = \int \mathrm{d}F_z$$

然后再合成求得 $\boldsymbol{F} = F_x\boldsymbol{i} + F_y\boldsymbol{j} + F_z\boldsymbol{k}$.

例 11-5 如图 11-31 所示,在 Oxy 面上有一根形状不规则的载流导线,电流为 I. 磁感应强度为 **B** 的均匀磁场与 Oxy 面垂直. 求作用在导线上的安培力.

解 取如图 11-31 所示的坐标系,导线的一端在原点 O,另一端在 x 轴上的点 P,点 P 距原点 O 的距离为 l. 电流元 $Id\boldsymbol{l}$ 所受的磁场力为 $\mathrm{d}\boldsymbol{F} = Id\boldsymbol{l}\times\boldsymbol{B}$,d**F** 在 x 轴和 y 轴上的分量分别为

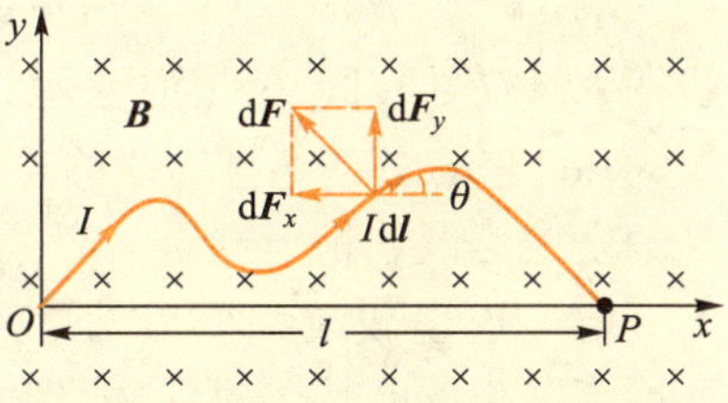

$$\mathrm{d}F_x = \mathrm{d}F\sin\theta = BId l\sin\theta$$

和

$$\mathrm{d}F_y = \mathrm{d}F\cos\theta = BId l\cos\theta$$

图 11-31 例 11-5 用图

而 $\mathrm{d}l\sin\theta = \mathrm{d}y, \mathrm{d}l\cos\theta = \mathrm{d}x$,故上两式分别为

$$\mathrm{d}F_x = BI\mathrm{d}y$$

和

$$\mathrm{d}F_y = BI\mathrm{d}x$$

因此,整个载流导线所受的安培力 **F** 在 x 轴和 y 轴上的分量大小分别为

$$F_x = \int \mathrm{d}F_x = \int_0^0 BI\mathrm{d}y = 0$$

和

$$F_y = \int \mathrm{d}F_y = \int_0^l BI\mathrm{d}x = BIl$$

于是,整个载流导线所受的安培力为

$$F = F_y = BIlj$$

式中 l 为任意形状载流导线起始点与终点间的距离,j 为 y 轴方向的单位矢量.

由上述结果可以看出,在均匀磁场中,如图 11-31 所示的任意形状的载流导线所受的安培力,与起始点和终点相连的载流直导线所受的安培力是相等的. 另外,若起始点和终点重合在一起,此载流导线就构成一闭合回路,此时起始点与终点之间的距离为零,因此,闭合载流导线在均匀磁场中所受的安培力为零.

例 11-6 如图 11-32 所示的导线 $abcd$,通有电流 I,放在一个与磁感应强度为 B 的均匀磁场垂直的平面上,求此导线受到的安培力.

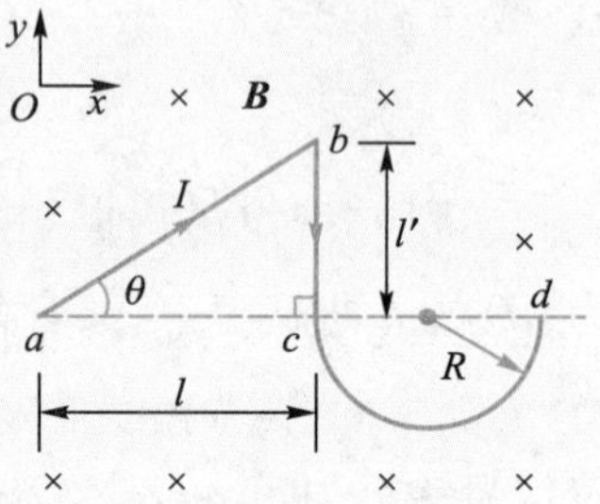

解 可以先分别求出直导线部分 ab、bc 和半圆导线 $\widehat{cd}$ 所受的安培力,再求整个导线所受安培力. 但如果用补直线的方法来求,就显得非常简单.

设想添加 da 直导线构成闭合回路 $abcda$,则该闭合回路所受的安培力为零,即

$$F_{ab} + F_{bc} + F_{\widehat{cd}} + F_{da} = 0$$

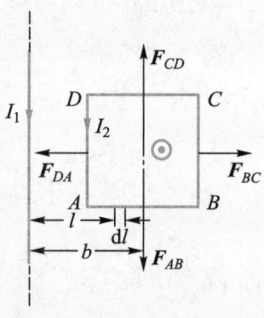

图 11-32 例 11-6 用图

因为
$$F_{da} = \int_d^a I d\boldsymbol{l} \times \boldsymbol{B} = -IB \int_d^a dl \boldsymbol{j} = -IB(l+2R)\boldsymbol{j}$$

所以
$$F_{ab} + F_{bc} + F_{\widehat{cd}} = -F_{da} = IB(l+2R)\boldsymbol{j}$$

例 11-7 如图 11-33 所示,载有电流为 I_1 的长直导线和电流为 I_2 的正方形线框 $ABCD$ 处在同一平面内,电流方向如图所示,线框边长为 $2a$,它的中心到直导线的垂直距离为 b. 求每条边所受的安培力及线框所受合力.

解 这里载流线框虽然是直线,但线框处在由长直导线所产生的非均匀磁场中,即

$$B = \frac{\mu_0 I_1}{2\pi r}$$

式中 B 的方向垂直于纸面向外. 由安培定律,线圈每边受力的方向如图 11-33 所示.

图 11-33 例 11-7 用图

DA 边各部分所在处的磁感应强度是常量,因此

$$F_{DA} = 2aI_2 B = \frac{\mu_0 I_1 I_2 a}{\pi(b-a)}$$

同样,BC 边所受安培力的大小为

$$F_{BC} = \frac{\mu_0 I_1 I_2 a}{\pi(b+a)}$$

求 AB 边所受安培力的大小要用积分法,因为 AB 边各部分所在处的磁感应强度是不同的. 在 AB 边上距离长直导线为 l 处,取长为 $\mathrm{d}l$ 的电流元 $I_2\mathrm{d}l$,由式(11-33a)可得此电流元 $I_2\mathrm{d}l$ 所受安培力为

$$\mathrm{d}F = I_2\mathrm{d}lB\sin\theta$$

由于在 AB 边上每一个电流元所受安培力的方向一致,均为垂直向下,所以 AB 边所受安培力的大小为

$$F_{AB} = \int \mathrm{d}F = \int_{AB} I_2\mathrm{d}lB\sin\theta$$

积分路径与 r 一致,所以 $\mathrm{d}l = \mathrm{d}r$,且 $\sin\theta = 1$,因此

$$F_{AB} = \int_{b-a}^{b+a} \frac{\mu_0 I_1}{2\pi r} I_2 \mathrm{d}r = \frac{\mu_0 I_1 I_2}{2\pi} \ln \frac{b+a}{b-a}$$

用同样的方法求得 CD 边所受安培力大小为

$$F_{CD} = \frac{\mu_0 I_1 I_2}{2\pi} \ln \frac{b+a}{b-a}$$

因 F_{AB} 和 F_{CD} 大小相等方向相反,所以线框所受合力为

$$F = F_{DA} - F_{BC} = \frac{\mu_0 I_1 I_2}{\pi} \left(\frac{1}{b-a} - \frac{1}{b+a} \right)$$

方向向左.

11.6.2 两平行无限长载流直导线间的相互作用力

电流能够产生磁场,反过来,磁场又会对电流产生力的作用. 因此,两平行无限长载流直导线间的作用,实质上是磁场对电流的作用.

设两条相互平行的无限长载流直导线 1、2 相距为 a, 分别载有同向电流 I_1、I_2,如图 11-34 所示. I_1 在导线 2 中各点所激发的磁场的磁感应强度大小为

$$B_1 = \frac{\mu_0 I_1}{2\pi a}$$

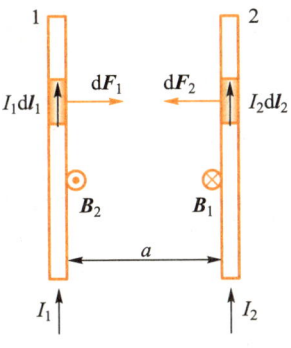

方向垂直于导线 2,且垂直于纸面向里. 因此,$\boldsymbol{B}_1$ 与导线 2 中任意一电流元的夹角均为 $\theta = \pi/2$. 根据安培定律,作用于导线 2 上任意一电流元 $I_2\mathrm{d}l_2$ 的安培力 $\mathrm{d}\boldsymbol{F}_2$ 的大小

$$\mathrm{d}F_2 = B_1 I_2 \mathrm{d}l_2 \sin\theta = B_1 I_2 \mathrm{d}l_2 = \frac{\mu_0 I_1 I_2 \mathrm{d}l_2}{2\pi a}$$

图 11-34 两平行无限长载流直导线间的相互作用力

方向在两平行导线所决定的平面内,垂直地指向导线 1. 显然,导线 2 中各电流元所受安培力大小和方向均与上述电流元相同. 因此,导线 2 中每单位长度所受安培力的大小为

$$\frac{\mathrm{d}F_2}{\mathrm{d}l_2} = \frac{\mu_0 I_1 I_2}{2\pi a} \tag{11-34}$$

同理,导线 1 中每单位长度所受安培力的大小也为 $\mu_0 I_1 I_2 / 2\pi a$,但方向与 $\mathrm{d}\boldsymbol{F}_2$ 相反. 由此可见,两相互平行的无限长载流直导线,如果电流的方向相同,则彼此间的相互作用力为引力;如果电流方向相反,则彼此间的相互作用力为斥力.

在国际单位制中,电流的单位 A 就是利用两条相互平行的无限长载流直导线间的相互作用力来定义的:真空中两条载有等量电流且相距为 1 m 的无限长直导线,当每米长度上的相互作用力为 2×10^{-7} N 时,导线中的电流大小为 1 A.

根据这个定义及式(11-34)可得

$$\frac{2\times 10^{-7}}{1} \text{ N/m} = \frac{\mu_0}{2\pi} \cdot \frac{1\times 1}{1} \text{ A}^2/\text{m}$$

即
$$\mu_0 = 4\pi \times 10^{-7} \text{ N/A}^2$$

可见,真空磁导率 μ_0 是一个具有单位的导出量,μ_0 的单位还常用 H/m 表示.

11.6.3 磁场对载流线圈的作用

载流导线通常都要构成闭合回路,研究载流线圈在磁场中的受力情况很有意义. 现在以平面载流线圈在均匀磁场中为例进行讨论. 如图 11-35 所示,在磁感应强度为 $\boldsymbol{B}$ 的均匀磁场中,有一刚性矩形平面载流线圈 $abcda$,令线圈的边长 $ad = bc = l_1$,$ab = cd = l_2$,线圈中的电流为 I. 设线圈平面与磁场方向间的夹角为 φ,线圈两个边 ab 和 cd 与磁场方向垂直.

根据安培定律可以计算出磁场作用在线圈 ad 与 bc 边的安培力的大小分别为

$$F_{ad} = I l_1 B \sin(\pi - \varphi) = I l_1 B \sin \varphi$$
$$F_{bc} = I l_1 B \sin \varphi$$

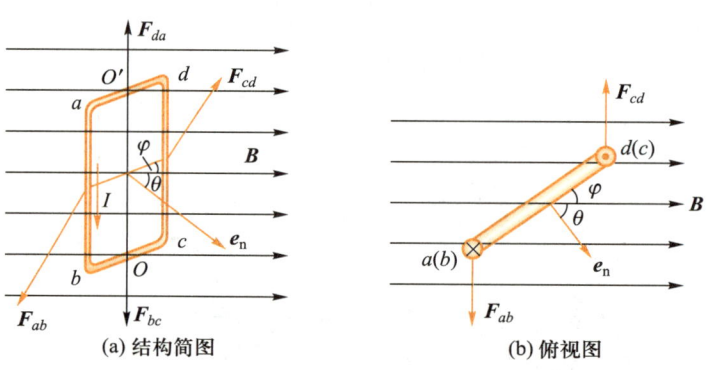

(a) 结构简图 (b) 俯视图

图 11-35 磁场对载流线圈的作用

这两个力大小相等,方向相反,作用在一条直线上,其合力为零,线圈不产生平动.

线圈 ab 与 cd 边所受的安培力的大小为

$$F_{ab} = F_{cd} = I l_2 B \sin \frac{\pi}{2} = I l_2 B$$

这两个力大小相等,方向相反,但是力的作用线不在同一条直线上,因此形成一力偶. 该力偶对平面载流线圈的磁力矩的大小为

$$M = F_{ab} l_1 \cos \varphi = I B l_1 l_2 \cos \varphi = I B S \cos \varphi$$

习惯上人们常用线圈平面的法线方向 e_n 来表示线圈的空间方位（规定线圈平面的法线方向 e_n 与电流方向符合右手螺旋定则）. 设 e_n 与 B 的夹角为 θ，由于 $\theta+\varphi=\pi/2$，则

$$M = BIS\sin\theta$$

如果线圈有 N 匝，则线圈所受磁力矩为

$$M = NBIS\sin\theta = mB\sin\theta \qquad (11-35)$$

式中 $m = NIS$ 为线圈的磁矩的大小. 因为 θ 是线圈平面的法线方向 e_n 与磁感应强度 B 之间的夹角，且 m 的方向就是 e_n 的方向，所以式(11-35)写成矢量式为

$$\boldsymbol{M} = \boldsymbol{m}\times\boldsymbol{B} \qquad (11-36)$$

应该指出的是，式(11-36)虽然是从矩形平面线圈这一特例导出的，但可以证明其对于均匀磁场中的任意形状的平面载流刚性线圈均适用. 下面讨论三种特殊情况.

（1）当 $\theta = \dfrac{\pi}{2}$ 时，此时线圈平面与 B 平行，m 与 B 垂直，线圈所受磁力矩达到最大值，即 $M_{\max} = NBIS$.

（2）当 $\theta = 0$ 时，此时线圈平面与 B 垂直，m 与 B 同向，线圈所受磁力矩为零，即 $M = 0$，此时线圈处于稳定平衡状态.

（3）当 $\theta = \pi$ 时，线圈平面虽然也与 B 垂直，但 m 与 B 正好相反. 此时线圈所受磁力矩虽然也为零，即 $M = 0$，但线圈处于非稳定平衡状态，线圈稍受扰动，它就会在磁力矩作用下离开这一位置，而转到 $\theta = 0$（m 与 B 方向一致）的稳定平衡位置上.

显然，当载流线圈在非均匀磁场中时，载流线圈不但会受到磁力矩的作用产生转动，还因受到的合力不为零而产生平动.

磁场对载流线圈作用的规律是制造各种电动机和电流计所依据的基本原理.

11.6.4 磁场力做功

设有一闭合回路 $abcda$ 置于磁感应强度为 B 的均匀磁场中，如图 11-36(a)所示，其中 ab 边是可以沿着 ad 边和 cb 边滑动的，设电流 I 不变，$ab = l$，则 ab 边所受的安培力大小为

$$F = BIl$$

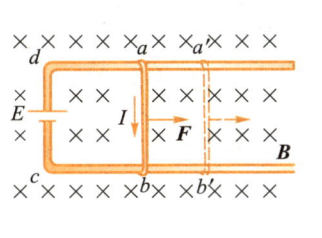
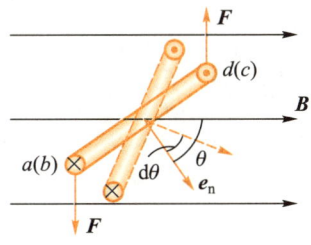

(a) 安培力所做的功　　(b) 磁力矩所做的功

图 11-36　磁场力做功

方向向右,在恒力 F 作用下,ab 边将移动到 $a'b'$ 处,安培力 F 所做的功为

$$A = F\overline{aa'} = BIl\,\overline{aa'} = BI\Delta S = I\Delta\Phi \tag{11-37}$$

式(11-37)说明,当载流导线在磁场中运动时,如果电流保持不变,则安培力所做的功等于电流乘以通过回路所环绕的面积内磁通量的增量.

下面计算载流线圈在磁场中转动时安培力所做的功. 如图 11-36(b)所示,设有一载流线圈在均匀磁场中转动,若保持线圈内电流 I 不变,则所受磁力矩的大小为

$$M = mB\sin\theta = ISB\sin\theta$$

当线圈从 θ 转至 $\theta-\mathrm{d}\theta$ 时,磁力矩所做的功为

$$\begin{aligned}\mathrm{d}A &= M[(\theta-\mathrm{d}\theta)-\theta] = -M\mathrm{d}\theta = -ISB\sin\theta\mathrm{d}\theta \\ &= I\mathrm{d}(BS\cos\theta) = I\mathrm{d}\Phi\end{aligned}$$

当线圈在磁力矩作用下从 θ_1 转到 θ_2 时,相应穿过线圈的磁通量由 Φ_1 变为 Φ_2,磁力矩所做的总功为

$$A = \int\mathrm{d}A = \int_{\Phi_1}^{\Phi_2} I\mathrm{d}\Phi = I\Delta\Phi \tag{11-38}$$

式(11-38)在形式上与式(11-37)相同,可以证明,对任意形状的平面闭合电流回路,只要回路电流不变,安培力或磁力矩做功都可按 $A = I\Delta\Phi$ 来计算.

例 11-8 半径为 R 的半圆形闭合线圈共有 N 匝,通有电流 I,线圈放在磁感应强度为 B 的均匀外磁场中,B 的方向与线圈的法线方向成 $60°$ 角,如图 11-37 所示,求:

(1) 线圈的磁矩;
(2) 此时线圈所受的磁力矩;
(3) 从该位置转到平衡位置时,磁力矩所做的功.

解 (1) 根据线圈磁矩的定义有

$$\boldsymbol{m} = NIS\boldsymbol{e}_\mathrm{n}$$

则得该半圆形线圈的磁矩大小为

$$m = NIS = NI\frac{1}{2}\pi R^2 = \frac{1}{2}NI\pi R^2$$

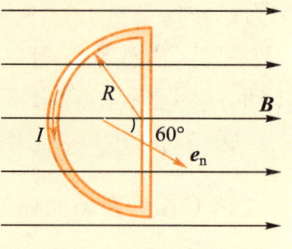

图 11-37 例 11-8 用图

方向与 B 成 $60°$ 角.

(2) 由磁力矩的定义 $\boldsymbol{M} = \boldsymbol{m}\times\boldsymbol{B}$,可得半圆形线圈所受磁力矩的大小为

$$M = mB\sin 60° = \frac{1}{2}NI\pi R^2 B\times\frac{\sqrt{3}}{2} = \frac{\sqrt{3}}{4}NIB\pi R^2$$

方向竖直向上. 因此,从上面俯视,线圈将逆时针旋转.

(3) 线圈从该位置转到平衡位置时,磁力矩所做的功为

$$A = I\Delta\Phi = I(\Phi_2-\Phi_1) = I\left(NB\times\frac{\pi}{2}R^2 - NB\times\frac{\pi}{2}R^2\cos 60°\right)$$

$$= \frac{1}{4}NIB\pi R^2$$

由于磁力矩做正功,它将使 $\boldsymbol{e}_\mathrm{n}$ 与 $\boldsymbol{B}$ 之间的夹角由 $60°$ 减小到 $0°$.

思考题

11-12 安培定律 d$\boldsymbol{F}$=I d$\boldsymbol{l}$×$\boldsymbol{B}$ 中的三个矢量,哪两个矢量始终是正交的? 哪两个矢量之间可以有任意角度?

11-13 在静电学中,电荷在电场中移动一周,电场力做功一定为零. 如果电流元或载流导线在磁场中移动一周,安培力做功是否也一定为零? 试举例说明.

11-14 电流元 Id$\boldsymbol{l}$ 在磁场中某处沿直角坐标系的 x 轴方向放置时不受力,把电流元转到 y 轴正方向时受到的力沿 z 轴负方向,此处的磁感应强度 $\boldsymbol{B}$ 指向何方?

11-15 用小线圈检测空间是否存在磁场. 如果把小线圈放在空间 P 处,线圈不动,是否可断定 P 处一定无磁场存在?

§11.7 磁场对运动电荷的作用

11.7.1 洛伦兹力

电流是由大量电荷的定向运动形成的,磁场对电流元的作用实质上是对运动电荷的作用. 因此,从安培定律可以推算出每一个运动电荷在磁场中所受到的力. 由安培定律可知,任意一电流元 Id$\boldsymbol{l}$ 在磁感应强度为 $\boldsymbol{B}$ 的磁场中,所受到的力为

$$d\boldsymbol{F} = I d\boldsymbol{l} \times \boldsymbol{B}$$

因为电流可写成

$$I = qnvS$$

式中 S 为电流元的截面积,v 为运动电荷的定向运动速度,q 为运动电荷的电荷量,n 为电流元中定向运动电荷数密度. 由于电流元 Id$\boldsymbol{l}$ 的方向与运动电荷 q 定向运动方向相同,所以有

$$d\boldsymbol{F} = qnvS d\boldsymbol{l} \times \boldsymbol{B} = qnS dl \boldsymbol{v} \times \boldsymbol{B}$$

而在电流元中定向运动电荷的数目 dN=$nSdl$. 因此,每一个运动电荷所受到的磁场力为

$$\boldsymbol{F}_m = \frac{d\boldsymbol{F}}{dN} = q\boldsymbol{v} \times \boldsymbol{B} \qquad (11-39)$$

运动电荷在磁场中所受的磁场力 $\boldsymbol{F}_m$ 称为洛伦兹力,其大小为

$$F_m = qvB\sin\theta \qquad (11-40)$$

式中 θ 为 $\boldsymbol{v}$ 与 $\boldsymbol{B}$ 的夹角. 洛伦兹力 $\boldsymbol{F}_m$ 的方向垂直于 $\boldsymbol{v}$ 与 $\boldsymbol{B}$ 所组成的平面,指向由右手螺旋定则确定.

如果运动电荷带正电荷,则它所受的洛伦兹力 $\boldsymbol{F}_m$ 的方向与 $\boldsymbol{v}\times\boldsymbol{B}$ 的方向一致;如果运动电荷带负电荷,洛伦兹力的方向与正电荷的情形相反,如图 11-38 所示.

由式(11-39)可以看出,洛伦兹力 $\boldsymbol{F}_m$ 总是与运动电荷运动速度 $\boldsymbol{v}$ 的方向垂直,

提示:
洛伦兹力不做功,所以能量不变,但速度方向改变,所以动量改变.

即有 $\boldsymbol{F}_m \times \boldsymbol{v} = \boldsymbol{0}$，因此洛伦兹力永远不会对运动电荷做功，它不能改变运动电荷速度的大小，只能改变速度的方向，使运动电荷的运动路径弯曲. 这是洛伦兹力的一个重要特征.

11.7.2 带电粒子在均匀磁场中的运动

设有一均匀磁场，磁感应强度为 $\boldsymbol{B}$. 一电荷量为 q、质量为 m 的粒子以初速度 $\boldsymbol{v}_0$ 进入磁场. 下面分三种情况进行讨论.

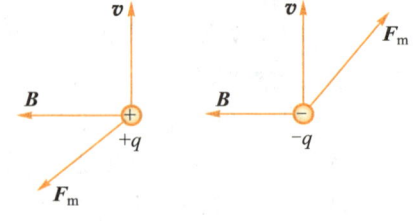

图 11-38　洛伦兹力的方向

（1）$\boldsymbol{v}_0$ 与 $\boldsymbol{B}$ 同向平行或反向平行

当带电粒子的运动速度 $\boldsymbol{v}_0$ 与 $\boldsymbol{B}$ 同向或反向时，作用于带电粒子的洛伦兹力等于零. 由式(11-39)可知，$\boldsymbol{v}_0$ 为常矢量，故带电粒子仍做匀速直线运动，不受磁场的影响.

（2）$\boldsymbol{v}_0$ 与 $\boldsymbol{B}$ 垂直

当带电粒子以速度 $\boldsymbol{v}_0$ 沿垂直于磁场的方向进入一均匀磁场中，如图 11-39 所示. 此时洛伦兹力 $\boldsymbol{F}_m$ 的方向始终与速度 $\boldsymbol{v}_0$ 的方向垂直，故带电粒子将在 $\boldsymbol{F}_m$ 与 $\boldsymbol{v}_0$ 所组成的平面内做匀速圆周运动. 洛伦兹力即为向心力，其运动方程为

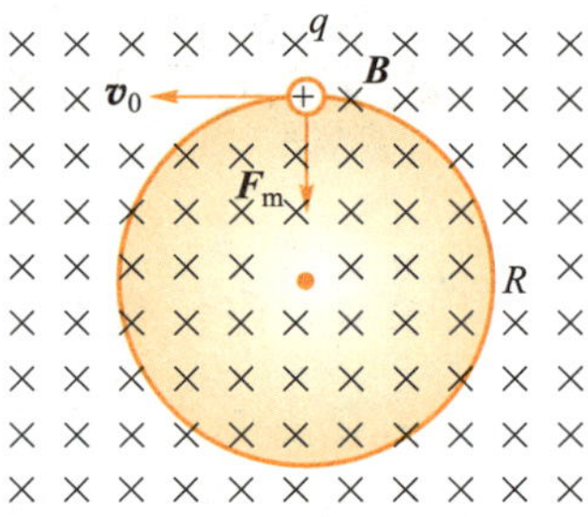

$$qv_0 B = m\frac{v_0^2}{R}$$

图 11-39　带电粒子在均匀磁场中做圆周运动

可求得轨道半径（或称为回旋半径）为

$$R = \frac{mv_0}{qB} \tag{11-41}$$

由式(11-41)可知，对于一定的带电粒子$\left(\text{即}\dfrac{q}{m}\text{一定}\right)$，当它在均匀磁场中运动时，其轨道半径 R 与带电粒子的速度大小成正比.

由式(11-41)还可求得粒子在圆周轨道上绕行一周所需的时间（即周期）为

$$T = \frac{2\pi R}{v_0} = \frac{2\pi m}{qB} \tag{11-42}$$

式(11-42)表明，带电粒子在垂直于磁场方向的平面内做圆周运动时，其周期 T 只与磁感应强度 $\boldsymbol{B}$、粒子本身的质量 m 和所带的电荷量 q 有关，而与粒子的速度 $\boldsymbol{v}_0$ 及轨道半径 R 无关. 也就是说，同种粒子在同样的磁场中运动时，速度快的粒子在半径较大的圆周上运动，速度慢的粒子在半径较小的圆周上运动，但它们绕行一周所需的时间相同.

（3）$\boldsymbol{v}_0$ 与 $\boldsymbol{B}$ 成 θ 角斜交

当带电粒子的运动速度 $\boldsymbol{v}_0$ 与磁感应强度 $\boldsymbol{B}$ 成 θ 角时，可将 $\boldsymbol{v}_0$ 分解为与 $\boldsymbol{B}$ 垂直的速度分量 $\boldsymbol{v}_\perp$ 和与 $\boldsymbol{B}$ 平行的速度分量 $\boldsymbol{v}_\parallel$，它们的大小分别为 $v_\perp = v_0 \sin\theta$ 和 $v_\parallel = v_0 \cos\theta$. 根据上面的讨论可知，在垂直于磁场的方向，由于具有分速度 $\boldsymbol{v}_\perp$，洛伦兹力

将使粒子在垂直于 B 的平面内做匀速圆周运动. 在平行于磁场的方向上,磁场对粒子没有作用力,粒子以速度分量 $v_\parallel$ 做匀速直线运动. 这两种运动合成的结果,使带电粒子在均匀磁场中做等螺距的螺旋运动,如图 11-40 所示. 此时螺旋线的半径为

$$R = \frac{mv_\perp}{qB} = \frac{mv_0 \sin\theta}{qB} \tag{11-43}$$

螺旋周期为
$$T = \frac{2\pi R}{v_\perp} = \frac{2\pi m}{qB} \tag{11-44}$$

螺距为
$$h = v_\parallel T = v_0 \cos\theta T = \frac{2\pi m v_0 \cos\theta}{qB} \tag{11-45}$$

上述结果就是磁聚焦的基本原理.

如图 11-41 所示,在均匀磁场中的 P 点发射一束带电粒子,由于各个带电粒子偏离原运动方向(B 方向)的角度 θ 很小,故其平行于 B 的速度分量 $v_\parallel$ 的大小和垂直于 B 的速度分量 $v_\perp$ 的大小分别为

$$v_\parallel = v_0 \cos\theta \approx v_0$$
$$v_\perp = v_0 \sin\theta \approx v_0 \theta$$

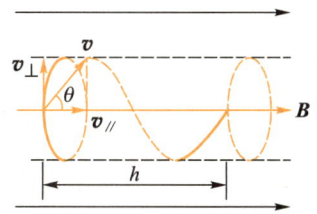

图 11-40 带电粒子在均匀磁场中做螺旋运动

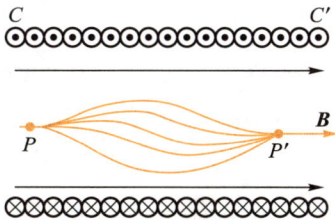

图 11-41 均匀磁场的磁聚焦示意图

可见,不同 θ 角的带电粒子,有 $v_\parallel \approx v_0$,即 $v_\parallel$ 相同,而 $v_\perp$ 不同,故各带电粒子在均匀磁场中做半径不同、螺距相同的螺旋运动. 当绕一周后,这些散开的带电粒子又将重新会聚于同一点 P'. 这个现象与一束发散的光线,通过透镜后可以会聚在一点的光聚焦类似. 由于这里是磁场将带电粒子束会聚,所以称为磁聚焦. 它在电子光学中有着广泛的应用.

11.7.3 带电粒子在均匀电磁场中的运动

当电荷量为 q、质量为 m 的粒子在电场强度为 E 的均匀电场和磁感应强度为 B 的均匀磁场共同存在的区域中以速度 v 运动时,带电粒子受到的总作用力应是所受电场力和磁场力两者的矢量和,即

$$F = F_e + F_m = qE + qv \times B$$

根据牛顿第二定律,带电粒子在上述两个力作用下的动力学方程为

$$qE + qv \times B = ma \tag{11-46}$$

式(11-46)说明,我们可以通过改变电场和磁场来控制带电粒子的运动,这在现代科学领域中已经得到了广泛的应用. 下面讨论几个简单而重要的实例.

1. 回旋加速器

回旋加速器是加速带电粒子使之获得高能量的一种装置. 图 11-42(a) 是回旋加速器的结构简图, D_1 和 D_2 是被密封在高度真空室的两个半圆形金属盒(D形盒), 两 D 形盒置于电磁铁两极之间的强大均匀磁场中, 磁场的方向垂直于两 D 形盒的底面. 两 D 形盒之间留有狭缝, 中心附近放置带电粒子源(如质子或 α 粒子等). 两 D 形盒之间接上交变电源, 则在两 D 形盒之间的缝隙处将产生一定频率的交变电场, 用以加速带电粒子.

设在某一时刻, 缝隙处的电场正好由 D_2 指向 D_1(D_2 的电势高于 D_1), 如图 11-42(b) 所示, 则 P 处的带电粒子将被加速, 以速率 $\boldsymbol{v}_1$ 进入 D_1 内部, 由于导体空腔的屏蔽作用, D 形盒内无电场, 只有均匀磁场, 带电粒子在洛伦兹力作用下沿回旋半径为 $R_1 = \dfrac{mv_1}{qB}$ 的半个圆周又回到缝隙处. 此时, 电场恰好反向, 则带电粒子又将被加速, 以更大的速率 $\boldsymbol{v}_2$ 进入 D_2 盒内, 沿回旋半径为 $R_2 = \dfrac{mv_2}{qb}$ 的半个圆周再次回到缝隙处. 虽然 $R_2 > R_1$, 但绕过半个圆周所用的时间是一样的, 都等于式(11-42)所决定的周期的一半, 即 $\tau = \dfrac{1}{2}T = \dfrac{\pi m}{qB}$. 这样, 带电粒子可以受到一个固定频率电源的多次加速, 速率越来越大, 轨道半径也将逐渐增大, 形成图中虚线所示的螺旋线的运动轨道. 最后用致偏电极将粒子引出, 从而获得高能粒子束.

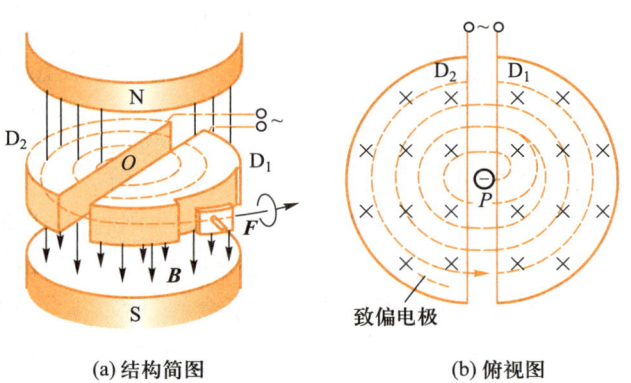

(a) 结构简图　　　　　　(b) 俯视图

图 11-42　回旋加速器

若 D 形盒的半径为 R, 按式(11-41)可知, 带电粒子所获得的最终速率为

$$v_{\max} = \frac{qBR}{m}$$

而带电粒子的动能为

$$E_k = \frac{1}{2}mv_{\max}^2 = \frac{q^2B^2R^2}{2m} \tag{11-47}$$

用回旋加速器可使质子获得的最大能量约为 30 MeV, 可见, 带电粒子在回旋加速器中所获得的能量是有一定界限的, 这是因为当带电粒子速度接近光速时, 由于相对论效应, 带电粒子的质量将显著地改变, 因而周期 T 不再是常量, 这时就不可

能再用固定频率的交变电场来进一步加速带电粒子了.因此,带电粒子要获得更高能量,就必须选择其他类型的加速器,例如,同步回旋加速器、对撞机等.目前欧洲最大的同步回旋加速器可使质子获得的能量高达 400 GeV.

需要指出,我国于 1988 年建成运行的北京正负电子对撞机(BEPC)是世界八大高能加速器之一,是我国继原子弹、氢弹爆炸成功,人造地球卫星上天之后,在高科技领域又一重大突破性成就.它的建成和对撞成功,揭开了我国高能物理研究的新篇章,为我国相关高技术产业的发展开辟了广阔的前景.

2. 电子比荷的测定

粒子所带电荷量和质量是带电粒子的基本性质,要认识一个粒子,必须首先确定它的电荷量与质量之比,称为比荷(或称为荷质比).电子的比荷首先由英国物理学家汤姆孙于 1897 年在英国剑桥卡文迪许实验室测定,为此,他获得了 1906 年诺贝尔物理学奖.

图 11-43 是用磁聚法测定电子比荷的一种装置的示意图,电子从阴极 K 射出后,受到阴极 K 和阳极 A 之间加速电场的作用,再从 A 中心的小孔穿出,电子穿出的速度由加速电压 U 决定.电子获得的动能应等于电势能的减少,因此有

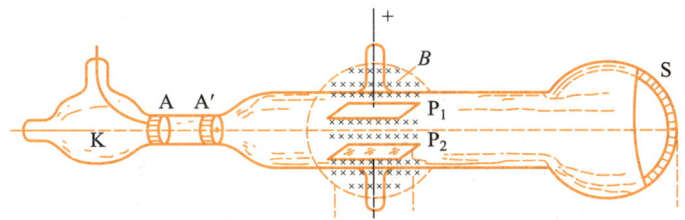

图 11-43 测定电子比荷的实验装置示意图

$$\frac{1}{2}mv^2 = eU \quad \text{或} \quad v = \sqrt{\frac{2eU}{m}} \tag{11-48}$$

电子通过电场 E 和磁场 B 的共存区域最后打到荧光屏上,如果电子受到的电场力与磁场力相等,即满足 $eU=evB$,则将直线打到荧光屏 S 的中央,这时必然满足关系式 $v=\dfrac{E}{B}$.因此有

$$\frac{E}{B} = \sqrt{\frac{2eU}{m}} \tag{11-49}$$

解得

$$\frac{e}{m} = \frac{E^2}{2Ue^2} \tag{11-50}$$

式(11-50)右边各量都可以从实验中测出,当电子的速度远小于光速时,电子比荷的绝对值为

$$\frac{e}{m} = 1.759 \times 10^{11} \text{ C/kg}$$

需要指出,汤姆孙实验虽然只测出了电子的比荷,而不是电荷量 e 和质量 m,但

在一定意义下仍可以认为这是历史上第一次发现电子. 12 年以后,美国物理学家密立根通过油滴实验成功测出了电子的电荷量,这样就可以利用电子的比荷确定电子的质量. 国际数据委员会 2018 年给出的电子质量的推荐值为

$$m = 9.109\ 383\ 701\ 5(28) \times 10^{-31}\ \text{kg}$$

3. 霍尔效应

如图 11-44 所示,把一块宽度为 b、厚度为 d 的导体平板放在磁感应强度为 $\boldsymbol{B}$ 的均匀磁场中,并使 $\boldsymbol{B}$ 的方向与导体板面垂直. 如果在导体平板纵向通入一定的电流,那么在导体平板的横向两端之间会出现一定的电势差. 这一现象是年仅 24 岁的美国物理学家霍尔在 1879 年首先发现的,称为霍尔效应. 这个电势差称为霍尔电压.

霍尔效应的产生可用载流子(做定向运动的带电粒子)在磁场中受到的洛伦兹力来解释.

设导体平板中的载流子所带电荷量为 $+q$,运动的平均速度为 $\boldsymbol{v}$. 这些载流子因在磁场中运动受到洛伦兹力 $\boldsymbol{F}_\text{m}$ 的作用,$\boldsymbol{F}_\text{m}$ 的大小为

$$F_\text{m} = qvB$$

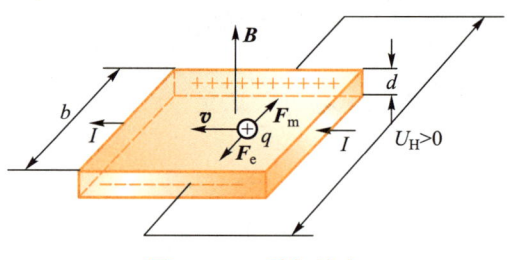

图 11-44 霍尔效应

方向为 $\boldsymbol{v} \times \boldsymbol{B}$ 的方向. 因此,在平板的后外侧表面上积累了正电荷,前外侧表面上积累了负电荷. 随着积累电荷的出现,在这两侧表面间出现了电场强度为 $\boldsymbol{E}$ 的电场,使电荷 q 又受到一个与洛伦兹力方向相反的电场力 $\boldsymbol{F}_\text{e}$ 的作用. 随着导体平板两侧的电荷的不断积累,$\boldsymbol{F}_\text{e}$ 也不断增大. 当电场力 $\boldsymbol{F}_\text{e}$ 增大到正好等于洛伦兹力 $\boldsymbol{F}_\text{m}$ 的大小时,就达到了动态平衡. 这时由两侧积累电荷产生的电场叫霍尔电场,其电场强度用 $\boldsymbol{E}_\text{H}$ 表示,两侧的电压称为霍尔电压,用 U_H 表示. 霍尔电场对载流子的作用力的大小为

$$F_\text{e} = qE_\text{H}$$

它与洛伦兹力大小相等,即有

$$qE_\text{H} = qvB$$

于是有

$$E_\text{H} = vB$$

由于电场是均匀电场,所以电场强度与电压的数值关系为

$$E_\text{H} = \frac{U_\text{H}}{b}$$

因 $E_\text{H} = vB$,所以上式也可写成

$$\frac{U_\text{H}}{b} = vB \tag{11-51}$$

式(11-51)给出了霍尔电压 U_H、磁感应强度 B 及载流子的运动速度 v 之间的关系. 但是,可测量的是电流 I,而不是载流子的运动速度 v. 因此有必要对式(11-51)进行变换. 因为 $j = nqv$,而 $I = jbd$,所以有

$$v = \frac{I}{nqbd} \tag{11-52}$$

把式(11-52)代入式(11-51)中得

$$\frac{IB}{nqbd} = \frac{U_\mathrm{H}}{b}$$

于是可得霍尔电压为

$$U_\mathrm{H} = \frac{IB}{nqd} \tag{11-53}$$

对于一定的材料,载流子的浓度(单位体积中的载流子数)n 和电荷量 q 都是一定的. 所以由式(11-53)知,霍尔电压 U_H 与电流 I 和磁感应强度 B 成正比,而与平板的厚度 d 成反比. 比例系数 $\frac{1}{nq}$ 称为霍尔系数,用 R_H 表示,即

$$R_\mathrm{H} = \frac{1}{nq} \tag{11-54}$$

将上式代入式(11-53),得

$$U_\mathrm{H} = R_\mathrm{H} \frac{IB}{d}$$

由式(11-54)可以看出,R_H 与载流子浓度 n 成反比. 在金属导体中,由于自由电子的载流子浓度很大,因而金属导体的霍尔系数很小,相应的霍尔电压也很小. 在半导体中,载流子浓度很小,因而半导体的霍尔系数比金属大得多,所以半导体能产生很强的霍尔效应.

以上讨论了载流子带正电($q>0$)的情况,$R_\mathrm{H}>0$,$U_\mathrm{H}>0$,即霍尔系数和霍尔电压均为正值. 如果载流子带负电($q<0$,如金属导体中的电子),则 $R_\mathrm{H}<0$,$U_\mathrm{H}<0$,即霍尔系数和霍尔电压均为负值. 因此,由实验测定霍尔系数(或霍尔电压)后,就可以判定载流子带的是正电还是负电. 此外,通过测定霍尔系数的大小,还可以计算导电材料中载流子的浓度 n.

利用霍尔效应可以制成各种半导体材料的霍尔器件,用于测量磁感应强度、电流、温度等物理量. 在测量技术、电子技术、自动化技术和计算机技术等领域具有广泛的应用.

需要指出,霍尔效应的研究一直都很活跃. 1980 年,德国物理学家克里钦发现在更强磁场、极低温下霍尔电阻 R 呈量子化的现象,这种效应称为量子霍尔效应. 克里钦也因此获得了 1985 年诺贝尔物理学奖. 1982 年,美籍华裔物理学家崔琦和德国物理学家施特默发现在更强的磁场下,n 可以是分数,如 $\frac{1}{3}, \frac{1}{5}, \frac{1}{2}, \frac{1}{4}$ 等,这种现象称为分数量子霍尔效应,他们因此获得了 1998 年诺贝尔物理学奖.

思考题

11-16 带电粒子在空间某区域运动时不偏转,能否确定该区域无磁场? 如果

发生偏转,能否确定该区域有磁场?怎样判断是哪一种场对带电粒子起作用?

11-17 能否利用磁场对带电粒子的作用力来增大粒子的动能?

§11.8 磁场中的磁介质

*11.8.1 磁介质及其磁化

自然界中的一切实物物质都是磁介质.在实际的磁场中,一般都存在各种各样的磁介质.放在静电场中的电介质要被电场极化,极化了的电介质会出现极化电荷,产生附加电场,从而对原电场产生影响.与此相似,放在磁场中的磁介质也会被磁化,磁化了的磁介质会产生磁化电流,也会产生附加磁场,从而对原磁场产生影响.

实验表明,不同磁介质对磁场的影响是不同的,如果没有磁介质(即真空)时某点的磁感应强度为 B_0,放入磁介质后因磁介质被磁化,磁化电流激发的附加磁场的磁感应强度为 B',那么该点的磁感应强度 B 应为这两个磁感应强度的矢量和,即

$$B = B_0 + B'$$

对不同的磁介质,B' 的大小和方向可能有很大差别,为了便于从实验上研究磁介质的磁学特性,定义 B 与 B_0 的比值为

$$\mu_r = \frac{B}{B_0} \tag{11-55}$$

μ_r 为磁介质的相对磁导率.显然,它是一个量纲为 1 的量(纯数),其大小随磁介质的种类或状态的不同而不同,根据 μ_r 的大小不同,磁介质可分为以下三类.

(1) 顺磁质.$\mu_r > 1$,且与 1 相差不大的磁介质称为顺磁质,如氧、镁、铝等均为顺磁质.其特点是磁化后产生的附加磁场与原磁场方向一致,因而使磁介质中的磁场增强.

(2) 抗磁质.$\mu_r < 1$,且与 1 相差不大的磁介质称为抗磁质,如氢、钠、铜等都是抗磁质.其特点是磁化后所产生的附加磁场与原磁场方向相反,因而使磁介质中的磁场减弱.

(3) 铁磁质.$\mu_r \gg 1$ 的磁介质称为铁磁质,如铁、钴、镍及其合金等都是铁磁质.其特点是磁化后所产生的磁场与原磁场同向,且比原磁场大得多.

由于顺磁质和抗磁质的 μ_r 与 1 相差不大,磁化后对原来磁场的影响不显著,因而均称为弱磁质.铁磁质的 μ_r 与 1 相差很大,磁化后对原来的磁场影响很大,故称为强磁质.常温常压下,几种磁介质的相对磁导率如表 11-1 所示.

表 11-1 几种磁介质在常温常压下的相对磁导率

物质名称 (顺磁质)	μ_r	物质名称 (抗磁质)	μ_r	物质名称 (铁磁质)	μ_r
空气	$1+3.6\times10^{-8}$	氢	$1-2.1\times10^{-9}$	纯铁	$1.0\times10^4 \sim 2.0\times10^5$
氧	$1+2.0\times10^{-5}$	氮	$1-5.0\times10^{-9}$	坡莫合金	$2.5\times10^3 \sim 1.5\times10^5$
镁	$1+1.2\times10^{-5}$	钠	$1-7.6\times10^{-6}$	硅钢	$4.5\times10^2 \sim 8.0\times10^4$
铝	$1+2.3\times10^{-5}$	铜	$1-9.0\times10^{-6}$	铁氧体	1.0×10^3

根据分子的电结构,分子或原子中的每个电子都同时参与了两种运动,一种是电子绕原子核的轨道运动;另一种是电子本身的自旋,这两种运动都能产生磁效应.把分子看成一个整体,分子中各个电子对外界所产生的磁效应的总和可用一个等效的圆电流表示,称为分子电流.这种分子电流具有的磁矩称为分子固有磁矩(或称为分子磁矩),用 m 表示.在讨论磁场中的磁介质行为时,可以认为磁介质是由大量的这种分子电流所组成的.

顺磁质和抗磁质的区别就在于它们的分子电结构的不同.研究表明,抗磁质分子在没有外磁场作用时,分子的固有磁矩为零;而顺磁质分子在没有外磁场作用时,分子的固有磁矩却不为零,但由于分子的热运动,各分子的磁矩取向是杂乱无章的.因此,在没有外磁场时,不管是顺磁质还是抗磁质,宏观上对外都不呈现磁性.

外磁场中的顺磁质,其分子固有磁矩会沿外磁场方向取向,如图 11-45(a)所示.与这些磁矩相对应,有分子圆电流.在磁介质体内,它们总是成对反向的,因而互相抵消;如图 11-45(b)所示.而在磁介质表面上,这些分子圆电流没有被抵消,它们沿外侧面的流向一致,形成了沿外表面流动的环形电流,称为磁化电流(或称为束缚电流),如图 11-45(c)所示.不难看出,顺磁质的磁化电流的方向与外磁场的方向符合右手螺旋定则,即顺磁质的磁化电流的磁场与外磁场方向一致,而抗磁质则产生与外磁场方向相反的附加磁矩,所以抗磁质的磁化电流的磁场与外磁场方向相反.

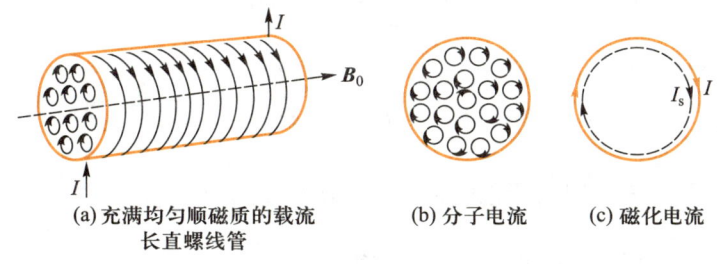

(a) 充满均匀顺磁质的载流长直螺线管　　(b) 分子电流　　(c) 磁化电流

图 11-45　磁介质表面磁化电流的产生

在顺磁质中,B' 与 B_0 方向一致,使磁介质中的总磁感应强度得到加强;而在抗磁质中,B' 与 B_0 方向相反,使总磁感应强度减弱.

11.8.2　有磁介质时的高斯定理

无论是传导电流还是磁化电流,都是由电荷的定向运动产生的,因此,两种电流的实质是一样的,它们所激发的磁场的磁感应线都是无头无尾的闭合曲线,这样,对于任意闭合面有

$$\oint_S \boldsymbol{B} \cdot \mathrm{d}\boldsymbol{S} = 0 \tag{11-56}$$

式中 B 为磁介质中的磁感应强度.式(11-56)表明:**在有磁介质的磁场中,通过任意闭合面的磁通量恒等于零**,这一结论称为**有磁介质时的高斯定理**,它表明有磁介质时的磁场仍然是无源场.

11.8.3　有磁介质时的环路定理

为简单起见,以充满各向同性均匀顺磁质的螺绕环为例进行讨论.设螺绕环中的传导电流为 I,磁化电流为 I_s,螺绕环的总匝数为 N,磁介质的相对磁导率为 μ_r.螺

绕环的剖面图如图 11-46 所示.

将环路定理应用到磁介质中,并取以 r 为半径的闭合同心圆周 L 为积分路径,就有

$$\oint_L \boldsymbol{B} \cdot \mathrm{d}\boldsymbol{l} = \mu_0(NI + I_s) \tag{11-57}$$

式中 $\boldsymbol{B}$ 为线圈中传导电流和磁介质磁化形成的磁化电流在磁介质中产生的总磁感应强度,$\boldsymbol{B} = \boldsymbol{B}_0 + \boldsymbol{B}'$. 由于磁化电流难以测量,式(11-57)应用起来很困难,为此应设法将磁化电流消去. 根据前面的讨论可知,螺绕环内的磁场是轴对称分布的,且圆周 L 上各点 $\boldsymbol{B}$ 的大小处处相等,方向沿圆周 L 的切线方向,指向由右手螺旋定则确定. 因此,式(11-57)可写成

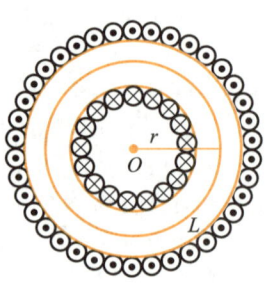

图 11-46 推导有磁介质时的环路定理用图

$$B \cdot 2\pi r = \mu_0(NI + I_s)$$

又有

$$B_0 \cdot 2\pi r = \mu_0 NI$$

由上两式可得

$$\mu_r = \frac{B}{B_0} = \frac{NI + I_s}{NI}$$

将此结果代入式(11-57),得

$$\oint_L \boldsymbol{B} \cdot \mathrm{d}\boldsymbol{l} = \mu_0 \mu_r NI \tag{11-58}$$

式中 $NI = \sum_{i=1}^{n} I_i$ 为闭合回路所包围传导电流的代数和.

令

$$\mu = \mu_0 \mu_r \tag{11-59}$$

式中 μ 为磁介质的磁导率. 这样,式(11-58)可改写成

$$\oint_L \frac{\boldsymbol{B}}{\mu} \cdot \mathrm{d}\boldsymbol{l} = \sum_{i=1}^{n} I_i \tag{11-60}$$

令

$$\frac{\boldsymbol{B}}{\mu} = \boldsymbol{H} \tag{11-61}$$

$\boldsymbol{H}$ 称为磁场强度矢量,这也是一个点点对应的关系,在各向同性的磁介质中,某点的磁场强度等于该点的磁感应强度除以该点磁介质的磁导率,两者的方向相同. 引入 $\boldsymbol{H}$ 矢量后,式(11-60)可表示为

$$\oint_L \boldsymbol{H} \cdot \mathrm{d}\boldsymbol{l} = \sum_{i=1}^{n} I_i \tag{11-62}$$

式(11-62)表明,**磁介质内磁场强度 $\boldsymbol{H}$ 沿任意闭合回路的线积分等于闭合回路所包围的传导电流的代数和**,这一结论称为**有磁介质时的环路定理**. 它表明有磁介质时的磁场是非保守场,与式(11-57)相比,式(11-62)中不显含磁化电流,这样,在讨论磁介质中的磁场问题时可以避开磁化电流未知的困难.

在国际单位制中,磁场强度 $\boldsymbol{H}$ 的单位为 A/m(安培每米).

应该指出,式(11-61)虽然是从密绕螺绕环的特例中得到的,但可以证明它是普遍适用的.

例 11-9 无限长直同轴电缆由两同心导体组成,内层是半径为 R_1 的导体圆柱,外层是半径分别为 R_2、R_3 的导体圆筒,其横截面如图 11-47 所示. 两导体内电流等值且反向,均匀分布在横截面上,导体的相对磁导率为 μ_{r1},两导体间充满相对磁导率为 μ_{r2} 的不导电的均匀磁介质. 试求在各区域中的 **B** 分布.

解 由对称性分析可知,在半径相等处的磁场强度 **H** 大小相等,方向与电流方向符合右手螺旋定则. 可用有磁介质时的环路定理求得 **H**,再由 **B**、**H** 之间的关系求得 **B** 分布.

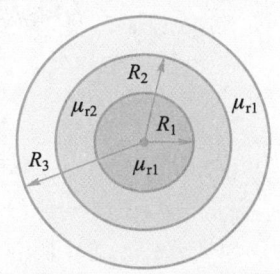

图 11-47 例 11-9 用图

当 $r<R_1$ 时,由

$$\oint_L \boldsymbol{H} \cdot \mathrm{d}\boldsymbol{l} = \frac{1}{\pi R_1^2}\pi r^2$$

可得

$$2\pi r H = \frac{r^2}{R_1^2}I, \quad 即 \quad H = \frac{rI}{2\pi R_1^2}$$

$$B = \mu_{r1}\mu_0 H = \frac{\mu_0 \mu_{r1} I r}{2\pi R_1^2}$$

当 $R_1<r<R_2$ 时,由

$$\oint_L \boldsymbol{H} \cdot \mathrm{d}\boldsymbol{l} = I$$

求得

$$H = \frac{I}{2\pi r}$$

$$B = \mu_{r2}\mu_0 H = \frac{\mu_{r2}\mu_0 I}{2\pi r}$$

当 $R_2<r<R_3$ 时,由

$$\oint_L \boldsymbol{H} \cdot \mathrm{d}\boldsymbol{l} = I - \frac{\pi(r^2-R_2^2)}{\pi(R_3^2-R_2^2)}I$$

可得

$$H = \frac{(R_3^2-r^2)I}{2\pi r(R_3^2-R_2^2)}$$

$$B = \mu_{r1}\mu_0 H = \frac{\mu_{r1}\mu_0(R_3^2-r^2)I}{2\pi r(R_3^2-R_2^2)}$$

当 $r>R_3$ 时,则

$$\oint_L \boldsymbol{H} \cdot \mathrm{d}\boldsymbol{l} = 0, \quad H=0, \quad B=0$$

各区域 **B** 的方向与内层导体圆柱中的电流方向满足右手螺旋定则.

*11.8.4 磁化强度

与电介质中引入极化强度矢量 P 描述电介质的极化程度相类似,在讨论磁介质磁化时,引入磁化强度矢量 M 来描述磁介质的磁化程度.

在介质中某一点处取小体积 ΔV,其内的分子磁矩 m 的矢量和为 $\sum m$,定义

$$M = \frac{\sum m}{\Delta V} \tag{11-63}$$

它是该点处单位体积内分子磁矩的矢量和,称为磁化强度. 它是表征该点处磁介质磁化程度的物理量.

对于顺磁质,$\sum m$ 是分子磁矩的矢量和;对于抗磁质,$\sum m$ 是分子感应磁矩的矢量和. 如果磁介质中各点的磁化强度 M 相同,则称磁介质被均匀极化.

在国际单位中,磁化强度的单位为 A/m(安培每秒).

由于磁化电流是磁介质磁化的结果,所以磁化电流与磁化强度之间必定存在定量关系.

以顺磁质为例,如图 11-48 所示,在均匀磁化的均匀磁介质中取一段长度为 L,截面积为 S 的圆柱形磁介质,设磁化电流线密度(圆柱形磁介质表面上单位长度的磁化面电流)为 j_S,则在这段磁介质表面上的磁化电流为 $I_S = j_S L$,而总分子磁矩为

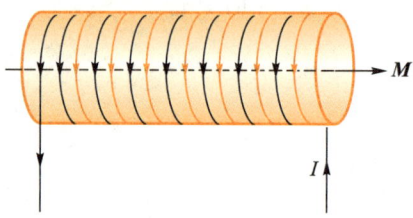

图 11-48 磁化强度

$$\sum m = I_S S = j_S L S$$

因此,磁化强度的大小为

$$M = \frac{\sum m}{\Delta V} = \frac{j_S L S}{S L} = j_S \tag{11-64}$$

即磁介质中某点的磁化强度的大小等于磁介质表面磁化电流线密度.

此外,实验还表明,对各向同性的均匀磁介质,磁介质内任意一点的磁化强度 M 与该点的磁场强度 H 成正比,即

$$M = \chi_m H \tag{11-65}$$

式中 χ_m 是量纲为 1 的量(纯数),称为磁介质的磁化率.

可以证明(证明从略),磁化率 χ_m 与相对磁导率 μ_r 的关系为

$$\chi_m = \mu_r - 1 \tag{11-66}$$

将式(11-65)和式(11-66)代入式(11-61)得

$$H = \frac{B}{\mu_0} - M \tag{11-67}$$

对于真空,有 $M = 0$,$\chi_m = 0$,$\mu_r = 1$,$\mu = \mu_0$,因此,$B = \mu_0 H$.

磁介质的磁化率 χ_m、相对磁导率 μ_r、磁导率 μ 都是描述磁介质磁化特性的物理量,只要知道三个量中的任意一个,该磁介质的特性就完全清楚,对于顺磁质 $\chi_m > 0$,故 $\mu_r > 1$,对于抗磁质 $\chi_m < 0$,故 $\mu_r < 1$.

*11.8.5 铁磁质

1. 铁磁质的基本性质

顺磁质和抗磁质的相对磁导率 μ_r 近似等于 1,因此在外磁场中,磁介质中的磁场并不会有显著变化. 而且,有外磁场存在时,磁介质中的磁感应强度大小 B 不会为零,如果外磁场减小到零,

则 B 也变为零. 铁磁质的相对磁导率 $\mu_r \gg 1$, 一般可达 $10^2 \sim 10^4$, 而超坡莫合金最高可达 10^6. 因此铁磁质放入磁场中能够大大地增强原来的磁场, 这一原理在工程实际中得到了非常广泛的应用.

铁磁质除磁导率 μ(或 μ_r)很大外, 还具有以下一些特性:

(1) 磁导率 μ 的值随磁场强度大小 H 的变化而变化, 即磁感应强度大小 B 与磁场强度大小 H 之间是非线性关系. 图 11-49 所示是铁磁质磁化时 B-H 的实验曲线. 由图看出, 随着磁介质中 H 的逐渐增加, 所测得的 B 经历了缓慢增加(OA 段)、急剧增加(AB 段)、缓慢增加(BC 段), 最后逐渐趋于饱和值 B_s(CS 段)的 4 个阶段, 从 O 至 S 的曲线称为铁磁质的起始磁化曲线.

(2) 如果磁感应强度达到饱和状态 B_s 后, 逐渐减小 H 至零, B 并不沿着起始磁化曲线逆向减小, 如图 11-50 所示, 而且 H 减小为零时, B 仍然保留一定的值 B_r, 则 B_r 称为剩余磁感应强度, 这种现象称为磁滞现象; 只有当反向磁场增加到 H_c 时, B 才减小至零, H_c 称为矫顽力. 之后, 当 H 在正反两个方向上变化时(即磁介质工作在交变磁场中), B 的变化形成闭合曲线, 称为磁滞回线.

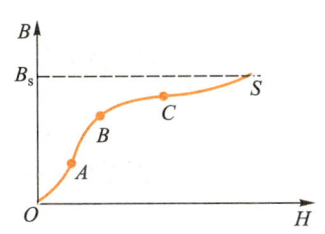

图 11-49　铁磁质磁化时 B-H 的实验曲线

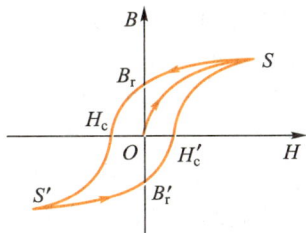

图 11-50　磁滞回线

(3) 实验还发现, 各种铁磁质都有一临界温度 T_c, 称为居里点. 当铁磁质的工作温度高于 T_c 时, 铁磁质将丧失其铁磁性而转化为顺磁质. 例如铁的居里点是 1 043 K, 钴的居里点是 1 388 K.

2. 铁磁质的磁化机理

近代科学实验证明, 铁磁质的磁性主要来源于电子自旋磁矩, 在没有外磁场的条件下, 铁磁质中电子自旋磁矩可以在小范围内"自发地"排列起来, 形成一个个小的"自发磁化区", 称为磁畴, 如图 11-51 所示, 图中箭头表示磁化方向, 黑线示意磁畴边界, 用实验方法可以观察到磁畴的体积为 $10^{-10} \sim 10^{-8}$ m^3. 每个磁畴中的磁化程度非常高, 但在未磁化的磁介质中, 各磁畴的自发磁化方向不同, 因而整个铁磁质并不呈现磁性.

为讨论方便, 特在图 11-52 中示意地画出 5 个体积相同的磁畴, 它们的取向不同, 磁矩恰好抵消, 对外不呈现磁性, 如图 11-52(a)所示. 当加有外磁场时, 磁畴将发生变化, 随着外加磁场逐渐增大, 那些自发磁化方向与外磁场方向接近的磁畴开始扩大自己的体积, 此现象称为壁移运动, 如图 11-52(b)、(c)所示. 当继续增大外磁场时, 磁畴的磁矩方向将发生沿外磁场方向的转动, 称为转向作用, 外磁场越强, 这种取向作用也越强, 如图 11-52(d)所示, 直到磁介质中所有磁畴

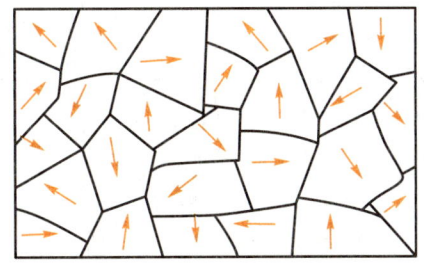

图 11-51　未加磁场的磁畴

都沿外磁场方向排列起来为止, 如图 11-52(e)所示, 此时磁介质的磁化达到饱和, 将产生一个很大的附加磁场. 这就是铁磁质比顺磁质、抗磁质的磁性大得多的原因.

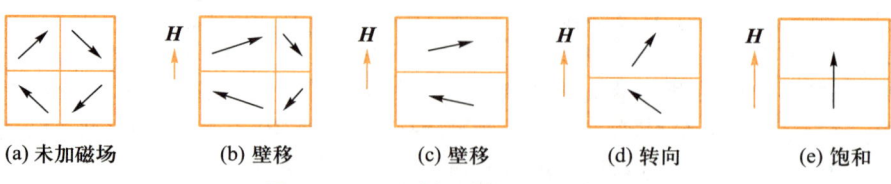

图 11-52 磁畴的磁化过程示意图

因为各磁畴间具有某种阻碍磁畴转向的"摩擦"作用,使得外磁场在减弱或消失时磁畴不会按原来的变化规律退回原状,铁磁质在外磁场停止作用后,其磁畴的某种排列就被保留下来,从而保留有部分磁性,表现出剩磁现象.同时,随着外磁场的增大,磁畴体积扩张并不是逐渐进行的,而是在磁场强度达到一定程度时突然进行的,这就反映了过程的不可逆,表现出磁滞现象.

根据铁磁质中存在磁畴的观点,振动或加热均能去磁,对任何铁磁质,当温度高到一定值时,磁畴将全部被破坏,铁磁质也就转为顺磁质了.

3. 铁磁质的分类及应用

不同的铁磁质在相同的磁场条件下,磁滞回线的形状是不同的,按照磁滞回线的形状可将铁磁质分为软磁材料、硬磁材料和矩形材料.

磁滞回线形状较狭长的铁磁质称为软磁材料,如图 11-53(a)所示.这类材料的特点是矫顽力小($1\sim10^1$ A/m),容易磁化也容易退磁,这种材料可用来制造电机、变压器、继电器等的铁芯.常见的软磁材料有硅钢、纯铁、坡莫合金等.

磁滞回线形状较为肥大的铁磁质称为硬磁材料,如图 11-53(b)所示,这类材料的特点是矫顽力大($10^3\sim10^6$ A/m),磁化后不容易退磁,能长久保持较大的剩磁,适合于制造永久磁铁.电磁式仪表、永磁扬声器、小型直流电机等使用的永久磁铁就是由这样的材料制成的.常见的硬磁材料有碳钢、钨钢等.

磁滞回线形状接近于矩形的铁磁质称为矩形材料,如图 11-53(c)所示.这类材料的特点是矫顽力很小,剩磁很大,接近于饱和值 B_s,当它被外磁场磁化时,总是处在 B_r 或 $-B_r$ 两种不同的剩磁状态.这种特性使矩形材料可用于制造计算机、自动控制等系统的存储、记忆和开关等元件.常见的矩形材料有锰锌铁氧体、镁锰铁氧体等.

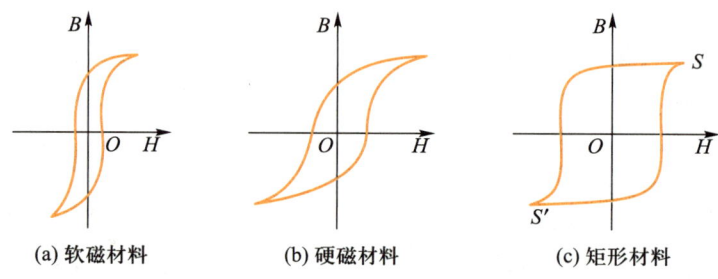

图 11-53 不同的铁磁质的磁滞回线

思考题

11-18 把两种不同的磁介质放在磁铁的两个异名磁极之间,磁化后也成为磁体,但磁极位置不同,如图所示.试指出哪一种是顺磁质,哪一种是抗磁质?

11-19 有两根铁棒,其外形完全相同,其中一根为磁铁,而另一根则不是,你怎样辨别它们？不准将任一根铁棒作为磁针悬挂起来，亦不准使用其他的仪器．

11-20 为什么装指南针的盒子不是用铁，而是用胶木等材料做成的？

11-21 如图所示，三条线分别表示三种不同的磁介质的 B-H 关系，虚线是 $B=\mu_0 H$ 关系的曲线，试指出哪一条表示顺磁质？哪一条表示抗磁质？哪一条表示铁磁质？

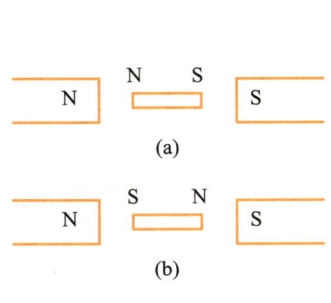

思考题 11-18 图

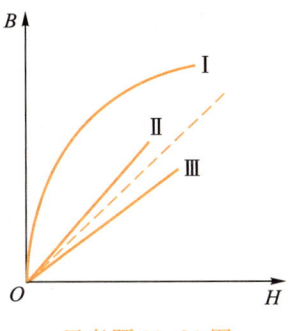

思考题 11-21 图

习题

11-1 选择题

(1) 通有电流 I 的无限长导线 $ABCD$，弯成如图所示的形状，其中半圆段的半径为 R，直线段 BA 和 CD 均延伸到无限远处，则圆心 O 处的磁感应强度 B 的大小为（　　）．

(A) $\dfrac{\mu_0 I}{4R}+\dfrac{\mu_0 I}{4\pi R}$　　(B) $\dfrac{\mu_0 I}{4R}+\dfrac{\mu_0 I}{2\pi R}$　　(C) $\dfrac{\mu_0 I}{2R}+\dfrac{\mu_0 I}{4\pi R}$　　(D) $\dfrac{\mu_0 I}{\pi R}$

(2) 如图所示，在同一平面内有 6 条相互绝缘的无限长直导线，均通有电流 I，区域 a、b、c、d 均为面积相等的正方形，则穿出纸平面的磁通量 Φ 最大的区域是（　　）．

(A) a 区域　　(B) b 区域　　(C) c 区域　　(D) d 区域

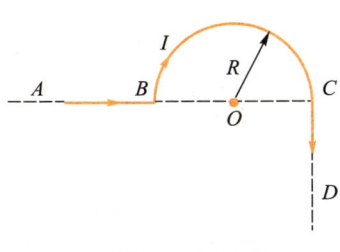

习题 11-1(1) 图

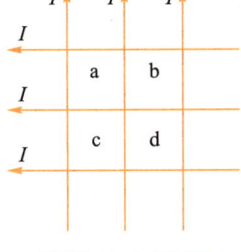

习题 11-1(2) 图

(3) 在恒定磁场中，关于磁场的环路定理，下列表述中正确的是（　　）．

(A) 若 $\oint_L \boldsymbol{B}\cdot\mathrm{d}\boldsymbol{l}=0$，则在回路 L 上各点的 $\boldsymbol{B}$ 必为零

(B) 若 $\oint_L \boldsymbol{B}\cdot\mathrm{d}\boldsymbol{l}=0$，则回路 L 必定不包围电流

（C）若 $\oint_L \boldsymbol{B} \cdot \mathrm{d}\boldsymbol{l} = 0$，则回路 L 所包围的传导电流的代数和为零

（D）回路 L 上各点的 $\boldsymbol{B}$ 仅与所包围的电流有关

（4）如图所示，3 根平行共面的无限长直导线 A、B、C 等距离放置，各导线通过的电流分别为 $I_A = 1\ \mathrm{A}$，$I_B = 2\ \mathrm{A}$，$I_C = 3\ \mathrm{A}$，且电流方向都相同. 导线 A 和 B 单位长度上所受安培力 F_A 与 F_B 的比值为（　　）.

（A）$\dfrac{7}{16}$　　　（B）$\dfrac{5}{8}$　　　（C）$\dfrac{7}{8}$　　　（D）$\dfrac{5}{4}$

（5）如图所示，均匀磁场的磁感应强度为 $\boldsymbol{B}$，方向沿 y 轴正方向，要使电荷量为 q 的正离子沿 x 轴正方向做匀速直线运动，必须加一个均匀电场 $\boldsymbol{E}$，其大小和方向为（　　）.

（A）$E = \dfrac{B}{v}$，$\boldsymbol{E}$ 沿 z 轴正方向　　　（B）$E = \dfrac{B}{v}$，$\boldsymbol{E}$ 沿 y 轴正方向

（C）$E = Bv$，$\boldsymbol{E}$ 沿 z 轴正方向　　　（D）$E = Bv$，$\boldsymbol{E}$ 沿 z 轴负方向

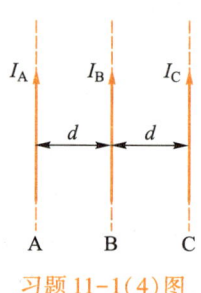

习题 11-1(4)图

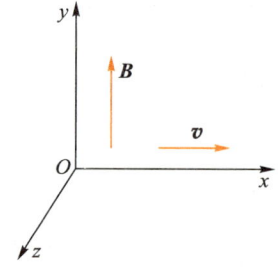

习题 11-1(5)图

11-2　填空题

（1）真空中的两个正点电荷 q_1 和 q_2 在同一平面内运动，当它们相距为 a 时，速度分别为 $\boldsymbol{v}_1$ 和 $\boldsymbol{v}_2$，$\boldsymbol{v}_2$ 的方向指向 q_1，$\boldsymbol{v}_1$ 与 $\boldsymbol{v}_2$ 垂直，如图所示. q_1 在 q_2 处产生的磁感应强度的大小为_____，方向为_____，所受磁场力的大小为_____，方向为_____.

（2）磁场的高斯定理的表达式为_____，它表明磁场的磁感应线是_____，磁场是_____；磁场的环路定理表达式为_____，它表明磁场是_____.

（3）一线圈载有电流 I，处在均匀磁场中，线圈形状、尺寸及磁感应强度 $\boldsymbol{B}$ 方向如图所示，线圈受到磁矩的大小 $M = $_____；若从 O_1 看向 O'_1，则线圈将绕 $O_1O'_1$ 轴_____时针转动.

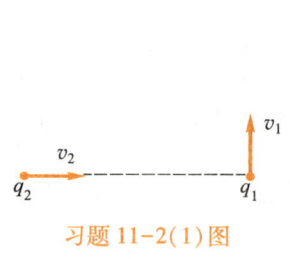

习题 11-2(1)图

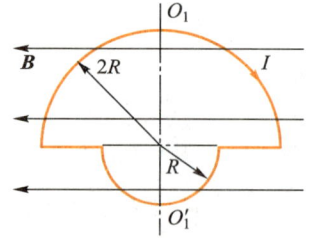

习题 11-2(3)图

(4) 如图所示，L_1、L_2 为所取的安培环路，则在图(a)中，$\oint_{L_1} \boldsymbol{H} \cdot \mathrm{d}\boldsymbol{l} = $ _____；在图(b)中，$\oint_{L_2} \boldsymbol{H} \cdot \mathrm{d}\boldsymbol{l} = $ _____.

(5) 磁介质处于磁场中将产生_____现象，按照磁化电流产生的附加磁场的方向不同和大小不同，磁介质可分为_____三大类，图中所画出的曲线称为铁磁质的_____，图中 H_c 称为_____.

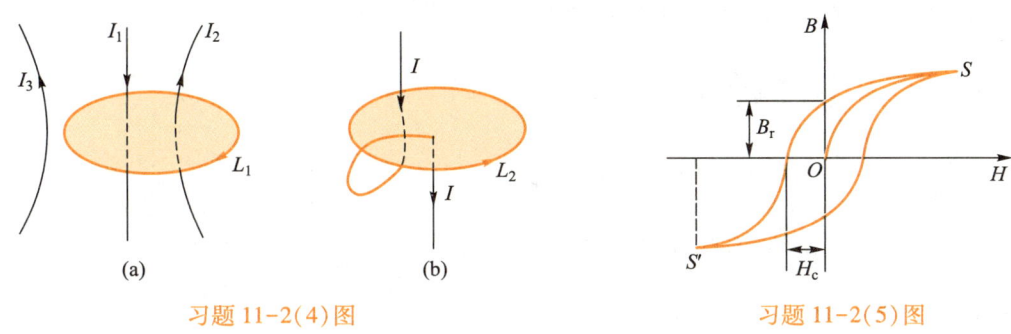

习题 11-2(4)图　　　　　　　　　　习题 11-2(5)图

11-3 通有电流 I 的无限长导线 ABCDE，弯成如图所示形状，BC 为 1/4 圆弧，$\angle OCD = 45°$. 求圆心 O 处的磁感应强度.

11-4 如图所示，有两个圆形线圈 1 和 2，其平面相互正交，且圆心重合放置. 线圈 1 的半径 $R_1 = 20$ cm，共 10 匝，通以电流 $I_1 = 10.0$ A；线圈 2 半径 $R_2 = 10$ cm，共 20 匝，通以电流 $I_2 = 5.0$ A. 求公共圆心 O 处的磁感应强度.

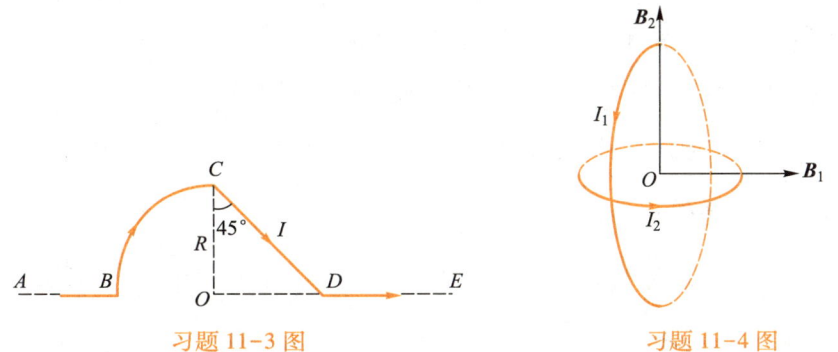

习题 11-3 图　　　　　　　　　　习题 11-4 图

11-5 2020 年 12 月 4 日 14 时 02 分，新一代"人造太阳"装置——中国环流器二号 M 装置（HL-2M）在成都建成并实现首次放电，标志着中国自主掌握了大型先进托卡马克装置的设计、建造、运行技术. 在研究受控热核反应的托卡马克装置中，用螺绕环产生的磁场来约束其中的等离子体. 设某一托卡马克装置中环管轴线的半径为 2.0 m，管截面半径为 1.0 m，环上均匀绕有 10 km 长的冷铜线. 求铜线内通以峰值为 7.3×10^4 A 的脉冲电流时，管内中心的磁场峰值（近似地按恒定电流计算）.

11-6 如图所示，有两根导线沿半径引向圆环电阻上的 M、N 两点，并在很远处与电源相连. 求环中心的磁感应强度.

11-7 一半径为 R 的无限长半圆筒金属薄片中,自下而上有电流 I 通过,如图所示,试求圆筒轴线上一点 P 处的磁感应强度.

11-8 均匀带电细直线 MN,电荷线密度为 λ,绕垂直于直线的轴 O(垂直于纸面)以角速度 ω 匀速转动,如图所示,求点 O 处磁感应强度 B 的大小.

11-9 如图所示,两平行的长直导线相距 40 cm,每条通以电流 $I=200$ A,$r_1=r_3=10$ cm,$r_2=20$ cm,$l=25$ cm. 求:

(1) 两导线所在平面内与该两导线等距的一点 P 处的磁感应强度;

(2) 通过图中斜线所示矩形面积内的磁通量.

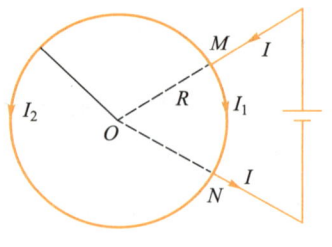

习题 11-6 图

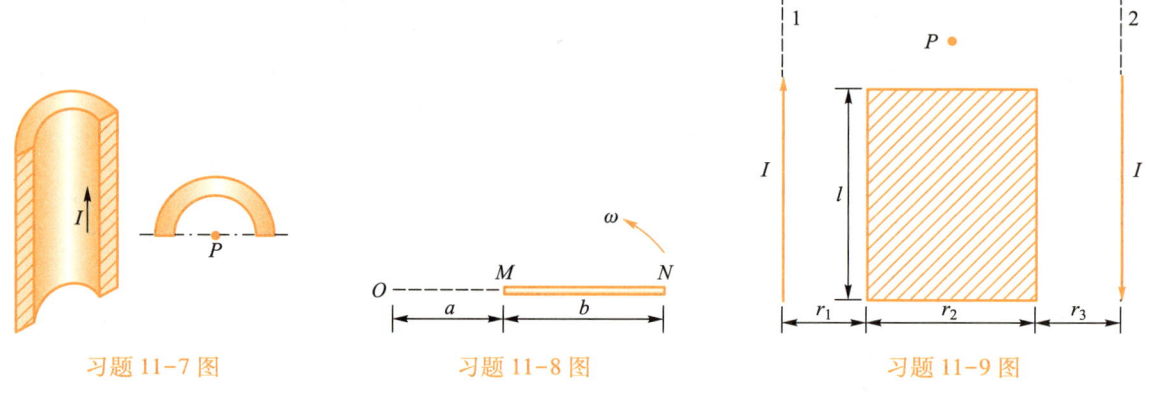

习题 11-7 图　　　习题 11-8 图　　　习题 11-9 图

11-10 一根无限长的圆柱形导体,通有电流 I,在导体内部通过导体中心轴线作一平面,如图所示,试计算通过单位长度导线内平面 S 的磁通量.

11-11 电缆由圆柱形导体和一同轴的导体圆筒构成,使用时电流 I 从导体流出,从另一导体流回,电流均匀分布在横截面上,如图所示. 设导体横截面的半径为 R_1,圆筒的内、外半径分别为 R_2 和 R_3,求各处磁感应强度的大小.

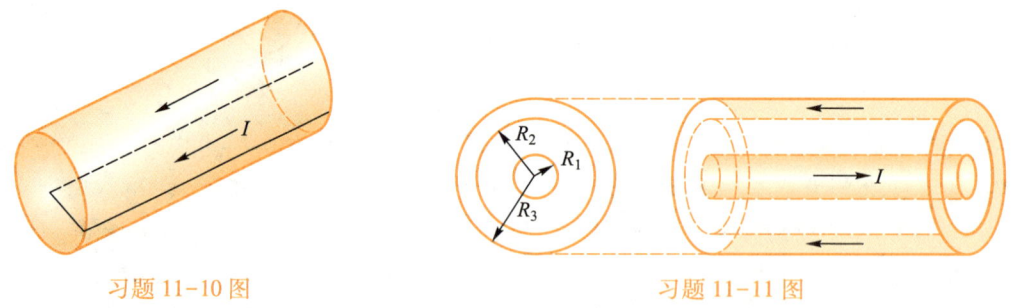

习题 11-10 图　　　习题 11-11 图

11-12 如图所示是一根无限长的圆柱形导体,半径为 R_1,其内有一半径为 R_2 的无限长圆柱形空腔,它们的轴线相互平行,距离为 a($R_2<a<R_1-R_2$),I 沿导体轴线方向流动,且均匀地分布在横截面上. 设 $R_1=10$ mm,$R_2=0.5$ mm,$a=5.0$ mm,$I=20$ A,求:

(1) 导体轴线上 B 的大小；
(2) 空腔部分轴线上 B 的大小.

11-13 一细导线弯成半径为 4.0 cm 的圆环,置于非均匀的外磁场中,磁场方向对称于圆心并与圆平面的法线成 60°角,如图所示.导线所在处 B 的大小是 0.1 T.计算当电流 $I = 15.8$ A 时线圈所受的合力.

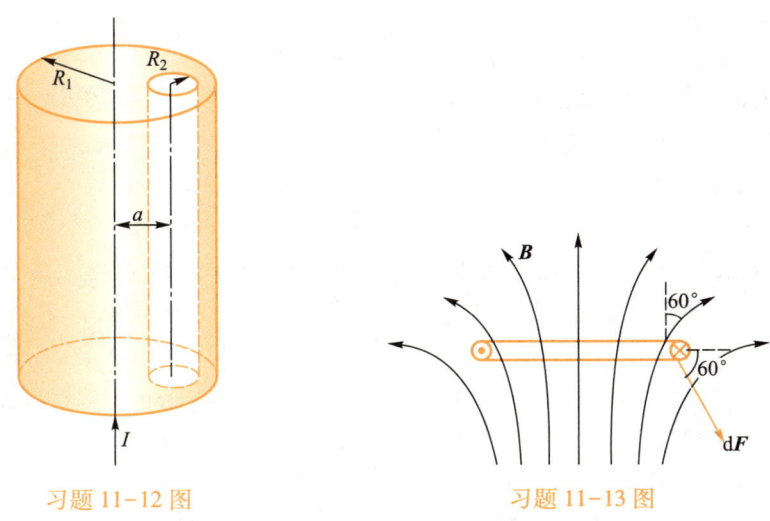

习题 11-12 图   习题 11-13 图

11-14 如图所示,彼此相距 10 cm 的三根平行的长直导线 O、P、Q 中各通有 10 A 同方向的电流.试求导线 O 上每 1.0 cm 上安培力的大小及方向.

11-15 如图所示,有一半径为 R 的圆环形电流 I_2,在沿其直径 MN 方向上有一无限长直线电流 I_1,方向见图.求：
(1) 半圆弧 MON 所受安培力的大小和方向；
(2) 整个圆环形电流所受安培力的大小和方向.

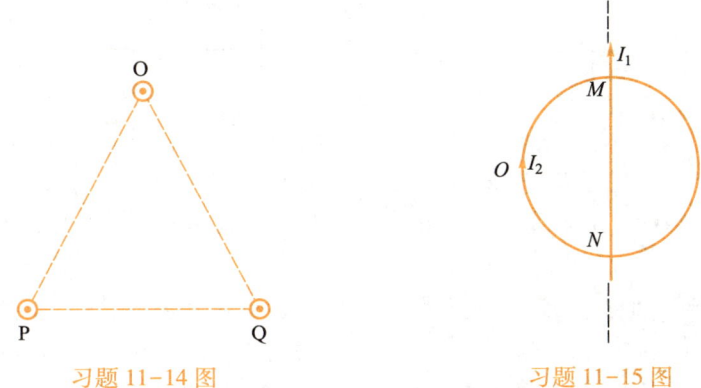

习题 11-14 图   习题 11-15 图

11-16 常规火炮发射炮弹的速度不超过 2 km/s,而轨道炮(或称为电磁炮)是一种利用电流间相互作用的安培力将炮弹以高速(10 km/s)发射出去的武器.如图所示,两条扁平的长直圆柱形导轨互相平行,导轨之间由一滑块状的炮弹连接.强大的电流 I 从一条直导轨流经炮弹再从另一条直导轨流回. 导轨上的电流沿圆柱面均匀分布,设圆柱形导轨半径为 r,两圆柱形导轨相距为 d.

(1) 求炮弹所受的安培力;

(2) 假设 $I = 4\,500$ kA, $d = 120$ mm, $r = 6.7$ cm, 炮弹从静止起经过一段路程 $L = 4.0$ m 的加速后速率为多大(设炮弹质量 $m = 10.0$ kg)?

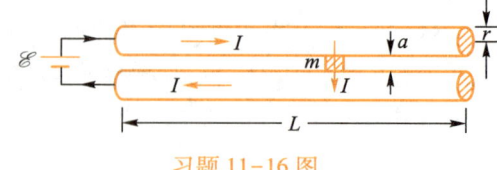

习题 11-16 图

11-17 一直流变电站将电压为 500 kV 的直流电,通过两条截面不计的平行输电线输向远方,已知两输电导线间单位长度的电容为 3.0×10^{-11} F/m,若导线间的静电力与安培力正好抵消,求:

(1) 通过输电线的电流;

(2) 输送的功率.

11-18 一无限长的导体薄片,宽度为 b,厚度不计,均匀载有电流 I. 在距其边缘 d 处平行且共面地放置一条无限长直导线,通有相同的电流,如图所示. 试问导线单位长度所受的安培力为多少? 方向如何?

11-19 如图所示,有一根长为 L 的直导线,质量为 m,用细绳子平挂在外磁场 $\boldsymbol{B}$ 中,导线中通有电流 I,I 的方向与 $\boldsymbol{B}$ 垂直.

(1) 当 $L = 50$ cm, $m = 10$ g, $B = 1.0$ T 时,试求绳子张力为零时的电流.

(2) 在什么条件下,导线会向上运动?

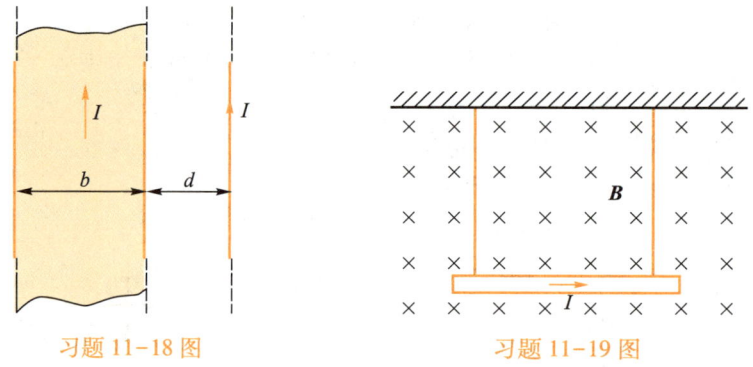

习题 11-18 图　　　习题 11-19 图

11-20 内、外半径分别为 R_1 和 R_2 的均匀带电薄圆环,所带电荷量为 q,处在磁感应强度为 $\boldsymbol{B}$ 的均匀磁场中,并以角速度 ω 绕通过环心且垂直于环面的轴转动,ω 与 $\boldsymbol{B}$ 的夹角为 α,如图所示. 求圆环受到的磁力矩.

11-21 一半径为 R 的圆形线圈,通有电流 I,放在磁感应强度为 $\boldsymbol{B}$ 的均匀磁场中,可绕与直径重合且与 $\boldsymbol{B}$ 垂直的 OO' 轴转动,某时刻磁场方向与线圈平行,如图所示. 试证明此时刻线圈所受的对 OO' 轴的力矩大小为 $M = BIS$ (S 为线圈的面积).

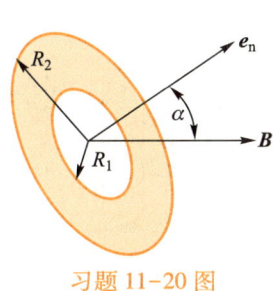
习题 11-20 图

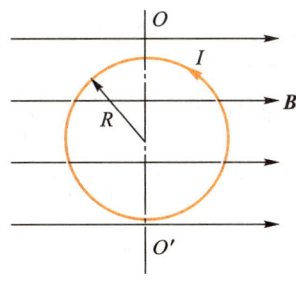
习题 11-21 图

11-22 北京正负电子对撞机中的电子在周长为 240 m 的储存环中做轨道运动. 已知电子的动量是 1.49×10^{-18} kg·m/s，求偏转磁场的磁感应强度.

11-23 一个电子射入 $\boldsymbol{B}=(0.2\boldsymbol{i}+0.5\boldsymbol{j})$ T 的均匀磁场中，当电子速度为 $\boldsymbol{v}=5\times 10^6 \boldsymbol{j}$ m/s 时，求电子所受的洛伦兹力.

11-24 如图所示为德姆斯特测定离子质量所用的质谱仪. 离子源 S 产生一个质量为 m、电荷为 $+q$ 的离子，离子产生出来时基本上是静止的. 离子源是气体正在放电的小室. 离子经电势差 U 进行加速，再进入磁感应强度为 $\boldsymbol{B}$ 的磁场中. 在磁场中，离子沿一半圆周运动后射到离入口缝隙 x 远处的照相底片上，并由照相底片把它记录下来. 试证明离子的质量 m 由下式给出：

$$m=\frac{B^2 q}{8Ux^2}$$

11-25 如图所示，经 $U=1\ 000$ V 电压加速的电子(加速前电子静止)，从电子枪射出，其初速度沿虚线的切线方向. 若要求电子能击中在 $\alpha=60°$ 方向、与枪口相距 $d=5.0$ cm 的靶 M，求所需的均匀磁场的磁感应强度 $\boldsymbol{B}$ 的大小.

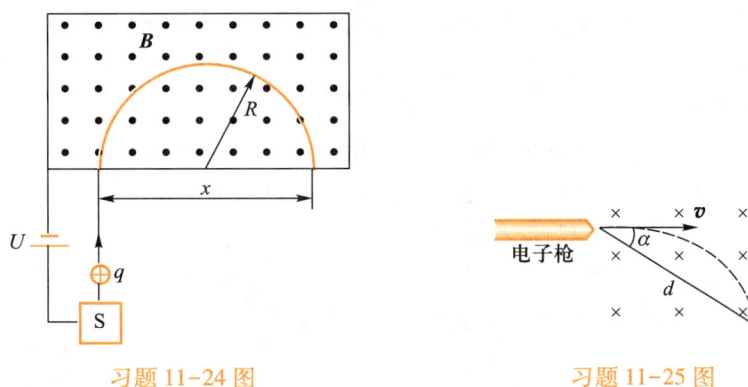

习题 11-24 图   习题 11-25 图

11-26 如图所示，在显像管里，电子沿水平方向从南向北运动，动能是 1.2×10^4 eV，该处地球磁场的磁感应强度在竖直方向的分量方向向下，大小是 5.5×10^{-5} T. 问：

(1) 由于地球磁场的影响，电子如何偏转？

(2) 电子的加速度多大？

(3) 电子在显像管内运动 20 cm 时，偏转为多少？

11-27 如图所示，电子在 $B=2\times 10^{-3}$ T 的均匀磁场中运动，其轨道是半径 $R=2.0$ cm、螺距 $h=5$ cm 的螺旋线，试计算这个电子的速度大小.

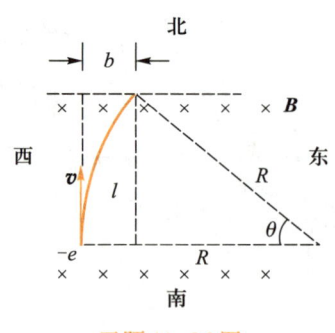

习题 11-26 图

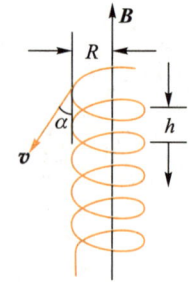

习题 11-27 图

11-28 在霍尔效应实验中,长 4 cm、宽 1 cm、厚 1×10^{-3} cm 的导体,沿长度方向通有 3 A 的电流,当磁感应强度为 1.5 T 的磁场垂直地通过该薄导体时,产生 1.0×10^{-5} V 的霍尔电压,如图所示.

(1) 求载流子的漂移速率;

(2) 求每立方厘米的载流子的数目 n;

(3) 假设载流子是电子,试就一给定的电流和磁场方向画出霍尔电压的极性.

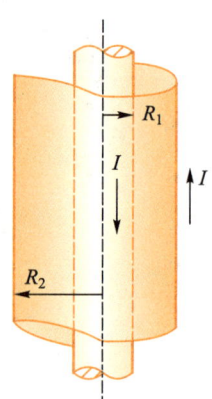

习题 11-28 图

11-29 将磁导率为 50×10^{-4} Wb/(A·m) 的铁磁质制成一个细圆环,环上密绕线圈,单位长度匝数为 500,形成有铁芯的螺绕环.当线圈中电流为 4 A 时,试求:

(1) 环内的磁感应强度和磁场强度的大小;

(2) 磁化电流产生的附加磁感应强度.

11-30 如图所示,半径为 R_1、磁导率为 μ_1 的无限长圆柱形导体与半径为 R_2 的无限长圆柱面导体同心放置,在圆柱体和圆柱面之间充满磁导率为 μ_2 的均匀磁介质,这样就构成了一根无限长的同轴电缆.现在内、外导体上分别通以分布均匀的电流 I 与 $-I$,试求:

(1) 圆柱体内任意一点的磁场强度和磁感应强度;

(2) 圆柱体和圆柱面之间任意一点的磁场强度和磁感应强度;

(3) 圆柱面外任意一点的磁场强度和磁感应强度.

11-31 在螺绕环上密绕线圈共 400 匝,环的平均周长是 40 cm,当导线内通有电流 20 A 时,利用冲击电流计测得环内磁感应强度是 1.0 T,求:

(1) 磁场强度;

(2) 磁化强度;

(3) 磁化率;

(4) 相对磁导率.

习题 11-30 图

第 11 章参考答案

第 12 章

变化的磁场和电场

第 9—第 11 章讨论了不随时间变化的静电场和恒定磁场的基本规律,如果磁场和电场随时间变化,那么将会产生什么现象并服从什么规律呢?

本章将以实验为基础,通过对有关内容的讨论建立起统一的电磁场理论,以加深对磁场和电场的认识.

§ 12.1 电磁感应的基本定律

12.1.1 法拉第电磁感应定律

电流能激发磁场,反过来,变化的磁场是否也会引起电流呢?英国物理学家法拉第十年如一日坚持不懈潜心研究电磁感应现象,经历一次又一次的失败,终于在 1831 年总结出一条规律:**当穿过闭合回路所围面积的磁通量发生变化时,不论这种变化是什么原因引起的,回路中都有感应电动势产生,并且,感应电动势就等于磁通量对时间变化率的负值**,即

$$\mathscr{E}_i = -k\frac{\mathrm{d}\Phi}{\mathrm{d}t}$$

阅读材料:
电磁感应现象的发现

这一规律称为**法拉第电磁感应定律**,式中 k 为比例系数,在国际单位制中 $k=1$,于是上式可写为

$$\mathscr{E}_i = -\frac{\mathrm{d}\Phi}{\mathrm{d}t} \quad (12-1)$$

式中负号反映了感应电动势的方向. 感应电动势的方向可通过如下方法来确定:在回路上任意选一个转向作为回路的绕行方向,再用右手螺旋定则确定此回路所包围面积的法线单位矢量 e_n 的方向,如图 12-1 所示. 凡穿过回路所包围面积的 B 与 e_n 方向相同者,其通过回路面积的磁通量为正,与 e_n 相反者为负. 再根据 Φ 的变化情况,确定 $\frac{\mathrm{d}\Phi}{\mathrm{d}t}$ 的正负. 如果 $\frac{\mathrm{d}\Phi}{\mathrm{d}t}>0$,根据式(12-1),则 $\mathscr{E}_i<0$,这时感应电动势 $\mathscr{E}_i$ 的方向与所规定的回路绕行方向相反;反之,若 $\frac{\mathrm{d}\Phi}{\mathrm{d}t}<0$,则 $\mathscr{E}_i>0$,这时感应电动势 $\mathscr{E}_i$ 的方向与所规定的回路绕行方向相同.

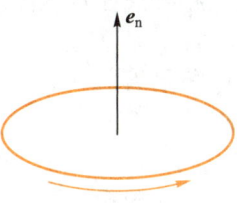

图 12-1 e_n 方向的确定

如图 12-2 所示是永久磁铁的 N 极相对线圈的运动情况. 取回路 L 的绕行方向为顺时针方向, 这时, B 的方向与 e_n 的方向一致. 当磁铁的 N 极向下靠近线圈时, 如图 12-2(a) 所示, 穿过回路的磁通量为正值, 即 $\Phi>0$, 此时通过线圈的磁通量增加, 即 $\dfrac{\mathrm{d}\Phi}{\mathrm{d}t}>0$, 由式(12-1)知, 感应电动势 $\mathscr{E}_i<0$, 为负值, 说明感应电动势 $\mathscr{E}_i$ 的方向与线圈回路 L 的绕行方向相反.

当磁铁的 N 极向上远离线圈运动时, 如图 12-2(b) 所示, 穿过回路的磁通量仍为正值, 即 $\Phi>0$, 此时通过线圈的磁通量减少, 即 $\dfrac{\mathrm{d}\Phi}{\mathrm{d}t}<0$. 由式(12-1)知, 感应电动势 $\mathscr{E}_i>0$, 为正值, 说明感应电动势 $\mathscr{E}_i$ 的方向与线圈回路的绕行方向相同.

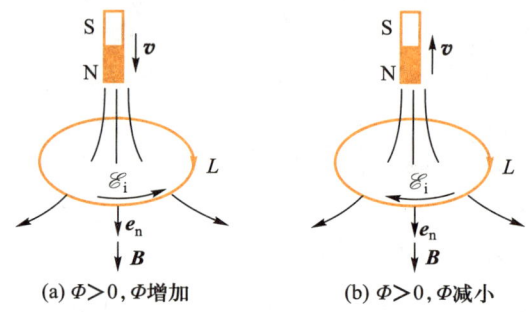

(a) $\Phi>0$, Φ 增加   (b) $\Phi>0$, Φ 减小

图 12-2 感应电动势的方向

应该指出, 式(12-1)只适用于单匝导线所构成的回路, 如果回路是 N 匝线圈, 那么当磁通量变化时, 每匝中都将产生感应电动势, 由于各匝线圈之间是相互串联的, 所以整个线圈中的感应电动势就等于各匝线圈所产生的感应电动势之和. 如果穿过每匝线圈的磁通量都等于 Φ, 那么通过 N 匝密绕线圈的磁通量则为 $\Psi=N\Phi$. Ψ 称为磁链(或称为磁通匝数). 为此, 电磁感应定律也可写成

$$\mathscr{E}_i=-\frac{\mathrm{d}\Psi}{\mathrm{d}t}=-N\frac{\mathrm{d}\Phi}{\mathrm{d}t} \tag{12-2}$$

如果闭合回路的电阻为 R, 则回路的感应电流为

$$I_i=\frac{\mathscr{E}_i}{R}=-\frac{1}{R}\frac{\mathrm{d}\Phi}{\mathrm{d}t} \tag{12-3}$$

利用式(12-3)及 $I_i=\dfrac{\mathrm{d}q}{\mathrm{d}t}$, 可计算出在时间间隔 $\Delta t=t_2-t_1$ 内由于电磁感应通过回路导线任意截面的感应电荷量. 设 t_1 时刻穿过回路所围面积的磁通量为 Φ_1, 在 t_2 时刻穿过回路的磁通量为 Φ_2, 于是在 Δt 时间内, 通过回路导线任意截面的感应电荷量为

$$q=\int_{t_1}^{t_2}I_i\mathrm{d}t=-\frac{1}{R}\int_{\Phi_1}^{\Phi_2}\mathrm{d}\Phi=\frac{1}{R}(\Phi_1-\Phi_2) \tag{12-4}$$

比较式(12-3)和式(12-4)可以看出, 感应电流 I_i 与回路中磁通量随时间的变化率 $\dfrac{\mathrm{d}\Phi}{\mathrm{d}t}$ 有关, $\dfrac{\mathrm{d}\Phi}{\mathrm{d}t}$ 越大, I_i 越大; 但感应电荷量 q 则只与回路中磁通量的变化量 $\Delta\Phi$

有关,而与磁通量的变化率 $\dfrac{\mathrm{d}\Phi}{\mathrm{d}t}$ 无关. 在实验中通过测量线圈回路截面的感应电荷量 q 和线圈的电阻 R,就可计算磁通量的变化量,进而可知磁感应强度. 常用的测量磁感应强度的磁通计(或称为高斯计)就是根据这个原理制成的.

例 12-1 有一螺绕环,其截面积 $S = 1\times 10^{-3}\ \mathrm{m}^2$,单位长度上的匝数 $n = 10^4\ \mathrm{m}^{-1}$,在环上还绕着一个线圈 A,如图 12-3 所示. 假如螺绕环中的电流按 2 A/s 的变化率减小.

(1) 求在线圈 A 中产生的感应电动势(其中线圈 A 的匝数为 5 匝);

(2) 已知线圈 A 的回路总电阻 $R = 2\ \Omega$,若测得回路中感应电荷量 $\Delta q = 4\times 10^{-4}\ \mathrm{C}$,求穿过线圈 A 的磁通量的变化值.

解 (1) 螺绕环内的磁感应强度为
$$B = \mu_0 n I$$
由于螺绕环的磁场集中在环内,环外无磁场,所以线圈 A 所包围的面积上只有螺绕环的截面部分有磁场,故通过线圈 A 的磁通量为
$$\Phi = \boldsymbol{B}\cdot\boldsymbol{S} = \mu_0 n I S$$
故线圈 A 中的感应电动势大小为

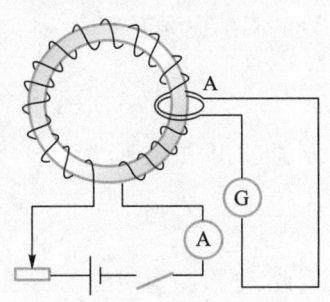

图 12-3 例 12-1 用图

$$\mathscr{E}_\mathrm{i} = -N\dfrac{\mathrm{d}\Phi}{\mathrm{d}t} = -\mu_0 n N S\dfrac{\mathrm{d}I}{\mathrm{d}t}$$

将 $n = 10^4\ \mathrm{m}^{-1}, N = 5, S = 1\times 10^{-3}\ \mathrm{m}^2, \dfrac{\mathrm{d}I}{\mathrm{d}t} = -2\ \mathrm{A/s}$ 代入上式得

$$\mathscr{E}_\mathrm{i} = 4\pi\times 10^{-7}\times 10^4\times 5\times 1\times 10^{-3}\times 2\ \mathrm{V}$$
$$= 1.26\times 10^{-4}\ \mathrm{V}$$

(2) 线圈 A 形成闭合回路,$\mathscr{E}_\mathrm{i}$ 在此回路中产生的感应电流为 I_i,且
$$I_\mathrm{i} = \dfrac{\mathscr{E}_\mathrm{i}}{R} = -\dfrac{N}{R}\dfrac{\mathrm{d}\Phi}{\mathrm{d}t}$$
感应电流与感应电荷量的关系为
$$\Delta q = \int_{t_1}^{t_2} I_\mathrm{i}\,\mathrm{d}t = -\dfrac{N}{R}\int_{\Phi_1}^{\Phi_2}\mathrm{d}\Phi = -\dfrac{N}{R}(\Phi_2 - \Phi_1)$$
式中 Φ_1 和 Φ_2 分别为 t_1 和 t_2 时刻通过线圈 A 每匝的磁通量. 由上式可得
$$\Phi_1 - \Phi_2 = \dfrac{\Delta q R}{N} = \dfrac{4\times 10^{-4}\times 2}{5}\ \mathrm{Wb} = 1.6\times 10^{-4}\ \mathrm{Wb}$$

如果 t_1 时刻接通螺绕环,则 $\Phi_1 = 0$;t_2 时刻螺绕环中电流达到稳定值 I,则 $\Phi_2 = BS$. 利用以上关系式可得 $B = \dfrac{\Delta q R}{NS}$. 因此,用本题的装置可以测量电流为 I 时螺绕环内的磁感应强度.

例 12-2 一无限长载流直导线中通有恒定电流 I,在其右侧有一长为 l_1、宽为 l_2 的矩形线框 $ABCD$,线框平面与导线共面,且长边与导线平行,线框以速度 v 垂直于导线向右匀速运动,如图 12-4 所示. 试求当 AD 边距导线 x 时,线框中感应电动势的大小和方向.

解 由于无限长载流直导线周围空间的磁场是非均匀的,线框向右运动时,通过线框的磁通量将发生变化,因此,线框中会产生感应电动势. 取线框回路的绕行方向为顺时针方向($A \to B \to C \to D \to A$),则线框的法线方向垂直于纸面向里,与该处的磁场方向相同. 在线框上取一宽为 $\mathrm{d}r$ 的矩形面积元 $\mathrm{d}S = l_1 \mathrm{d}r \boldsymbol{e}_\mathrm{n}$,与无限长载流直导线相距 r. 因为电流 I 在 $\mathrm{d}S$ 处的磁感应强度为

$$\boldsymbol{B} = \frac{\mu_0 I}{2\pi r}\boldsymbol{e}_\mathrm{n}$$

则通过 $\mathrm{d}S$ 的磁通量为

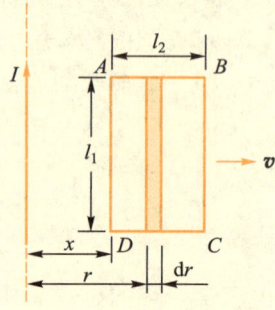

图 12-4 例 12-2 用图

$$\mathrm{d}\Phi = \boldsymbol{B} \cdot \mathrm{d}\boldsymbol{S} = \frac{\mu_0 I l_1}{2\pi r}\mathrm{d}r$$

因此,通过整个线框的磁通量为

$$\Phi = \int_S \boldsymbol{B} \cdot \mathrm{d}\boldsymbol{S} = \frac{\mu_0 I l_1}{2\pi}\int_x^{x+l_2}\frac{\mathrm{d}r}{r} = \frac{\mu_0 I l_1}{2\pi}\ln\frac{x+l_2}{x}$$

线框中的感应电动势为

$$\mathscr{E}_\mathrm{i} = -\frac{\mathrm{d}\Phi}{\mathrm{d}t} = \frac{\mu_0 I l_1 l_2}{2\pi x(x+l_2)}\frac{\mathrm{d}x}{\mathrm{d}t} = \frac{\mu_0 I l_1 l_2 v}{2\pi x(x+l_2)}$$

由于 $\mathscr{E}_\mathrm{i}$ 为正值,所以感应电动势 $\mathscr{E}_\mathrm{i}$ 的方向与所取绕行方向一致,即顺时针方向.

12.1.2 楞次定律

1833 年,俄国物理学家楞次通过实验得出结论:**闭合回路中的感应电流的方向,总是企图使感应电流本身所产生的通过回路所包围面积的磁通量,去补偿或者说反抗引起感应电流的磁通量的改变**,这一结论称为**楞次定律**.

显然,式(12-1)中的负号正是楞次定律的数学表示. 例如在图 12-5 中,当永久磁铁的 N 极向线圈移动时,通过线圈的磁通量增加,由楞次定律可知,感应电流所产生的磁场方向(见图 12-5 中虚线)应当与磁铁所产生的磁场方向(见图 12-5 中实线)相反,以反抗线圈内磁通量的增加. 根据右手螺旋定则,从上向下看,线圈中的感应电流(亦即感应电动势)的方向应当是逆时针的. 当磁铁的 N 极向上运动离开线圈

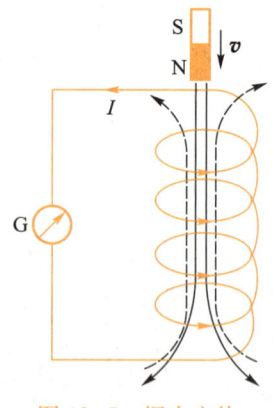

图 12-5 楞次定律

> **提示:**
> 楞次定律本质上是能量守恒定律在电磁感应现象中的具体表现.

时,线圈中的磁通量要减少,根据楞次定律,感应电流所产生的磁场方向应与磁铁的磁场方向相同,以补偿线圈内磁通量的减少. 由右手螺旋定则可知,从上向下看,线圈中感应电流的方向应当是顺时针的,与上述情况正好相反. 用这种方法确定的感应电动势的方向与用法拉第电磁感应定律确定的方向完全一致.

思考题

12-1 一导体圆线圈在均匀磁场中运动,在下列几种情况下,哪些会产生感应电流? 为什么?

(1) 线圈沿磁场方向平移;

(2) 线圈沿垂直磁场方向平移;

(3) 线圈以自身直径为轴转动,轴与磁场方向平行;

(4) 线圈以自身直径为轴转动,轴与磁场方向垂直.

12-2 在有限长载流直导线附近放置一矩形的线圈,开始时线圈与导线处在同一平面内,且线圈中的两个边与导线平行. 当线圈做下面的三种平动时,如图所示,能否产生感应电流? 方向怎样?

(1) 线圈平动的方向与导线中电流的方向一致;

(2) 线圈平动的方向与导线中电流的方向垂直,并且保持与导线在同一平面内;

(3) 线圈平动的方向与导线中电流的方向及线圈的平面垂直.

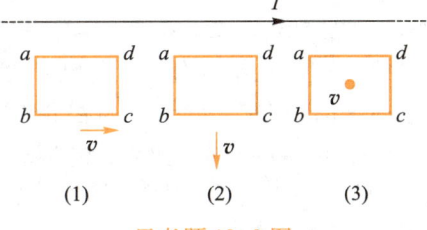

思考题 12-2 图

§ 12.2 动生电动势

12.2.1 动生电动势的非静电力

法拉第电磁感应定律告诉我们,不论什么原因,只要穿过回路所围面积的磁通量发生变化,回路中就有感应电动势产生. 实际上,使回路所围面积的磁通量发生变化的方式是多种多样的. 由于导体或导体回路在磁场中运动所产生的感应电动势称为动生电动势. 如图 12-6 所示,一个由导线做成的回路 ABCDA,其中长度为 l 的导线 AB 以速度 v 垂直于磁感应强度为 B 的均匀磁场向右做匀速直线运动. 假设在 dt 时间内,导线 AB 移动的距离为 dx. 若取逆时针方向为回路环绕方向,则回路面积矢量的方向垂直于纸面向外,通过回路所围面积磁通量的增量为

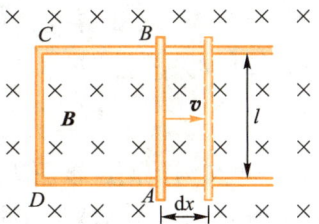

图 12-6 动生电动势的计算

$$d\Phi = \boldsymbol{B} \cdot d\boldsymbol{S} = -Bldx$$

根据法拉第电磁感应定律,在运动导线 AB 段上产生的动生电动势为

$$\mathscr{E}_v = -\frac{d\Phi}{dt} = Bl\frac{dx}{dt} = Blv \tag{12-5}$$

因 $\mathscr{E}_v > 0$,故 $\mathscr{E}_v$ 的方向与回路绕行的方向相同,即由 A 指向 B. 又因为除 AB 外,回路其余部分均不动,感应电动势集中于 AB 一段内,因此 AB 可视为整个回路的"电源",可见,点 B 的电势高于点 A.

现在对这个电动势作进一步分析. 不难看出,它是由于 AB 的运动($\boldsymbol{B}$ 没有变化)而产生的感应电动势,故属于动生电动势. 有电动势,就有相应的非静电力,那么产生动生电动势的非静电力是什么呢?

由图 12-7 所示可以看出,当导线 AB 以速度 $\boldsymbol{v}$ 向右运动时,AB 中的自由电子被带着以同一速度向右运动,因而,每个自由电子都受到洛伦兹力的作用,即

$$\boldsymbol{F}_m = (-e)\boldsymbol{v} \times \boldsymbol{B}$$

式中 $-e$ 为电子的电荷量. $\boldsymbol{F}_m$ 的方向由点 B 指向点 A. 这个力驱使电子沿导线由点 B 向点 A 移动,使点 A 处带负电,点 B 处带正电,在导体内产生静电场. 这使电子又受到静电力 $\boldsymbol{F}_e$ 的作用. 当静电力 $\boldsymbol{F}_e$ 与洛伦兹力 $\boldsymbol{F}_m$ 平衡时(即 $\boldsymbol{F}_e + \boldsymbol{F}_m = 0$),两端间有恒定的电势差,即动生电动势. 由此可知,洛伦兹力是使在磁场中运动的导线产生动生电动势的根本原因. 洛伦兹力是非静电力,若以 $\boldsymbol{E}_k$ 表示非静电场的电场强度,则有

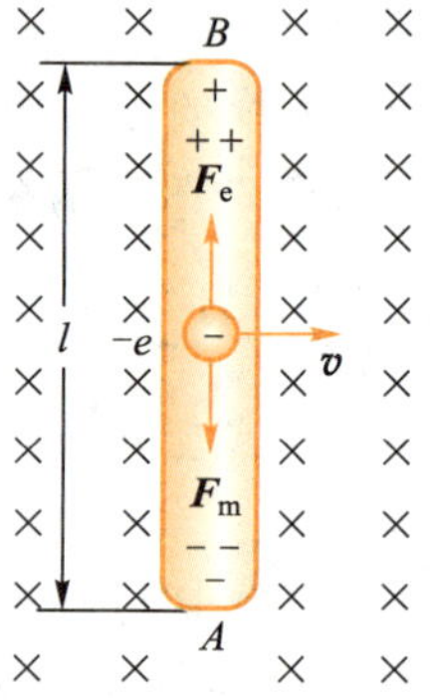

图 12-7 动生电动势中的非静电力

$$\boldsymbol{E}_k = \frac{\boldsymbol{F}_m}{-e} = \boldsymbol{v} \times \boldsymbol{B}$$

$\boldsymbol{E}_k$ 的方向与 $\boldsymbol{v} \times \boldsymbol{B}$ 的方向相同.

12.2.2 动生电动势的计算

由电动势的定义可知,在磁场中运动的导线 AB 所产生的动生电动势为

$$\mathscr{E}_v = \int_{r_A}^{r_B} \boldsymbol{E}_k \cdot d\boldsymbol{l} = \int_{r_A}^{r_B} (\boldsymbol{v} \times \boldsymbol{B}) \cdot d\boldsymbol{l} \tag{12-6}$$

对于图 12-7 中的导线 AB,考虑到 $\boldsymbol{v}$ 与 $\boldsymbol{B}$ 垂直,且矢积 $\boldsymbol{v} \times \boldsymbol{B}$ 的方向与 $d\boldsymbol{l}$ 的方向相同,式(12-6)可写为

$$\mathscr{E}_v = \int_0^l vBdl = vBl$$

这一结果与前面直接用法拉第电磁感应定律得到的结果一致.

由上述讨论可知,计算动生电动势的方法有两种:一种是直接用法拉第电磁感应定律;另一种是用动生电动势的计算公式(12-6). 动生电动势的方向通常可借用 $\boldsymbol{v} \times \boldsymbol{B}$ 的方向来判断.

需要指出的是,这两种计算动生电动势的方法对于一段导线和闭合导线回路

两种情况均适用. 但当用法拉第电磁感应定律来计算一段导线中的动生电动势时, 应该明确, 对一段导线来说是没有磁通量概念的, 这时公式中的 Φ 是指这段导线在运动中所扫过面积的磁通量.

例 12-3 如图 12-8 所示, 一长为 L 的铜棒, 在磁感应强度为 $\boldsymbol{B}$ 的均匀磁场中绕其一端 O 以角速度 ω 转动. 设转轴与 $\boldsymbol{B}$ 平行, 求铜棒上的电动势, 并指出哪一端的电势高.

解法 1 用动生电动势计算公式求解.

如图 12-8 所示, 设时刻 t 铜棒转到 OB 位置, 由于铜棒上各点的速度不同, 故在铜棒上距 O 为 l 处取一线元 $\mathrm{d}\boldsymbol{l}$, 其速度大小为 ωl, 方向与铜棒及 $\boldsymbol{B}$ 均垂直, 且 $\boldsymbol{v}\times\boldsymbol{B}$ 与 $\mathrm{d}\boldsymbol{l}$ 同向. 于是, $\mathrm{d}\boldsymbol{l}$ 产生的电动势为

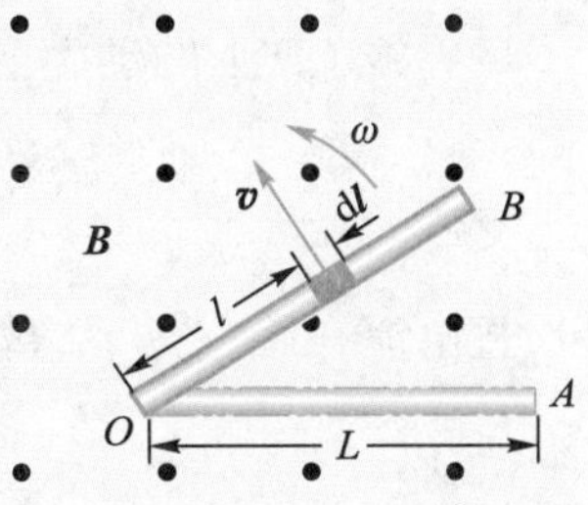

$$\mathrm{d}\mathscr{E}_\mathrm{v} = (\boldsymbol{v}\times\boldsymbol{B})\cdot\mathrm{d}\boldsymbol{l} = vB\mathrm{d}l = \omega lB\mathrm{d}l$$

由于 OB 上各线元的 $\boldsymbol{v}\times\boldsymbol{B}$ 方向均相同, 故得

$$\mathscr{E}_{OB} = \mathscr{E}_\mathrm{v} = \int_0^L (\boldsymbol{v}\times\boldsymbol{B})\cdot\mathrm{d}\boldsymbol{l} = B\omega\int_0^L l\mathrm{d}l = \frac{1}{2}BL^2\omega$$

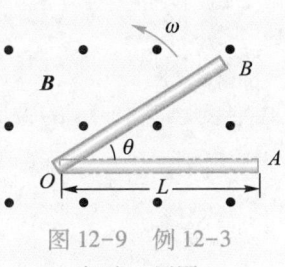

图 12-8 例 12-3 解法 1 用图

$\mathscr{E}_{OB}$ 的方向由 $\boldsymbol{v}\times\boldsymbol{B}$ 判定为从点 O 指向点 B, 即点 B 的电势高于点 O 的电势.

解法 2 用法拉第电磁感应定律求解.

如图 12-9 所示, 设经过一段时间后, 铜棒由位置 OA 转至位置 OB, 转过的角度为 θ, 扫过的扇形面积 $S = \frac{1}{2}L^2\theta$; 穿过此面积的磁通量

$$\Phi = BS = \frac{1}{2}BL^2\theta$$

由法拉第电磁感应定律得 OB 上电动势大小为

$$\mathscr{E}_{OB} = -\frac{\mathrm{d}\Phi}{\mathrm{d}t} = -\frac{1}{2}BL^2\frac{\mathrm{d}\theta}{\mathrm{d}t} = -\frac{1}{2}BL^2\omega$$

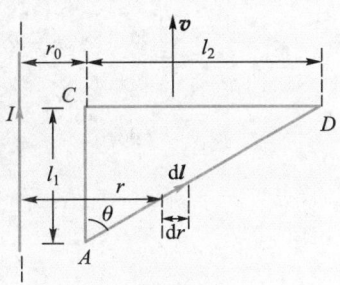

图 12-9 例 12-3 解法 2 用图

式中负号表示 $\mathscr{E}_{OB}$ 的方向, 由 $\boldsymbol{v}\times\boldsymbol{B}$ 判断为从点 O 指向点 B, 即点 B 的电势高于点 O 的电势. 所得结果与解法 1 相同.

例 12-4 如图 12-10 所示, 一载有恒定电流 I 的无限长直导线旁边有一与它共面的三角形线圈 ADC, AC 长为 l_1, 与无限长载流直导线平行且相距 r_0, CD 长为 l_2, 与无限长载流直导线垂直. 试求当线圈以速度 $\boldsymbol{v}$ 平行于长直导线向上运动时, 三角形线圈每边上的动生电动势的大小和方向.

解 本题是导体在恒定的非均匀磁场中运动而产生动生电动势的情况. 无限长载流直导线右边的磁场垂直于纸面向里.

图 12-10 例 12-4 用图

应用公式 $\mathscr{E}_v = \int (\boldsymbol{v} \times \boldsymbol{B}) \cdot \mathrm{d}\boldsymbol{l}$ 来求解 AC、CD、DA 三段导线中的动生电动势. 对于导线 AC，$\boldsymbol{v} \times \boldsymbol{B}$ 的方向与 AC 垂直，故 AC 上任意一 $\mathrm{d}\boldsymbol{l}$ 都满足 $(\boldsymbol{v} \times \boldsymbol{B}) \cdot \mathrm{d}\boldsymbol{l} = 0$，所以

$$\mathscr{E}_{AC} = \int_A^C (\boldsymbol{v} \times \boldsymbol{B}) \cdot \mathrm{d}\boldsymbol{l} = 0$$

导线 CD 上的动生电动势为

$$\mathscr{E}_{CD} = \int_C^D (\boldsymbol{v} \times \boldsymbol{B}) \cdot \mathrm{d}\boldsymbol{l} = \int_C^D (-vB) \mathrm{d}l$$

长直电流在距它为 r 的线元 $\mathrm{d}l$ 处产生的磁感应强度为 $B = \dfrac{\mu_0 I}{2\pi r}$，又对于 CD，$\mathrm{d}l = \mathrm{d}r$，所以

$$\mathscr{E}_{CD} = \int_{r_0}^{r_0 + l_2} \left(-v \frac{\mu_0 I}{2\pi r} \right) \mathrm{d}r = -\frac{\mu_0 I v}{2\pi} \ln \frac{r_0 + l_2}{r_0}$$

式中负号表示 $\mathscr{E}_{CD}$ 的方向，由 $\boldsymbol{v} \times \boldsymbol{B}$ 判断为从点 D 指向点 C，即点 C 的电势高于点 D 的电势.

导线 AD 上的动生电动势为

$$\mathscr{E}_{AD} = \int_A^D (\boldsymbol{v} \times \boldsymbol{B}) \cdot \mathrm{d}\boldsymbol{l} = \int_A^D vB\cos\left(\frac{\pi}{2} + \theta\right) \mathrm{d}l = -\int_A^D vB\sin\theta \, \mathrm{d}l$$

对于导线 AD，$\mathrm{d}l = \dfrac{\mathrm{d}r}{\sin\theta}$，所以

$$\mathscr{E}_{AD} = -\int_{r_0}^{r_0 + l_2} v \frac{\mu_0 I}{2\pi r} \mathrm{d}r = -\frac{\mu_0 I v}{2\pi} \ln \frac{r_0 + l_2}{r_0}$$

式中负号表示 $\mathscr{E}_{AD}$ 的方向，由 $\boldsymbol{v} \times \boldsymbol{B}$ 判断为从点 D 指向点 A，即点 A 的电势高于点 D 的电势.

思考题

12-3 一段直导线在均匀磁场中做如图所示四种运动. 在哪种情况下导线中有感应电动势？为什么？感应电动势的方向是怎样的？

思考题 12-3 图

§ 12.3 感生电场假设

12.3.1 感生电动势的非静电力

处于静止状态的导体或导体回路,由于内部的磁场变化而产生的感应电动势称为感生电动势.

产生感生电动势的非静电力是什么力呢？由于产生感生电动势时导体或导体回路不动,因此,产生感生电动势的非静电力不可能是洛伦兹力. 为了探索产生感生电动势的非静电力的本质,麦克斯韦在实验的基础上提出了感生电场假设:**变化的磁场在其周围空间激发一种具有闭合电场线的电场**. 这种电场称为感生电场(或称为涡旋电场),用 E_r 表示. 感生电场对电荷有力的作用,正是这种感生电场所产生的非静电力,驱动电荷在导体中做定向运动.

感生电场假设的正确性早已被实验所证实,电磁波的产生和传播,电子感应加速器的成功应用都证明了感生电场的存在.

12.3.2 感生电场的高斯定理与环路定理

由于感生电场的电场线是无头无尾的闭合曲线,很显然,**在感生电场中,通过任意闭合曲面的电场强度通量恒为零**,即

$$\oint_S E_r \cdot dS = 0 \tag{12-7}$$

这就是**感生电场的高斯定理**,它表明感生电场是无源场.

由电动势的定义和法拉第电磁感应定律可得

$$\mathscr{E}_i = \oint_L E_r \cdot dl = -\frac{d\Phi}{dt} \tag{12-8}$$

式中 Φ 为通过以回路 L 为边界的曲面的磁通量.

由于磁通量

$$\Phi = \int_S B \cdot dS$$

所以式(12-8)可以写成

$$\oint_L E_r \cdot dl = -\frac{d\Phi}{dt} = -\frac{d}{dt}\int_S B \cdot dS$$

式中 S 为以回路 L 为边界的曲面. 当回路不发生变动时,可以将对时间的导数和对曲面的积分两个运算的顺序颠倒,故

$$\oint_L E_r \cdot dl = -\int_S \frac{dB}{dt} \cdot dS$$

考虑到 B 不仅是时间的函数,而且也是空间坐标的函数,故应改为偏微分,所以有

$$\oint_L E_r \cdot dl = -\int_S \frac{\partial B}{\partial t} \cdot dS \tag{12-9}$$

提示：
式(12-9)既反映了感应电场与变化磁场之间的大小关系，又反映了它们之间的方向关系。

这就是**感生电场的环路定理**，它表明感生电场是非保守场，因此不能引进电势的概念(注意：对不形成回路的导体棒，由于两端堆积静电荷，故有电势差)；式(12-9)中的负号来源于楞次定律的数学表示，即 E_r 与 $\dfrac{\partial \boldsymbol{B}}{\partial t}$ 在方向上符合左手螺旋定则，如果左手的四指沿着电场线 E_r 的绕向弯曲，则拇指伸直的指向就是 $\dfrac{\partial \boldsymbol{B}}{\partial t}$ 的方向，如图12-11所示.

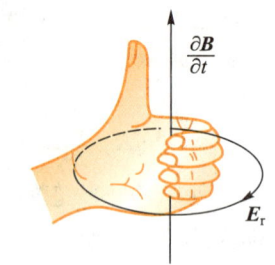

图 12-11　左手螺旋定则

根据式(12-9)，在具有一定对称性的条件下，可以由 $\dfrac{\partial \boldsymbol{B}}{\partial t}$ 求出 E_r；在一般情况下，求感生电场的空间分布则比较困难.

如上所述，在自然界存在着两种不同的电场. 一种是由静止电荷所激发的静电场. 静电场的电场线不闭合，它是有源场；其电场强度环路恒为零，它是保守场. 另一种是由变化的磁场所激发的感生电场. 感生电场的电场线是闭合曲线，该电场为无源场；电场强度环路不为零，它是非保守场. 这两种电场的性质迥然不同，其唯一的共性就是它们都能对电场中的电荷施以力的作用，正是感生电场力形成了感生电动势.

例 12-5　一个半径为 R 的无限长直螺线管中载有变化电流. 若管内磁感应强度以恒定速率增加$\left(\text{即}\dfrac{\mathrm{d}B}{\mathrm{d}t}>0 \text{ 且为常量}\right)$，求管内外的感生电场 E_r.

解　由于磁场的分布具有轴对称性，变化磁场所激发的感生电场的电场线是以螺线管轴线为中心的一系列同心圆. 在半径为 r 的圆周上，各点 E_r 的大小相等，方向沿圆周切线方向. 由于 E_r 与 $\dfrac{\partial \boldsymbol{B}}{\partial t}$ 在方向上符合左手螺旋定则，所以 E_r 线沿逆时针方向，如图 12-12 所示. 任取一电场线作为闭合回路，回路半径为 r，绕行方向与 E_r 方向一致，闭合回路面积 S 的法线方向垂直于纸面向外，则有

$$\oint_L E_r \cdot \mathrm{d}l = -\int_S \dfrac{\partial \boldsymbol{B}}{\partial t} \cdot \mathrm{d}S = -\int_S \dfrac{\partial B}{\partial t}\cos\pi \mathrm{d}S$$

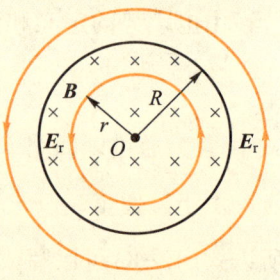

图 12-12　例 12-5 用图

可得

$$E_r \cdot 2\pi r = -\left(-\int_S \dfrac{\partial B}{\partial t}\mathrm{d}S\right)$$

由于磁场以恒定速率增加，即 $\dfrac{\mathrm{d}B}{\mathrm{d}t}$ 为大于零的常量，所以

$$E_r \cdot 2\pi r = \dfrac{\mathrm{d}B}{\mathrm{d}t}\pi r^2$$

$$E_r = \dfrac{1}{2}\dfrac{\mathrm{d}B}{\mathrm{d}t}r \quad (r<R)$$

对于无限长载流直螺线管外部空间来说,虽然没有磁场存在,但却有感生电场.

当 $r>R$ 时,变化磁场只存在于半径为 R 的螺线管内,即有

$$E_r \cdot 2\pi r = -\left(-\int_S \frac{\partial B}{\partial t}\mathrm{d}S\right) = \frac{\mathrm{d}B}{\mathrm{d}t}\pi R^2$$

故

$$E_r = \frac{R^2}{2r}\frac{\mathrm{d}B}{\mathrm{d}t} \quad (r>R)$$

12.3.3 感生电动势的计算

计算感生电动势,可以有以下两种方法.

1. 由电动势的定义出发进行计算

$$\mathscr{E}_r = \oint_L \boldsymbol{E}_r \cdot \mathrm{d}\boldsymbol{l}$$

用这种方法求解,必须先求出感生电场 $\boldsymbol{E}_r$ 的空间分布,然后再进行积分运算. 这里 L 可以是一段导线,也可以是闭合导体回路.

2. 用法拉第电磁感应定律计算

$$\mathscr{E}_r = -\frac{\mathrm{d}\Phi}{\mathrm{d}t}$$

用这种方法求解,要求导体为闭合回路,或虽不是闭合回路,但可增加辅助线从而构成闭合回路.

感生电动势的方向通常由楞次定律来判断.

例 12-6 如图 12-13 所示,均匀磁场 B 被局限在半径为 R 的圆柱形空间,磁场大小按 $\dfrac{\mathrm{d}B}{\mathrm{d}t}$ 均匀增加,有一长为 L 的金属棒 AB 置于磁场之中,求 $\mathscr{E}_{AB}$.

解法 1 用电动势的定义求解.

由例 12-5 所得结果知,圆柱形空间内的感生电场大小为

$$E_r = \frac{1}{2}\frac{\mathrm{d}B}{\mathrm{d}t}r$$

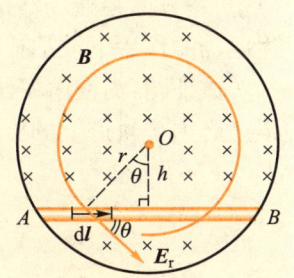

图 12-13 例 12-6 用图

电场线为同心圆,方向沿逆时针方向. 在金属棒上任取长度元 $\mathrm{d}\boldsymbol{l}$,规定其方向由点 A 指向点 B,则金属棒上的感生电动势为

$$\mathscr{E}_{AB} = \int_0^l \boldsymbol{E}_r \cdot \mathrm{d}\boldsymbol{l} = \int_0^l E_r \cos\theta \mathrm{d}l$$

$$\mathscr{E}_{AB} = \int_0^l \frac{1}{2}\frac{\mathrm{d}B}{\mathrm{d}t}r\cos\theta \mathrm{d}l$$

由图 12-13 可知,$r\cos\theta = h$,h 为金属棒到圆心的距离,故

$$\mathscr{E}_{AB} = \int_0^l \frac{1}{2}\frac{\mathrm{d}B}{\mathrm{d}t}h\mathrm{d}l = \frac{1}{2}\frac{\mathrm{d}B}{\mathrm{d}t}h\int_0^l \mathrm{d}l = \frac{1}{2}\frac{\mathrm{d}B}{\mathrm{d}t}hL$$

$$= \frac{L}{2}\sqrt{R^2 - \frac{L^2}{4}}\frac{\mathrm{d}B}{\mathrm{d}t}$$

根据楞次定律可知，$\mathscr{E}_{AB}$ 的方向由点 A 指向点 B.

解法 2 用法拉第电磁感应定律求解.

添加辅助线 OA、OB，构成三角形回路 OAB，取逆时针方向为回路绕行方向，则

$$\Phi = \boldsymbol{B} \cdot \boldsymbol{S} = -BS = -\frac{1}{2}BLh$$

$$\mathscr{E}_{总} = -\frac{\mathrm{d}\Phi}{\mathrm{d}t} = \frac{1}{2}\frac{\mathrm{d}B}{\mathrm{d}t}Lh = \frac{L}{2}\sqrt{R^2 - \frac{L^2}{4}}\frac{\mathrm{d}B}{\mathrm{d}t}$$

由于 OA、OB 两段辅助线均与 $\boldsymbol{E}_r$ 垂直，所以所添辅助线上不产生感生电动势，故 AB 上的电动势为

$$\mathscr{E}_{AB} = \mathscr{E}_{总} = \frac{L}{2}\sqrt{R^2 - \frac{L^2}{4}}\frac{\mathrm{d}B}{\mathrm{d}t}$$

根据楞次定律可知，方向由点 A 指向点 B.

例 12-7 电子感应加速器是利用感生电场对电子进行加速的设备，其结构如图 12-14 所示. 电磁铁两磁极之间放有一环形真空室，当两极间的磁场发生变化时，将在两极间的闭合回路上激发感生电场. 电子沿回路切线方向注入环形真空室，一方面在磁场洛伦兹力作用下在环形室内沿圆形轨道运动，另一方面在感生电场的作用下被加速.

试证明：为使电子维持在稳定的圆形轨道上加速，轨道平面上的平均磁感应强度必须是轨道上的磁感应强度的两倍.

> **提示：**
> 电子感应加速器是由美国物理学家克斯特于 1940 年研制成功的.

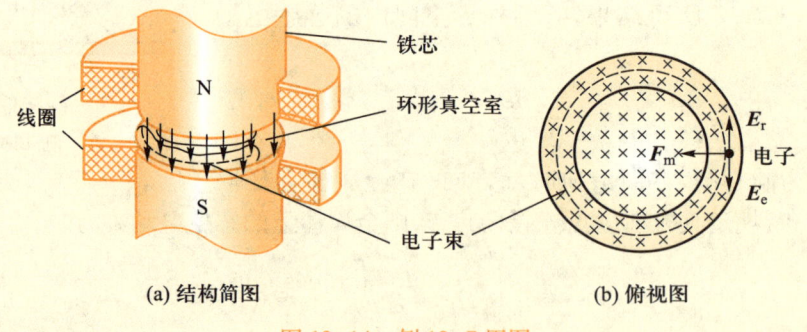

(a) 结构简图 (b) 俯视图

图 12-14 例 12-7 用图

证明 为使电子限制在真空室内一定半径的轨道上运动，电子所受洛伦兹力应等于向心力，有

$$evB = m\frac{v^2}{R}$$

即
$$B = \frac{mv}{eR} \tag{1}$$

从式(1)可以看出，要使电子沿一定半径的轨道运动，要求在真空室内的磁感应强度大小 B 也要随着电子动量 mv 的增加而成正比地增加.

将式(1)两边对 t 进行微分，得

$$\frac{dB}{dt} = \frac{1}{eR}\frac{d}{dt}(mv) \tag{2}$$

要注意的是 $\frac{d}{dt}(mv)$ 等于电子做环形运动时受到的切线方向的力，即感生电场对电子的电场力 eE_r，故式(2)可写成

$$\frac{dB}{dt} = \frac{E_r}{R} \tag{3}$$

设电子圆形轨道的整个圆平面区域内的平均磁感应强度大小为 $\bar{B}$，则通过电子圆形轨道所围面积的磁通量 $\Phi = \pi R^2 \bar{B}$，在轴对称的磁场中，应用式(12-9)，并只考虑数值上的关系，则有

$$\oint_L \boldsymbol{E}_r \cdot d\boldsymbol{l} = E_r \cdot 2\pi R = \pi R^2 \frac{d\bar{B}}{dt}$$

$$E_r = \frac{R}{2}\frac{d\bar{B}}{dt} \tag{4}$$

将式(4)代入式(3)，得

$$\frac{dB}{dt} = \frac{E_r}{R} = \frac{1}{2}\frac{d\bar{B}}{dt}$$

由此可知，只要 $B = \bar{B}/2$，被加速的电子就可以保持在半径为 R 的圆形轨道上运动.

用电子感应加速器来加速电子，要受到电子因加速运动而辐射能量的限制.因此，电子感应加速器不能把电子加速到极高的能量，一般为几十万到几百万电子伏特.利用电子感应加速器得到的具有较高能量的电子束去轰击各种靶子，可得到能量较高的 X 射线，这一原理可用于科研、工业探伤和医学诊断等领域.

12.3.4 涡电流

在日常生活中，经常碰到大块的金属在磁场中运动，或处在变化的磁场中，这时金属内部会产生感应电流，沿金属内部自成闭合回路流动，这种电流称为涡电流.

当处于交变磁场中的金属电阻很小时，涡电流可以很大，从而放出大量的热量使金属升温甚至熔化，这就是感应加热的原理. 现在使用的电磁炉就是根据这一原理制成的，交变电流在铁锅底部形成交变磁场，进而在锅底形成涡电流而发热，省

去热传递的一些中间环节,提高了效率. 还有,在工业中使用的感应炉,使用频率较高的交变电流,可使炉内金属的涡电流放出巨大的热量而将金属熔化.

涡电流的热效应有时是有害的. 例如,变压器和一些电机的铁芯常常因为涡电流发热而降低工作效率,甚至因发热而损坏. 为减小涡电流损耗,通常用互相绝缘的薄片或细条制作仪器铁芯,这样涡电流的流动受到很大的限制,有效地降低了涡电流损耗.

有时又可以利用涡电流产生阻尼作用. 金属在磁场中运动时将产生涡电流,而根据楞次定律,磁场对涡电流的作用将阻碍金属在磁场中的相对运动,这种阻尼起源于电磁感应,称为电磁阻尼. 许多电表就是利用电磁阻尼使指针减少摆动从而尽快达到平衡的.

12.3.5　导体在变化磁场里运动时的感应电动势

根据磁通量变化原因的不同,可把感应电动势分为动生电动势和感生电动势. 这种方法实际上是按照产生电动势的非静电力的本质进行分类的. 然而,一般来说,回路运动和磁场变化这两个使磁通量变化的因素是同时存在的. 理论研究指出,当动生电动势和感生电动势同时存在时,总的感应电动势就是两者之和,即

$$\mathscr{E} = \mathscr{E}_v + \mathscr{E}_r = \int_L (\boldsymbol{v} \times \boldsymbol{B}) \cdot \mathrm{d}\boldsymbol{l} - \int_S \frac{\partial \boldsymbol{B}}{\partial t} \cdot \mathrm{d}\boldsymbol{S} = -\frac{\mathrm{d}\boldsymbol{\Phi}}{\mathrm{d}t} \qquad (12\text{-}10)$$

例 12-8　如图 12-15(a)所示,一弯成 θ 角的金属架 COD 上有一导体 MN($MN \perp OD$)以恒定速度 v 在金属架上滑动,设速度方向垂直于 MN 向右,磁场方向垂直于纸面向外,磁感应强度大小 $B = kx\cos \omega t$(k 为常量). 求框架内的感应电动势的变化规律(设 $t=0$ 时,$x=0$).

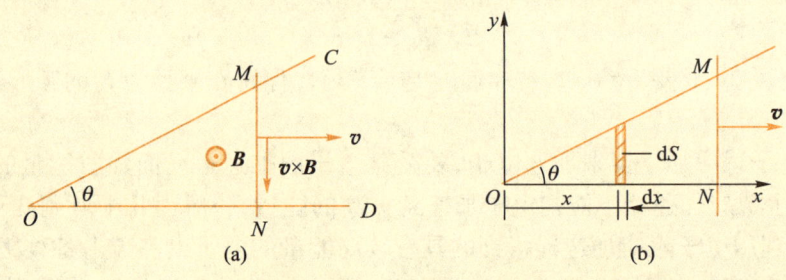

图 12-15　例 12-8 用图

分析　显然,本例中磁场随时间和空间同时变化,导体又在运动,根据分析,感应电动势必然既有动生电动势又有感生电动势.

解法 1　用法拉第电磁感应定律求解.

如图 12-15(b)所示,取逆时针方向为回路的绕行方向. 当 NM 距离原点为 x 时,$\mathrm{d}S = y\mathrm{d}x = x\tan\theta \mathrm{d}x$,通过线框的磁通量为

$$\Phi(x) = \int_S \boldsymbol{B} \cdot \mathrm{d}\boldsymbol{S} = \int_0^x kx\cos \omega t \cdot x\tan \theta \cdot \mathrm{d}x$$

$$\Phi(x) = \frac{1}{3}k\cos\omega t\tan\theta x^3$$

根据法拉第电磁感应定律,有

$$\mathscr{E}_i = -\frac{\mathrm{d}\Phi}{\mathrm{d}t} = \frac{1}{3}k\omega x^3\sin\omega t\tan\theta - kvx^2\cos\omega t\tan\theta$$

解法 2 用电动势的定义求解.

用动生电动势的定义求得动生电动势为

$$\mathscr{E}_v = \int(\boldsymbol{v}\times\boldsymbol{B})\cdot\mathrm{d}\boldsymbol{l} = vkx\cos\omega t\cdot x\tan\theta = vkx^2\cos\omega t\tan\theta$$

其方向由 $\boldsymbol{v}\times\boldsymbol{B}$ 判断为顺时针.

由感生电场求得感生电动势为

$$\mathscr{E}_r = -\int_S\frac{\partial\boldsymbol{B}}{\partial t}\cdot\mathrm{d}\boldsymbol{S} = -\int_0^x\frac{\partial}{\partial t}(kx\cos\omega t)x\tan\theta\mathrm{d}x$$

$$= k\omega\sin\omega t\tan\theta\int_0^x x^2\mathrm{d}x = \frac{1}{3}k\omega x^3\sin\omega t\tan\theta$$

由于 $\boldsymbol{B}$ 随 t 的增加而减小,所以其方向由楞次定律判断为逆时针.

设回路的逆时针方向为正方向,则回路的总电动势为

$$\mathscr{E}_i = \mathscr{E}_r + \mathscr{E}_v = \frac{1}{3}k\omega x^3\sin\omega t\tan\theta - kvx^2\cos\omega t\tan\theta$$

思考题

12-4 变压器的铁芯为什么总做成片状的,而且涂上绝缘漆相互隔开?

12-5 将磁铁插入非金属环中,环内有无感生电动势?有无感生电流?环内将发生何种变化?

12-6 在磁场变化的空间里,如果没有导体,那么,在这个空间是否存在电场?是否存在感应电动势?

12-7 在电子感应加速器中,电子加速所得到的能量是哪里来的?试定性解释.

§ 12.4 自感与互感

在实际问题中,磁场的变化往往是由电流的变化引起的. 由于铁磁质的磁性与电流的变化存在着非线性关系,较为复杂. 因此,本节的讨论均假设空间不存在铁磁质.

12.4.1 自感

如图 12-16 所示,当载流线圈中的电流发生变化时,该线圈中的磁通量也会随之变化,因而线圈中就有感应电动势产生. 这种因线圈中电流变化而在线圈自身引起感应电动势的现象称为自感现象. 由自感所产生的电动势称为自感电动势.

设某线圈由 N 匝相同的线圈组成,线圈所载电流为 I. 根据毕奥-萨伐尔定律,此电流产生的磁场在空间任意一点的磁感应强度与电流成正比. 因此,通过此线圈的磁链亦与电流成正比,即

$$\Psi = LI$$

式中 L 为自感系数,简称自感,其数值与线圈的形状、大小、匝数及周围磁介质的磁导率有关. 将上式改写为

$$L = \frac{\Psi}{I} \qquad (12\text{-}11)$$

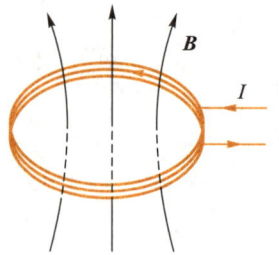

图 12-16 线圈的自感

可见,自感在数值上等于电流为 1 A 时通过线圈自身的磁链.

用法拉第电磁感应定律可以求得自感电动势为

$$\mathscr{E}_L = -\frac{\mathrm{d}\Psi}{\mathrm{d}t} = -\left(L\frac{\mathrm{d}I}{\mathrm{d}t} + I\frac{\mathrm{d}L}{\mathrm{d}t}\right)$$

如果线圈的形状、大小、匝数及周围磁介质的磁导率都保持不变,则 L 为一常量,故 $\dfrac{\mathrm{d}L}{\mathrm{d}t}=0$. 于是,上式又可写为

$$\mathscr{E}_L = -L\frac{\mathrm{d}I}{\mathrm{d}t} \qquad (12\text{-}12)$$

式(12-12)中的负号是楞次定律的数学表示,它表明自感电动势总是反抗线圈中电流变化的. 即当电流增大时,$\mathscr{E}_L<0$,表示自感电动势的方向与电流方向相反;当电流减小时,$\mathscr{E}_L>0$,表示自感电动势的方向与电流方向相同.

从式(12-12)还可以看到,当线圈中电流变化率一定时,L 越大,$\mathscr{E}_L$ 也越大,亦即反抗作用越强烈,线圈中电流越不容易改变. 可见,自感 L 具有使线圈保持原有电流不变的性质,这与力学中物体的惯性有些相似,因此可以把自感 L 看作是电路中"电磁惯性"的量度.

在国际单位制中,自感的单位是 H(亨利),由于 H 的单位较大,还常用 mH(毫亨)或 μH(微亨).

$$1 \text{ mH} = 10^{-3} \text{ H}$$
$$1 \text{ μH} = 10^{-6} \text{ H}$$

在工程技术和日常生活中,自感现象的应用是很广泛的,如无线电技术和电工中常用的扼流圈,日光灯上用的镇流器等都利用了自感现象. 但在有些情况下,自感现象会带来危害,例如,在大自感和强电流的电路中,接通和断开电路时会产生很大的自感电动势,击穿空气,形成电弧,造成事故(烧坏设备或危及工作人员的生命安全). 为避免此类事故的发生,电力部门须在输电线路上加装一种特殊的灭弧开关——油开关或负荷开关,以避免产生电弧.

L 的计算一般比较复杂,常采用实验方式测定,只有在少数简单的情况下可用 L 的定义式(12-11)来计算. 计算的步骤:先设线圈中通过电流 I,根据毕奥-萨伐尔定律求出磁感应强度 B,进而求出磁链 Ψ,最后由 L 的定义式求出自感.

例 12-9 有一单层密绕无限长直螺线管,长为 l,截面积为 S,匝数为 N,管内充满磁导率为 μ 的均匀磁介质,求螺线管的自感.

解 设螺线管的电流为 I,则其内的磁感应强度大小为

$$B=\mu_r B_0=\mu_r\mu_0 nI=\mu\frac{N}{l}I$$

通过每匝线圈的磁通量为

$$\Phi=BS=\mu\frac{N}{l}IS$$

通过整个线圈的磁链为

$$\Psi=N\Phi=\mu\frac{N^2}{l}SI \tag{1}$$

将式(1)代入式(12-11),得

$$L=\frac{\Psi}{I}=\mu\frac{N^2}{l}S=\mu n^2 V \tag{2}$$

式中 n 为单位长度的匝数,$V=lS$ 为螺线管的体积.

由式(2)可知,螺线管的自感 L 与 I 无关,仅与线圈单位长度的匝数 n、体积 V、磁导率 μ 有关,即 L 只由线圈本身特性决定.

例 12-10 如图 12-17 所示为真空中两根无限长直平行导线,它们的横截面半径都为 r_0,两轴线相距为 d,且 $r_0 \ll d$. 求长为 l 的这对导线的自感.

解 设导线通有等值反向电流 I. 由于两长直导线在无限远处闭合,因而可通过计算磁通量来计算导线的自感. 取下面导线轴线上任意一点为坐标原点建立 x 轴,其方向向上. 在两导线之间取一面积元(见图 12-17 中阴影部分),其面积 $dS=ldx$,它到原点的距离为 x,则面积元中任意一点的 $\boldsymbol{B}$ 的大小为

$$B=B_1+B_2=\frac{\mu_0 I}{2\pi}\left(\frac{1}{x}+\frac{1}{d-x}\right)$$

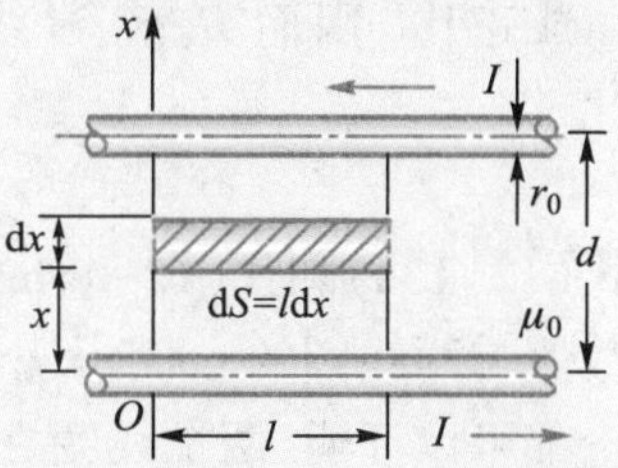

令面积元的法线方向与 $\boldsymbol{B}$ 的方向一致,则通过此面积元的磁通量为

图 12-17 例 12-10 用图

$$d\Phi=\boldsymbol{B}\cdot d\boldsymbol{S}=BdS=\frac{\mu_0 I}{2\pi}\left(\frac{1}{x}+\frac{1}{d-x}\right)ldx$$

由于 $r_0 \ll d$,两导线内部的磁通量可以忽略不计. 因此,通过长为 l 的两导线间的面积的磁通量为

$$\Phi=\int d\Phi=\frac{\mu_0 Il}{2\pi}\int_{r_0}^{d-r_0}\left(\frac{1}{x}+\frac{1}{d-x}\right)dx=\frac{\mu_0 Il}{\pi}\ln\frac{d-r_0}{r_0}$$

长为 l 的一对导线的自感为

$$L=\frac{\Phi}{I}=\frac{\mu_0 l}{\pi}\ln\left(\frac{d-r_0}{r_0}\right)\approx\frac{\mu_0 l}{\pi}\ln\frac{d}{r_0}$$

通常称此 L 为导线的分布电感. 如果 $r_0=1\times10^{-3}$ m, $d=2\times10^{-1}$ m, 则单位长度的分布电感为

$$L_0=\frac{\mu_0}{\pi}\ln\frac{d}{r_0}=\frac{4\pi\times10^{-7}}{\pi}\ln\frac{2\times10^{-1}}{1\times10^{-3}}\text{ H/m}\approx2.4\text{ μH/m}$$

虽然 L_0 很小,但在传输高频电流时,由于 $\dfrac{\mathrm{d}I}{\mathrm{d}t}$ 很大,此时小的分布电感也会引起不可忽视的自感电动势.

12.4.2 互感

两个邻近的载流线圈,当电流发生变化时,相互在对方线圈中引起感应电动势的现象称为互感现象. 由此产生的电动势称为互感电动势.

如图 12-18 所示,设有两个相邻近的线圈 1、线圈 2,分别通有电流 I_1、I_2. 当线圈 1 中的电流发生变化时,定会在线圈 2 中产生互感电动势;反之,当线圈 2 中的电流发生变化时,也会在线圈 1 中产生互感电动势. 根据毕奥-萨伐尔定律可知,线圈 1 中的电流 I_1 所产生的磁感应强度 $\boldsymbol{B}_1$ 与 I_1 成正比. 因而 $\boldsymbol{B}_1$ 穿过线圈 2 的磁链也与 I_1 成正比,即

$$\Psi_{21}=M_{21}I_1 \qquad (12\text{-}13\text{a})$$

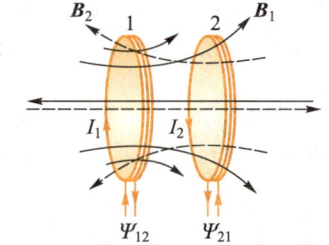

图 12-18 两线圈之间的互感

同理,线圈 2 中的电流 I_2 所产生的磁感应强度 $\boldsymbol{B}_2$ 均与 I_2 成正比. 因而 $\boldsymbol{B}_2$ 穿过线圈 1 的磁链也与 I_2 成正比,即

$$\Psi_{12}=M_{12}I_2 \qquad (12\text{-}13\text{b})$$

式(12-13a)和式(12-13b)中的 M_{21}、M_{12} 为比例系数,称为互感系数,简称互感,其数值与两线圈的形状、大小、匝数、相对位置及周围磁介质的磁导率有关. 实验和理论都可以证明,两个线圈之间的互感 M_{21} 和 M_{12} 是相等的,可用 M 表示,即

$$M=M_{21}=M_{12}$$

这就是说,以后不必再区别是哪个线圈对哪个线圈的互感,而只要说互感 M 就可以了. 于是,式(12-13a)和式(12-13b)又可简化为

$$\Psi_{21}=MI_1, \quad \Psi_{12}=MI_2$$

由此可得

$$M=\frac{\Psi_{21}}{I_1}=\frac{\Psi_{12}}{I_2} \qquad (12\text{-}14)$$

式(12-14)表明,两线圈的互感在数值上等于其中任一线圈的电流为 1 个单位时所产生并通过另一线圈的磁链.

根据法拉第电磁感应定律,当线圈 1 中的电流 I_1 发生变化时,在线圈 2 中产生的互感电动势为

$$\mathscr{E}_{21} = -\frac{d\Psi_{21}}{dt} = -M\frac{dI_1}{dt} - I_1\frac{dM}{dt} \qquad (12\text{-}15a)$$

同理,线圈 2 中的电流 I_2 发生变化时,在线圈 1 中产生的互感电动势为

$$\mathscr{E}_{12} = -\frac{d\Psi_{12}}{dt} = -M\frac{dI_2}{dt} - I_2\frac{dM}{dt} \qquad (12\text{-}15b)$$

如果两线圈的形状、大小、匝数、相对位置及周围磁介质磁导率保持不变,则 M 为一常量,故 $\frac{dM}{dt}=0$,这时式(12-15a)和式(12-15b)可简化为

$$\mathscr{E}_{21} = -M\frac{dI_1}{dt} \qquad (12\text{-}16a)$$

$$\mathscr{E}_{12} = -M\frac{dI_2}{dt} \qquad (12\text{-}16b)$$

式(12-16)中的负号表示,在一个线圈中引起的互感电动势要反抗另一个线圈中的电流变化. 即当一个线圈中的电流增加时,$\mathscr{E}_M<0$,表示另一个线圈的互感电动势的方向与电流相反;当一个线圈中的电流减小时,$\mathscr{E}_M>0$,表示另一个线圈的互感电动势的方向与电流相同. 由式(12-16)还可以看出,当线圈中的电流变化率一定时,M 越大,在另一线圈中所产生的互感电动势也越大;M 越小,在另一线圈中所产生的互感电动势也越小. 可见,互感是反映线圈间互感现象强弱的物理量.

互感的单位亦为 H(亨利).

演示实验:互感通信

互感现象在电工和无线电技术中应用非常广泛,通过互感线圈可方便地把能量或信号由一个线圈传递到另一个线圈,如各种变压器、互感器以及一些测量仪器就是利用互感现象制成的;使心脏病患者保持血液流动的心脏起搏器,也是让外部线圈中的电流通过互感作用传递给心脏. 但在有些情况下互感现象又是有害的,不必要的互感往往使一些电子仪器和设备无法正常工作,如收音机各回路之间、闭路电视与输电线之间,会因互感现象带来噪音,在这种情况下就需要采取各种措施以尽量减小回路之间的相互影响.

与自感一样,互感的计算亦较复杂,一般由实验方式确定. 只有在少数简单情况下才可用定义式进行计算,其方法与自感的计算相似.

例 12-11 如图 12-19 所示,在一长为 l、横截面积为 $S(l^2 \geqslant S)$ 的磁棒(磁导率为 μ)上,均匀地密绕着匝数分别为 N_1 及 N_2 的螺线管线圈 1 和线圈 2,它们的绕向相同,截面积都可近似等于磁棒的截面积,求两线圈的互感 M 及与两螺线管的自感 L_1、L_2 之间的关系.

解 设线圈 1 中的电流为 I_1,它在螺线管线圈 1 中产生的磁感应强度的大小为

$$B_1 = \mu n_1 I_1 = \mu \frac{N_1}{l} I_1$$

图 12-19 例 12-11 用图

由 I_1 产生并通过线圈 2 的磁链为

$$\Psi_{21} = N_2 B_1 S = \mu \frac{N_1 N_2}{l} S I_1 \tag{1}$$

将式(1)代入式(12-14),得

$$M = \frac{\Psi_{21}}{I_1} = \frac{\mu N_1 N_2 S I_1}{l I_1} = \mu n_1 n_2 V \tag{2}$$

由例 12-9 可知,两个线圈的自感分别为

$$L_1 = \mu n_1^2 V, \quad L_2 = \mu n_2^2 V$$

因此有

$$M = \sqrt{L_1 L_2}$$

当两个载流线圈邻近放置使之发生互感应时称为磁耦合. 如果对两个线圈而言,每个线圈中电流所产生的磁感应线全部穿过另一个线圈,则称为完全耦合,也称为无漏磁,本例中就是这种情况. 如果把有漏磁的情况包括在内,则有

$$M = k \sqrt{L_1 L_2}$$

式中 $0 \leqslant k \leqslant 1$,$k$ 称为耦合系数,其值取决于两线圈的相对位置.

例 12-12 如图 12-20 所示,半径分别为 R 及 r 的两同轴圆形线圈相距为 d,且 $d \gg R$,而 $R \gg r$. 若大线圈中通有的电流 $I = I_0 \sin(\omega t + \varphi)$,求:

(1) 两线圈的互感;
(2) 小线圈中的互感电动势.

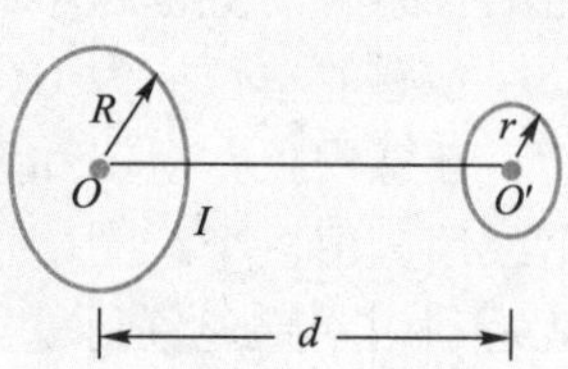

解 (1) 根据式(11-20a),I 在小线圈中心 O' 处的磁感应强度的大小为

图 12-20 例 12-20 用图

$$B = \frac{\mu_0 I R^2}{2(R^2 + d^2)^{3/2}}$$

由于两线圈相距甚远($d \gg r$),故可认为小线圈中的磁场基本上是均匀的. 因此,通过小线圈的磁链为

$$\Psi_{小} = \Phi_{m小} = \boldsymbol{B} \cdot \boldsymbol{S} = \frac{\mu_0 I R^2}{2(R^2 + d^2)^{3/2}} \pi r^2 = \frac{\pi \mu_0 I r^2 R^2}{2(R^2 + d^2)^{3/2}}$$

故

$$M = \frac{\Psi_{小}}{I} = \frac{\pi \mu_0 r^2 R^2}{2(R^2 + d^2)^{3/2}} \approx \frac{\mu_0}{2} \frac{\pi r^2 R^2}{d^3}$$

(2) 将电流对时间求导,得

$$\frac{dI}{dt} = \frac{d}{dt}[I_0 \sin(\omega t + \varphi)] = I_0 \omega \cos(\omega t + \varphi)$$

代入式(12-15a),得

$$\mathscr{E} = -M \frac{dI}{dt} = -\frac{\pi \mu_0 r^2 R^2}{2 d^3} I_0 \omega \cos(\omega t + \varphi)$$

思考题

12-8 自感为 $L=\dfrac{\Phi}{I}$. 能否说通过线圈中的电流越小, 自感系数 L 越大?

12-9 如果电路中通有强电流, 突然打开刀闸断电时, 就有一大火花跳过刀闸. 试解释这一现象.

12-10 说明 $L=\dfrac{\Phi}{I}$ 和 $L=\dfrac{\varepsilon}{\mathrm{d}I/\mathrm{d}t}$ 两者作为自感 L 的定义的适用范围.

12-11 两个线圈长度相同, 半径接近相同, 在下列三种情况下, 哪种情况下的互感最大? 哪种情况下的互感最小?

(1) 两个线圈轴线在同一直线上, 且距离很近;
(2) 两个线圈距离很近, 但轴互相垂直;
(3) 一个线圈套在另一个线圈外面, 两者共面.

§12.5　磁场的能量

12.5.1　自感储存的能量

将自感为 L 的线圈、电阻 R、电动势为 $\mathscr{E}$ 的电源和开关 S 串联成如图12-21所示的电路. 这是一个含有电阻和自感的电路. 当开关 S 未闭合时, 线圈中的电流为零, 这时线圈中没有磁场, 当开关 S 闭合时, 线圈中的电流由零逐渐增大, 这是因为在电流的增长过程中, 自感为 L 的线圈产生自感电动势 $\mathscr{E}_L$, 根据楞次定律, 由 $\mathscr{E}_L$ 所引起的感应电流方向与电流方向相反, 企图阻碍电流的增大, 结果使电流在经过一定时间后才逐渐增大到稳定值 I. 现设电路接通后某一瞬时电流为 i, 则线圈中的自感电动势为

$$\mathscr{E}_L = -L\dfrac{\mathrm{d}i}{\mathrm{d}t}$$

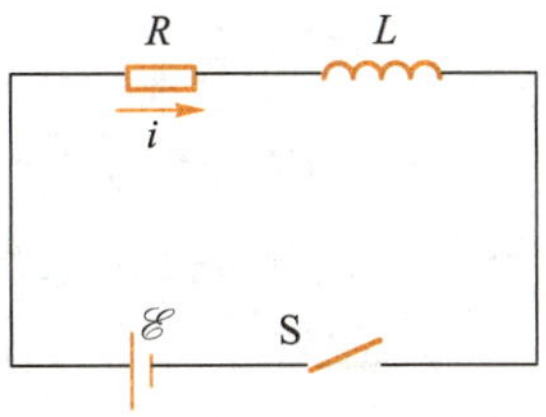

在 $\mathrm{d}t$ 时间内, 电源 $\mathscr{E}$ 反抗自感电动势 $\mathscr{E}_L$ 所做的功为

$$\mathrm{d}A = -\mathscr{E}_L i\,\mathrm{d}t = Li\,\mathrm{d}i$$

图 12-21　自感存储的能量

根据功能定理, $\mathrm{d}A$ 等于线圈中磁场能量 W_m 的增量 $\mathrm{d}W_\mathrm{m}$, 即

$$\mathrm{d}W_\mathrm{m} = \mathrm{d}A = Li\,\mathrm{d}i$$

在电流从零增长到 I 的整个过程中, 电源反抗自感电动势所做的功为

$$A = \int \mathrm{d}A = \int_0^I Li\,\mathrm{d}i = \dfrac{1}{2}LI^2 \tag{12-17}$$

由于电源在反抗自感电动势做功的过程中, 只在线圈中逐渐建立起了磁场而无其他变化, 根据功能原理可知, 这一部分功必定转化为线圈中磁场的能量, 即

$$W_\mathrm{m} = \frac{1}{2}LI^2 \tag{12-18}$$

这就是在一个通有电流 I 且自感为 L 的线圈中储存的磁场能量，也称为自感磁能。不难看出，自感磁能公式(12-18)与储存在电容器中的电能 $W_\mathrm{e} = \frac{1}{2}\frac{Q^2}{C}$ 在数学形式上很相似。

12.5.2 磁场的能量

和电场一样，有磁场的地方必定具有能量。磁场能量与电场能量一样也是定域在场中的，所以磁场能量可以用描述磁场的物理量 $\boldsymbol{B}$ 或 $\boldsymbol{H}$ 表示。对无限长直螺线管而言，假设管内充满着磁导率为 μ 的均匀磁介质。当无限长直螺线管中通有电流 I 时，螺线管中的磁感应强度为 $B=\mu nI$，螺线管的自感为

$$L = \mu n^2 V$$

式中 n 为螺线管单位长度上的匝数，V 为螺线管内磁场空间的体积。把 L 及 $I = \frac{B}{\mu n}$ 代入式(12-18)中可得磁场能量的另一表示式为

$$W_\mathrm{m} = \frac{1}{2}\frac{B^2}{\mu}V$$

由此可得出单位体积的磁场能量——磁场能量密度，即

$$w_\mathrm{m} = \frac{W_\mathrm{m}}{V} = \frac{1}{2}\frac{B^2}{\mu} \tag{12-19}$$

式(12-19)表明，磁场能量密度与磁感应强度的平方成正比。对于各向同性磁介质，由于 $B=\mu H$，式(12-19)又可以写成

$$w_\mathrm{m} = \frac{1}{2}\mu H^2 = \frac{1}{2}BH \tag{12-20}$$

式中 B 和 H 分别为该点的磁感应强度和磁场强度的大小。必须指出，式(12-20)虽然是从无限长载流直螺线管这一特例导出的，但是可以证明，对于任意的磁场，其中某一点的磁场能量密度都可以用式(12-19)或式(12-20)表示。

若要计算非均匀磁场的磁场能量，可以在非均匀磁场中任取一体积元 $\mathrm{d}V$，在体积元 $\mathrm{d}V$ 中，磁场可以看作均匀的。于是体积元 $\mathrm{d}V$ 内的磁场能量为

$$\mathrm{d}W_\mathrm{m} = w_\mathrm{m}\mathrm{d}V = \frac{1}{2}\mu H^2 = \frac{1}{2}BH\mathrm{d}V \tag{12-21a}$$

则整个磁场中的磁场能量为

$$W_\mathrm{m} = \int_V w_\mathrm{m}\mathrm{d}V = \int_V \frac{1}{2}\mu H^2 \mathrm{d}V = \int_V \frac{1}{2}BH\mathrm{d}V \tag{12-21b}$$

式中 $\int_V$ 表示积分遍及整个磁场空间。

例 12-13 无限长直同轴电缆由半径为 R_1 的实心圆柱形导体和半径为 R_2 的薄圆筒（忽略壁厚）构成，其间充满相对磁导率为 μ_r 的磁介质. 内外导体中通有大小相等、方向相反的轴向电流 I，且电流在圆柱形导体内均匀分布，如图 12-22 所示. 求：

（1）长为 l 的一段电缆内所储存的磁场能量；

（2）该段电缆的自感.

解 （1）根据有磁介质时的环路定理可知，当 $0 < r < R_1$ 时，有

$$H_1 = \frac{rI}{2\pi R_1^2}$$

磁场能量密度为

$$w_{m1} = \frac{1}{2}\mu_0 H_1^2 = \frac{\mu_0 r^2 I^2}{8\pi^2 R_1^4}$$

图 12-22 例 12-13 用图

长度为 l 的一段圆柱形导体储存的磁场能量为

$$W_{m1} = \int_V w_{m1} dV = \int_0^{R_1} \frac{\mu_0 r^2 I^2}{8\pi^2 R_1^4} \cdot 2\pi l r dr = \frac{\mu_0 I^2 l}{16\pi}$$

当 $R_1 < r < R_2$ 时

$$H_2 = \frac{I}{2\pi r}$$

磁场能量密度为

$$w_{m2} = \frac{1}{2}\mu_0 \mu_r H_2^2 = \frac{\mu_0 \mu_r I^2}{8\pi^2 r^2}$$

长度为 l 的一段磁介质储存的磁场能量为

$$W_{m2} = \int_V w_{m2} dV = \int_{R_1}^{R_2} \frac{\mu_0 \mu_r I^2}{8\pi^2 r^2} \cdot 2\pi l r dr = \frac{\mu_0 \mu_r I^2 l}{4\pi} \ln \frac{R_2}{R_1}$$

则长度为 l 的一段电缆储存的磁场总能量为

$$W_m = W_{m1} + W_{m2} = \frac{\mu_0 I^2 l}{4\pi}\left(\frac{1}{4} + \mu_r \ln \frac{R_2}{R_1}\right)$$

（2）由式（12-18）可求出该段的自感为

$$L = \frac{2W_m}{I^2} = \frac{\mu_0 l}{2\pi}\left(\frac{1}{4} + \mu_r \ln \frac{R_2}{R_1}\right)$$

思考题

12-12 如图所示，自感为 L、通有电流 I 的螺线管内，磁场的能量为 $W_m = \frac{1}{2}LI^2$，此能量是由什么能量转化来的？当电路断开后，这部分磁场能量又到哪里去了？

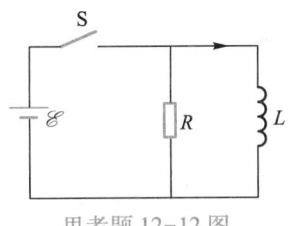

思考题 12-12 图

12-13 磁能的两种表达式

$$W_m = \frac{1}{2}LI^2, \quad W_m = \frac{1}{2}\frac{B^2}{\mu}V$$

的物理意义有何不同？（式中 V 表示磁场的体积）

§12.6 位移电流假设

12.6.1 位移电流

恒定电流产生的磁场的环路定理具有如下形式，即

$$\oint_L \boldsymbol{H} \cdot \mathrm{d}\boldsymbol{l} = \sum_{i=1}^{n} I_i$$

式中线积分是沿任意选的闭合回路 L 进行的，$\sum_{i=1}^{n} I_i$ 为闭合回路所包围的传导电流的代数和，亦即与该闭合回路所套连的传导电流。与闭合回路"套连"也意味着该传导电流穿过以该闭合回路 L 为边界的任意形状的曲面。
$\oint_L \boldsymbol{H} \cdot \mathrm{d}\boldsymbol{l}$ 的值只与闭合回路的选择有关，而与以闭合回路 L 为边界的曲面的选择无关。在图 12-23 中，取一个包围传导电流的闭合曲面，它由曲面 S_1 和曲面 S_2 组成，两曲面的共同边界为 L，通过 S_1 和 S_2 的电流都是 I。

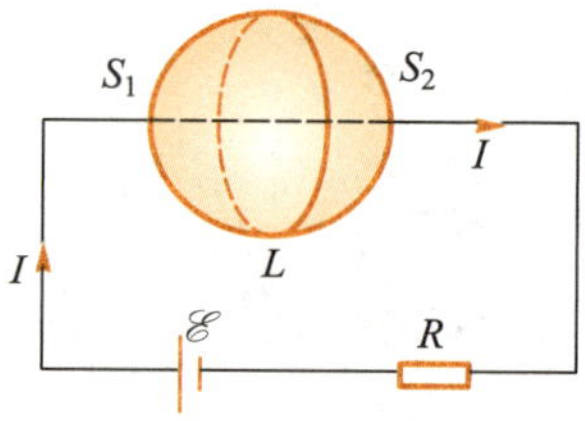

把磁场的环路定理应用到非恒定电流的磁场中，就产生了问题。例如，在图 12-24 所示的电容器充电、放电过程中，导线内的电流随时间变化，所以这是一个非恒定过程，不论在充电还是放电时，在连接电容器两极板的导线中都有传导电流通过，而在电容器两极板相对面之间没有传导电流通过，即传导电流在电路中是不连续的。在图 12-24(a) 中取一闭合回路 L，并以 L 为边界作两曲面 S_1 和 S_2。S_1 与导线相交，S_2 在两极板之间与导线不相交。

图 12-23 闭合回路的电流

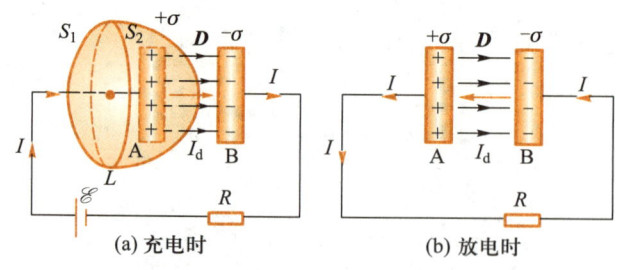

(a) 充电时　　(b) 放电时

图 12-24 位移电流

对曲面 S_1，有电流通过，以 L 为闭合回路应用磁场的环路定理，有

$$\oint_L \boldsymbol{H} \cdot \mathrm{d}\boldsymbol{l} = I \tag{12-22}$$

对曲面 S_2，没有电流通过，以 L 为闭合回路应用磁场的环路定理有

$$\oint_L \boldsymbol{H} \cdot \mathrm{d}\boldsymbol{l} = 0 \tag{12-23}$$

上述结果表明，在非恒定电流的磁场中，沿闭合回路 L 的磁场强度 $\boldsymbol{H}$ 的线积分与以闭合回路 L 为边界的曲面有关．选取曲面的不同，$\boldsymbol{H}$ 的线积分的值也不同．由于沿同一闭合回路，$\boldsymbol{H}$ 的线积分只能有一个值，所以这里明显地出现了矛盾．这就说明，在非恒定电流的磁场中，磁场的环路定理是不适用的，必须寻求新的规律．

在科学史上有一种解决问题的途径：在原来定律的基础上，提出合理的假设，对原有定律作必要的修正，使矛盾得到解决，最终在实践中得到检验．麦克斯韦走的正是这一条途径，他提出位移电流假设以修正磁场的环路定理，使之适合非稳恒电流情况．

1861 年，麦克斯韦在研究电磁场的规律时注意到，如图 12-24（a）所示电容器充电时和如图 12-24（b）所示电容器放电时，对于电容器两极板外侧的电路有

$$\frac{\mathrm{d}q}{\mathrm{d}t} = I$$

而在两极板之间，虽没有传导电流，但有随时间变化的电位移 $\boldsymbol{D}$ 和电位移通量 Ψ，根据在静电学可知，平行板电容器中有 $D = \sigma$，$\Psi = DS = \sigma S = q$，可见无论充电或放电，电容器极板间的电位移通量随时间的变化率均为

$$\frac{\mathrm{d}\Psi}{\mathrm{d}t} = \frac{\mathrm{d}(DS)}{\mathrm{d}t} = \frac{\mathrm{d}(\sigma S)}{\mathrm{d}t} = \frac{\mathrm{d}q}{\mathrm{d}t} = I \tag{12-24}$$

式中 I 为导线中的传导电流．从式（12-24）可以看到，在两极板间电位移通量随时间的变化率 $\dfrac{\mathrm{d}\Psi}{\mathrm{d}t}$ 在数值上等于电路中的传导电流 I．当充电时，极板间电场强度 $\boldsymbol{E}$ 增大，电位移随时间的变化率 $\dfrac{\mathrm{d}\boldsymbol{D}}{\mathrm{d}t}$ 的方向与 $\boldsymbol{E}$ 的方向一致，同时也与导体中电流方向一致，如图 12-24（a）所示；当放电时，$\boldsymbol{E}$ 减小，电位移随时间的变化率 $\dfrac{\mathrm{d}\boldsymbol{D}}{\mathrm{d}t}$ 的方向与 $\boldsymbol{E}$ 的方向相反，但仍与导体中的电流方向一致，如图 12-24（b）所示．

于是，麦克斯韦继感生电场假设之后，又一次大胆地提出了位移电流的假设：**电场中某点的位移电流密度矢量 $\boldsymbol{j}_\mathrm{d}$ 等于该点电位移矢量对时间的变化率，而通过电场中某截面的位移电流 I_d 等于通过该截面的电位移通量对时间的变化率**，即

$$\boldsymbol{j}_\mathrm{d} = \frac{\mathrm{d}\boldsymbol{D}}{\mathrm{d}t} \tag{12-25}$$

$$I_\mathrm{d} = \frac{\mathrm{d}\Psi}{\mathrm{d}t} \tag{12-26}$$

12.6.2　感生磁场的高斯定理与环路定理

麦克斯韦认为：位移电流和传导电流一样，都能激发磁场．该磁场和与它等值

的传导电流所激发的磁场完全相同,即其磁感应线为闭合曲线的感生磁场(或称为涡旋磁场). 因此在感生磁场中,通过任意闭合曲面的磁通量为零,即

$$\oint_S \boldsymbol{B}_r \cdot \mathrm{d}\boldsymbol{S} = 0$$

这就是**感生磁场的高斯定理**,它表明感生磁场是无源场.

根据位移电流假设,感生磁场强度沿任意闭合回路的线积分为

$$\oint_L \boldsymbol{H}_r \cdot \mathrm{d}\boldsymbol{l} = I_d = \frac{\mathrm{d}\Psi}{\mathrm{d}t} = \frac{\mathrm{d}}{\mathrm{d}t}\int_S \boldsymbol{D} \cdot \mathrm{d}\boldsymbol{S} = \int_S \frac{\mathrm{d}\boldsymbol{D}}{\mathrm{d}t} \cdot \mathrm{d}\boldsymbol{S}$$

考虑到 $\boldsymbol{D}$ 一般应为空间坐标和时间的函数,故它的时间变化率 $\dfrac{\mathrm{d}\boldsymbol{D}}{\mathrm{d}t}$ 应该用偏导数表示,于是有

$$\oint_L \boldsymbol{H}_r \cdot \mathrm{d}\boldsymbol{l} = \int_S \frac{\partial \boldsymbol{D}}{\partial t} \cdot \mathrm{d}\boldsymbol{S} \tag{12-27}$$

这就是**感生磁场的环路定理**,它表明感生磁场是非保守场,因此不能引进磁标势的概念. 式(12-27)中 $\boldsymbol{H}_r$ 与 $\dfrac{\partial \boldsymbol{D}}{\partial t}$ 在方向上符合右手螺旋定则,即如果右手四指弯曲的方向沿着磁场线的绕向,则伸直的拇指的指向就是 $\partial \boldsymbol{D}/\partial t$ 的方向,如图 12-25 所示.

由式(12-26)可以看出,位移电流的实质是变化的电场,之所以称它为位移电流,仅仅是由于它和传导电流一样也能产生磁效应,即变化的电场在其周围会激发磁场. 这正是麦克斯韦位移电流假设的核心思想,这一假设早已为实验事实所证明.

应该指出,位移电流和传导电流是两个不同的概念,它们仅在激发磁场方面是等效的,而在其他方面两者不能相提并论. 例如,传导电流意味着电荷的流动,而位移电流却是电场的变化;传导电流通过导体时放出焦耳热,而位移电流不产生焦耳热. 在通常情况下,电介质中的电流主要是位移电流,传导电流可忽略不计;而在导体中的电流主要是传导电流,位移电流可以忽略不计. 但是在高频电流的情况下,导体内的位移电流和传导电流同样起作用,不可忽略.

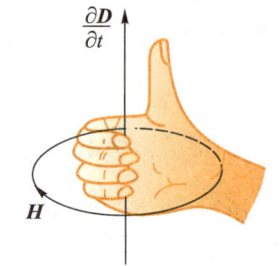

图 12-25 右手螺旋定则

引入位移电流的概念后,在电容器极板间中断的传导电流 I 将被位移电流 $I_d = \dfrac{\mathrm{d}\Psi}{\mathrm{d}t}$ 所代替,因此,可以形象地描述为传导电流中断了,位移电流接下去,整个电路中的电流总是连续的.

对图 12-24 所示的曲面 S_1,有

$$\oint_L \boldsymbol{H} \cdot \mathrm{d}\boldsymbol{l} = I$$

对曲面 S_2,有

$$\oint_L \boldsymbol{H} \cdot d\boldsymbol{l} = I_d = \frac{d\Psi}{dt} = \frac{dq}{dt} = I$$

两种结果完全相同.

例 12-14 图 12-26 所示为一平行板电容器,两极板都是半径为 $R = 0.10$ m 的导体圆板. 在充电时,极板间的电场强度以 $dE/dt = 10^{12}$ V/(m·s)的变化率增加. 设两极板间为真空,略去边缘效应.

(1) 求两极板间的位移电流 I_d;
(2) 求电容器充电时的电流;
(3) 求距两极板中心连线的距离为 $r(r<R)$ 处的磁感应强度 B,并估算 $r = R$ 处的磁感应强度的大小.

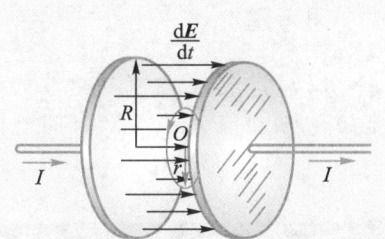

图 12-26 例 12-14 用图

解 由于充电时电流在增大,位移电流方向与电场的方向一致,如图 12-26 所示. 在忽略边缘效应时,平行板间电场可看成均匀分布.

(1) 根据式(12-26),有

$$I_d = \frac{d\Psi}{dt} = \frac{dD}{dt}S = \varepsilon_0 \frac{dE}{dt}\pi R^2$$
$$= 8.85 \times 10^{-12} \times 10^{12} \times \pi \times (0.10)^2 \text{ A} = 0.28 \text{ A}$$

(2) 充电电流的电流大小应等于电容器极板上电荷量的变化,即

$$I = \frac{dq}{dt} = \frac{d}{dt}(\sigma S) = \pi R^2 \frac{d\sigma}{dt}$$

对平行板电容器 $\sigma = D$,所以有

$$I = \pi R^2 \varepsilon_0 \frac{dE}{dt} = 0.28 \text{ A}$$

由上面计算可看出,传导电流 I 和位移电流 I_d 大小相等,流向也相同,它们构成全电流.

(3) 两极板间的位移电流相当于均匀分布的圆柱形电流,它产生具有轴对称的感生磁场. 磁感应线是以两极板中心连线为对称轴的圆形曲线,方向与 $\frac{d\boldsymbol{D}}{dt}$ 的方向符合右手螺旋定则. 取如图 12-26 所示的半径为 r 的圆形积分回路,并选取逆时针方向为回路绕行的方向. 显然,所取回路上各点的磁场强度 $\boldsymbol{H}$ 的大小相等. 由于极板间的传导电流 $I = 0$,则根据式(12-27),有

$$\oint_L \boldsymbol{H} \cdot d\boldsymbol{l} = \int_S \frac{d\boldsymbol{D}}{dt} \cdot d\boldsymbol{S}$$

$$\oint_L \boldsymbol{H} \cdot d\boldsymbol{l} = \frac{B}{\mu_0} \cdot 2\pi r = I_d = \varepsilon_0 \frac{dE}{dt}\pi r^2$$

所以
$$B = \frac{\varepsilon_0 \mu_0}{2} r \frac{dE}{dt}$$

当 $r = R$ 时,有

$$B = \frac{\varepsilon_0 \mu_0}{2} R \frac{dE}{dt} = \frac{1}{2} \times 8.85 \times 10^{-12} \times 4\pi \times 10^{-7} \times 0.10 \times 10^{12} \text{ T} = 5.56 \times 10^{-7} \text{ T}$$

思考题

12-14 变化电场所产生的磁场,是否也一定随时间发生变化?变化磁场所产生的电场,是否也一定随时间变化?

§12.7 麦克斯韦方程组

阅读材料:
法拉第"场"思想的提出

麦克斯韦在提出感生电场假设和位移电流假设的基础上,总结前人经验,经过分析和归纳,于1862年得出了体系完整的、全面反映宏观电磁场普遍规律的方程,称为麦克斯韦方程组.

为了得到麦克斯韦方程组,下面对电场和磁场的规律作一归纳.

12.7.1 电场的性质

电场可以由电荷产生,也可以由变化的磁场产生.两种电场的电场强度和电位移矢量分别以 $\boldsymbol{E}_1$、$\boldsymbol{D}_1$ 和 $\boldsymbol{E}_2$、$\boldsymbol{D}_2$ 表示.

对于电荷产生的电场,表征这个电场性质的高斯定理和环路定理的形式为

阅读材料:
麦克斯韦对法拉第"力线"的研究

$$\oint_S \boldsymbol{D}_1 \cdot d\boldsymbol{S} = \sum_{i=1}^{n} q_i \quad (12\text{-}28a)$$

$$\oint_L \boldsymbol{E}_1 \cdot d\boldsymbol{l} = 0 \quad (12\text{-}28b)$$

它表明电荷产生的电场是有源保守场.

对于变化的磁场产生的电场,表征这个电场性质的高斯定理和环路定理的形式为

$$\oint_S \boldsymbol{D}_2 \cdot d\boldsymbol{S} = 0 \quad (12\text{-}29a)$$

$$\oint_L \boldsymbol{E}_2 \cdot d\boldsymbol{l} = -\frac{d\Psi}{dt} = -\int_S \frac{\partial \boldsymbol{B}}{\partial t} \cdot d\boldsymbol{S} \quad (12\text{-}29b)$$

它表明变化磁场产生的电场是无源非保守场.

阅读材料:
德国电动力学派的建立

如果在空间某一区域同时存在着电荷产生的电场和变化的磁场产生的电场,那么,该区域中任意一点的电场强度应当是这两种电场强度的矢量和,即

$$\boldsymbol{E} = \boldsymbol{E}_1 + \boldsymbol{E}_2$$

同理可得

$$\boldsymbol{D} = \boldsymbol{D}_1 + \boldsymbol{D}_2$$

于是这个总电场的高斯定理和安培环路定理的形式为

$$\oint_S \boldsymbol{D} \cdot \mathrm{d}\boldsymbol{S} = \oint_S (\boldsymbol{D}_1 + \boldsymbol{D}_2) \cdot \mathrm{d}\boldsymbol{S} = \sum_{i=1}^n q_i \qquad (12\text{-}30\mathrm{a})$$

$$\oint_L \boldsymbol{E} \cdot \mathrm{d}\boldsymbol{l} = \oint_L (\boldsymbol{E}_1 + \boldsymbol{E}_2) \cdot \mathrm{d}\boldsymbol{l} = -\int_S \frac{\partial \boldsymbol{B}}{\partial t} \cdot \mathrm{d}\boldsymbol{S} \qquad (12\text{-}30\mathrm{b})$$

如果空间某区域只存在着电荷产生的电场,则有 $\boldsymbol{B}=\boldsymbol{0}$, $\frac{\partial \boldsymbol{B}}{\partial t}=\boldsymbol{0}$, 因而 $\boldsymbol{E}_2=\boldsymbol{0}$, $\boldsymbol{D}_2=\boldsymbol{0}$, 则式(12-30a)和式(12-30b)可分别简化为式(12-28a)和式(12-28b). 如果这个区域只存在着感生电场,则有 $\sum_{i=1}^n q_i = 0$, 因而 $\boldsymbol{E}_1=\boldsymbol{0}$, $\boldsymbol{D}_1=\boldsymbol{0}$, 则式(12-30a)和式(12-30b)可分别简化为式(12-29a)和式(12-29b),所以,式(12-30a)和式(12-30b)是反映电场性质的更具普遍意义的数学方程.

12.7.2 磁场的性质

磁场可以由电流产生,也可以由变化的电场产生,分别将两种磁场的磁感应强度和磁场强度以 $\boldsymbol{B}_1$、$\boldsymbol{H}_1$ 和 $\boldsymbol{B}_2$、$\boldsymbol{H}_2$ 表示.

对于电流产生的磁场,表征这个磁场性质的高斯定理和环路定理的形式为

$$\oint_S \boldsymbol{B}_1 \cdot \mathrm{d}\boldsymbol{S} = 0 \qquad (12\text{-}31\mathrm{a})$$

$$\oint_L \boldsymbol{H}_1 \cdot \mathrm{d}\boldsymbol{l} = \sum_{i=1}^n I_i \qquad (12\text{-}31\mathrm{b})$$

它表明电流产生的磁场是无源非保守场.

对于变化的电场产生的磁场,表征这个磁场性质的高斯定理和环路定理的形式为

$$\oint_S \boldsymbol{B}_2 \cdot \mathrm{d}\boldsymbol{S} = 0 \qquad (12\text{-}32\mathrm{a})$$

$$\oint_L \boldsymbol{H}_2 \cdot \mathrm{d}\boldsymbol{l} = \frac{\mathrm{d}\Psi}{\mathrm{d}t} = \int_S \frac{\partial \boldsymbol{D}}{\partial t} \cdot \mathrm{d}\boldsymbol{S} \qquad (12\text{-}32\mathrm{b})$$

它表明变化电场产生的磁场是无源非保守场.

如果在空间某一区域同时存在着电流产生的磁场和变化的电场产生的磁场,那么该区域任一点的磁感应强度应当是这两种磁感应强度的矢量和,即

$$\boldsymbol{B} = \boldsymbol{B}_1 + \boldsymbol{B}_2$$

同理可得

$$\boldsymbol{H} = \boldsymbol{H}_1 + \boldsymbol{H}_2$$

于是这个总磁场的高斯定理和安培环路定理的形式为

$$\oint_S \boldsymbol{B} \cdot \mathrm{d}\boldsymbol{S} = \oint_S (\boldsymbol{B}_1 + \boldsymbol{B}_2) \cdot \mathrm{d}\boldsymbol{S} = 0 \qquad (12\text{-}33\mathrm{a})$$

$$\oint_L \boldsymbol{H} \cdot \mathrm{d}\boldsymbol{l} = \oint_L (\boldsymbol{H}_1 + \boldsymbol{H}_2) \cdot \mathrm{d}\boldsymbol{l} = \sum_{i=1}^n I_i + \int_S \frac{\partial \boldsymbol{D}}{\partial t} \cdot \mathrm{d}\boldsymbol{S} \qquad (12\text{-}33\mathrm{b})$$

式(12-33b)中等号右边是传导电流和位移电流之和,称为全电流. 式(12-33b)也称为全电流定理. 全电流总是闭合的,亦即全电流永远是连续的.

可以看出，如果空间某区域只存在传导电流产生的磁场，则有 $\boldsymbol{D}=\boldsymbol{0}, \frac{\partial \boldsymbol{D}}{\partial t}=\boldsymbol{0}$，因而 $\boldsymbol{H}_2=\boldsymbol{0}, \boldsymbol{B}_2=\boldsymbol{0}$，则式（12-33a）和式（12-33b）可简化为式（12-31a）和式（12-31b）. 如果这个区域只存在着变化电场产生的磁场，则有 $\sum_{i=1}^{n} I_i = 0$，因而 $\boldsymbol{H}_1=\boldsymbol{0}, \boldsymbol{B}_1=\boldsymbol{0}$，则式（12-33a）和式（12-33b）可简化为式（12-32a）和式（12-32b）. 所以，式（12-33a）和式（12-33b）是反映磁场性质的更具普遍意义的数学方程.

12.7.3 麦克斯韦方程组的积分形式

阅读材料：
麦克斯韦电磁场理论的提出

综上所述，电场和磁场的规律可简洁而完美地用下列四个方程式表达：

$$\begin{cases} \oint_S \boldsymbol{D} \cdot \mathrm{d}\boldsymbol{S} = \sum_{i=1}^{n} q_i \\ \oint_L \boldsymbol{E} \cdot \mathrm{d}\boldsymbol{l} = -\int_S \frac{\partial \boldsymbol{B}}{\partial t} \cdot \mathrm{d}\boldsymbol{S} \\ \oint_S \boldsymbol{B} \cdot \mathrm{d}\boldsymbol{S} = 0 \\ \oint_L \boldsymbol{H} \cdot \mathrm{d}\boldsymbol{l} = \sum_{i=1}^{n} I_i + \int_S \frac{\partial \boldsymbol{D}}{\partial t} \cdot \mathrm{d}\boldsymbol{S} \end{cases} \quad (12\text{-}34\mathrm{a})$$

这四个方程称为麦克斯韦方程组的积分形式.

在有介质（电介质和磁介质）存在时，$\boldsymbol{E}$ 和 $\boldsymbol{B}$ 都与介质的特性有关. 因此，上述麦克斯韦方程组是不完备的，还需要补充描述介质性质的以下方程式：

$$\begin{cases} \boldsymbol{D} = \varepsilon_0 \varepsilon_r \boldsymbol{E} = \varepsilon \boldsymbol{E} \\ \boldsymbol{B} = \mu_0 \mu_r \boldsymbol{H} = \mu \boldsymbol{H} \\ \boldsymbol{j} = \gamma \boldsymbol{E} \end{cases} \quad (12\text{-}34\mathrm{b})$$

麦克斯韦方程组加上介质方程构成了决定电磁场变化的一组完备的方程式. 这就是说，当电荷、电流分布给定时，根据麦克斯韦方程组和初始条件以及边界条件就可以完全确定电磁场的分布和变化，正如在力学中，根据牛顿运动定律和质点的初始条件以及质点所受的力就可以确定任一时刻质点的运动状态一样. 因此，麦克斯韦方程组在宏观电磁场理论中的地位与牛顿运动定律在力学中的地位一样.

麦克斯韦方程组涵盖了库仑定律、高斯定理、环路定理、毕奥-萨伐尔定律、法拉第电磁感应定律的全部内容，成为整个经典电磁理论的基础. 它不仅能全面说明当时已知的所有电磁现象，而且成功地预言了电磁波的存在，指出光也是一定频率范围内的电磁辐射. 从而开启了一个全新的通信世界，从最初的无线电报，接着是广播和电视，再到目前的手机、无线控制设备、无线局域网、蓝牙等. 正如爱因斯坦所说：麦克斯韦的电磁理论在物理学上是一次重大的突破，是自牛顿以来物理学上经历的最深刻和最有成效的一次变革. 当然，物质世界是不可穷尽的，人类的认识是没有止境的. 人们发现麦克斯韦方程组在高速领域中仍是正确的，可用它来研究高速运动电荷所产生的电磁场及一般辐射规律，但它在微观领域里并不完全适用.

现代物理学发展了更为普遍的量子电动力学,宏观电磁理论可视为量子电动力学在某些特殊条件下的近似规律. 正像经典力学是相对论力学在低速情况下的近似规律一样,它们都是在一定条件下的相对真理.

需要指出的是,和感生电场、位移电流一样,麦克斯韦方程组当初也是作为一种假设提出来的,是否正确,关键在于实验,后来赫兹通过实验发现了电磁波,从而证明了麦克斯韦方程组的正确性.

在这里必须要提及的是麦克斯韦为科学献身的崇高精神. 在建立电磁理论过程中,由于长期含辛茹苦地工作,麦克斯韦的身体每况愈下,他的电磁理论学说又没有人理解,加之妻子久病不愈,而麦克斯韦对妻子一向体贴入微,为了看护妻子,他曾经整整三个星期没有在床上睡过觉. 尽管这样,他仍然废寝忘食地工作,积极宣讲电磁理论,以至于到后来他的讲座只有两个听众,一个是美国回来的研究生,另一个就是后来发明电子管的弗莱明. 空旷的阶梯教室里,只有头排坐着两个学生,麦克斯韦夹着讲义,照样步履坚定地走向讲台,他面孔消瘦,目光闪烁,表情严肃而庄重,仿佛他不是在向两个听众,而是在向全世界解释自己的电磁场理论,这是一幕多么令人感叹的情景啊!

1879 年 11 月 5 日,麦克斯韦因患癌症去世,终年只有 49 岁,物理学史上一颗可以同牛顿交相辉映的明星陨落了.

麦克斯韦的一生,是跌宕起伏的一生,也是自我牺牲的一生,他的电磁理论为近代科学技术开辟了一条崭新的道路,奠定了现代电力工业、电子工业和无线电工业的基础. 可是,他的功绩,在他活着的时候却没有得到人们的重视,直到 1888 年赫兹证明了电磁波的存在以后,人们才意识到并且公认他是"牛顿以后世界上最伟大的数学物理学家."

*12.7.4 麦克斯韦方程组的微分形式

麦克斯韦方程组的积分形式讨论的是有限范围内的电磁场,它不能反映电磁场内任意一点的性质. 而在实际应用中,更重要的是要知道电磁场中某些点的场量,为此需要应用麦克斯韦方程组的微分形式.

利用矢量分析中的高斯定理和斯托克斯定理可以将麦克斯韦方程组的积分形式变换成微分形式.

将 $\sum_{i=1}^{n} q_i = \int_V \rho \mathrm{d}V$ 和高斯定理 $\oint \mathbf{A} \cdot \mathrm{d}\mathbf{S} = \int_V (\nabla \cdot \mathbf{A}) \mathrm{d}V$ 分别应用于式(12-30a)和式(12-33a),得

$$\oint_S \mathbf{D} \cdot \mathrm{d}\mathbf{S} = \int_V (\nabla \cdot \mathbf{D}) \mathrm{d}V = \int_V \rho \mathrm{d}V \qquad (12-35)$$

$$\oint_S \mathbf{B} \cdot \mathrm{d}\mathbf{S} = \int_V (\nabla \cdot \mathbf{B}) \mathrm{d}V = 0 \qquad (12-36)$$

将 $\sum_{i=1}^{n} I_i = \int_S \mathbf{j} \cdot \mathrm{d}\mathbf{S}$ 和斯托克斯定理 $\oint_l \mathbf{A} \cdot \mathrm{d}\mathbf{l} = \int_S (\nabla \times \mathbf{A}) \cdot \mathrm{d}\mathbf{S}$ 分别应用于式(12-30b)和式(12-33b),得

$$\oint_l \mathbf{E} \cdot \mathrm{d}\mathbf{l} = \int_S (\nabla \times \mathbf{E}) \cdot \mathrm{d}\mathbf{S} = -\int \frac{\partial \mathbf{B}}{\partial t} \cdot \mathrm{d}\mathbf{S} \qquad (12-37)$$

$$\oint_l \boldsymbol{H} \cdot \mathrm{d}\boldsymbol{l} = \int_S (\nabla \times \boldsymbol{H}) \cdot \mathrm{d}\boldsymbol{S} = \int_S \left(\boldsymbol{j} + \frac{\partial \boldsymbol{D}}{\partial t}\right) \cdot \mathrm{d}\boldsymbol{S} \qquad (12\text{-}38)$$

由式(12-35)—式(12-38)可得四个方程表达式

$$\begin{cases} \nabla \cdot \boldsymbol{D} = \rho \\ \nabla \cdot \boldsymbol{B} = 0 \\ \nabla \times \boldsymbol{E} = -\dfrac{\partial \boldsymbol{B}}{\partial t} \\ \nabla \times \boldsymbol{H} = \boldsymbol{j} + \dfrac{\partial \boldsymbol{D}}{\partial t} \end{cases} \qquad (12\text{-}39)$$

这四个方程称为麦克斯韦方程组的微分形式. 它给出了电磁场中逐点的电荷、电流和电场、磁场之间的相互依存关系,在电磁场理论研究及工程技术中均有广泛的应用.

思考题

12-15 为什么说麦克斯韦方程组的积分形式和微分形式是等效的？为什么要写成两种形式？

§12.8 电磁波

12.8.1 电磁波的产生和传播

按照麦克斯韦电磁理论,在某一区域中的电场发生变化时,在它邻近的区域就会产生变化的磁场,这个变化的磁场又在较远的区域产生变化的电场,接着这个变化的电场又在更远的区域产生变化的磁场. 这样变化的电场和变化的磁场不断地相互激发并由近及远地传播出去,这种变化的电磁场在空间以一定的速度传播,称为电磁波.

演示实验:电磁波

阅读材料:电磁波的实验检验

理论和实验表明,振荡电路、带电体的电荷发生变化或电荷做加速运动时,都要产生电磁波,下面以振荡偶极子(或称为辐射偶极子)为例来讨论电磁波的产生和传播.

振荡偶极子是发射电磁波的最简单的系统,广播电台和电视台的发射天线就是这样的振荡偶极子,它由一对等量异号的电荷$+q$和$-q$组成,如图12-27(a)所示. 这个系统的电矩大小随$+q$和$-q$间的距离l的变化规律而随时间变化,有

$$p = p_0 \cos \omega t$$

式中$p_0 = q_0 l$为电矩的振幅,ω为角频率. 这种振荡偶极子所产生的电场和磁场都是随时间而变化的,不能用静电场和恒定磁场的规律来计算,而必须用麦克斯韦方程组来计算,由于计算比较复杂,下面只讨论计算结果.

设振荡偶极子位于原点O,电矩方向竖直向上,如图12-27(b)所示. 它周围介质的电容率和磁导率分别为ε和μ,P为空间任意一点,其位矢$\boldsymbol{r}$与竖直方向的夹

角为 θ,计算结果表明,点 P 的电场强度 E、磁场强度 H 和位矢 r 三个矢量互相垂直,并且符合右手螺旋定则,如图 12-27(b)所示. 振荡偶极子辐射出去的是球面波,点 P 的 E 和 H 的数值分别为

$$E(r,t) = \frac{\mu p_0 \omega^2 \sin\theta}{4\pi r}\cos\omega\left(t-\frac{r}{u}\right) \quad (12\text{-}40\text{a})$$

$$H(r,t) = \frac{\sqrt{\varepsilon\mu}\, p_0 \omega^2 \sin\theta}{4\pi r}\cos\omega\left(t-\frac{r}{u}\right) \quad (12\text{-}40\text{b})$$

式中,$u = \dfrac{1}{\sqrt{\varepsilon\mu}}$,为电磁波在介质中的波速.

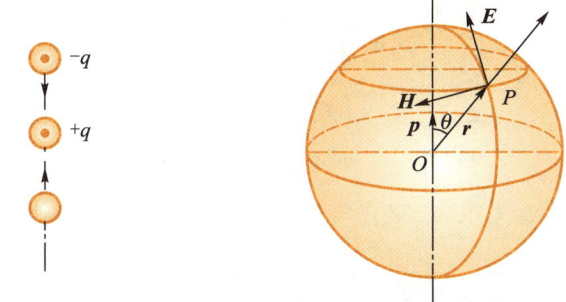

(a) 振荡偶极子　　(b) 远离振荡偶极子处的 E 和 H 的方向辐射的电磁波

图 12-27　振荡偶极子辐射的电磁波

如果点 P 离振荡偶极子很远,r 很大,相应地,在小范围内 θ 的变化很小,E 和 H 的振幅可看作常量,球面波可看作平面波,此时 E 和 H 的大小分别为

$$E(r,t) = E_0\cos\omega\left(t-\frac{r}{u}\right)$$

$$H(r,t) = H_0\cos\omega\left(t-\frac{r}{u}\right)$$

12.8.2　电磁波的性质

可以证明,平面电磁波具有以下性质.

(1) 任一给定点上的 E 和 H 同时存在,具有相同的相位,都以相同的速度传播.

(2) E 和 H 相互垂直,并且都和传播方向垂直,E、H、u 三者满足右手螺旋定则,如图 12-28 所示,这表明电磁波是横波.

(3) 在空间任意一点的 E 和 H,在数值上有如下确定关系:

$$\sqrt{\varepsilon}\,E = \sqrt{\mu}\,H \quad (12\text{-}41)$$

式中 ε、μ 分别为电磁波所在介质的电容率和磁导率,即 $\varepsilon = \varepsilon_0\varepsilon_r$,$\mu = \mu_0\mu_r$.

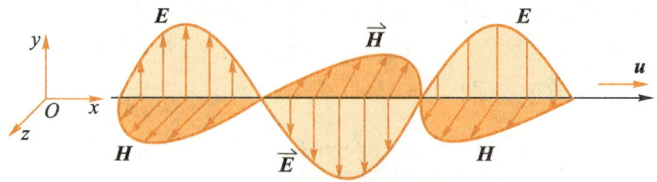

图 12-28 平面电磁波

（4）电磁波传播速度的大小取决于介质的电容率 ε 和磁导率 μ，即

$$u=\sqrt{\frac{1}{\varepsilon\mu}} \tag{12-42}$$

对于真空，$\varepsilon_r=1$，$\mu_r=1$，$\varepsilon_0=8.85\times10^{-12}$ C^2/(N·m^2)，$\mu_0=4\pi\times10^{-7}$ N/A^2，电磁波在真空中的传播速度用 c 表示，则

$$c=\frac{1}{\sqrt{\varepsilon_0\mu_0}}=\frac{1}{\sqrt{8.854\times10^{-12}\times4\pi\times10^{-7}}}$$
$$=2.9979\times10^8 \text{ m/s}\approx3\times10^8 \text{ m/s} \tag{12-43}$$

这一结果与当时测定的真空中光速非常接近，所以麦克斯韦预言光也是一种电磁波.

上述电磁波的性质都可以由麦克斯韦方程组推导出来，但是需要用到一些矢量场的数学工具，这已超出本书范围，在此不再赘述.

12.8.3 电磁波的能量

电磁波是变化电磁场在空间的传播，由于电磁场具有能量，所以随着电磁波的传播必将伴随着能量的传播，这种以电磁波形式传播出去的能量称为辐射能. 在各向同性介质中，辐射能的传播方向就是电磁波的传播方向，辐射能的传播速度就是电磁波的传播速度.

在电磁学中，已知电场和磁场的能量密度各为

$$w_e=\frac{1}{2}\varepsilon E^2, \quad w_m=\frac{1}{2}\mu H^2$$

则电磁场的总能量密度为

$$w=w_e+w_m=\frac{1}{2}(\varepsilon E^2+\mu H^2) \tag{12-44}$$

按照能流密度的概念，以速度 u 传播的电磁波在单位时间流过垂直于传播方向单位面积的能量，即电磁波的能流密度 S 为

$$S=wu \tag{12-45}$$

将式(12-41)和式(12-44)代入式(12-45)，得

$$S=EH \tag{12-46}$$

因为 $E\perp H$，并有 $E\times H$ 所决定的方向为电磁波能量传播的方向，所以式(12-46)可表示为

$$S = E \times H \quad (12\text{-}47)$$

S 称为电磁波的能流密度矢量,又称为坡印亭矢量,E、H 和 S 的方向符合右手螺旋定则,如图 12-29 所示.

式(12-47)说明电磁场的能量总是伴随着电磁波向前传播. 在实际应用中常以平均能流密度(或称为波的强度)来反映电磁波的能量传播. 对于平面电磁波,平均能量密度为

$$\bar{S} = \frac{1}{2} E_0 H_0 \quad (12\text{-}48)$$

式中 E_0 和 H_0 分别是电场强度 E 和磁场强度 H 的振幅.

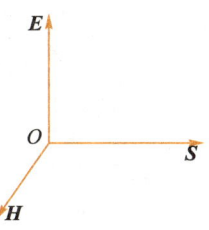

图 12-29 E、H 和 S 构成右手螺旋关系

12.8.4 电磁波谱

实验证明,无线电波、红外线、可见光、紫外线、X 射线、γ 射线等都是电磁波,但它们的频率(或波长)不同,所以就有不同的特性和用途. 为了便于比较,可以按照它们的波长(或频率)的大小,把它们依次排成一个谱,这个谱称为电磁波谱,如图 12-30 所示.

在电磁波谱中,波长最长的是无线电波. 无线电波又因波长的不同而分为长波、中波、短波、超短波和微波等. 其次是红外线、可见光和紫外线,这三部分合称光辐射. 再次是 X 射线和 γ 射线. 在所有的电磁波中,只有可见光是人眼可以看到的. 可见光的波长在 390~760 nm 之间,仅占电磁波谱中很小的一部分.

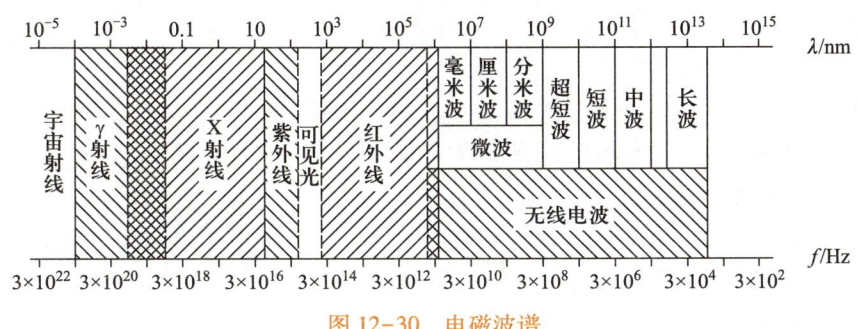

图 12-30 电磁波谱

由于无线电波颇为重要,现将其波段划分及主要用途列于表 12-1 中.

表 12-1 无线电波的波段划分及主要用途

波 段	波长/m	频率/kHz	主要用途
长波	30 000~3 000	10~10^2	电报通信
中波	3 000~200	10^2~1.5×10^3	无线电广播
中短波	200~50	1.5×10^3~6×10^3	电报通信、无线电广播
短波	50~10	6×10^3~3×10^4	电报通信、无线电广播
超短波(米波)	10~1.0	3×10^4~3×10^5	无线电广播、电视、导航

续表

波 段	波长/m	频率/kHz	主要用途
微波(分米波)	1~0.1	$3\times10^5 \sim 3\times10^6$	电视、雷达、导航
微波(厘米波)	0.1~0.01	$3\times10^6 \sim 3\times10^7$	电视、雷达、导航
微波(毫米波)	0.01~0.001	$3\times10^7 \sim 3\times10^8$	雷达、导航、其他专门用途

思考题

12-16 为什么直线形的振荡电路比一般振荡电路(由线圈和电容器组成)能更好地辐射电磁波?

习题

12-1 选择题

(1) 如图所示,在无限长载流直导线旁,放置一圆形导体线框,且线框平面与直导线共面,则在下列情况下线框中会产生感应电动势的是( ).

(A) 线框与直导线相对静止

(B) 线框以速度 v 沿纸面向上运动

(C) 直导线的电流 $I = I_0 \sin\omega t$,线框与直导线相对静止

(D) 线框绕过圆心 O 且垂直纸面的轴以角速度 ω 转动

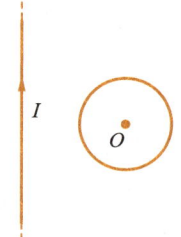

习题 12-1(1)图

(2) 如图所示,M、N 为水平面内的两根平行金属导轨,AB 与 CD 为垂直于导轨并可在其上自由滑动的两根直导线,磁感应强度 B 垂直于水平面向上. 当外力使 AB 向右平移时,CD 的运动情况为( ).

(A) 不动   (B) 转动   (C) 向左移动   (D) 向右移动

(3) 如图所示,在圆柱形空间内有一均匀磁场,在磁场内外各放有一长度相同的金属棒(在图中位置为1、2处),当磁感应强度 B 的大小以速率 $\dfrac{\mathrm{d}B}{\mathrm{d}t}$ 均匀变化时,下列表述中正确的是( ).

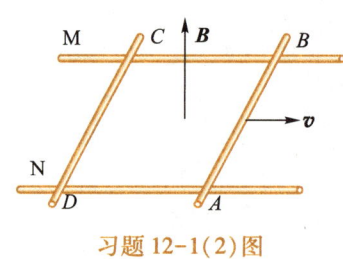

习题 12-1(2)图

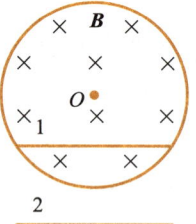

习题 12-1(3) 图

(A) 1 处的金属棒相对磁场静止,故 $\mathscr{E}_1 = 0$

(B) 1 处的金属棒处在变化的磁场中,故 $\mathscr{E}_1 = 0$

(C) 2 处的金属棒处在磁场以外的空间,故 $\mathscr{E}_2 = 0$

(D) 2 处的金属棒虽处在 $B=0$ 的空间,但 $E_r \neq 0$,故 $\mathscr{E} \neq 0$

(4) 关于位移电流,以下表述中正确的是( ).

(A) 位移电流的实质是变化的电场

(B) 位移电流和传导电流一样是定向运动的电荷

(C) 位移电流服从传导电流遵循的所有定律

(D) 位移电流的磁效应不服从磁场的环路定理

(5) 在以下矢量场中,属保守场的是( ).

(A) 静电场　　　(B) 感生电场　　　(C) 恒定磁场　　　(D) 变化磁场

12-2 填空题

(1) 如图所示,一条形磁铁插入线圈,根据楞次定律可知,线圈中感应电流 I 的流向是由点 C 指向点_____.

(2) 如图所示,直角三角形金属框架 ABC 置于均匀磁场中,磁场方向与 AB 边平行,已知 $AC = l$,$\angle BAC = 30°$. 当框架以角速度 ω 绕 AB 边做匀速转动时,AC 边中的动生电动势 $\mathscr{E}_{AC} =$ _____,整个回路 $ABCA$ 中的动生电动势 $\mathscr{E}_{ABCA} =$ _____.

(3) 在圆柱形区域内有一均匀磁场,且 $\dfrac{dB}{dt} > 0$. 将一边长为 l 的正方形金属框 $ABCDA$ 置于磁场中,位置如图所示,框平面与圆柱形轴线垂直,且轴线通过金属框 AD 边的中点 O,则 $\mathscr{E}_{AD} =$ _____,$\mathscr{E}_{ABCDA} =$ _____.

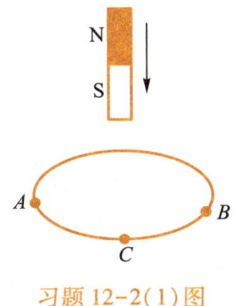

习题 12-2(1)图

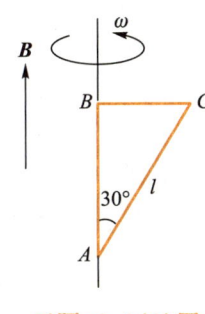

习题 12-2(2)图

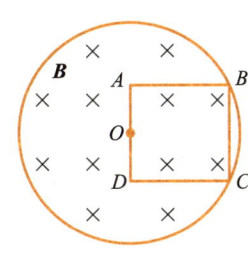

习题 12-2(3)图

(4) 真空中两个长直螺线管 1 和 2 长度相等,均属单层密绕,且匝数相同,两管直径之比 $D_1/D_2 = 1/4$. 当两者都通以相同大小的电流时,所储存的磁场能量比 $W_{m1}/W_{m2} =$ _____.

(5) 试写出哪一个麦克斯韦方程相当于或包括下列事实.

一个变化的电场,必定有一个磁场伴随它,方程是_____;一个变化的磁场,必定有一个电场伴随它,方程是_____;不存在磁单极子,方程是_____;在静电平衡条件下,导体内部不可能有电荷分布,方程是_____.

12-3 国庆阅兵时,我国 FBC-1 型超音速歼击轰炸机在天安门上空沿水平方向自东向西呼啸而过. 该机翼展 12.7 m. 设北京地磁场的竖直分量为 0.42×10^{-4} T,该机又以 1.70 马赫(表示飞机航速是声速的倍数)飞行,求该机两翼尖间的电势差,并指出哪端电势高.

12-4 交流发电机的基本原理如图所示,这是一个简单的交流发电机. 在磁感应强度为 $\boldsymbol{B}$ 的均匀磁场中,有一匝数为 N、面积为 S 的矩形线圈,线圈绕固定轴 OO' 以角速度 ω 做匀速转动. 设 $t=0$ 时,线圈平面与磁场垂直,求线圈中的感应电动势和感应电流.

12-5 如图所示,两条平行的长直导线和一个矩形的导线框共面,已知两导线中电流均为 $I=I_0\sin\omega t$,导线框的长为 a,宽为 b,试求导线框内产生的感应电动势.

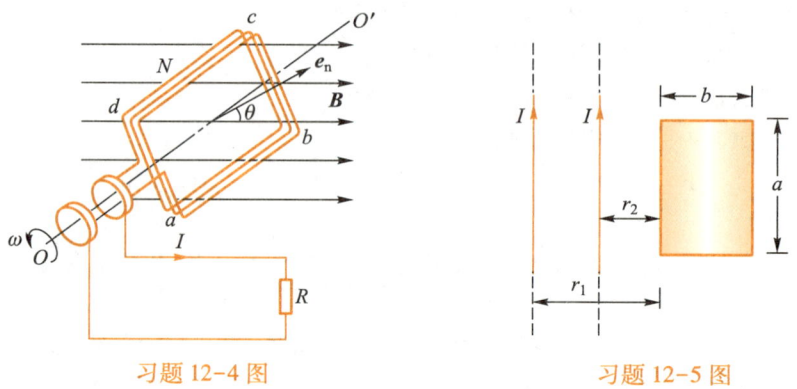

习题 12-4 图　　　　习题 12-5 图

12-6 两段导线 $OP=OQ=10$ cm,在 O 处弯成 $60°$,如图所示,使导线在均匀磁场中以速率 $v=2$ m/s 向右运动. 已知 $B=3\times10^{-2}$ T,方向垂直于纸面向里,求 PQ 间的电势差,并指出哪点电势高.

12-7 如图所示,长为 0.50 m 的金属杆水平放置,以其长度的 $\dfrac{1}{5}$ 处为轴在水平面内旋转,每秒旋转 2 周. 已知该处的磁场均匀,方向竖直向上,大小为 $B=0.5\times10^{-4}$ T,试求 M、N 两端的电势差,并指出哪点的电势高.

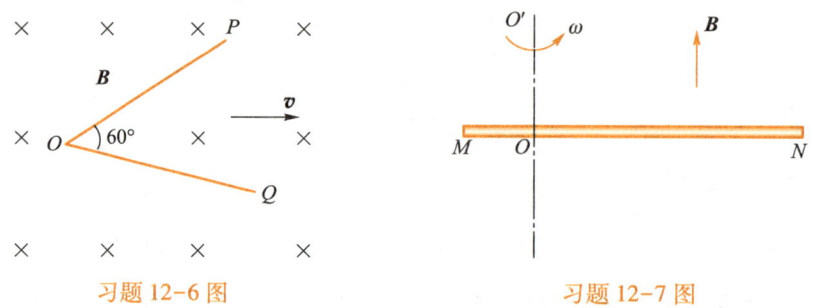

习题 12-6 图　　　　习题 12-7 图

12-8 如图所示,一无限长直导线内通有恒定电流 I,电流方向向上,导线旁有一长度为 L 的金属棒,绕其一端 O 在一竖直平面内以角速度 ω 匀速转动. 点 O 至导线的距离为 a,当金属转至 OM 位置时试求棒内感应电动势的大小和方向.

12-9 如图所示,两个同轴的圆环导线,直径分别为 R 和 $r(R>r)$,两导线平面间距离为 x,且 $x\gg R$. 当大圆环导线内有恒定电流 I 流动时,小圆环导线因 r 较小,在 πr^2 内磁场可以认为是均匀的. 若 x 以 $v=\dfrac{\mathrm{d}x}{\mathrm{d}t}$ 变化,求:

(1) 穿过小圆环导线的磁通量 Φ 与 x 的关系;

(2) 当 $x=nR$ 时(n 为正数)小圆环导线回路内产生的感应电动势的大小;

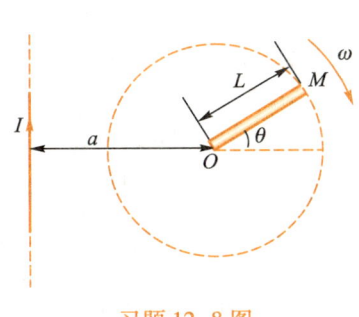
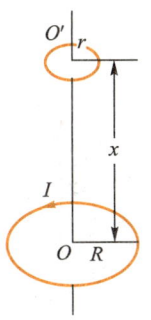

习题 12-8 图　　　　　习题 12-9 图

(3) 若 $v>0$，小圆环导线回路内产生的感应电流的方向。

12-10　如图所示，真空中一长直载流导线，通有电流 $I(t)=I_0\mathrm{e}^{-\lambda t}$（式中 I_0、λ 均为常量，t 为时间）。有一带滑动边的矩形导线框与长直载流导线平行共面，两者相距 a，线框的滑动边与长直载流导线垂直，长度为 b，并以匀速 v 沿平行长直导线方向滑动。若忽略线框中的自感电动势，并且开始时滑动边与对边重合，试求任意时刻 t 在矩形线框内的感应电动势 $\mathscr{E}_i$。

12-11　如图所示，在竖直面内有一矩形载流导体回路 $ABCDA$ 置于均匀磁场中，磁感应强度 B 的方向垂直于该回路平面，该回路中的 AB 边长为 l、质量为 m，可以在保持良好接触的情况下下滑，且摩擦力不计，AB 边的初速度为零，回路电阻 R 集中在 AB 边中。

(1) 求任意时刻 AB 边的速率 v 和 t 的关系；
(2) 设两竖直边足够长，最后达到稳定的速率为多少？

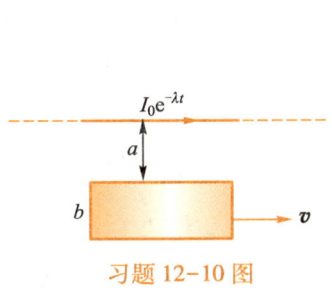
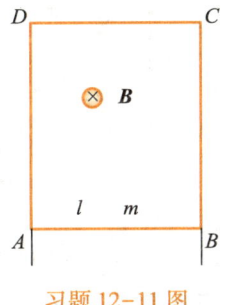

习题 12-10 图　　　　　习题 12-11 图

12-12　如图所示，有一圆筒，半径为 R，其中有方向与轴平行的磁场，磁感应强度以 10^{-2} T/s 的速率减小着，A、B、C 三点离轴线的距离均为 $r=5.0$ cm。问：
(1) 电子在各点处可获得多大的加速度？
(2) 其方向如何？
(3) 如果电子处于轴线上，其加速度的大小又如何？

12-13　如图所示，均匀磁场的磁感应强度 B 被限制在半径 $R=0.10$ m 的无限长圆柱空间内，方向垂直于纸面向外，设磁场强度以 $\dfrac{\mathrm{d}B}{\mathrm{d}t}=100$ T/s 的匀速率增加，已知 $\theta=\dfrac{\pi}{3}$，$OA=OB=0.04$ m，试求等腰梯形导线框 $ABCDA$ 产生的感应电动势的大小，并判断感应电流的方向。

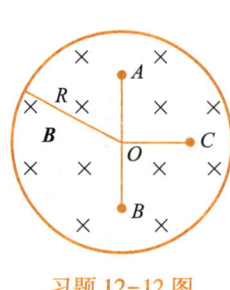
习题 12-12 图

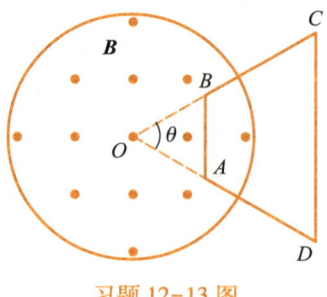
习题 12-13 图

12-14 如图所示,一对同轴无限长直空心薄壁圆筒,电流 I 沿内筒流去,沿外筒流回. 已知同轴空心圆筒单位长度的自感为 $L=\dfrac{\mu_0}{2\pi}$.

（1）求同轴空心圆筒内外半径之比;

（2）若电流随时间变化,即 $I=I_0\cos\omega t$,求圆筒单位长度产生的感应电动势.

12-15 如图所示,一等边三角形与长直导线共面放置,求它们之间的互感.

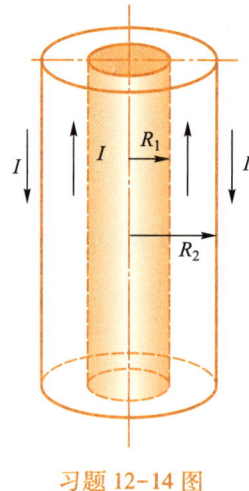

习题 12-14 图　　　习题 12-15 图

12-16 两个等长同轴长直密绕螺线管,已知外管和内管的半径分别为 R_1 和 R_2,自感分别为 L_1 和 L_2,试证两管间互感为 $M=\dfrac{R_2}{R_1}\sqrt{L_1 L_2}$.

12-17 一截面为长方形的螺线管,绕 N 匝,其尺寸如图所示,试证明：此螺线管载有电流 I 时,环内储存的磁场能量为

$$W_m = \dfrac{\mu_0}{4\pi}N^2 h I^2 \ln\dfrac{b}{a}$$

12-18 一圆柱形长直导线中各处电流密度相等,总电流为 I,试证单位长度内储存的磁场能量为 $\dfrac{\mu_0 I^2}{16\pi}$.

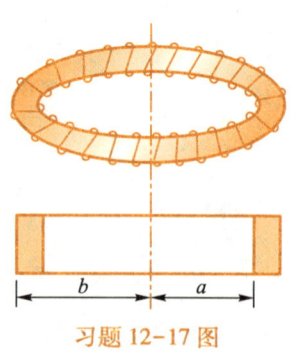

习题 12-17 图

12-19 有一平行板电容器,两极板均为半径为 a 的圆板,将它连接到一个交变电源上,使每极板上的电荷按规律 $Q=Q_0\sin\omega t$ 随时间变化而变化. 在略去边缘效应的条件下,试求两极板间任意一点的磁场强度.

12-20 试证:平行板电容器中的位移电流可写为

$$I_d = C\frac{dU}{dt}$$

式中 C 为电容器的电容,U 为两极板间的电势差.

12-21 真空中有一平面电磁波的电场表示式为

$$E_x=0, \quad E_y=0.6\cos\left[2\pi\times10^8\left(t-\frac{x}{c}\right)\right](\text{SI 单位}), \quad E_z=0$$

求：

（1）波长,频率；

（2）该电磁波的传播方向；

（3）磁场强度的大小和方向；

（4）坡印亭矢量.

12-22 用于打孔的激光束横截面直径为 $60~\mu\text{m}$,功率为 $300~\text{kW}$. 求该激光束的坡印亭矢量的大小,试求该激光束中电场强度和磁感应强度.

第 12 章参考答案

（1879—1955）

爱因斯坦,理论物理学家,20世纪最伟大的自然科学的改革家、物理学革命的旗手.他创立了狭义相对论和广义相对论,用光量子理论解释了光电效应,提出了固体热容的量子理论,致力于统一场理论的研究.近代物理学家们在评价爱因斯坦时说:"在我们这一时代的物理学家中,爱因斯坦的地位将在最前列,他现在并且将来都会是人类宇宙中有头等光辉的一颗巨星."

文档:爱因斯坦简介

第 5 篇

近代物理学

19世纪末,物理学发展到比较完善的阶段,被称为经典物理学的力学、热力学和统计物理学、电动力学(电磁学)、光学等从不同侧面反映了自然界物质运动的基本规律,它们能解释当时几乎所有的自然现象和实验事实.许多物理学家都认为物理学的基本规律已被全部揭示出来了,今后的任务只是运用上述规律解决各种具体问题和解释新的实验事实.然而,正当物理学家们为物理学的伟大成就感到欢欣鼓舞的时候,在物理学领域内出现了一些新的实验现象,这些实验现象无法用当时的经典物理学理论来正确解释,使经典物理学陷入了非常困难的境地,也使物理学家们感到十分困惑.

为了说明这些实验结果,人们不得不突破经典物理学的束缚,提出一些新的假设和概念,这些假设和概念在实践中经受了检验,不断修正和发展,逐步建立起新的物理理论. 20世纪初,建立了适用于高速运动的相对论,30年代建立了适用于微观体系的量子力学,之后又在此基础上深入研究各种凝聚态物质的微观结构,分子、原子、原子核、基本粒子等的内部结构及它们的相互作用和运动变化规律等,所有这些构成了近代物理学.

近代物理学是相对经典物理学而言的,一般是以1900年为界予以划分的. 近代物理学的内容极其丰富,相对论和量子力学是近代物理学的两大支柱,早已渗透到物理学的各个领域,原子物理、原子核物理、固体物理等学科所涉及的微观现象

阅读材料:两朵"乌云"与经典物理学理论的问题

都能从以量子力学为基础的理论中获得说明.

本篇主要介绍相对论和量子力学的基本概念、基本理论和研究方法,以及由此而发展起来的一些新理论、新技术.

第 13 章

相对论基础

当宏观物体做低速运动时,经典力学是卓有成效的,由于人类在日常生产、生活和科学实验中遇到的运动大都是低速运动,所以经典力学得到了广泛的应用. 但是,当宏观物体的运动速度与真空中的光速可比拟时,经典力学的规律就不再适用了,而必须由相对论力学所代替. 相对论是关于时间、空间与物质运动关系的理论,分为狭义相对论和广义相对论,狭义相对论研究惯性系中的高速运动问题,提出了新的时空观,建立了高速运动物体的力学规律,揭示了质量和能量的内在联系;而广义相对论从非惯性系与引力场的等效原理出发,提出了新的引力理论,进一步探索了引力场中的时空结构.

相对论是 20 世纪物理学最伟大的成就之一,它不仅为大量的实验所证实,而且在宇宙学、原子核物理、基本粒子等研究领域中得到了广泛的应用.

本章讨论相对论的基本原理和由它得出的若干结论.

§13.1 经典力学的伽利略变换与时空观

13.1.1 经典力学的伽利略变换

时间和空间是物质存在的基础,物质运动与时间和空间紧密相连,不可分割. 对时间和空间的认识,应该开始于对物质运动所经历的时间间隔和空间间隔的测量,要进行这种测量,或者说,要描述物体的运动,必须先选取一个参考系. 一般来说,不同的参考系,对于物体运动规律的描述是不相同的. 例如,在惯性系中,物体的运动可以用牛顿运动定律描述,但在非惯性系中,则不能用它来描述. 因此,在研究物体的运动时,必须先明确指出是对哪一个参考系而言的,这样才有意义.

为了进一步研究不同参考系中物体的运动规律,下面先研究同一质点在两个惯性系中的坐标、速度和加速度的对应关系.

为简单起见,取两个坐标系 S 和 S'. S 系为一已知的惯性系,S' 系为相对于 S 系沿 x 轴方向以速度 $u(u \ll c)$ 做匀速直线运动的另一惯性系,假定当 S 系的坐标轴与 S' 系的坐标轴平行、S 系和 S' 系的原点 O 与 O' 重合时开始计时 ($t = t' = 0$).

S 系的观察者测得质点在时刻 t 的坐标为 (x, y, z),S' 系的观察者在同一时刻 $t' = t$ 测得质点的坐标为 (x', y', z'),如图 13-1 所示,则质点在两个惯性系中的时空坐标有下列关系:

$$\begin{cases} x'=x-ut \\ y'=y \\ z'=z \\ t'=t \end{cases} \quad (13-1a)$$

$$\begin{cases} x=x'+ut' \\ y=y' \\ z=z' \\ t=t' \end{cases} \quad (13-1b)$$

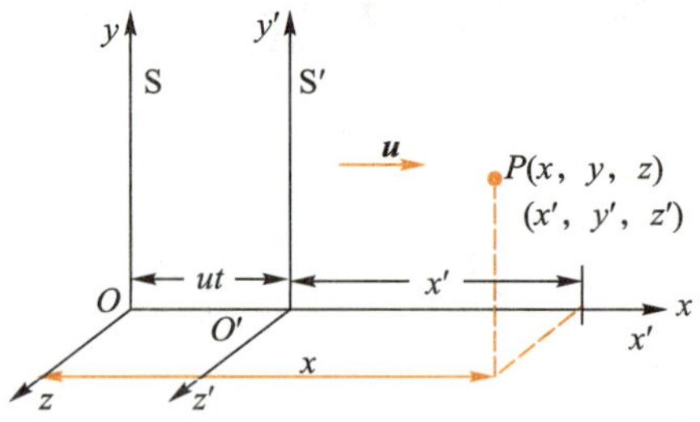

图 13-1 伽利略变换

式(13-1a)和式(13-1b)分别称为伽利略坐标变换和伽利略坐标变换的逆变换,利用它们可以由质点在一个惯性系的时空坐标算出质点在另一个惯性系的时空坐标.

13.1.2　经典力学的时空观

伽利略坐标变换体现了经典力学的时空观.

设有两个事件 A 和 B(在空间上的某一点和时间上的某一时刻发生的某一现象,用四个坐标 x、y、z、t 来描述),S 系中的观察者测得两事件发生的时刻分别为 t_1 和 t_2,S′系中的观察者测得两事件发生的时刻分别为 t'_1 和 t'_2,由式(13-1a)可得

$$t'_1=t_1, \quad t'_2=t_2$$

因而

$$t'_2-t'_1=t_2-t_1$$

上式表明,在两个不同惯性系中测量两个事件的时间间隔,所得结果相同,即时间间隔是绝对的,与参考系无关.

提示:
绝对时空观只是宏观低速下生活常识的理论概括.

设有一细棒静止在 S′系中,沿 x' 轴放置,在 S′系中测得它两端的坐标分别为 x'_1 和 x'_2,于是得棒长

$$l'=x'_2-x'_1$$

对于 S 系来说,因为细棒是运动的,应在同一时刻测量细棒两端的坐标,设在同一时刻 t 测得其两端的坐标分别为 x_1 和 x_2,则棒长为

$$l=x_2-x_1$$

由式(13-1a)的第一式得

$$l'=x'_2-x'_1=x_2-x_1=l$$

上式表明,在两个不同惯性系中测量同一物体的长度,所得的结果相同,即空间间隔是绝对的,与参考系无关.

设 A 和 B 为在空间任意点发生的两个事件,若在 S′系中的观察者看来是同时发生的,由于 $t=t'$,则在 S 系中的观察者测得此两事件也必定是同时发生的,即同时性是绝对的,与参考系无关.

由上面的讨论可知,在经典力学中,时间测量和空间测量均与参考系的运动状态无关. 空间就像一个三维的大容器,所有物体都在其中并不停地运动,而且空间与物体的运动无关,因此空间的存在是绝对的. 时间就像一条不断向前均匀流淌的河流,时间与物体的运动无关,因此时间的存在也是绝对的. 空间与时间各自独立

地存在,是物质运动的基础,而物体运动在它的框架内进行,这种对时间和空间的认识称为绝对时空观. 显然,绝对时空观符合人们日常生活经验,因此,长期以来人们对此深信不疑.

13.1.3 经典力学的相对性原理

将式(13-1a)对时间求导,可得伽利略速度变换为

$$\begin{cases} v'_x = v_x - u \\ v'_y = v_y \\ v'_z = v_z \end{cases} \quad (13\text{-}2a)$$

将以上三式合并成一个矢量式,即

$$\boldsymbol{v}' = \boldsymbol{v} - \boldsymbol{u} \quad (13\text{-}2b)$$

将式(13-2b)对时间求导并考虑到 $\boldsymbol{u}$ 为常矢量,得

$$\boldsymbol{a}' = \boldsymbol{a} \quad (13\text{-}3)$$

式(13-3)表明,质点相对于 S 系和 S′系的加速度相等. 由于 S 系是惯性系,牛顿第二定律成立,即

$$\boldsymbol{F} = m\boldsymbol{a} \quad (13\text{-}4)$$

在经典力学中,物体的质量与相互作用力是与参考系运动状态无关的常量,即

$$m' = m, \quad \boldsymbol{F}' = \boldsymbol{F}$$

所以有

$$\boldsymbol{F}' = m'\boldsymbol{a}' \quad (13\text{-}5)$$

比较式(13-4)和式(13-5)可以看出,牛顿第二定律在 S 系和 S′系中(也就是在所有惯性系中)具有相同的形式,或者说牛顿第二定律在伽利略变换下形式不变.

由进一步推断可知,牛顿第一定律和第三定律及由牛顿运动定律推导出来的其他力学规律(如动量定理、动量守恒定律、功能定理和机械能守恒定律等)在不同惯性系中也具有相同的形式. 因此得出如下结论:**在所有惯性系中力学定律具有相同的形式**,这一结论称为**经典力学的相对性原理**.

由经典力学的相对性原理可知,在研究力学规律时,所有惯性系都是等价的,任何一个惯性系都不会比另一个更优越. 在一切惯性系中,力学现象都按同样的方式进行着. 例如,在一列做匀速直线运动的火车中进行力学实验(求上抛小球的最大高度、测单摆的周期、求弹簧振子加速度等)所测得的结果必定与火车静止时的实验结果完全相同. 又如:在做匀速直线运动的火车上行走、饮水、写字都和在地面上的房间里没有什么两样,不会将杯子碰到牙齿上,也不会将水灌到鼻孔中去,这就是说,无法通过力学实验来判断乘坐的火车是静止的还是在做匀速直线运动. 因而谈论某一惯性系的绝对运动(或绝对静止)是没有意义的.

应该指出的是,经典力学的相对性原理是指力学定律在不同的惯性系中均保持形式不变,但构成力学定律的各物理量,如位置、时间、速度、质量、动量等在不同的惯性系中都具有不同的值.

例 13-1 以两质点弹性正碰撞（对心碰撞）为例，检验动量守恒定律和能量守恒定律对伽利略变换的不变性.

解 设 S′ 系相对 S 系以速度 u 沿 x 轴正方向运动，自 S 系及 S′ 系观察，质点 m_1、m_2 在碰撞前后的速度各为 v_{10}、v_{20}、v_1、v_2 及 v'_{10}、v'_{20}、v'_1、v'_2，且各速度均沿 x、x' 轴正方向，如图 13-2 所示. 根据动量守恒定律和能量守恒定律，对 S 系有

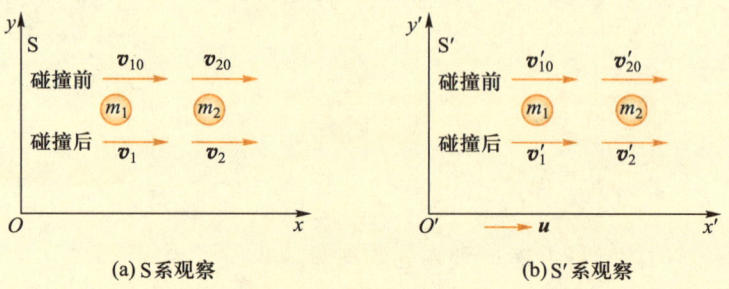

图 13-2　例 13-1 用图

$$\begin{cases} m_1 v_{10} + m_2 v_{20} = m_1 v_1 + m_2 v_2 \\ \dfrac{1}{2} m_1 v_{10}^2 + \dfrac{1}{2} m_2 v_{20}^2 = \dfrac{1}{2} m_1 v_1^2 + \dfrac{1}{2} m_2 v_2^2 \end{cases}$$

由式(13-2b)有 $v' = v - u$，代入上式，得

$$\begin{cases} m_1(v'_{10}+u) + m_2(v'_{20}+u) = m_1(v'_1+u) + m_2(v'_2+u) \\ \dfrac{1}{2} m_1(v'_{10}+u)^2 + \dfrac{1}{2} m_2(v'_{20}+u)^2 = \dfrac{1}{2} m_1(v'_1+u)^2 + \dfrac{1}{2} m_2(v'_2+u)^2 \end{cases}$$

经整理后可得

$$\begin{cases} m_1 v'_{10} + m_2 v'_{20} = m_1 v'_1 + m_2 v'_2 \\ \dfrac{1}{2} m_1 v'^2_{10} + \dfrac{1}{2} m_2 v'^2_{20} = \dfrac{1}{2} m_1 v'^2_1 + \dfrac{1}{2} m_2 v'^2_2 \end{cases}$$

可见，自 S 系观察到的动量守恒定律和能量守恒定律与自 S′ 系观察到的具有完全相同的形式. 也就是说，动量守恒定律和能量守恒定律对伽利略变换是不变的.

思考题

13-1　什么是经典力学的相对性原理？在一个参考系内做力学实验能否测出这个参考系相对于惯性系的加速度？

13-2　下列结论是否符合经典时空观：
(1) 在某一参考系中同时发生的事件，在其他参考系中也同时发生；
(2) 时间间隔不随参考系的改变而变化；
(3) 空间距离不随参考系的改变而变化.

§13.2 狭义相对论的基本原理

将力学相对性原理与伽利略变换用于低速运动的力学现象是成功的,但把它们运用到力学以外的领域及在高速运动的情况下却失败了. 例如,麦克斯韦电磁理论给出光在真空中的传播速度是

$$c = \frac{1}{\sqrt{\varepsilon_0 \mu_0}}$$

式中 ε_0 和 μ_0 是两个电磁学常量,$\varepsilon_0 = 8.85 \times 10^{-12}$ C^2/(N·m^2),$\mu_0 = 4\pi \times 10^{-7}$ N/A^2,代入上式,可得

$$c = 3.0 \times 10^8 \text{ m/s}$$

由于 ε_0 和 μ_0 与参考系无关,因此 c 也应该与参考系无关,即在任何参考系中测得的光在真空中的速度应该都是这一数值. 这一结论为后来很多精确的实验(最著名的是 1887 年迈克耳孙和莫雷做的实验)所证实,它们都明确无误地证明了光速的测量结果与光源和测量者的相对运动无关,亦即与参考系无关.

但是,按照伽利略变换,若在某一参考系 S 测得光在真空中的速度为 c,而另一参考系 S′,相对于 S 系沿光的传播方向以速度 u 运动,则从 S′系中测得光在真空中的速度就是 $c' = c - u$. 可见光或者说电磁波的运动不服从伽利略变换.

伽利略变换与电磁理论的矛盾,向人们提出了一个问题:是电磁理论不符合相对性原理,还是伽利略变换(实际上是绝对时空观)不适用于电磁理论,应该怎样修正呢?爱因斯坦对这个问题进行了深入的研究,于 1905 年提出了对整个物理学具有根本意义的狭义相对论的两个基本原理.

(1) **相对性原理**. 在所有惯性系中,物理定律的形式都是相同的. 这一假设是对力学相对性原理的推广,使相对性原理适用于包括光和其他电磁现象在内的所有物理现象. 这意味着,在任何一个惯性系内,任何物理实验都不能用来确定该参考系的运动速度. 绝对运动或绝对静止的概念,从整个物理学中被排除了.

(2) **光速不变原理**. 在所有惯性系中,光在真空中的速度均为 c,与光源、观察者的运动无关. 这一原理似乎与人们的常识不一致,但必须承认这样一些远远超出人们日常观察范围、似乎与常识相矛盾却为实验所证实的结果.

在爱因斯坦建立狭义相对论时,上述两条基本原理称为"两条基本假设",因为它们当时只被为数不多的几个实验事实所证明. 一百多年来的大量实验事实直接、间接验证了这两条基本假设和相对论的结论,因此改称为原理.

这两条基本原理构成了爱因斯坦狭义相对论的理论基础,狭义相对论的许多著名结论都出自这两个基本原理.

阅读材料:爱因斯坦创建狭义相对论的基本思路

思考题

13-3 假设光在某惯性系中的速度等于 c,那么,是否存在这样一个惯性系,光

在这个惯性系中的速度不等于 c？

13-4　经典力学的相对性原理与狭义相对论相对性原理之间有何异同？

§13.3　洛伦兹变换

从光速不变原理可知,对涉及与光速可比拟的问题时,伽利略变换已不再适用,必须抛弃,在这些领域里,时空变换遵从新的变换式.下面从相对论的两条基本原理出发导出这一变换式——洛伦兹变换.

13.3.1　洛伦兹坐标变换

阅读材料：洛伦兹变换的提出

如图 13-1 所示,对于点 O',由 S' 系观测,不论什么时刻,总有 $x'=0$,但是由 S 系来观测,其在时刻 t 的坐标是 $x=ut$,亦即 $x-ut=0$.可见,对同一空间点 O',数值 x' 和 $x-ut$ 同时为零.因此,假设在任何时刻、任何点(包括点 O'),x' 与 $x-ut$ 之间都有一个比例关系为

$$x'=k'(x-ut) \tag{13-6a}$$

式中 k' 为常量.

同理,考虑 S 系的原点 O,可得

$$x=k(x'+ut') \tag{13-6b}$$

根据相对性原理,S 系和 S′ 系是等价的,因此,式(13-6a)和式(13-6b)应有相同的形式,这就要求 $k'=k$,于是有

$$x'=k(x-ut) \tag{13-7}$$

由光速不变原理可知,在 S 系和 S′ 系中有

$$x=ct \tag{13-8a}$$
$$x'=ct' \tag{13-8b}$$

提示：相对论是以时间、空间、运动的和谐一致的解释为基础的.

将式(13-6b)与式(13-7)相乘,式(13-8a)与式(13-8b)相乘得

$$xx'=k^2(x-ut)(x'+ut')$$
$$xx'=c^2tt'$$

由以上两式得

$$k=\sqrt{\frac{c^2}{c^2-u^2}}=\frac{1}{\sqrt{1-\frac{u^2}{c^2}}} \tag{13-9}$$

将式(13-9)分别代入式(13-6b)和式(13-7)得

$$x=\frac{x'+ut'}{\sqrt{1-\frac{u^2}{c^2}}} \tag{13-10a}$$

$$x' = \frac{x - ut}{\sqrt{1 - \dfrac{u^2}{c^2}}} \tag{13-10b}$$

由式(13-10a)和式(13-10b)消去 x 得

$$t = \frac{t' + \dfrac{u}{c^2}x'}{\sqrt{1 - \dfrac{u^2}{c^2}}} \tag{13-11a}$$

由式(13-10a)和式(13-10b)消去 x' 得

$$t' = \frac{t - \dfrac{u}{c^2}x}{\sqrt{1 - \dfrac{u^2}{c^2}}} \tag{13-11b}$$

由于沿 y、z 轴的距离不变,故

$$y = y', \quad z = z' \tag{13-12}$$

综合以上各式可得

$$\begin{cases} x' = \dfrac{x - ut}{\sqrt{1 - \dfrac{u^2}{c^2}}} \\ y' = y \\ z' = z \\ t' = \dfrac{t - \dfrac{u}{c^2}x}{\sqrt{1 - \dfrac{u^2}{c^2}}} \end{cases} \tag{13-13a}$$

$$\begin{cases} x = \dfrac{x' + ut'}{\sqrt{1 - \dfrac{u^2}{c^2}}} \\ y = y' \\ z = z' \\ t = \dfrac{t' + \dfrac{u}{c^2}x'}{\sqrt{1 - \dfrac{u^2}{c^2}}} \end{cases} \tag{13-13b}$$

式(13-13a)和式(13-13b)分别称为洛伦兹坐标变换(S→S′)和洛伦兹坐标变换的逆变换(S′→S),两个变换表达了同一事件在两个不同惯性系中的时空坐标的变换关系.

对于洛伦兹变换,作如下几点说明.

(1) 式(13-13a)和式(13-13b)中,x'是x、t的函数,t'也是x、t的函数,而且均与两惯性系之间的相对速度 u 有关. 这表明时间、空间和物质运动三者是紧密联系、不可分割的.

(2) 当$u \ll c$ 即物体的运动速度远小于光速时,上述变换就变成伽利略变换. 由此可见,伽利略坐标变换只适用于物体运动速度远小于光速的情况,由于常见的宏观物体(包括人造卫星、火箭在内)的运动速度远小于光速,所以用伽利略变换即可;但当物体的运动速度接近光速时,必须采用洛伦兹变换.

(3) 当$u > c$ 时,$\sqrt{1-\dfrac{u^2}{c^2}}$ 成了虚数,这时洛伦兹变换失去意义. 因此,相对论指出物体的速度不能超过真空中的光速,即真空中的光速是一切物体运动速度的极限,而在经典力学中,只要给物体足够的能量,物体运动速度可以无限增大.

> **例 13-2** 一短跑选手在地球上以 10 s 的时间跑完 100 m. 设一速率为 $0.98c$ 的飞船,平行地面沿跑道方向飞行,在飞船上的观察者看来,这个选手跑了多长时间和多长距离?
>
> **解** 设地面为 S 系,飞船为 S′系. 本题要计算起跑(事件 1)和跑到终点(事件 2)这两个事件的时间间隔和空间间隔(距离). 根据题意有
>
> $$\Delta x = x_2 - x_1 = 100 \text{ m}, \quad \Delta t = t_2 - t_1 = 10 \text{ s}$$
>
> 由洛伦兹坐标变换(S→S′)式(13-13a)得
>
> $$\Delta x' = x_2' - x_1' = \frac{x_2 - x_1 - v(t_2 - t_1)}{\sqrt{1 - \dfrac{v^2}{c^2}}} = \frac{100 - 0.98 \times 3 \times 10^8 \times 10}{\sqrt{1 - 0.98^2}} \text{ m} = -1.48 \times 10^{10} \text{ m}$$
>
> $$\Delta t' = t_2' - t_1' = \frac{t_2 - t_1 - \dfrac{v}{c^2}(x_2 - x_1)}{\sqrt{1 - \dfrac{v^2}{c^2}}} = \frac{10 - \dfrac{0.98 \times 100}{3 \times 10^8}}{\sqrt{1 - 0.98^2}} \text{ s} = 50.25 \text{ s}$$
>
> 飞船中的观察者看到短跑选手在 50.25 s 的时间内沿 x 轴负方向倒退跑了 1.48×10^{10} m.

13.3.2 洛伦兹速度变换

在惯性系 S、S′中测量同一质点的运动时,在 S′系中,其速度分量为

$$v_x' = \frac{\mathrm{d}x'}{\mathrm{d}t'}, \quad v_y' = \frac{\mathrm{d}y'}{\mathrm{d}t'}, \quad v_z' = \frac{\mathrm{d}z'}{\mathrm{d}t'}$$

在 S 系中,其速度分量为

$$v_x = \frac{dx}{dt}, \quad v_y = \frac{dy}{dt}, \quad v_z = \frac{dz}{dt}$$

现在从洛伦兹坐标变换出发,推导这两个惯性系间的速度变换关系.

对洛伦兹坐标变换(13-13a)中的各式两边取微分,得

$$\begin{cases} dx' = \dfrac{dx - u\,dt}{\sqrt{1 - \dfrac{u^2}{c^2}}} \\ dy' = dy \\ dz' = dz \\ dt' = \dfrac{dt - \dfrac{u}{c^2}dx}{\sqrt{1 - \dfrac{u^2}{c^2}}} \end{cases}$$

用上式中的第四式分别去除其他三式,得

$$\begin{cases} v_x' = \dfrac{v_x - u}{1 - \dfrac{uv_x}{c^2}} \\ v_y' = \dfrac{v_y\sqrt{1 - \dfrac{u^2}{c^2}}}{1 - \dfrac{uv_x}{c^2}} \\ v_z' = \dfrac{v_z\sqrt{1 - \dfrac{u^2}{c^2}}}{1 - \dfrac{uv_x}{c^2}} \end{cases} \quad (13\text{-}14\mathrm{a})$$

这就是洛伦兹速度变换.

利用式(13-13b)和上述方法可得速度变换的逆变换为

$$\begin{cases} v_x = \dfrac{v_x' + u}{1 + \dfrac{uv_x'}{c^2}} \\ v_y = \dfrac{v_y'\sqrt{1 - \dfrac{u^2}{c^2}}}{1 + \dfrac{uv_x'}{c^2}} \\ v_z = \dfrac{v_z'\sqrt{1 - \dfrac{u^2}{c^2}}}{1 + \dfrac{uv_x'}{c^2}} \end{cases} \quad (13\text{-}14\mathrm{b})$$

由式(13-14a)可以看出:

(1) 当 $u \ll c, v_x \ll c$ 时,$\frac{uv_x}{c^2} \to 0$,$\sqrt{1-\frac{u^2}{c^2}} \to 1$,这时式(13-14a)变成伽利略速度变换(13-2a),可见,伽利略速度变换是洛伦兹速度变换在低速条件下的一个特例;

(2) 当 $u \ll c$ 时,一束光在 S 系中沿 x 轴传播的速度为 c,在 S′ 系中

$$v'_x = \frac{c-u}{1-\frac{uc}{c^2}} = c$$

这就是说,光在任何惯性系中速度都是 c,这与光速不变原理是一致的.

例 13-3 在地面上测到有甲、乙两个飞船分别以 $-0.9c$ 和 $0.9c$ 的速度向相反方向飞行. 求两飞船的相对速度的大小.

解 如图 13-3 所示,把 S 系建立在地面上,S′ 系建立在飞船甲上,则 S′ 系相对于 S 系的运动速度 $u=-0.9c$,飞船乙相对于 S′ 系的速度为 $v'_x=0.9c$,由式(13-14a)可求得飞船乙相对飞船甲的速度为

$$v'_x = \frac{v_x - u}{1-\frac{uv_x}{c^2}} = \frac{0.9c-(-0.9c)}{1-\frac{(-0.9c)\times 0.9c}{c^2}} = \frac{1.80}{1.81}c = 0.994c$$

可见,在狭义相对论框架下,两个小于 c 的速度合成后总是小于 c,表明物体相对于任何惯性系的运动速度都不可能超过真空光速. 若用伽利略速度变换则会得出错误的相对速率 $v'_x = v_x - u = 1.8c$,说明伽利略变换不适合高速运动领域.

> **提示:**
> 相对论中的速度叠加不会使物体运动速度超过光速,光速是物体运动速度的极限.

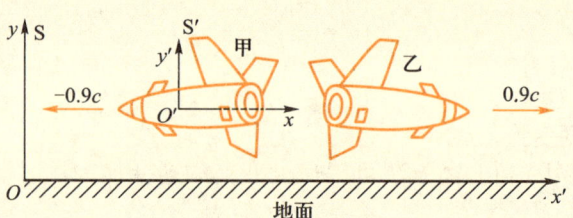

图 13-3 例 13-2 用图

但是,相对于地面来说,两飞船的"相对速度"的确等于 $1.80c$,这是因为从地面观察者来说,两飞船的距离是按 $2\times 0.9c$ 的速度增加的. 然而,就一个物体而言,它对任何其他物体(或参考系)的速度大小都是不能大于 c 的,而这一速度正是速度这一概念的真正含义.

思考题

13-5 洛伦兹变换与伽利略变换的本质差别是什么?如何理解洛伦兹变换的物理意义?

§13.4 狭义相对论的时空观

13.4.1 长度缩短

在经典力学中,物体的长度是绝对的,它与物体或观察者的运动无关. 例如一把米尺,不论在运动的车厢里或者是在车站上去测量它,其长度均是 1 m. 那么,按照狭义相对论原理,在洛伦兹变换下,同一物体在不同惯性系中测出的长度是否相同呢?

设一细棒在 S′系中沿 x' 轴静止放置,若在 S′系中测得杆两端坐标为 x'_1 和 x'_2,则相对细棒静止的 S′系中细棒的长度为

$$l_0 = x'_2 - x'_1$$

式中 l_0 为在相对细棒静止的参考系 S′中测得的长度,称为固有长度.

由于细棒随同 S′系相对 S 系以速度 u 运动,所以 S 系中的观察者必须在同一时刻测得细棒两端坐标 x_1 和 x_2,才会使在 S 系中测得的长度为 $l = x_2 - x_1$.

由式(13-13a)得

$$x'_1 = \frac{x_1 - ut_1}{\sqrt{1 - \frac{u^2}{c^2}}}, \quad x'_2 = \frac{x_2 - ut_2}{\sqrt{1 - \frac{u^2}{c^2}}}$$

由于 x_1、x_2 必须在同一时刻进行测量,因此,$t_1 = t_2$,所以有

$$x'_2 - x'_1 = \frac{x_2 - x_1}{\sqrt{1 - \frac{u^2}{c^2}}}$$

$$l = l_0 \sqrt{1 - \frac{u^2}{c^2}} \tag{13-15}$$

由于 $\sqrt{1 - \frac{u^2}{c^2}} < 1$,故 $l < l_0$. 也就是说,相对于物体运动的观察者,测得的沿速度方向的物体长度 l,总比相对于物体静止的观察者测得的物体长度(固有长度)短. 这一结论称为运动物体的长度缩短效应.

由式(13-13a)可知,$y' = y, z' = z$,所以物体在垂直运动方向上的长度不发生变化.

上述结论明显和经典的绝对空间概念是不相容的. 但在一般情况下,惯性系间的相对运动速度 $u \ll c$,故 $\frac{u}{c} \to 0$,这时 $l \approx l_0$,即在 u 不太大的情况下,可以认为在各惯性系中测得的长度都相同.

例 13-4 设地面为 S 系，飞船为 S′系. 飞船上测得飞船长度是固有长度，地面上测得飞船长度是运动长度. 有一飞船，其相对地球的速度为 $u = 0.6c$，若以飞船为参考系测得飞船长 10 m，则以地球为参考系测得飞船有多长？

解 由式(13-15)有

$$l = l_0 \sqrt{1 - \frac{u^2}{c^2}} = 10\sqrt{1 - 0.6^2} \text{ m} = 8 \text{ m}$$

即在地球上测得飞船的长度缩短了，只有 8 m.

例 13-5 设火箭上有一天线，长 $l_0 = 1$ m，以 45°角伸出火箭体外. 火箭沿水平方向以 $u = \frac{\sqrt{3}}{2}c$ 的速度飞行时，问：地面上的观察者测得该天线的长度和天线与火箭体的交角各为多少？

解 如图 13-4(a)所示，设火箭相对于 S′系静止，在 S′系(火箭)上测得天线长度为 $l_0 = 1$ m，$\theta_0 = 45°$，故 $l_{0x} = l_0 \cos \theta_0$，$l_{0y} = l_0 \sin \theta_0$.

如图 13-4(b)所示，在地面(S 系)测得天线长度为 l、交角为 θ，注意到收缩只沿运动方向(x 轴方向)发生，所以根据式(13-15)有

$$l_x = l_{0x} \sqrt{1 - \frac{u^2}{c^2}} = l_0 \cos \theta_0 \sqrt{1 - \frac{u^2}{c^2}}$$

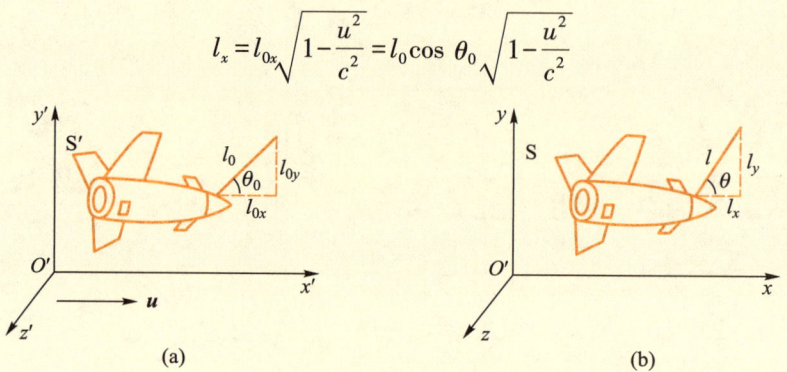

图 13-4 例 13-4 用图

而

$$l_y = l_{0y} = l_0 \sin \theta_0$$

所以

$$l = \sqrt{l_x^2 + l_y^2} = \sqrt{\left(l_0 \cos \theta_0 \sqrt{1 - \frac{u^2}{c^2}}\right)^2 + (l_0 \sin \theta_0)^2}$$

$$= l_0 \sqrt{1 - \frac{u^2 \cos^2 \theta_0}{c^2}} = 0.625 \text{ m}$$

由图 13-4(b)可知

$$\tan \theta = \frac{l_y}{l_x} = \tan \theta_0 \Big/ \sqrt{1 - \frac{u^2}{c^2}} = 2, \quad \theta = 63°27'$$

由此可见，地面上的观察者测得天线不仅长度缩短，而且方向也发生了变化.

13.4.2 时间延缓

从经典力学观点来看,在两个不同的惯性系测得的两事件的时间间隔是相同的. 因为根据伽利略变换中 $t=t'$,自然会得到 $\Delta t=\Delta t'$,那么,按照狭义相对论的观点来看,在两个不同的惯性系测得的时间间隔是否相等呢?

设在 S′系中坐标 x' 处有一只相对于 S′系静止的钟,有两个事件发生在同一地点 x',即 $x_1'=x_2'=x'$. 此钟记录的两事件发生的时刻分别为 t_1' 和 t_2',于是在 S′系中的钟所记录两事件的时间间隔

$$\Delta t_0 = t_2' - t_1'$$

式中 Δt_0 为相对于钟静止的参考系 S′测得的时间间隔,称为固有时间.

而在 S 系中的钟所记录的两事件发生的时刻分别为 t_1 和 t_2,由于 S′系以速度 u 沿 x 轴相对 S 系运动,且 $x_1'=x_2'=x'$,根据洛伦兹变换(13–13b)可得

$$\Delta t = t_2 - t_1 = \frac{t_2' + \frac{u}{c^2}x'}{\sqrt{1-\frac{u^2}{c^2}}} - \frac{t_1' + \frac{u}{c^2}x'}{\sqrt{1-\frac{u^2}{c^2}}} = \frac{t_2' - t_1'}{\sqrt{1-\frac{u^2}{c^2}}} = \frac{\Delta t_0}{\sqrt{1-\frac{u^2}{c^2}}} \quad (13-16)$$

由于 $\sqrt{1-\frac{u^2}{c^2}} > 1$,所以 $\Delta t > \Delta t_0$,这一现象称为时间延缓效应. 这就是说,S 系的钟记录 S′系内某一地点发生的两个事件的时间间隔,比 S′系的钟所记录的这两个事件的时间间隔要长些. 由于 S′系是以速度 u 沿 x 轴方向相对 S 系运动的,因此可以说,运动着的钟会变慢.

例 13–6 一飞船以 $v=9\times10^3$ m/s 的速率相对地面匀速飞行,设飞船上的钟走了 5 s 的时间,问地面上的钟走了多少时间?

解 设地面为 S 系,飞船为 S′系. 飞船上的钟走的时间是固有时间 $\Delta t_0=5$ s,地面上的钟走的是运动时间 Δt,由式(13–16)得

$$\Delta t = \frac{\Delta t_0}{\sqrt{1-\left(\frac{v}{c}\right)^2}} = \frac{5}{\sqrt{1-\left(\frac{9\times10^3}{3\times10^8}\right)^2}} = 5.000\ 000\ 02 \text{ s}$$

这个结果说明对于飞船这样大的速率,时间延缓效应实际上是很难测量出来的.

例 13–7 设某粒子在静止时的寿命为 10^{-6} s,当它以 $0.98c$ 运动时,问:
(1) 粒子的寿命是多少?
(2) 在与运动粒子相连接的惯性系看,粒子一生走过的距离是多少?

解 设与运动粒子相连接的坐标系为 S′系,与地球相连接的坐标系为 S 系.
(1) 在 S′系中,粒子的寿命(即固有时间)$\Delta t_0=10^{-6}$ s,在 S 系中粒子的寿命

$$\Delta t = \frac{\Delta t_0}{\sqrt{1-\frac{u^2}{c^2}}} = \frac{10^{-6}}{\sqrt{1-0.98^2}}\ \text{s} = 5.03\times 10^{-6}\ \text{s}$$

$\Delta t > \Delta t_0$,即相对于粒子运动的坐标系中测得的寿命比相对于粒子静止的坐标系中的寿命要长.

(2) 在 S 系中看,粒子走过的距离为

$$l_0 = u\Delta t = 0.98\times 3\times 10^8 \times 5.03\times 10^{-6}\ \text{m} = 1\ 479\ \text{m}$$

1 479 m 是在 S 系中测得的长度,称为固有长度,对于与粒子相连接的参考系 S',粒子一生走过的距离为

$$l = l_0\sqrt{1-\frac{u^2}{c^2}} = 1\ 479\times\sqrt{1-0.98^2}\ \text{m} = 294.3\ \text{m}$$

13.4.3 同时的相对性

在经典力学中,同时性是绝对的,在一个惯性系中同时发生的两个事件,在另一惯性系中也认为是同时发生的,同时性具有与惯性系无关的绝对意义. 那么,按照狭义相对论的观点来看,在一个惯性系中同时发生的两个事件,在另一惯性系中是否也是同时发生?

设在 S 系中的两地点同一时刻发生了事件 A 和事件 B,S'系和 S 系观测者测得事件 A 和事件 B 的时空坐标分别为 (x_1', y_1', z_1', t_1')、(x_2', y_2', z_2', t_2') 和 (x_1, y_1, z_1, t_1)、(x_2, y_2, z_2, t_2),由洛伦兹坐标变换(13-13a)可得出两事件的时间间隔 $t_2'-t_1'$ 和 t_2-t_1 的关系为

$$t_2'-t_1' = \frac{(t_2-t_1)-\frac{u}{c^2}(x_2-x_1)}{\sqrt{1-\frac{u^2}{c^2}}} \tag{13-17}$$

由于 $t_2 = t_1, x_2 \neq x_1$,则式(13-17)中 $t_2'-t_1' \neq 0$,即在 S 系中同时发生的两个事件,对于 S'系就不同时,这就是说同时性是相对的.

当 $u \ll c$ 时,$\frac{u}{c^2}\to 0$,则由式(13-17)可知 $t_2'-t_1' = 0$,即在 S 系同时发生的两个事件,在 S'系中也是同时发生的,这就是经典力学的同时性概念.

13.4.4 同时性与因果律

由式(13-17)还可以看出,如果 $t_2 > t_1$,即在 S 系中事件 B 迟于事件 A 发生,则对于不同的 x_2-x_1 值,$t_2'-t_1'$ 可以大于、等于或小于零. 这表明对于不同的惯性系,测得两事件发生的顺序(时间顺序)具有相对性,也可能会发生时序颠倒的情况,即在 S 系看来事件 A 比事件 B 先发生,但在 S'系看来,可能事件 B 比事件 A 先发生. 但

应该注意,这只限于两个没有因果关系的事件.

对于有因果关系的两个事件,例如,先有发射子弹(因),后有击中目标(果);先有发光(因),后有接收(果);先有父母(因),后有子女(果);先有出生(因),后有死亡(果)等. 它们发生的时序,无论在哪个惯性系中观察,都不可能颠倒. 因为事件 A 引起事件 B 发生,必须是从 A 向 B 传递了一种"信号",例如,令子弹发射算是事件 A,击中目标算是事件 B,则事件 A 向事件 B 传递的子弹就是所谓的"信号",这种"信号"传递的速度应为 $v_s = \dfrac{x_2 - x_1}{t_2 - t_1}$,总不能大于光速. 由此将式(13-17)改写成

$$t'_2 - t'_1 = \frac{t_2 - t_1}{\sqrt{1 - \dfrac{u^2}{c^2}}} \left(1 - \frac{u}{c^2} \frac{x_2 - x_1}{t_2 - t_1}\right) = \frac{t_2 - t_1}{\sqrt{1 - \dfrac{u^2}{c^2}}} \left(1 - \frac{uv_s}{c^2}\right)$$

相对论的结论之一是任何物质运动的速度都不可能大于光速,所以 $u<c$, $v_s<c$,所以 $\dfrac{uv_s}{c^2}<1$. 这样 $(t'_2-t'_1)$ 就总跟 (t_2-t_1) 同号,所以时序不会发生颠倒. 就是说,在 S 系中观察,如果事件 A 先于事件 B 发生(即 $t_2>t_1$),则在任何其他惯性系 S′中观察,事件 A 总是先于事件 B 发生(即 $t'_2>t'_1$). 这个结论在经典物理中是很自然的,在狭义相对论中也是成立的,因此,我们说狭义相对论是服从因果律的,那种试图用狭义相对论原理回到过去、起死回生的想法都是不能实现的.

思考题

13-6 "固有长度"与"空间间隔"等价吗?

13-7 在一个惯性系中同时发生的两事件,在另一个惯性系来看是否也一定同时发生?

13-8 在狭义相对论中,垂直于两个参考系的相对速度方向上的长度的量度与参考系无关,而为什么在此方向上的速度分量却又和参考系有关?

13-9 在宇宙飞船上,有人拿着一个立方体物体,若飞船以接近光速的速度背离地球飞行,分别从地球上和飞船上观察此物体,他们观察到物体的形状是一样的吗?

§13.5 狭义相对论动力学基础

本章前几节主要讨论洛伦兹变换及其蕴含的狭义相对论时空观,这些内容都是描述运动现象的,属于狭义相对论运动学. 本节将研究这些运动现象的原因,属于狭义相对论动力学. 这种划分的方法与经典力学是一样的.

根据狭义相对论的相对性原理,在所有惯性系中,物理定律的形式都是相同的,即描述物理定律的方程式应在洛伦兹变换下保持不变,经典力学定律仅在伽利

略变换下保持不变,但在洛伦兹变换下却发生了变化,这违背了狭义相对论的相对性原理. 为了使力学定律既符合相对性原理,即在洛伦兹变换下保持不变,又在 $u \ll c$ 的情况下合理地过渡到经典力学的形式,就必须重新定义质量、动量、能量等基本概念. 下面分析力学中几个最基本的概念.

13.5.1 质量和速度的关系

在经典力学中,物体的动量定义为其质量与速度的乘积,即 $\boldsymbol{p}=m\boldsymbol{v}$,其中质量 m 是不随运动速度变化的常量. 动量守恒定律是经过大量实践证明了的定律,并在伽利略变换下保持不变. 很明显,如果仍然保持这样的动量定义及质量为常量的概念,那么,在洛伦兹变换下,动量守恒定律就会发生变化,即如果在一个惯性系中动量守恒,则在另一个惯性系中动量就不守恒. 这就是说,若欲使动量守恒定律在洛伦兹变换下保持为不变式,就必须认为物体质量 m 与物体的速度 v 有关. 在狭义相对论中,根据自然界的普遍规律之一的动量守恒定律,以及运用相对论速度变换的关系,从理论上可以证明物体的质量是随着速度而改变的,两者的关系如下:

$$m = \frac{m_0}{\sqrt{1-\dfrac{v^2}{c^2}}} \tag{13-18}$$

式中 m_0 为物体静止时的质量,称为静止质量,它是一个不变量,m 为物体运动时的质量,称为相对论质量,v 为物体相对于某一惯性系的速度,而不是两个惯性系的相对速度. 式(13-18)给出了物体的相对论质量和速度的关系,称为质速关系式.

早在 1901 年,考夫曼对 β 射线的研究中就观察到了物体质量随运动速度的变化. 考夫曼曾通过观察不同速度的电子在磁场作用下的偏转,测定了电子的质量. 实验证明电子的质量随速度不同而有不同的量值,实验结果与式(13-18)完全吻合. 例如,当 $v=0.98c$ 时,电子的质量变化是十分显著的,此时

$$m = \frac{m_0}{\sqrt{1-(0.98)^2}} = 5m_0$$

但是,一般情况下,物体的速度不太大,质量的变化是很小的,很难观测出来. 例如火箭以第二宇宙速度 11.2 km/s 运动时,火箭质量的变化极其微小,此时

$$m = \frac{m_0}{\sqrt{1-\left(\dfrac{11.2}{3\times 10^5}\right)^2}} = 1.000\,000\,000\,9 m_0$$

由式(13-18)可以看出,在经典力学中认为不变的又一个基本量——质量,在相对论中,也与空间和时间一样,是随被测物体与观察者(参考系)的相对运动而改变的量. 当 $v \ll c$ 时,$m=m_0$,又回到经典力学质量的概念上.

由式(13-18)还可以看出,对静止质量不为零的物体,它的速度不可能等于光速,即任何物体的速度都以真空中的光速 c 为极限. 而运动速度等于光速 c 的粒子,如光子、中微子等,它们的静止质量 m_0 只能为零.

对质量的概念作了上述修改后,那么在相对论中,动量定义为

$$p = mv = \frac{m_0}{\sqrt{1-\frac{v^2}{c^2}}}v \tag{13-19}$$

式(13-19)说明,相对论动量总比同一速度下经典力学的动量公式算出的要大. 但是当 $v \ll c$ 时, $p = m_0 v$, 又回到经典力学中动量的形式.

例 13-8 一质量为 m 的物体,初始时保持静止,在某一时刻爆炸分裂成质量分别为 m_A 和 m_B 的两个完全相同的物体,它们以大小相等的速率 u 沿相反方向运动,试推导相对论质速关系式.

解 建立如图 13-5 所示坐标系. 以 S 为参考系,在此参考系中, m_A 静止, m_B 运动. 由洛伦兹速度变换可知, m_B 相对于 S 系的速度为

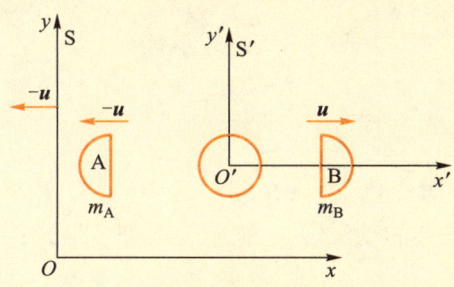

图 13-5

$$v_B = \frac{v'_B + u}{1 + \frac{u v'_B}{c^2}} = \frac{u+u}{1+\frac{u^2}{c^2}} = \frac{2u}{1+\frac{u^2}{c^2}} \tag{1}$$

在 S 系中,物体分裂前速率为 u,动量为 mu,物体分裂后,动量为 $m_A 0 + m_B v_B$, S 系中物体动量守恒、质量守恒,因此有

$$mu = m_B v_B \tag{2}$$

$$m_A + m_B = m \tag{3}$$

由式(1)可得

$$v_B \left(1+\frac{u^2}{c^2}\right) - 2u = 0$$

解方程

$$\frac{v_B}{c^2} u^2 - 2u + v_B = 0$$

得(舍去大于光速的解)

$$u = \frac{c^2}{v_B}\left(1 - \sqrt{1-\frac{v_B^2}{c^2}}\right) \tag{4}$$

将式(3)与式(4)代入式(2)得

$$(m_A + m_B)\frac{c^2}{v_B}\left(1 - \sqrt{1-\frac{v_B^2}{c^2}}\right) = m_B v_B$$

则

$$(m_A+m_B)\left(1-\sqrt{1-\frac{v_B^2}{c^2}}\right)=m_B\frac{v_B^2}{c^2}$$

整理得

$$m_B=\frac{m_A}{\sqrt{1-\frac{v_B^2}{c^2}}}$$

式中，m_A 是 S 系中测量的质量，即静止质量 m_0，m_B 是以速度 $v_B=v$ 相对 S 系运动的质量 m，则

$$m=\frac{m_0}{\sqrt{1-\frac{v^2}{c^2}}}$$

13.5.2 动力学基本方程

因为质量随速度 v 而变化，因而在相对论中，动力学方程不能取 $\boldsymbol{F}=m\boldsymbol{a}$ 的形式，而必须根据式（13-19）的动量定义，把它写成如下形式：

$$\boldsymbol{F}=\frac{\mathrm{d}\boldsymbol{p}}{\mathrm{d}t}=\frac{\mathrm{d}}{\mathrm{d}t}\left(\frac{m_0}{\sqrt{1-\frac{v^2}{c^2}}}\boldsymbol{v}\right) \tag{13-20}$$

式（13-20）就是相对论动力学基本方程.

当 $v\ll c$ 时，式（13-20）变成

$$\boldsymbol{F}=m_0\frac{\mathrm{d}\boldsymbol{v}}{\mathrm{d}t}=m_0\boldsymbol{a}$$

这正是经典力学中的牛顿第二定律. 可见，牛顿第二定律只是在物体速度比光速小得多时才成立. 在经典力学中，质量为 m 的物体在恒力 $\boldsymbol{F}$ 作用下，从静止开始做匀加速直线运动，加速度为 $a=\frac{F}{m}$，经过时间 t，物体的速度变为 $v=at=\frac{Ft}{m}$，如果恒力 $\boldsymbol{F}$ 持续作用足够长的时间，那么物体的速度完全有可能超过光速. 但在狭义相对论中，由式（13-20）可得

$$F=\frac{\mathrm{d}}{\mathrm{d}t}\left[\frac{m_0}{\sqrt{1-\frac{v^2}{c^2}}}v\right]=\frac{m_0}{\sqrt{1-\frac{v^2}{c^2}}}\frac{\mathrm{d}v}{\mathrm{d}t}+\frac{m_0v}{\sqrt{\left(1-\frac{v^2}{c^2}\right)^3}}\frac{v}{c^2}\frac{\mathrm{d}v}{\mathrm{d}t}$$

解得加速度

$$\frac{\mathrm{d}v}{\mathrm{d}t}=\frac{F}{m_0}\left(1-\frac{v^2}{c^2}\right)^{\frac{3}{2}}$$

上式表明，在恒力 F 的作用下，随着物体速率 v 的增加，其加速度 $\dfrac{\mathrm{d}v}{\mathrm{d}t}$ 将减小，当 $v \to c$ 时，$\dfrac{\mathrm{d}v}{\mathrm{d}t} \to 0$，这时无论作用力有多大，力持续多长时间，也不可能把一个粒子从静止加速到速度等于或大于光速。

13.5.3 质量和能量的关系

从相对论动力学基本方程出发，可推得一个非常重要的结论——质能关系式，这是爱因斯坦狭义相对论基本原理所取得的最著名的公式。

根据动能定理，当合外力 F 对物体做功时，物体动能的增量等于合外力对它做的功，物体动能增量为

$$\mathrm{d}E_k = \boldsymbol{F} \cdot \mathrm{d}\boldsymbol{r} = \boldsymbol{F} \cdot \boldsymbol{v}\mathrm{d}t = \boldsymbol{v} \cdot (\boldsymbol{F}\mathrm{d}t) = \boldsymbol{v} \cdot \mathrm{d}(m\boldsymbol{v})$$
$$= \boldsymbol{v} \cdot \boldsymbol{v}\mathrm{d}m + m\boldsymbol{v} \cdot \mathrm{d}\boldsymbol{v} = v^2 \mathrm{d}m + mv\mathrm{d}v$$

由质速关系式（13-18）可得

$$m^2 v^2 = m^2 c^2 - m_0^2 c^2$$

对上式两边微分得

$$v^2 \mathrm{d}m + mv\mathrm{d}v = c^2 \mathrm{d}m$$

因此，动能增量为

$$\mathrm{d}E_k = c^2 \mathrm{d}m$$

若物体最初速度为零，即初动能为零，此时物体质量为 m_0；在外力 F 作用下，速率增大到 v，动能为 E_k，此时物体运动质量为 m，对上式积分，可求得物体动能

$$E_k = \int_{m_0}^{m} c^2 \mathrm{d}m = mc^2 - m_0 c^2 \tag{13-21}$$

在 $v \ll c$ 的低速情况下，有

$$E_k = m_0 c^2 \left(\dfrac{m}{m_0} - 1 \right) = m_0 c^2 \left[\dfrac{1}{\sqrt{1-\left(\dfrac{v}{c}\right)^2}} - 1 \right] \approx m_0 c^2 \left[1 + \dfrac{1}{2}\left(\dfrac{v}{c}\right)^2 - 1 \right] = \dfrac{1}{2} m_0 v^2$$

又回到经典力学的动能形式。

从物体动能为 mc^2 与 $m_0 c^2$ 两项之差，可知 mc^2 与 $m_0 c^2$ 也具有能量的含义。

将 $m_0 c^2$ 称为物体的静止能量，简称静能，用 E_0 表示，即

$$E_0 = m_0 c^2$$

而 $mc^2 = m_0 c^2 + E_k$ 为物体的静能和动能之和，称为物体的总能量，用 E 表示。即

$$E = mc^2 \tag{13-22}$$

式（13-22）称为爱因斯坦质能关系式，它表明，具有一定质量的客观物体必具有与这一质量相当的能量。

物体的静能，实际上是物体内部的总能量，包括组成该物体的分子、原子以及原子中的电子、质子、中子因运动所具有的动能以及这些微观粒子之间因相互作用所具有的势能之和，即物体内部能量的总和。

由于 c^2 的值非常大,所以即使 m_0 很小的物体,在静止时,它本身已蕴藏着一份很大的能量,例如 $m_0 = 1$ kg 的物体,其静能 $E_0 = 9×10^{16}$ J. 这是一个非常巨大的能量,比一般的化学反应(如燃烧)所释放出来的能量不知要大多少倍. 当物体的质量发生 Δm 的变化时,物体的能量也必将发生 ΔE 的相应变化;反之,如果物体的能量发生变化,那么它的质量也一定会有相应的变化. 即

$$\Delta E = \Delta m c^2 \tag{13-23}$$

在日常生活中,物体的能量变化不大,因而相应的质量变化也很小. 例如,将 1 kg 的水由 0 ℃ 加热到 100 ℃ 时,其能量的变化 $\Delta E = 4.18 \times 10^5$ J,相应的质量变化 $\Delta m = 4.6 \times 10^{-12}$ kg. 这一变化如此微小,以至于无法观察到. 但在核反应的裂变和聚变中,质量的微小变化,却会释放大量的能量.

质能关系式揭示了质量和能量的不可分割性. 根据质能关系式,科学家找到了释放原子能的途径和方法,使人类跨入了利用原子能的新时代. 质能关系式是爱因斯坦相对论的伟大成就之一,被誉为"改变世界的方程".

质能关系式的正确性,已经被无数事实所证实. 它是原子能利用的主要理论依据.

提示:
静止物体所含的巨大能量(质量乘光速平方)不引人注意,是因为没有能量向外放出,因而不能观测到它.

例 13-9 已知质子和中子的质量分别为 $m_p = 1.00728$ u(原子质量单位,1 u $= 1.660 \times 10^{-27}$ kg),$m_n = 1.00866$ u,两个质子和两个中子组成一个氦核 $^4_2$He,实验测得它的质量为 $m_{He} = 4.00150$ u. 试计算形成一个氦核时所释放出来的能量.

解 两个质子和两个中子组成氦核之前总质量为

$$m = 2m_p + 2m_n = 4.03188 \text{ u}$$

而氦核质量 m_{He} 小于 m 的量 $\Delta m = m - m_{He}$ 为原子核的质量亏损,于是有

$$\Delta m = m - m_{He} = 0.03038 \text{ u} = 0.03038 \times 1.660 \times 10^{-27} \text{ kg}$$

因此,由式(13-23)得质子和中子形成氦核时放出的能量为

$$\Delta E = 0.03038 \times 1.660 \times 10^{-27} \times (3 \times 10^8)^2 \text{ J} = 0.4539 \times 10^{-11} \text{ J}$$

这就是氦核的结合能. 结合成 1 mol 氦核,即 4.002 g 氦核时,所放出的能量为

$$\Delta E = 6.023 \times 10^{23} \times 0.4539 \times 10^{-11} \text{ J} = 2.734 \times 10^{12} \text{ J}$$

这相当于燃烧 100 t 煤所放出的热量.

*13.5.4 能量和动量的关系

比较 $E = mc^2$ 和 $p = mv$ 可得到

$$v = \frac{c^2}{E} p$$

又因

$$E^2 = \frac{m_0^2 c^4}{1 - \dfrac{v^2}{c^2}} = \frac{m_0^2 c^4}{1 - \dfrac{1}{c^2} \dfrac{c^4}{E^2} p^2}$$

化简得

$$E^2 - p^2 c^2 = m_0^2 c^4$$

即
$$E^2 = p^2c^2 + m_0^2c^4 \qquad (13-24)$$

式(13-24)称为相对论的能量和动量关系式.

在经典力学中,质量是物质存在的特征,没有质量就没有动量和能量,但在相对论中,没有静止质量的微观粒子,可以具有动量和能量,如光子的静止质量 $m_0 = 0$,其能量 $E = pc$,其动量 $p = \dfrac{E}{c}$,则

$$p = \frac{E}{c} = \frac{mc^2}{c} = mc$$

这说明静止质量为零的粒子一定以光速运动.

根据式(13-24)有

$$E = \sqrt{p^2c^2 + m_0^2c^4} \qquad (13-25)$$

当 $v \ll c$ 时,

$$m_0c^2\sqrt{1 + \frac{p^2}{m_0^2c^2}} = m_0c^2\left(1 + \frac{1}{2}\frac{p^2}{m_0^2c^2} + \frac{3}{8}\frac{p^4}{m_0^4c^4} + \cdots\right) \approx m_0c^2\left(1 + \frac{1}{2}\frac{p^2}{m_0^2c^2}\right)$$

则
$$E_k = E - E_0 = m_0c^2\left(1 + \frac{1}{2}\frac{p^2}{m_0^2c^2}\right) - m_0c^2$$

即
$$E_k = \frac{p^2}{2m_0}$$

又回到了经典力学动量和能量关系的形式.

以上叙述了狭义相对论的时空观和相对论力学的一些重要结论. 狭义相对论的建立是物理学发展史上的里程碑,具有深远的意义,它改变了我们对世界的认识,揭示了空间与时间之间,以及空间、时间与运动物质之间的深刻联系. 这种相互联系,把经典力学中认为互不相关的空间和时间结合成为一种统一的运动物质的存在形式. 它还改变了我们对物质和能量的认识,这两者之间会相应变化.

狭义相对论的理论结果;至今已不断地被大量的实验所证实,并且已经成为研究宇宙星体、基本粒子及一系列工程物理(如反应堆中能量的释放、带电粒子加速器的设计等)问题的基础. 与经典物理学相比较,狭义相对论更客观、更真实地反映了自然界的规律,但是狭义相对论并不是对经典力学的否定,而是对经典力学的推广. 经典力学是狭义相对论在低速情况下的近似,而狭义相对论则是指导和探讨高速物质世界运动规律的理论基础.

思考题

13-10 在狭义相对论中,有没有以光速运动的粒子?这种粒子的动量和能量的关系如何?

13-11 光子是以光速运动的,在质速关系中,运动光子的质量是否为无限大?

13-12 什么叫质量亏损?它和原子能的释放有何关系?

13-13 在狭义相对论中,能不能认为粒子的动能就等于 $\dfrac{1}{2}mv^2$?

*§13.6 广义相对论简介

13.6.1 广义相对论的基本原理

我们知道,狭义相对论只对惯性系适用,但是并不存在真正的惯性系.严格地说,一切真实的参考系都属于非惯性系.那么,能否建立一个更加普遍的理论,使它在任何参考系中均成立.爱因斯坦在建立狭义相对论之后,又经过了十多年的潜心研究,终于创立了用于研究物质在空间和时间中如何进行引力相互作用的广义相对论.

本节只限于介绍广义相对论中的广义相对性原理和等效原理,因为这两个原理是广义相对论的基础.

(1) **广义相对性原理** 对于描述物理规律任何参考系都是等价的. 也就是说,无论是在惯性系还是在非惯性系,物理规律的数学形式都相同. 显然,广义相对性原理取消了惯性系在参考系中的优越地位.

(2) **等效原理** 对于一切物理过程,引力场与匀加速运动的参考系局部等效. 也就是说,在处于均匀恒定引力场影响下的惯性系中,所发生的一切物理现象,与一个不受外力场影响,但以恒定加速度运动的非惯性系内的物理现象完全相同.

下面我们用一个理想实验来说明等效原理.

航天员在密封舱内通过实验发现,舱内所有物体都以同样的加速度 g 自由下落,就像地球表面上的现象一样. 对此,航天员作出两种不同的解释.

(1) 密封舱是一个惯性系,舱内物体的自由下落是舱下面的地球引力场造成的,如图 13-6(a)所示.

(2) 密封舱是一个非惯性系,舱内物体的自由下落是密封舱在太空中向上飞行造成的,舱下面并没有地球,也没有引力场,如图 13-6(b)所示.

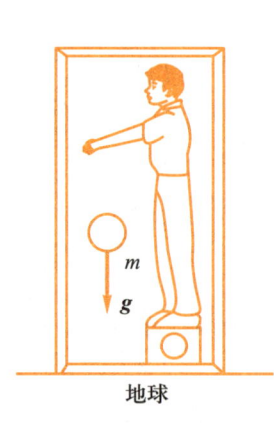
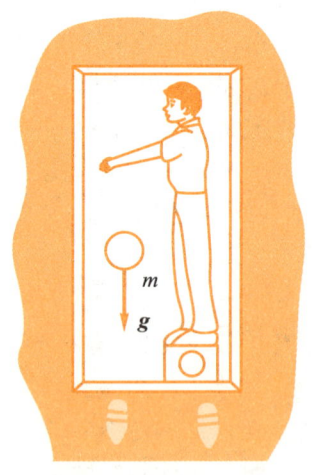

(a) 密封舱是一个惯性系   (b) 密封舱是一个非惯性系

图 13-6 等效原理

由于引力质量与惯性质量严格相等.因此,在密封舱内的航天员无论做什么实验(力学、电磁学或其他)都无法判断是由于密封舱处于引力场中,因引力作用使物体自由下落,还是由于密封舱加速上升,因惯性力使物体自由下落.也就是说,在这样的实验中,惯性力与引力是等效的.

由于一般引力场都是非均匀分布的,范围很大,其中各处的引力场强 g 的大小和方向可能显著不同.因而通过参考系的加速运动就不可能同时消除其中所有地方的引力影响.所以,引力场与加速参考系的这种等价只是一种局部的等效.按照等效原理,在局部小范围内的惯性系(局域惯性系)中,一切物理定律均服从狭义相对性原理.因此,对于非惯性系,只需引入引力场的概念,就可以像在惯性系中那样来研究物理问题.

13.6.2 广义相对论的重要结论

在广义相对论中,基于对等效原理的认识,爱因斯坦提出,引力的唯一效果就是引起时空弯曲,且质量密度越大的地方,引力场越强,时空的弯曲就越显著,建立了引力方程,给出了物质的分布和运动与时空弯曲性质的关系,最终创立了广义相对论.

由于广义相对论的时空是四维空间,其严格的讨论须借助微分几何理论,故此从略,而直接介绍由此得出的重要结论.

1. 水星近日点的旋进

广义相对论的一个结论是,由于引力场的作用,整个时空是"弯曲"的.水星是离太阳最近的行星,按照经典力学理论,水星绕太阳的运动轨道为一封闭的椭圆,但天文观测表明,水星近日点的运动轨道并非一封闭椭圆,而是每隔一定周期椭圆长轴便发生一微小旋转,这种现象称为水星近日点的旋进.广义相对论揭开了这一天文学之谜,水星处在这一时空强烈弯曲区的时空内,造成近日点的旋进.用太阳旁的时空弯曲效应的理论计算,旋进的附加值为每百年 43.03″,与观测结果十分接近.

2. 引力红移

广义相对论另一个结论是,光在引力场传播时,当光从引力场强的地方传到引力场弱的地方时,光的频率会减小,这一效应称为引力红移.1959 年,实验首次测出从太阳发出的光到达地球后,其谱线确实有红移现象,而且红移的量值与广义相对论的预言十分接近.

3. 雷达电波延迟

广义相对论的又一个结论是,太阳引力会使电磁波的传播变慢.1969 年,科学家用水手 6 号探测器进行验证,发现地面雷达发送的信号擦过太阳到达水手 6 号,再由它把信号发回地面,结果发现,接收到的信号延迟了 204 μs,而理论预言为 200 μs.

4. 光线的引力偏移

广义相对论预言,从遥远恒星发出的光线,在经过太阳附近时,受太阳引力作用将发生偏转,如图 13-7 所示.当没有太阳时,光线以直线传到地球.但当太阳出现在恒星与地球之间时,光线将发生弯曲,恒星的视位置将偏离它的实际位置.1919 年 5 月 29 日,天文学家观测当天日全食时太阳背后的毕宿星光,观测结果证实了爱因斯坦预言.

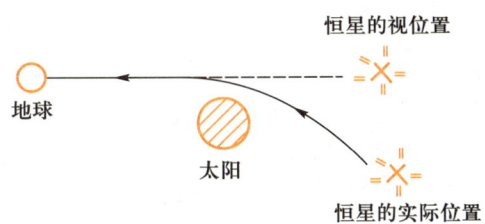

图 13-7 光线在太阳引力场中的偏移

5. 引力波和黑洞

广义相对论还预言了引力波和黑洞的存在,具有质量的物体加速运动时也会辐射引力波.由于大质量天体的巨大引力使其周围时空弯曲,从而引起光线传播路径弯曲,因而从天体表面发射出来的光就会弯折回天体,使天体既不能发出光线,也不能反射光线,从而形成一个异常"黑暗"的天体,称之为黑洞. 1974 年,科学家用射电望远镜发现了一颗反常的脉冲星,它以约 1×10^7 km 的速度围绕着一颗黑暗的伴星(黑洞)旋转,两个星体强烈的相互作用,伴随着一种奇异的能量释放,这只能用引力波的来解释:脉冲星正在接近伴星(黑洞),最终将被黑洞吞没.

6. 宇宙模型

由空间、时间、物质、能量所构成的统一体称之为宇宙。随着科学技术的发展,人类的视界不断扩大,观测水平不断提高,对我们生活的宇宙的认识也不断发展. 哥白尼的宇宙是有限有边的,它就是我们的太阳系;牛顿的宇宙是无限无边且高度均匀的;爱因斯坦提出了有限无边的宇宙模型,即宇宙的体积有限而又没有边界.

俄国数学家弗里德曼和比利时天文学家勒梅特对爱因斯坦引力场方程进行研究,得到了一个不稳定的方程解,说明爱因斯坦的有限无边宇宙具有不断膨胀的性质,美国天文学家哈勃等人的天文观测证明了这个结论. 1948 年,美国物理学家伽莫夫在此基础上提出宇宙起源的大爆炸学说. 1965 年,美国天文学家彭其亚斯和英国物理学家威耳孙发现了大爆炸学说预言的剩余物——微波背景辐射,为此,他们获得了 1982 年诺贝尔物理学奖. 另一方面,英国物理学家克尔、霍金和英国数学家彭罗斯等人又从广义相对论出发,提出和证明了一系列关于黑洞的定理,彭罗斯因"发现黑洞是广义相对论的一个稳健的预测"而获得了 2020 年诺贝尔物理学奖. 可以说,广义相对论开创了黑洞物理学和相对论宇宙学这两门崭新的物理学分支.

相对论是关于时空和引力的理论,相对论的创立对于现代物理学的发展和现代人类思想的发展都有重大的影响. 广义相对论和狭义相对论在物理学的不同领域所起的作用各不相同. 在宏观、低速情况下,两者效应都可略去. 狭义相对论在微观、高能物理中取得了辉煌的成就,是人们认识微观世界和高能物理的基础. 而广义相对论则适用大尺度时空,它的成果要在宇观(10^{26} m 以上)世界里才能显示出来.

习题

13-1 选择题

(1) 位于上海浦东的"东方明珠"电视塔高 $h=468$ m,在以速度 $0.8c$ 竖直上升的火箭上有一观察者,他测得的电视塔高为( ).

(A) 468 m (B) 0 m (C) 374.4 m (D) 280.8 m

(2) 某地在举办足球赛决赛,加时赛共踢了 30 min,则在以速度 $0.6c$ 飞行的宇宙飞船上的乘客,观测到的该加时赛持续时间为( ).

(A) 24 min (B) 18 min (C) 50 min (D) 37.5 min

(3) S 系中发生的两个事件 P_1 和 P_2,其时空坐标分别为 $P_1(x_1,t)$ 和 $P_2(x_2,t)$. 若 S′ 系以高速 u 相对 S 系沿 x 轴方向运动,S′ 系测得这两个事件必定是( ).

(A) 同时事件 (B) 不同地点发生的同时事件
(C) 既非同时,也非同地 (D) 无法确定

(4) 物体相对于观察者静止时,其密度为 ρ_0,若物体以高速 v 相对于观察者运动,观察者测得

物体的密度为 ρ，则 ρ 与 ρ_0 的关系为(　　).
(A) $\rho<\rho_0$　　　　　　　　　(B) $\rho=\rho_0$
(C) $\rho>\rho_0$　　　　　　　　　(D) 无法确定

(5) 一中子的静能为 $E_0=900$ MeV，动能为 $E_k=60$ MeV，则中子的运动速度等于(　　)c.
(A) 0.30　　　(B) 0.35　　　(C) 0.40　　　(D) 0.45

13-2　填空题

(1) 一个星体以 $0.5c$ 的速度远离地球而去，则其上发出的光相对于地球的速度为_____.

(2) 路旁竖立着一块边长为 10 m 的正方形广告牌，一辆高速列车以 $v=0.6c$ 通过此广告牌，则车上乘客通过此广告牌时，车上乘客测得此广告牌的面积为_____.

(3) π^+ 介子是不稳定粒子，其静止时的寿命为 2.6×10^{-8} s. 若此粒子以 $v=0.8c$ 的速度离开加速器，那么实验室坐标系中测量的 π 介子寿命为_____；π 介子在衰变前运动的距离为_____；若不考虑相对论效应，π 介子运动的距离为_____.

(4) 一个电子和一个正电子相碰，转化为电磁辐射(这一过程称为正负电子湮没). 正、负电子的质量皆为 9.11×10^{-31} kg，设在湮没前两电子是静止的，则电磁辐射的总能量 $E=$_____.

(5) 动能为 1 GeV 的质子的动量大小为_____.

13-3　在惯性系 S 中的同一地点发生的两个事件，第二个事件发生在第一个事件以后 2 s. 在另一惯性系 S′ 中观察到第二个事件是在第一个事件 3 s 之后发生的. 求：
(1) 这两个惯性系的相对速度；
(2) 在 S′ 系中测得的这两个事件之间的位置距离.

13-4　一质点在惯性系 S′ 中做匀速圆运动，轨道方程为 $x'^2+y'^2=a^2, z'=0$.
(1) 试证明对另一惯性系 S(S 以速率 u 沿 x' 轴正方向相对于 S′ 运动)中观察者来说，这一质点的运动轨道为一椭圆，椭圆的中心以速率 u 运动；
(2) 若不考虑相对论效应，又将如何？

13-5　如图所示，天津和北京相距 120 km，在北京于某日上午 9 时整有事件 A 发生，同日在天津于 9 时 0 分 0.000 3 秒有事件 B 发生. 试问：
(1) 在以 $0.8c$ 的速率沿天津至北京方向飞行的飞船中，观察到这两个事件之间的时间间隔为多大？
(2) 哪一事件发生在先？

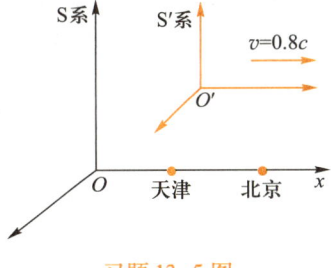

习题 13-5 图

13-6　宇宙射线与大气相互作用时能产生 π 介子衰变. 由 π 介子衰变所产生的 μ 子的速度 $v=0.998c$，已知静止 μ 子的平均寿命为 2.2×10^{-6} s. 试问：在距地面 8 000 m 高处的大气层上由 π 介子衰变所放出的 μ 子能否到达地面？

13-7　地球上的观察者发现，一艘以速率 $0.60c$ 向东航行的宇宙飞船将在 5 s 后与一个以 $0.8c$ 的速率向西飞行的彗星相撞，如图所示. 试问：
(1) 飞船中的人们看到彗星以多大速率向他们接近？
(2) 按照他们的钟，还有多少时间允许他们离开原来航线避免碰撞？

13-8　某观察者测得一静止细棒的长度为 L_0，质量为 m_0，在相对论情况下，试问：
(1) 若此棒以速度 v 沿棒长方向运动，则观察者测得此棒的线密度为多少？

(2) 若此棒以速度 v 沿着与棒长垂直的方向运动,则观察者测得此棒的线密度为多少?

13-9 一物体的速度使其质量比静止质量增加了 10%,试问:此物体在运动方向上缩短了百分之几?

13-10 已知实验室中一个质子的速度是 $0.99c$,试问:它的相对论总能量 E、动量 p、动能 E_k 各等于多少(用静能 m_0c^2 表示)?

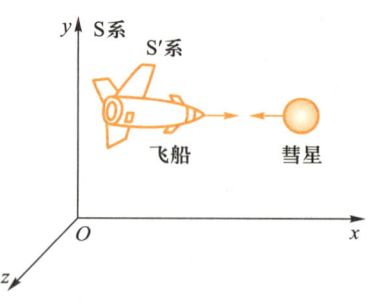

习题 13-7 图

13-11 设火箭的静止质量为 100 t,当它以第二宇宙速度飞行,其质量增加了多少?

13-12 粒子的静止质量为 m_0,当其动能等于其静能时,其质量和动量各等于多少?

13-13 在北京正负电子对撞机中,电子经过加速可达到动能为 2.8×10^9 eV. 试问:

(1) 这种电子的速率和光速相差多少?

(2) 这样的一个电子动量多大?

(3) 这种电子在周长为 240 m 的储存环内绕行时,它受的向心力多大?需要多大的偏转磁场?

13-14 能量为 0.5 MeV 的电子垂直于磁场运动,其运动轨道是半径为 2 cm 的圆周,试求该磁场的磁感应强度大小.

13-15 一质子(静止质量为 $1\,840m_e$)以 $\dfrac{c}{20}$ 的速率运动,问:电子(静止质量为 m_e)在多大速率时才具有与该质子同样多的动能?

13-16 氢原子的结合能(从氢原子移去电子所需的能量)为 13.6 eV. 当电子和质子结合为氢原子时,损失了多少质量?

13-17 把一个电子从静止加速到 $0.1c$,需对它做多少功?如果将电子从 $0.8c$ 加速到 $0.9c$,又需对它做多少功?

13-18 在实验室参考系中,某个粒子具有能量 $E = 3.2 \times 10^{-10}$ J,动量 $p = 9.4 \times 10^{-19}$ kg·m/s,试求该粒子的静止质量和速率.

第 13 章参考答案

第 14 章

早期量子论

1900 年前后,人们在研究涉及物质内部微观过程的黑体辐射、光电效应、氢原子光谱等时,都无法用经典理论来解释.为了摆脱困境,1900 年普朗克提出了量子假设,1905 年爱因斯坦提出了光子假设,1913 年玻尔提出了氢原子理论,这些理论相继冲破了经典理论的束缚,形成了早期的量子理论.

本章主要介绍上述实验规律以及当时为解释这些规律而提出的相关假设.

§ 14.1 黑体辐射与普朗克量子假设

14.1.1 热辐射及其描述

实验表明,物体在任何温度下都要辐射各种波长的电磁波,这种辐射的特征在很多方面取决于物体的温度,所以称为热辐射.在不同的温度下,热辐射所产生的电磁波的能量随着波长的变化会有不同的分布.例如加热一块铁,温度在 300 K 以下时,只感到它发热,看不见发光;随着温度的升高,不仅物体辐射能量越来越大,而且颜色也发生了变化,开始呈暗红色,继而变为赤红、橙红、黄白色.这说明了随着温度的升高,辐射的总能量增加且能量逐渐向短波方向分布.

> 提示:
> 热辐射的波长范围为 $10^2 \sim 10^5$ nm.

为了定量描述某物体在一定温度下发出的能量随波长的分布,引入单色辐射出射度的概念,用 $M_\lambda(T)$ 表示,定义为在单位时间内,从物体表面的单位面积上某波长附近的单位波长区间内所发射的电磁波能量.

单位时间内,从物体表面单位面积所发射的各种波长的总辐射能,称为物体的辐射出射度,用 $M(T)$ 表示,它不随波长的变化而改变,仅是温度 T 的函数.

在一定温度 T 下,物体的单色辐射出射度和辐射出射度的关系为

$$M(T) = \int_0^\infty M_\lambda(T)\,d\lambda \tag{14-1}$$

实验指出,对于各种不同的物体,或相同材料但表面情况(如粗糙度)不同的物体,即使温度相同,它们的单色辐射出射度和辐射出射度也不相同.

在国际单位制中,单色辐射出射度的单位为 W/m³(瓦特每立方米),辐射出射度的单位为 W/m²(瓦特每平方米).

14.1.2 黑体辐射规律

任何物体不仅向外辐射电磁波,而且也吸收外界照射到它表面的电磁波.能够

阅读材料:
黑体辐射规律的探索

完全吸收而不反射照射到它表面的各种波长的电磁波的物体称为绝对黑体,简称黑体. 在自然界中,真正的黑体是不存在的,即使最黑的烟煤也只能吸收 95% 的电磁波. 因此,黑体是一种理想化物体,它和质点、刚体等概念一样是一种理想模型. 可以用人工方法制造出与黑体十分接近的物体,在不透明材料做成的空腔上开一小孔,带有这样的小孔的空腔就是一个黑体模型,如图 14-1 所示.

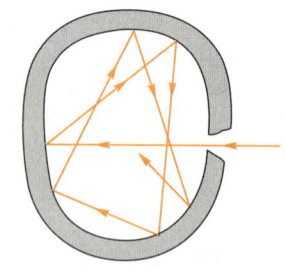

图 14-1　黑体模型

因为空腔的小孔很小,射入空腔的电磁波在空腔内经腔壁多次的部分吸收和部分反射后,几乎被空腔的内壁全部吸收,最后几乎没有电磁波再从小孔出来. 从辐射角度看,如果把空腔加热,使其保持在一定温度下,空腔将通过小孔向外发出辐射,所以小孔的辐射实际上就是黑体的辐射.

黑体辐射是热辐射的典型情况,对其热辐射规律的研究有着普遍意义. 图 14-2 所示是用分光技术测出的黑体的单色辐射出射度随波长 λ 分布的曲线,图中给出了几种不同温度下的曲线,由图可知不同温度下波长 λ 的分布曲线不同。从这些实验曲线可得到黑体辐射的两条规律.

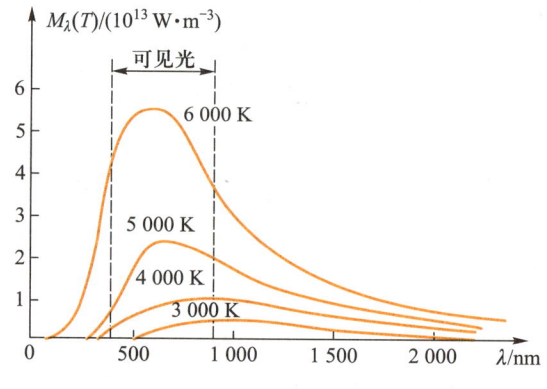

图 14-2　黑体的 $M_\lambda(T)$-λ 曲线

1. 维恩位移定律

由图 14-2 可见每一曲线都有一峰值,与该峰值对应的波长用 λ_m 表示,随着黑体温度 T 的升高,λ_m 减小. 实验发现,两者的关系为

$$\lambda_m T = b \tag{14-2}$$

式中 $b=2.898\times10^{-3}$ m·K,称为维恩常量. 该式表明,当黑体的温度升高时,其单色辐射出射度的峰值所对应的波长 λ_m 向短波方向移动.

2. 斯特藩-玻耳兹曼定律

在图 14-2 中,每一条曲线反映了在一定温度下,黑体的单色辐射出射度随波长 λ 分布的情况,每条曲线下的面积等于黑体在一定温度下的辐射出射度. 实验表明,它与热力学温度 T 的四次方成正比,即

$$M(T) = \sigma T^4 \tag{14-3}$$

式中 $\sigma = 5.67 \times 10^{-8}$ W/(m²·K⁴),称为斯特藩常量.

以上两条定律将黑体辐射的主要性质简洁而定量地表示出来,很有实用价值,被广泛应用于高温测量、星球表面温度的分析、遥感、红外追踪等技术中.

> **例 14-1** 假定太阳表面的行为和黑体表面一样,如果测得太阳辐射的峰值波长 λ_m 为 510 nm,试估计太阳的表面温度及每单位表面积上所发射出的功率.
>
> **解** 根据维恩位移定律,对于太阳表面温度
>
> $$T = \frac{b}{\lambda_m} = \frac{2.898 \times 10^{-3}}{5\,100 \times 10^{-10}} \text{ K} = 5\,682 \text{ K}$$
>
> 由此可见,在人类发展的漫长岁月中,人的眼睛适应了太阳光,而变得对太阳的辐射波谱的峰值波长最为敏感.
>
> 根据斯特藩-玻耳兹曼定律可求出太阳的辐射出射度,即单位表面积上的发射功率为
>
> $$M(T) = \sigma T^4 = 5.67 \times 10^{-8} \times (5\,682)^4 \text{ W/m}^2 = 5.91 \times 10^7 \text{ W/m}^2$$

14.1.3 普朗克量子假设

要从理论上解释黑体辐射规律,就必须从理论上导出黑体的单色辐射出射度 $M_\lambda(T)$ 与 λ、T 的具体函数形式. 19 世纪末,许多物理学家就试图在经典物理学的基础上找出这一关系式,结果都失败了,其中较为典型的是瑞利-金斯公式

$$M_\lambda(T) = \frac{2\pi c}{\lambda^4} kT$$

式中 k 为玻耳兹曼常量,c 为真空中的光速. 显然,这个式子对应的曲线与图 14-2 中的曲线不一致,当 λ 趋于零即波长很短时(紫外区),$M_\lambda(T)$ 趋于无穷大,而实验的结果是 $M_\lambda(T)$ 趋于零. 这就是 19 世纪末使经典物理学陷入困境的"紫外灾难".

1900 年普朗克为了克服热辐射理论中的困难,提出了与经典物理学格格不入的**量子假设:黑体是由许多带电的一维线性简谐振子(或称为谐振子)组成的,这些简谐振子辐射电磁波,并和周围电磁场交换能量,每一个频率为 ν 的简谐振子的能量是不能连续变化的,只能取一些分立的值,这些分立值的能量是某一最小能量 $h\nu$(称为能量子)的整数倍**,即 $h\nu, 2h\nu, 3h\nu, \cdots, nh\nu$. 其中 n 为正整数,称为量子数,$h = 6.63 \times 10^{-34}$ J·s,称为普朗克常量. 这种能量值的分立现象称为能量的量子化,根据这个量子假设,并应用经典统计理论算出简谐振子的平均能量,进而普朗克推出黑体辐射的公式,称为普朗克公式

$$M_\lambda(T) = 2\pi hc^2 \lambda^{-5} \frac{1}{e^{\frac{hc}{\lambda kT}} - 1} \tag{14-4}$$

普朗克公式与实验曲线完全符合. 此外,根据普朗克公式还可以推导出斯特藩-玻耳兹曼定律和维恩位移定律. 这说明该理论与实验符合得很好.

应当指出,在经典物理学中,电磁辐射的能量正比于振幅的平方,其值是连续

> **提示:**
> 在 1900 年 12 月 14 日,普朗克向德国物理学会提交了他的黑体辐射结果. 这一天从此就成了历史上物理学发展的里程碑,标志着量子理论的诞生.

阅读材料:量子概念的提出

> **提示:**
> 其实在静电学中我们就有了量子化的概念.

的,可以是任意的值. 而按照普朗克的量子假设,能量是不连续的,存在能量的最小单元(能量子 $h\nu$),物体发射或吸收的能量只能是这个最小单元的整数倍,而且是一份一份地按不连续方式进行的. 显然,这里所引入的新概念——能量量子化,是经典物理学所不能接受的.

普朗克面对客观事实的挑战,大胆地提出了量子假设,他的这一假设揭开了现代量子理论的序幕,对近代物理学的发展具有深远的影响. 因此,人们把普朗克在 1900 年提出的量子假设作为量子论的起点. 普朗克本人由于提出能量量子化假设而获得 1918 年的诺贝尔物理学奖.

例 14-2 劲度系数 $k = 15$ N/m 的弹簧的一端悬挂一质量为 1 kg 的小球,其振幅为 0.01 m,求:

(1) 按普朗克能量量子化假设,与弹簧能量相联系的量子数 n 为多大;

(2) 若量子数 n 改变一个单位,求能量的改变值与总能量的比值.

解 (1) 弹簧、小球系统具有的能量为

$$E = \frac{1}{2}kA^2 = \frac{1}{2} \times 15 \times (0.01)^2 \text{ J} = 7.5 \times 10^{-4} \text{ J}$$

由普朗克假设

$$E = nh\nu$$

其中

$$\nu = \frac{1}{2\pi}\sqrt{\frac{k}{m}} = 0.616 \text{ s}^{-1}$$

则

$$n = E/h\nu = \frac{7.5 \times 10^{-4}}{6.63 \times 10^{-34} \times 0.616} = 1.84 \times 10^{30}$$

(2) 当 n 改变一个单位时,能量的改变值为最小单元

$$\Delta E = h\nu$$

于是

$$\frac{\Delta E}{E} = \frac{1}{n} = 5.46 \times 10^{-29}$$

由于这个比值如此之小,实验仪器根本无法分辨出来,看到的将是一片连续区域. 这个例子说明,对于宏观的弹簧振子,能量量子化的性质是显示不出来的.

例 14-3 试从普朗克公式推导斯特藩-玻耳兹曼定律和维恩位移定律.

解 为简便起见,引入

$$c_1 = 2\pi hc^2, \quad x = \frac{hc}{k\lambda T}$$

则

$$dx = -\frac{hc}{k\lambda^2 T}d\lambda = -\frac{k}{hc}Tx^2 d\lambda$$

普朗克公式可写为

$$M_\lambda(T) = \frac{c_1 k^5 T^5}{h^5 c^5} \frac{x^5}{e^x - 1}$$

所以
$$M(T) = \int_0^\infty M_\lambda(T)\,d\lambda = \frac{c_1 k^4}{h^4 c^4} T^4 \int_0^\infty \frac{x^3 dx}{e^x - 1}$$

而
$$\int_0^\infty \frac{x^3 dx}{e^x - 1} = 6.494$$

所以
$$M(T) = 6.494 \frac{c_1 k^4}{h^4 c^4} T^4 = \sigma T^4$$

由上式可算出
$$\sigma = 5.67 \times 10^{-8} \text{ W}/(\text{m}^2 \cdot \text{K}^4)$$

这就是斯特藩-玻耳兹曼定律.

要推导维恩位移定律,只需求出 $M_\lambda(T)$ 的极大值的位置即可,即

$$\frac{d}{dx} M_\lambda(T) = \frac{c_1 k^5 T^5}{h^5 c^5} \frac{(e^x - 1) 5x^4 - x^5 e^x}{(e^x - 1)^2} = 0$$

由上式得
$$5e^x - xe^x - 5 = 0$$

解得
$$x_m = 4.965$$

则
$$\lambda_m = \frac{hc}{kTx_m} = \frac{hc}{4.965k} \frac{1}{T}$$

令
$$\lambda_m T = b$$

这就是维恩位移定律. 其中
$$b = \frac{hc}{4.965k} = 2.897 \times 10^{-3} \text{ m} \cdot \text{K}$$

思考题

14-1 黑体是否在任何温度下,都是黑色的?

14-2 人体也向外发出热辐射,为什么在黑暗中还是看不见人呢?

14-3 一块不透明的红色物体置于太阳光下,为什么呈现红色?如果提高它的温度,放在黑暗处,它将辐射什么颜色的光?

14-4 有两个同样的物体,一个是黑色的,另一个是白色的.把它们放在温度较高的火炉旁,哪一个温度升高得较快?如果在它们温度相同的情况下,把它们转移到温度较低的环境中,哪一个温度降低得较快?

§14.2 光电效应与爱因斯坦光子假设

14.2.1 光电效应的实验规律

当光(特别是紫外线)照射到金属表面上,使电子从金属表面逸出的现象,称为

阅读材料:光电效应的研究

提示：
常见的光电效应的入射波长范围为 10 ~ 400 nm.

光电效应，所逸出的电子称为光电子.

图 14-3 所示为研究光电效应的装置示意图，图中 S 为光电管（管内为真空），当光通过石英窗口 m 照射到金属板 K 上时，就会有电子从 K 上逸出，在 K 与 A 间电场的作用下，电子向 A 运动，在回路中形成电流，这种电流称为光电流，光电流强弱可由电流计 G 读出. 从实验结果得到光电效应有如下规律.

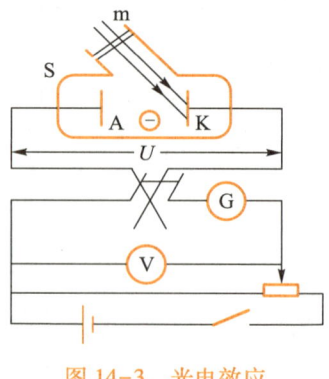

图 14-3 光电效应

（1）单位时间内发射的光电子数与入射光的光强成正比. 当入射光频率一定且光强一定时，光电流 i 和 A 与 K 间的电压 U 的关系如图 14-4 所示，它表明，当光强一定时，光电流随加速电压 U 的增大而增大，当加速电压增大到一定值时，光电流不再增加，而达到一饱和值 i_m. 饱和现象说明这时单位时间内从 K 上逸出的光电子已全部被 A 所接收. 实验表明，饱和电流 i_m 和光强 I 成正比，这说明单位时间内从金属板 K 上逸出的光电子数和光强成正比.

（2）光电子的初动能随入射光的频率增大而线性增大，与入射光的光强无关. 从图 14-4 所示的实验曲线可以看出，当加速电压减小到零时，光电流并不为零，这表明光电子逸出时就具有一定的初动能. 当反向电压等于 U_a 时，光电流才等于零，这一电压称为截止电压（或称为遏止电压）. 截止电压的存在说明此时从金属表面逸出得最快的光电子由于受到电场的阻碍，也不能到达 A 了. 所以光电子的最大初动能和截止电压的关系为

$$\frac{1}{2}mv_m^2 = e|U_a| \tag{14-5}$$

式中 e 为电子电荷量的绝对值，$|U_a|$ 为截止电压的绝对值，v_m 为光电子的最大初速度. 实验指出，用不同频率的光照射光电管的金属板 K 时，有不同的截止电压，截止电压和入射光频率具有线性关系，如图 14-5 所示.

提示：
爱因斯坦的光电效应给出了光的粒子性，使得普朗克公式中同时出现的粒子性质（粒子能量）和波动性质（波动频率）增加了一个实验支持.

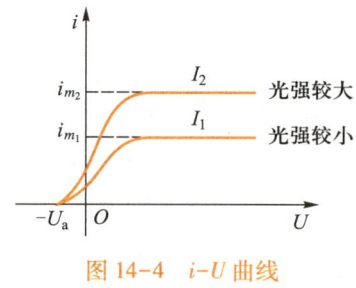

图 14-4 i-U 曲线

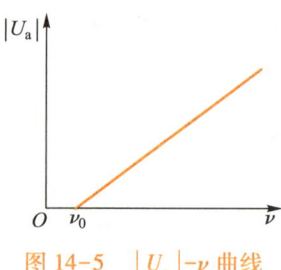

图 14-5 $|U_a|$-ν 曲线

以上所述关系用数学式表示为

$$|U_a| = k\nu - U_0 \tag{14-6}$$

式中 k 为直线斜率，它是与金属材料无关的常量. U_0 对同一金属是一个常量，不同金属的 U_0 不同.

把式（14-6）代入式（14-5），得

$$\frac{1}{2}mv_m^2 = ek\nu - eU_0 \tag{14-7}$$

式(14-7)表明：光电子的初动能随着入射光频率的增加而线性地增大，而与入射光强度无关.

(3) 存在截止频率. 从式(14-7)可以看出，$\frac{1}{2}mv_m^2 \geq 0$，即动能恒为正值，因此，只有当入射光的频率 ν 满足 $\nu \geq \frac{U_0}{k}$ 的条件，才有光电子从金属表面逸出. 令 $\nu_0 = \frac{U_0}{k}$，称为光电效应的截止频率（或称为金属红限）. 不同的金属具有不同的截止频率. 这就是说，对某一金属而言，只有当入射光频率大于某一截止频率 ν_0 时，电子才能从金属表面逸出，如果入射光的频率小于 ν_0，那么，无论入射光的光强多大，照射时间多长，都不会有光电子从金属表面逸出，因而就不会产生光电效应.

表 14-1 所示是几种纯金属的截止频率.

表 14-1　几种纯金属的截止频率

金属	铯	钠	锌	铱	铂
ν_0/Hz	4.545×10^{14}	6.00×10^{14}	8.065×10^{14}	1.153×10^{15}	1.929×10^{15}

(4) 光照与光电子同时产生. 无论入射光的光强如何，只要光的频率大于截止频率，则在光照射到金属表面后，几乎立即就有光电子逸出. 根据目前的测量结果，从接受光照到发出电子，其时间间隔不超过 10^{-9} s. 这就是光电效应的"瞬时性".

光电效应的实验规律无法用经典理论来解释. 第一，按照经典的波动理论，光照射在金属上时，光强越大，则光电子获得的能量应越大，它从金属表面逸出的初动能也应越大，所以光电子的初动能理应与光强有关. 但实验结果并非如此，光电子的初动能只与入射光的频率有关，而和入射光的光强无关. 第二，按照经典的波动理论，无论何种频率的光照射在金属上，只要入射光的光强度足够大，或者照射时间足够长，使自由电子获得足够的能量，电子就应从金属表面逸出，不存在实验所发现的截止频率问题. 第三，按照经典的波动理论，如果入射光的光强很微弱，光照射到金属表面后，应隔一段时间才有光电子从金属中逸出. 在此段时间内，电子从光波中不断接受能量，直至所积累的能量足以使它从金属表面逸出，这也和光电效应发生几乎是瞬时的这一事实相矛盾.

14.2.2　爱因斯坦光子假设

为了解释光电效应，1905 年，爱因斯坦在普朗克能量子假设的基础上提出了光子假设. 普朗克的量子假设指出能量在被原子辐射或吸收时是不连续的，而辐射出来后在空间传播的能量是连续的还是分立的则并未涉及，爱因斯坦则进一步认为光在空间传播时也具有粒子性. 他认为，**光是一粒一粒以光速 c 运动着的粒子组成的粒子流，这些粒子称为光子，对于频率为 ν 的单色光，光子的能量为 $h\nu$，它不能再分割而只能整个地吸收或产生**，这就是爱因斯坦的**光子假设**.

阅读材料：
爱因斯坦光量子假说的提出

提示:
爱因斯坦的这个想法是从经典粒子弹性碰撞时的能量转移得到的启发.

按照光子假设,频率为 ν 的光束可看作由许多能量均等于 $h\nu$ 的光子所组成. 频率越高的光束,其光子能量越大;对给定频率的光束来说,光强越大,就表示光子的数目越多.

根据光子假设,光电效应的产生,是由于金属中的自由电子吸收了光子的能量,而从金属表面逸出. 当光照射到金属表面时,电子吸收一个光子,便获得 $h\nu$ 的能量,这能量一部分消耗于电子从金属表面逸出时即转化为电子所需要的逸出功 A,另一部分转换为电子离开金属表面后的最大初动能 $\frac{1}{2}mv_m^2$. 按照能量守恒定律,可得

$$h\nu = A + \frac{1}{2}mv_m^2 \tag{14-8}$$

式(14-8)称为光电效应的爱因斯坦方程. 从式(14-8)可以看出,光电子的最大初动能 $\frac{1}{2}mv_m^2$ 与入射光的频率 ν 呈线性关系,而与入射光的光强无关. 这与实验规律相吻合.

从式(14-8)还可以看出,当入射光的能量 $h\nu$ 小于电子的逸出功 A 时,电子就不能从金属表面逸出,只有当 $h\nu \geq A$,即 $\nu \geq A/h$ 时才能产生光电效应,这说明光电效应具有一定的截止频率,其数值为 $\nu_0 = A/h$. 将式(14-8)和式(14-7)相比较得

$$h = ke \tag{14-9}$$
$$A = eU_0 \tag{14-10}$$

可见,式(14-7)中的 U_0 就是金属的逸出电势差.

根据光子假设,入射光的光强增加时,单位时间内照射到金属表面的光子数增加,相应地吸收光子的电子数也增加,因此,单位时间内从金属表面逸出的光电子数和入射光的光强成正比,这也符合实验规律. 同样,由光子理论可以得出:当光照射金属时,一个光子的能量立即被一个电子所吸收,不需要积累能量的时间,这就说明了光电效应瞬时发生的问题. 可见,按照光的电磁理论无法解释的光电效应,在爱因斯坦光子假设的基础上得到了满意的解释,说明了光子假设的正确性,也使我们对光的本质有一个新的认识. 为此,爱因斯坦获得了1921年的诺贝尔物理学奖.

由于光电效应可直接将光信号转换为电信号,所以在近代工程技术中得到了广泛的应用,如在光学测量、自动控制、自动计数、电影、电视、天体信息的接收、黑夜中军事目标的探索等方面,均可应用光电效应.

例 14-4 在某次光电效应实验中,测得某金属的截止电压 U_a 和入射光频率 ν 的对应数据如表 14-2 所示. 试用作图法求:

(1) 该金属光电效应的截止频率;
(2) 普朗克常量.

表 14-2 U_a 和 ν 的对应数据

U_a/V	0.541	0.637	0.714	0.809	0.878
$\nu/(10^{14}$ Hz$)$	5.844	5.888	6.098	6.303	6.501

解 以频率 ν 为横轴,以截止电压 U_a 为纵轴,选取适当的比例画出曲线如图 14-6 所示.

(1) 曲线与横轴的交点即该金属的截止频率,由图上读出

$$\nu_0 = 4.267 \times 10^{14} \text{ Hz}$$

(2) 由图求得直线斜率为

$$k = 3.91 \times 10^{-5} \text{ V} \cdot \text{s}$$

根据式(14-9)得

$$h = ek = 6.26 \times 10^{-34} \text{ J} \cdot \text{s}$$

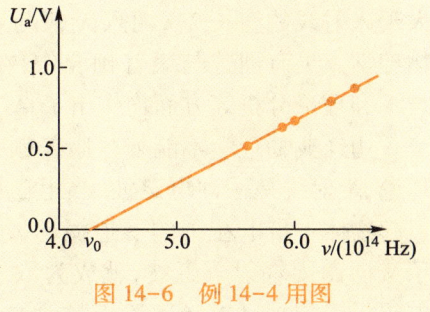

图 14-6 例 14-4 用图

思考题

14-5 为什么把光电效应实验中存在截止频率这一事实作为光的量子性的有力佐证?

14-6 设用一束红光照射某种金属,不能产生光电效应,如果用透镜把光聚焦到金属上,并经历相当长的时间,能否产生光电效应?

14-7 有人说:"光强越大,光子的能量就越大."这话对吗?

14-8 有两束光强相同的光,以不同的入射角分别入射到两块相同的金属板上,在相同的时间内,从金属板逸出的电子数目是否相等?

§14.3 康普顿效应

14.3.1 康普顿效应

1923 年,美国物理学家康普顿研究了 X 射线通过物质时的散射现象. 在实验中发现,在散射线中除有与入射线波长相同的射线外,还有比入射线波长更长的射线,这种有波长改变的散射称为康普顿效应(或称为康普顿散射). 康普顿效应进一步证实了光的粒子性.

图 14-7 是康普顿实验装置示意图. 由单色 X 射线源 R 发出的波长为 λ_0 的 X 射线,通过光栅 D 变为一狭窄的射线束,这束 X 射线投射到一块石墨 C 上,射线通过石墨产生散射,由摄谱仪 S 可测定散射线的波长.

实验时,康普顿用波长 $\lambda_0 = 0.071\ 3$ nm 的 X 射线(CuKα 线)投射到散射体石墨上,在不同的散射角上测量 X 射线的相对强度对波长的分布,实验结果如图 14-8 所示. 由图 14-8 可知,在散射线中除有与入射波长 λ_0 相同的 X 射线外,还有比入射波波长 λ_0 更长的

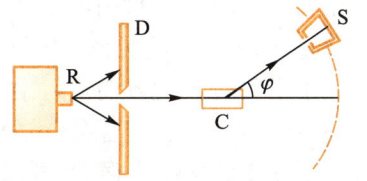

图 14-7 康普顿效应实验装置示意图

阅读材料:康普顿效应的发现

提示:
康普顿效应的入射光波长范围为 0.01～10 nm.

入射线. 从图 14-8 还可以看到, 散射线中有两个峰值, 其中一个峰值所对应的波长与入射线的波长 λ_0 相同, 另一个峰值所对应的波长 λ 则大于入射线的波长 λ_0, 而且 λ 值与散射角 φ 有关. 我国物理学家吴有训曾与康普顿合作, 在康普顿效应的实验技术和理论分析等方面均作出了卓越的贡献.

用经典物理学不能解释康普顿效应. 按照光的波动理论, X 射线是一种电磁波, 当电磁波通过物体时, 它能引起物体中带电粒子的受迫振动, 每个振动着的带电粒子又向四周辐射电磁波, 就成为散射的 X 射线. 因为带电粒子受迫振动的频率等于入射的 X 射线的频率, 所以散射的 X 射线的频率(或波长)应该和入射的 X 射线的频率(或波长)相等. 可见, 用经典物理学只能解释波长不变的散射, 而不能解释康普顿效应.

但是, 如果应用光子的概念, 把光子与散射物质之间的相互作用看成是光子与散射物质中的电子的弹性碰撞, 遵守能量守恒定律和动量守恒定律, 就可以圆满地解释康普顿效应. 因为当入射的光子和散射物质中的自由电子发生碰撞时, 电子获得了一部分能量, 所以碰撞后发生散射的光子能量比入射时的光子能量小, 而光子能量和频率之间的关系为 $\varepsilon = h\nu$, 因此散射光的频率比入射光的频率小, 即散射光的波长比入射光的波长更长.

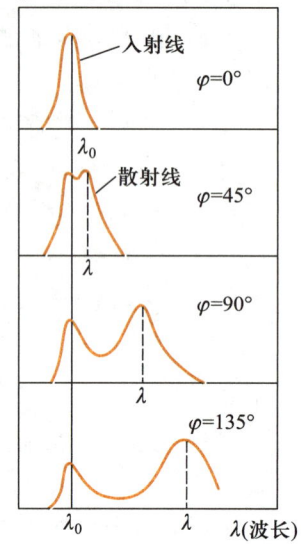

图 14-8　康普顿效应实验结果

散射线中为什么还有 λ_0 的谱线呢? 这是因为光子除了与自由电子发生碰撞外, 光子与原子中束缚很紧的电子也要发生碰撞, 这种碰撞可以看作光子与整个原子的碰撞, 由于原子的质量很大, 光子碰撞后不会显著地失去能量, 因而散射时光子的频率几乎不变, 所以在散射线中也有与入射线波长相同的 X 射线. 由于轻原子中电子束缚较弱, 重原子中内层电子束缚很紧, 因此原子量小的物质康普顿效应显著, 原子量大的物质康普顿效应不明显. 这和实验结果也是一致的.

下面来定量地计算波长的变化量与哪些因素有关.

图 14-9 所示为一个光子和一个自由电子做弹性碰撞的情形. 由于电子的热运动平均动能(约百分之几电子伏特)与 X 射线光子的能量($10^4 \sim 10^5$ eV)相比, 可以略去不计. 因此, 自由电子的速度远小于光子的速度. 所以, 可设碰撞前自由电子是静止的, 即 $v_0 = 0$ [见图 14-9(a)], 并设频率为 ν_0 的光子沿 x 轴方向入射; 碰撞后, 光子沿着 φ 角的方向散射出去, 电子则获得了速度 v 而沿与 x 轴成 θ 角的方向运动[见图 14-9(b)]. 这个电子称为反冲电子, 因为光子的速度为 $c = 3 \times 10^8$ m/s, 所以电子获得的速度也很大, 可以与光速相比拟, 因此应采用相对论的理论处理. 设电子碰撞前后的静质量和相对论质量分别为 m_0 和 m, 由狭义相对论的质能关系可知, 光子与电子碰撞前, 频率为 ν_0, 动量为 $\dfrac{h\nu_0}{c} \boldsymbol{e}_{n0}$, 能量为 $h\nu_0$; 电子的动量为零, 能量

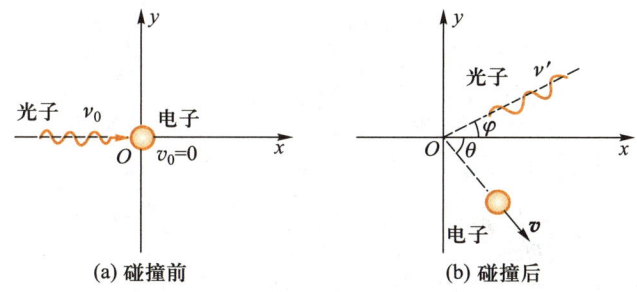

图 14-9 光子和自由电子的碰撞

为 m_0c^2. 光子与电子碰撞后，频率为 ν，动量为 $\dfrac{h\nu}{c}\boldsymbol{e}_\mathrm{n}$，能量为 $h\nu$；而电子获得的速度为 $\boldsymbol{v}$，动量为 $m\boldsymbol{v}$，能量为 mc^2. 这里 $\boldsymbol{e}_{\mathrm{n}0}$ 和 $\boldsymbol{e}_\mathrm{n}$ 分别为碰撞前和碰撞后的光子运动方向上的单位矢量，如图 14-10 所示. 所以，在碰撞过程中，根据能量守恒定律和动量守恒定律有

$$h\nu_0 + m_0c^2 = h\nu + mc^2 \quad (14\text{-}11)$$

$$\dfrac{h\nu_0}{c}\boldsymbol{e}_{\mathrm{n}0} = \dfrac{h\nu}{c}\boldsymbol{e}_\mathrm{n} + m\boldsymbol{v} \quad (14\text{-}12)$$

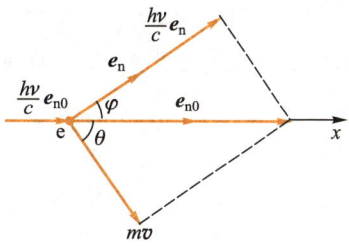

图 14-10 光子和自由电子碰撞前后的变化

把式(14-12)改写为

$$m\boldsymbol{v} = \dfrac{h\nu_0}{c}\boldsymbol{e}_{\mathrm{n}0} - \dfrac{h\nu}{c}\boldsymbol{e}_\mathrm{n}$$

由图 4-10 可以得出

$$m^2v^2 = \dfrac{h^2\nu_0^2}{c^2} + \dfrac{h^2\nu^2}{c^2} - 2\dfrac{h^2\nu_0\nu}{c^2}\cos\varphi$$

所以
$$m^2v^2c^2 = h^2\nu_0^2 + h^2\nu^2 - 2h^2\nu_0\nu\cos\varphi \quad (14\text{-}13)$$

把式(14-11)改写为

$$mc^2 = h(\nu_0 - \nu) + m_0c^2$$

两边平方后减去式(14-13)得

$$m^2c^4\left(1 - \dfrac{v^2}{c^2}\right) = m_0^2c^4 - 2h^2\nu_0\nu(1-\cos\varphi) + 2m_0c^2h(\nu_0-\nu)$$

又因狭义相对论的质量与速度关系为

$$m = \dfrac{m_0}{\sqrt{1 - v^2/c^2}}$$

故有
$$m_0^2c^4 = m_0^2c^4 - 2h^2\nu_0\nu(1-\cos\varphi) + 2m_0c^2h(\nu_0-\nu)$$

$$\dfrac{c(\nu_0-\nu)}{\nu_0\nu} = \dfrac{h}{m_0c}(1-\cos\varphi)$$

$$\frac{c}{\nu} - \frac{c}{\nu_0} = \frac{h}{m_0 c}(1-\cos\varphi)$$

即
$$\Delta\lambda = \lambda - \lambda_0 = \frac{h}{m_0 c}(1-\cos\varphi) = \lambda_C(1-\cos\varphi) \tag{14-14}$$

式中 λ_C 为电子的康普顿波长

$$\lambda_C = \frac{h}{m_0 c} = \frac{6.63\times10^{-34}}{9.11\times10^{-31}\times 3\times 10^8}\text{ m} = 2.43\times 10^{-12}\text{ m}$$

式(14-14)称为康普顿散射公式. 由式(14-14)可以有如下判断.

(1) 波长的改变量仅与光子的散射角 φ 有关,当 $\varphi=0$ 时,波长不变;当 φ 增大时,$\lambda-\lambda_0$ 也增大;当 $\varphi=\pi$ 时,波长的改变最大. 这个结论与实验结果是相符合的.

(2) 康普顿效应只有在入射光的波长与电子的康普顿波长可以比拟时,才是显著的. 例如入射光波长 $\lambda_0=400$ nm 时,在 $\varphi=\pi$ 方向上,散射光波长偏移 $\Delta\lambda=4.8\times 10^{-3}$ nm,$\frac{\Delta\lambda}{\lambda_0}=1.2\times 10^{-5}$,在这种情况下很难观察到康普顿效应;当入射光波长 $\lambda_0=0.05$ nm,$\varphi=\pi$ 时,虽然波长的偏移仍是 $\Delta\lambda=4.8\times 10^{-3}$ nm,但 $\frac{\Delta\lambda}{\lambda_0}=9.6\%$,这时就能比较明显地观察到康普顿效应. 这也是选用 X 射线(波长数量级为 10^{-10} m)观察康普顿效应的原因. 在光电效应中,入射光是可见光或紫外线,所以康普顿效应不明显.

康普顿效应不仅证实了光的粒子性,而且证实了动量守恒定律和能量守恒定律在微观领域也成立. 为此,康普顿于 1927 年荣获诺贝尔物理学奖.

我国物理学家吴有训于 1923 年与康普顿一起从事 X 射线散射光谱的研究,康普顿在自己的著作中对吴有训的工作给予了很高的评价. 1923 年 5 月,康普顿首次公布了他有关 X 射线散射光谱的实验结果,但却遭到了异议,原因是当时著名的实验物理学家、美国哈佛大学的布里奇曼竟没有能重复出康普顿的结果,所以这一重大发现受到怀疑. 正是吴有训亲自奔赴哈佛大学,以精巧的实验技术,在同行们面前演示了他们的结果,才使得物理学界信服.

康普顿效应在核物理、粒子物理、天体物理、晶体结构等许多领域都有重要应用,另外在医学中,康普顿效应还被用来诊断骨质疏松等病症.

例 14-5 波长 $\lambda_0=2.0\times 10^{-11}$ m 的 X 射线与静止的自由电子碰撞,现在从与入射方向成 90°角的方向观察散射线. 求:

(1) 散射线的波长;
(2) 电子所获得的动能;
(3) 电子所获得的动量.

解 (1) 散射后 X 射线的波长改变量为

$$\Delta\lambda = \frac{h}{m_0 c}(1-\cos\varphi) = \lambda_C(1-\cos 90°) = 2.4\times 10^{-12}\text{ m}$$

所以散射线的波长
$$\lambda = \lambda_0 + \Delta\lambda = 2.24 \times 10^{-11} \text{ m}$$

（2）根据能量守恒定律，电子获得的动能等于入射光子与散射光子能量的差值，即

$$E_k = h\nu_0 - h\nu = \frac{hc}{\lambda_0} - \frac{hc}{\lambda} = \frac{hc\Delta\lambda}{\lambda_0\lambda} = \frac{6.63 \times 10^{-34} \times 3 \times 10^8 \times 2.4 \times 10^{-12}}{2 \times 10^{-11} \times 2.24 \times 10^{-11}} \text{ J}$$
$$= 1.066 \times 10^{-15} \text{ J} = 6.7 \times 10^3 \text{ eV}$$

（3）设反冲电子的动量 $\boldsymbol{p}_e$ 与入射线方向的夹角为 θ，如图 14-11 所示，则由动量守恒定律，得

$$\frac{h}{\lambda_0} = p_e \cos\theta$$

$$\frac{h}{\lambda} = p_e \sin\theta$$

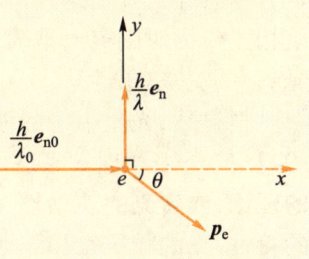

图 14-11　例 14-5 用图

将上两式分别求平方，然后相加并开方，得

$$p_e = \frac{(\lambda_0^2 + \lambda^2)^{\frac{1}{2}}}{\lambda_0\lambda} h = \frac{[(2 \times 10^{-11})^2 + (2.24 \times 10^{-11})^2]^{\frac{1}{2}}}{2 \times 10^{-11} \times 2.24 \times 10^{-11}} \times 6.63 \times 10^{-34} \text{ kg} \cdot \text{m/s}$$
$$= 4.4 \times 10^{-23} \text{ kg} \cdot \text{m/s}$$

$$\cos\theta = \frac{h}{p_e\lambda_0} = \frac{6.63 \times 10^{-34}}{4.4 \times 10^{-23} \times 2.0 \times 10^{-11}} = 0.753$$
$$\theta \approx 41°9'$$

或由相对论能量与动量的关系

$$E^2 = p_e^2 c^2 + E_0^2$$

及
$$E_k = E - E_0, \quad E_0 = m_0 c^2$$

得到电子的动量大小为

$$p_e = \frac{1}{c}\sqrt{E_k(E_k + 2m_0 c^2)} = 4.4 \times 10^{-23} \text{ kg} \cdot \text{m/s}$$

14.3.2　光的波粒二象性

17 世纪，人们对光的本性的认识有两种不同的观点，一种是牛顿的微粒说，认为光是由一些弹性小球构成的；另一种观点是惠更斯的波动说，认为光在本质上是一种波动，两种观点都可以圆满地解释光沿直线传播以及光的反射和折射现象．但当光从空气进入水中时，微粒说的结论是光在水中的速度大于它在空气中的速度，而波动说的结论是光在水中的速度小于它在空气中的速度，所以只有通过实验测出光在空气中和水中的速度，才能判断谁是谁非．由于当时科学技术水平的限制，人们未能测出这两个光速，又因为牛顿的崇高威望，他对波动学的摒弃，使得光的波动理论停滞了近一个世纪之久．直到 1850 年 5 月 6 日，傅科才向法国科学院报告

了他的实验结果是光在水中的速度小于它在空气中的速度,并于 1853 年作为博士论文提出. 至此,由于迷信权威而信奉的微粒说被人们抛弃了,这才宣判了光的波动说的胜利,惠更斯的波动说有了应有的学术地位. 19 世纪末,麦克斯韦的电磁理论经过赫兹的实验证实,进一步确定了光是电磁波.

然而,进入 20 世纪,对黑体辐射、光电效应和康普顿效应的研究,使人们重新认识到光具有粒子性. 因此,光的微粒说再次复活,百年的争论又重新点燃,物理学家们逐渐恍然大悟光既具有粒子性的一面,又具有波动性的一面. 那么,这两种结果是否矛盾呢?其实这并不矛盾,光在传播时,突出地表现出其波动性,而当光与物质相互作用时则突出地表现出其粒子性. 所以,光既具有波动性,又具有粒子性,即光具有波粒二象性.

提示:
粒子性和波动性在式(14-17)中就得到了充分的体现,自然界就是如此的神奇与和谐.

很显然,光比单一的波或者一束粒子要复杂得多. 为了解决粒子与波的矛盾,1927 年,丹麦物理学家玻尔提出了著名的**互补原理**:**对不同的实验,必须采用不同的理论,或者光的波动性,或者光的粒子性,但不能同时出现. 而为了全面地理解光的特性,光的粒子性和波动性缺一不可,每一种理论都是对另一种理论的补充.**

玻尔的互补原理不但在物理学上产生了很大影响,而且被应用于心理学、生物学以及社会和历史各个领域,正在逐渐成为一般科学研究的指导思想.

由于光的波动性可用光波的波长 λ 和频率 ν 描述,光的粒子性可用光子的质量 m、能量 E 和动量 p 描述. 按照光子理论,光子的能量为

$$E = h\nu \tag{14-15}$$

根据相对论的质能关系,光子的能量又可表示为

$$E = mc^2$$

所以光子的质量为

$$m = \frac{h\nu}{c^2} = \frac{h}{\lambda c} \tag{14-16}$$

对于速度为 v 的粒子,其质量为

$$m = \frac{m_0}{\sqrt{1 - v^2/c^2}}$$

对于光子 $v=c$,而 m 是有限的,所以只能是 $m_0=0$,即光子是静止质量为零的一种粒子. 但是,由于光速不变,光子对任何参考系都不会静止,所以静止的光子是不存在的.

光子的动量为 $p=mc$,代入式(14-16)得

$$p = \frac{h}{\lambda} \tag{14-17}$$

式(14-15)和式(14-17)是描述光的性质的基本关系式,在这两式的左侧,能量 E 和动量 p 描述了光的粒子性,右侧的频率 ν 和波长 λ 描述了光的波动性. 这样,便把光的粒子性和波动性在数量上通过普朗克常量 h 联系在一起了.

例 14-6 求下列光子的能量、动量和质量,并与经 $U = 100$ V 电压加速后的电子的动能、动量和质量相比较. (在 $U \leqslant 10^4$ V 时,可不考虑相对论效应.)

(1) $\lambda = 7\times 10^{-7}$ m 的红光；

(2) $\lambda = 7.1\times 10^{-11}$ m 的 X 射线；

(3) $\lambda = 1.24\times 10^{-12}$ m 的 γ 射线.

解 光子的能量、质量和动量可分别由式(14-15)、式(14-16)和式(14-17)求得. 至于电子的动能、动量和质量的计算，由于经 100 V 电压加速后，电子的速度不大，所以可以不考虑相对论效应. 这样可得电子的动能为

$$E_{ke} = eU = 100 \text{ eV}$$

电子的质量近似于其静止质量，即为

$$m_e = 9.11\times 10^{-31} \text{ kg}$$

电子的动量大小为

$$p_e = m_e v = \sqrt{2m_e E_{ke}} = \sqrt{2\times 9.11\times 10^{-31}\times 100\times 1.6\times 10^{-19}} \text{ kg}\cdot\text{m/s}$$
$$= 5.40\times 10^{-24} \text{ kg}\cdot\text{m/s}$$

经过计算可得本题所要求的结果如下.

(1) 对 $\lambda = 7\times 10^{-7}$ m 的光子(红光)，有

$$E_1 = \frac{hc}{\lambda} = 1.78 \text{ eV} \qquad \frac{E_1}{E_{ke}} = \frac{1.78}{100} \approx 2\times 10^{-2}$$

$$p_1 = \frac{h}{\lambda} = 9.47\times 10^{-28} \text{ kg}\cdot\text{m/s}, \qquad \frac{p_1}{p_e} = \frac{9.47\times 10^{-28}}{5.40\times 10^{-24}} \approx 2\times 10^{-4}$$

$$m_1 = \frac{E}{c^2} = 3.16\times 10^{-36} \text{ kg}, \qquad \frac{m_1}{m_e} = \frac{3.16\times 10^{-36}}{9.11\times 10^{-31}} \approx 3\times 10^{-6}$$

(2) 对 $\lambda = 7.1\times 10^{-11}$ m 的光子(X 射线)，有

$$E_2 = 1.75\times 10^4 \text{ eV}, \qquad \frac{E_2}{E_{ke}} = \frac{1.75\times 10^4}{100} = 175$$

$$p_2 = 9.34\times 10^{-24} \text{ kg}\cdot\text{m/s}, \qquad \frac{p_2}{p_e} = \frac{9.34\times 10^{-24}}{5.40\times 10^{-24}} \approx 2$$

$$m_2 = 3.11\times 10^{-32} \text{ kg}, \qquad \frac{m_2}{m_e} = \frac{3.11\times 10^{-32}}{9.11\times 10^{-31}} \approx 3\times 10^{-2}$$

(3) 对 $\lambda = 1.24\times 10^{-12}$ m 的光子(γ 射线)，有

$$E_3 = 1.00\times 10^6 \text{ eV}, \qquad \frac{E_3}{E_{ke}} = \frac{1.00\times 10^6}{100} = 10^4$$

$$p_3 = 5.35\times 10^{-22} \text{ kg}\cdot\text{m/s}, \qquad \frac{p_3}{p_e} = \frac{5.35\times 10^{-22}}{5.40\times 10^{-24}} \approx 99$$

$$m_3 = 1.78\times 10^{-30} \text{ kg}, \qquad \frac{m_3}{m_e} = \frac{1.78\times 10^{-30}}{9.11\times 10^{-31}} \approx 2$$

以上计算给出了关于光的粒子性质的一些数量概念.

思考题

14-9　为什么在康普顿效应中,散射线的偏移与散射物质无关?

14-10　用可见光能产生康普顿效应吗?能观察到吗?

14-11　光电效应与康普顿效应都是光子与电子间的相互作用,它们之间有什么区别?

§14.4　氢原子光谱与玻尔理论

14.4.1　氢原子光谱规律

原子光谱是原子结构性质的反映,研究原子光谱的规律性是认识原子结构的重要手段,在所有的原子中,氢原子是最简单的,其光谱也是最简单的. 历史上就是从研究氢原子光谱规律开始研究原子结构的.

1885 年,瑞士科学家巴耳末发现了氢原子的线光谱在可见光部分的四条分立谱线. 这四条分立谱线分别用 H_α、H_β、H_γ、H_δ 表示,如图 14-12 所示,并归纳了一个计算波长的公式,称为巴耳末公式.

图 14-12　氢原子的线光谱

1890 年,瑞典物理学家里德伯、里兹用波长的倒数替代巴耳末公式中的波长,并把 $\sigma = 1/\lambda$ 称为波数,从而得到光谱学中常用的形式,即

$$\sigma = \frac{1}{\lambda} = R\left(\frac{1}{2^2} - \frac{1}{n^2}\right), \quad n = 3,4,5,\cdots \tag{14-18}$$

式(14-18)称为里德伯公式,其中 R 称为里德伯常量,近代测定值 $R = 1.097\,373\,153\,4 \times 10^7\ \text{m}^{-1}$. 用此式表示的一组谱线称为巴耳末系,在式(14-18)中使 n 分别等于 3、4、5、6 可算出对应的四条谱线的波长分别为 $\lambda_\alpha = 656.3\ \text{nm}$(红色),$\lambda_\beta = 486.1\ \text{nm}$(深绿色),$\lambda_\gamma = 434.1\ \text{nm}$(青色),$\lambda_\delta = 410.2\ \text{nm}$(紫色). 这些计算值与实验值非常接近.

除此以外,后来在红外区和紫外区,还发现有其他光谱系. 在紫外区有

$$\text{莱曼系(1916 年)} \quad \sigma = R\left(\frac{1}{1^2} - \frac{1}{n^2}\right), \quad n = 2,3,4,\cdots$$

在红外区有

帕邢系（1908 年） $\sigma = R\left(\dfrac{1}{3^2} - \dfrac{1}{n^2}\right)$, $n = 4,5,6,\cdots$

布拉开系（1922 年） $\sigma = R\left(\dfrac{1}{4^2} - \dfrac{1}{n^2}\right)$, $n = 5,6,7,\cdots$

普丰德系（1924 年） $\sigma = R\left(\dfrac{1}{5^2} - \dfrac{1}{n^2}\right)$, $n = 6,7,8,\cdots$

汉弗莱系（1953 年） $\sigma = R\left(\dfrac{1}{6^2} - \dfrac{1}{n^2}\right)$, $n = 7,8,9,\cdots$

这些光谱系可统一用一个公式表示为

$$\sigma = R\left(\dfrac{1}{k^2} - \dfrac{1}{n^2}\right), \quad k = 1,2,\cdots; n = k+1, k+2, \cdots \tag{14-19}$$

式(14-19)称为广义巴耳末公式.

14.4.2 原子的核式结构模型

1911 年，卢瑟福在 α 粒子散射实验的基础上提出了一个有价值的模型，即原子有核模型，这个模型认为原子具有与太阳系相类似的结构. 原子中心是一个带正电荷的原子核，电子绕原子核旋转. 实验测出，原子核的半径为 $10^{-15} \sim 10^{-14}$ m，比原子的半径 10^{-10} m 小得多. 整个原子的质量差不多都集中在原子核上，原子核带的正电荷的电荷量和外面围绕着它的所有电子带的负电荷的电荷量绝对值相等，所以整个原子是呈中性. 原子的这种核式结构为一系列的实验所证实，所以很快为大家所接受.

阅读材料：原子有核模型的建立

但是，原子有核模型与经典物理学有着深刻的矛盾. 根据经典电磁理论，做加速运动的电子会不断地向外辐射电磁波（光），辐射光的频率就等于电子绕原子核旋转的频率. 由于原子不断地向外辐射能量，所以它的能量会逐渐减小，电子绕原子核旋转的频率也要逐渐地改变，因而原子发射的光谱应该是连续光谱. 不但如此，当原子自发地不断向外辐射能量时，由于总能量的减小，电子将逐渐地接近原子核而最后会落到原子核上，因而原子应该是一个不稳定的系统. 但事实上，原子系统是一个稳定的系统，原子所发射的光谱是线状光谱.

14.4.3 玻尔的氢原子理论

为了解决经典物理学所遇到的困难，丹麦物理学家玻尔于 1913 年在卢瑟福原子的核式结构模型基础上，把普朗克量子的概念和爱因斯坦光子的概念运用到氢原子系统，提出了三条基本假设，即玻尔的氢原子理论.

阅读材料：玻尔原子结构理论的提出

（1）定态假设. 原子系统存在一系列不连续的能量状态，处于这些状态的原子中的电子只能在一定的轨道上绕核做圆周运动，但不辐射能量. 这些状态为原子系统的稳定状态，简称定态，相应的能量只能是不连续的值 $E_1, E_2, E_3, \cdots$

（2）跃迁假设. 当原子从一个较大能量 E_n 的定态跃迁到另一个较低能量 E_k 的定态时，原子辐射出一个光子，其频率的计算公式为

$$h\nu = E_n - E_k$$

式中 h 为普朗克常量.

反之,当原子处于较低能量 E_k 的定态时,吸收一个能量为 $h\nu$ 的光子,则可跃迁到较高能量 E_n 的定态.

(3) 轨道角动量量子化假设. 原子中电子绕原子核做圆周运动的轨道角动量 L 的大小必须等于 $\dfrac{h}{2\pi}$ 的整数倍,即

$$L = rmv = n\frac{h}{2\pi} = n\hbar \quad (n=1,2,3,\cdots) \tag{14-20}$$

式中 m 为电子的质量,v 为电子运动的速度,r 为轨道半径,n 为量子数,$\hbar$ 为约化普朗克常量. 式(14-20)也称角动量量子化条件.

> **提示:** 玻尔理论把原子看成经典粒子,服从牛顿运动定律,保留了轨道概念.

在这三条假设中,第一条是玻尔对原子结构理论的重大贡献,它对经典概念作了巨大的修改,从而解决了原子稳定性的问题. 第二条是对普朗克量子假设的延伸,能解释线状光谱的起源. 第三条所表述的角动量子化,则是人为设定的.

下面从玻尔三条假设出发来推导出氢原子的轨道半径和能级公式,从而解释氢原子光谱规律.

设原子核外电子在电子与原子核之间的静电力的作用下绕原子核做圆周运动,并服从牛顿第二定律,即

$$\frac{1}{4\pi\varepsilon_0}\frac{e^2}{r^2} = m\frac{v^2}{r} \tag{14-21}$$

将式(14-20)和式(14-21)联立求解,并用 r_n 代替 r,r_n 表示第 n 个稳定轨道的轨道半径,得

$$r_n = \frac{\varepsilon_0 n^2 h^2}{\pi m e^2} = n^2 r_1 \tag{14-22}$$

当 $n=1$ 时,$r_1 = \dfrac{\varepsilon_0 h^2}{\pi m e^2} = 5.29\times 10^{-11}$ m,称为玻尔半径,常用 a_0 表示.

由于电子在第 n 个轨道上的总能量 E_n 应为其动能与电势能之和,取无限远处为势能零点,则

$$E_n = \frac{1}{2}mv_n^2 - \frac{1}{4\pi\varepsilon_0}\frac{e^2}{r_n}$$

将式(14-21)和式(14-22)代入上式,可得相应轨道的总能量 E_n 为

$$E_n = -\frac{me^4}{8\varepsilon_0^2 h^2 n^2} \quad (n=1,2,3,\cdots) \tag{14-23}$$

可见能量是量子化的,通常把这一系列分立的能量值 $E_1, E_2, E_3, \cdots$ 称为能级,当 $n=1$ 时得

$$E_1 = -\frac{me^4}{8\varepsilon_0^2 h^2} = -13.6 \text{ eV}$$

> **提示:** 式(14-23)是电子处于第 n 轨道时原子的总能量.

则
$$E_n = -\frac{13.6}{n^2} \text{ eV} \quad (14-24)$$

式(14-24)称为氢原子的能级公式.表示能级的图形称为能级图.图14-13所示为氢原子的能级图,图中每条横线代表一个能级,两横线间的距离表示能级的间隔,即能量差.由能级公式或能级图可见:氢原子的能量均为负值.这是因为取电子距离原子核无限远(或远离原子核)处为电势零点的缘故.这表明要使电子离开原子核的束缚,必须给电子以一定的能量.当 $n = 1$ 时,E_1 为能量最小值,即原子处于能量最低的状态,称为正常态或基态,此时原子最稳定;当 $n = 2, 3, \cdots$ 时,对应的能量为 E_2,E_3,$\cdots$,分别称为第一激发态、第二激发态……当 $n \to \infty$ 时,电子已脱离原子核,成为自由电子,其能量可以具有大于零的连续值,称为电离态.电子从基态跃迁到电离态,所需要的能量称为电离能.可见,氢原子的电离能为 13.6 eV,而基态和各激发态中电子都没有脱离原子核,统称束缚态.

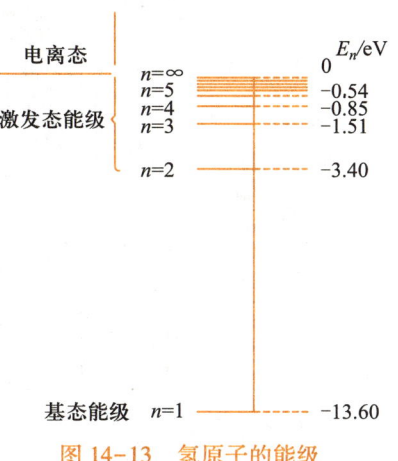

图 14-13 氢原子的能级

根据玻尔的跃迁假设,当氢原子受到外来辐射等的激发,吸收外来的能量时,电子将由基态跃迁到能量较高的激发态.处于激发态能级 E_n 的氢原子是不稳定的,它会自动地跃迁到较低的能级 E_k,同时发出一个光子.根据玻尔的跃迁假设,该光子的频率为

$$\nu_{kn} = \frac{E_n - E_k}{h} = \frac{m_e e^4}{8\varepsilon_0^2 h^3}\left(\frac{1}{k^2} - \frac{1}{n^2}\right)$$

由于 $\sigma = \frac{1}{\lambda} = \frac{\nu}{c}$,则有

$$\sigma_{kn} = \frac{1}{\lambda} = \frac{m_e e^4}{8\varepsilon_0^2 h^3 c}\left(\frac{1}{k^2} - \frac{1}{n^2}\right) \quad (14-25)$$

这就是玻尔关于氢原子光谱中有关谱线波数的理论公式.与式(14-19)比较,得到里德伯常量的理论值为

$$R_{\text{理论}} = \frac{m_e e^4}{8\varepsilon_0^2 h^3 c} = 1.097\ 373 \times 10^7 \text{ m}^{-1}$$

里德伯常量的实验值为

$$R_{\text{实验}} = 1.097\ 373\ 156\ 816\ 0(21) \times 10^7 \text{ m}^{-1}$$

可见,理论值与实验值非常吻合,这表示玻尔理论在解释氢原子光谱规律方面是十分成功的,同时也说明这个理论在一定程度上反映了原子内部的运动规律.

要产生氢原子光谱,必须先使氢原子处于激发态.通常是在放电管中加速电子或其他粒子,使之与氢原子碰撞,使氢原子激发到各激发态,然后从高能态自发跃迁到低能态.从 $n > 1$ 的能级向 $n = 1$ 的能级跃迁,产生莱曼系各谱线;从 $n > 2$ 的能

级向 $n=2$ 的能级跃迁,产生巴耳末系各谱线;从 $n>3$ 的能级向 $n=3$ 的能级跃迁,产生帕邢系各谱线;其余谱线依次类推. 图 14-14 是氢原子光谱各线系的能级跃迁图.

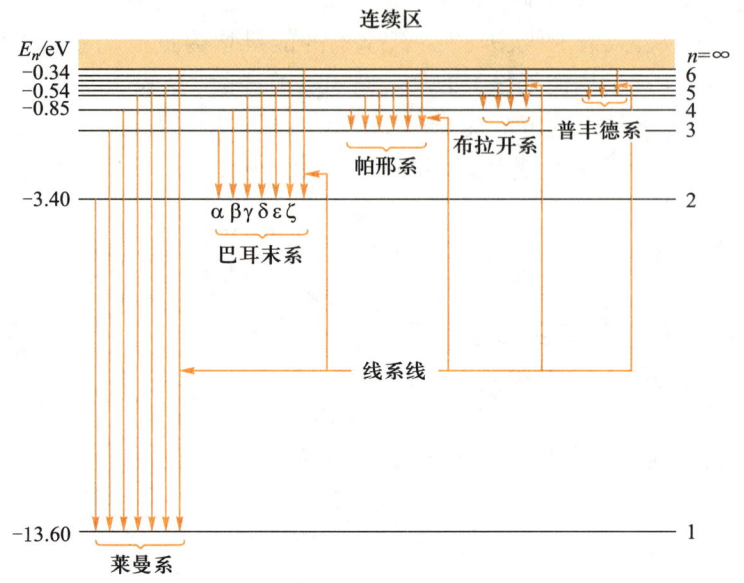

图 14-14　氢原子光谱各线系的能级跃迁图

应当注意,某时刻一个氢原子一次跃迁,只发出一条谱线,而实验中是大量原子处于不同的激发态向低能级跃迁,所以能同时观察到全部发射谱线.

需要指出,原子内部能量的量子化,虽然可由光谱的研究推得,但更重要的是需要实验的验证. 1914 年,即玻尔理论发表的第二年,德国物理学家弗兰克和赫兹在所进行的弗兰克-赫兹实验中用电子碰撞原子的方法使原子从低能级被激发到高能级,从而证实了原子内部存在分立的定态能级,强有力地支持了玻尔理论. 为此,弗兰克和赫兹共同获得 1925 年诺贝尔物理学奖.

例 14-7　氢原子从 $n=3$ 的能级跃迁到 $n=2$ 的能级时,发出光子的能量为多少? 光的波长为多少?

解　根据图 14-14 可知,在 $n=3$ 的能级有 $E_3=-1.51$ eV,在 $n=2$ 的能级有 $E_2=-3.40$ eV. 由此可得

$$h\nu = E_3 - E_2 = [-1.51-(-3.40)] \text{ eV} = 1.89 \text{ eV}$$

即发出光子的能量为 1.89 eV.

根据波长和频率的关系 $\nu=\dfrac{c}{\lambda}$ 得

$$h\nu = \dfrac{hc}{\lambda}$$

因为 1 eV = 1.6×10^{-19} J, 故

$$\lambda = \frac{hc}{h\nu} = \frac{6.63 \times 10^{-34} \times 3 \times 10^8}{1.89 \times 1.6 \times 10^{-19}} \text{ m} \approx 658 \text{ nm}$$

这个单色光的波长是 658 nm, 它处在可见光的红光区域.

例 14-8 实验发现基态氢原子可吸收能量为 12.75 eV 的光子. 试问:

（1）氢原子吸收该光子后将被激发到哪个能级？

（2）受激发的氢原子向低能级跃迁时, 可能发出哪几条谱线？请定性地画出能级图, 并将这些跃迁画在能级图上.

解 （1）氢原子吸收该光子后, 其能量为

$$E = E_1 + 12.75 \text{ eV} = -0.85 \text{ eV}$$

因而被激发到 $n=4$ 的能级上.

（2）氢原子从 $n=4$ 的受激态向低能态可以发出下列谱线:

$n=4 \to n=3$

$n=4 \to n=2$

$n=4 \to n=1$

$n=3 \to n=2$

$n=3 \to n=1$

$n=2 \to n=1$

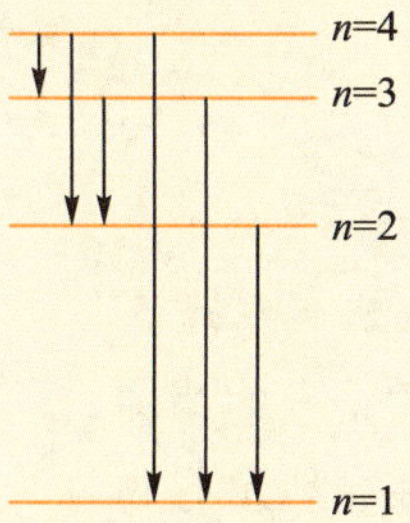

图 14-15 例 14-8 用图

图 14-15 是能级跃迁图.

14.4.4 玻尔理论的成就与局限性

玻尔的氢原子理论是原子结构理论发展的一个重要阶段, 它成功地解决了原子的稳定性和分立光谱线的问题, 从理论上计算出与实验一致的里德伯常量. 玻尔由于在研究原子结构及原子光谱方面的特殊贡献而获得了 1922 年诺贝尔物理学奖.

但是, 玻尔理论也有很大的局限性, 它只能计算氢原子谱线的频率, 而不能解释光谱的强度、光偏振等问题, 对于稍微复杂的原子光谱 (如氦原子光谱) 更显得无能为力. 玻尔理论虽然引入了量子论, 但仍然把微观粒子看作经典力学中的质点, 用坐标、速度和轨道来描述其运动, 并用经典力学计算电子的轨道. 因此, 玻尔理论实际上是经典物理学与量子论的混合物, 不是一个自洽的理论体系, 人们习惯上称它为早期量子论.

尽管玻尔理论存在缺陷, 但它仍是一个光辉的理论, 在向原子结构的量子理论过渡的过程中, 它犹如一座桥梁, 一端架在经典物理学上, 另一端引向量子世界, 同时, 玻尔关于定态能级和跃迁频率的概念, 在量子力学中仍然是两个最重要的基本概念.

从 19 世纪末到 20 世纪初, 黑体辐射、光电效应、康普顿效应、原子的分立光谱

线等一系列重要的物理现象暴露了经典物理学的局限性,突现了经典物理学与微观领域规律性的矛盾,从而为发现微观领域的规律打下了基础.

思考题

14-12 在氢原子光谱中,同一谱线系的各相邻谱线间的间隔是否相等?

14-13 试比较说明,氢原子的玻尔模型和行星绕太阳轨道的运动模型之间的相似处与区别.

14-14 为什么在玻尔的氢原子理论中,忽略了原子内粒子间的万有引力作用?

14-15 在氢原子的玻尔理论中,势能为负值,但其绝对值比动能大,它的含义是什么?

习题

14-1 选择题

(1) 下列物体哪个是黑体( ).
(A) 不辐射可见光的物体   (B) 不辐射任何光线的物体
(C) 不能反射可见光的物体 (D) 不能反射任何光线的物体

(2) 已知某单色光照射到一金属表面产生了光电效应,若此金属的逸出电势差是 U_0(使电子从金属逸出需做功 eU_0),则此单色光的波长 λ 必然满足( ).

(A) $\lambda \leq \dfrac{hc}{eU_0}$ (B) $\lambda \geq \dfrac{hc}{eU_0}$ (C) $\lambda \leq \dfrac{eU_0}{hc}$ (D) $\lambda \geq \dfrac{eU_0}{hc}$

(3) 以下表述中正确的是( ).
(A) 在康普顿散射中,散射线中有大于入射线频率的部分
(B) 轻原子的康普顿散射较强,而重原子的较弱
(C) 散射线波长随散射角增大而减小
(D) 散射线波长随入射线波长的增大而减小

(4) 光电效应和康普顿效应都是光子和物质原子中的电子的相互作用过程,但存在区别.在下面几种表述中,正确的是( ).
(A) 两种效应中电子与光子组成的系统都服从能量守恒定律和动量守恒定律
(B) 光电效应是由于电子吸收光子能量而产生的,而康普顿效应是电子与光子的弹性碰撞过程
(C) 两种效应都相当于电子与光子的弹性碰撞过程
(D) 两种效应都属于电子吸收光子能量的过程

(5) 在氢原子光谱的巴耳末系中,波长最小的谱线用 λ_1 表示,波长最大的谱线用 λ_2 表示,则这两个波长的比值 $\dfrac{\lambda_1}{\lambda_2}$ 为( ).

(A) 5/9　　　　(B) 4/9　　　　(C) 7/9　　　　(D) 2/9

14-2 填空题

(1) 由斯特藩-玻耳兹曼定律和维恩位移定律可知,对黑体加热后,测得总辐射出射度增大为原来的 16 倍,则黑体的温度为原来的_____倍,它的最大单色辐射出射度对应的波长为原来的_____倍.

(2) 已知钠的电子逸出功为 2.486 eV,则钠的截止波长 $\lambda_0 =$ _____;用波长为 400 nm 的光照射在钠上时,钠所放出光电子的初速度 $v =$ _____,钠的逸出电势差 $U_0 =$ _____.

(3) 已知红光的波长为 $\lambda = 700$ nm,其光子的能量为 $E =$ _____,动量为 $p =$ _____,质量为 $m =$ _____.

(4) 在康普顿效应中,入射光子的波长 $\lambda_0 = 0.005$ nm,而当光子的散射角 $\varphi = 30°$ 时,其散射光子的波长 $\lambda =$ _____.

(5) 玻尔的氢原子理论的三个基本假设是:_____;
_____;_____.

14-3 估测星球表面温度的方法之一是:将星球看成黑体,测量它的辐射峰值波长 λ_m,利用维恩位移定律便可估计其表面温度. 如果测得北极星和天狼星的 λ_m 分别为 0.35 μm 和 0.29 μm,试计算它们的表面温度.

14-4 假设太阳表面温度为 5 800 K,太阳半径为 6.96×10^8 m. 如果认为太阳的辐射是稳定的,求太阳在 1 年内由于辐射而减小的质量.

14-5 有一空腔辐射体,其壁上有一直径为 0.05 mm 的小圆孔,腔内温度为 7 500 K,试求在 500~501 nm 的微小波长范围内单位时间从小孔辐射出来的能量.

14-6 铝的逸出功 $A = 4.2$ eV,用波长为 $\lambda = 200$ nm 的紫外线照射铝表面,试求:
(1) 光电子的最大动能;
(2) 截止电压;
(3) 铝的截止波长.

14-7 用某单色光照射一金属产生光电效应,如果入射光的波长从 400 nm 减小到 360 nm,试问:遏止电压的改变是多少?

14-8 用波长 2.0 μm 的光照射一铜球,使其放出电子. 若将铜球充电,问:至少充到多大电势时,再用此种光照射,铜球不再放出电子(铜的逸出功为 4.47 eV)?

14-9 若供给白炽灯的能量有 5% 用来发出可见光,假设所有可见光的波长都是 560 nm,问 100 W 灯泡每秒钟发射出多少个可见的光子?

14-10 在一次康普顿散射中,传递给电子的最大能量为 45 keV,求入射线的波长.

14-11 在康普顿效应中,入射线的波长为 3.0×10^{-3} nm,反冲电子的速度为光速的 60%,求散射线的波长及散射角.

14-12 已知 X 射线的光子能量为 0.60 MeV,在康普顿散射后波长改变了 20%,求反冲电子获得的能量和动量.

14-13 在气体放电管中,高速电子撞击原子发光. 如高速电子的能量为 12.2 eV,轰击处于基态的氢原子,试求氢原子被激发后所能发射的光谱线波长.

14-14 在玻尔氢原子理论中,当电子由量子数 $n = 5$ 的轨道跃迁到 $n = 2$ 的轨道上时,对外辐射光的波长为多少？若再将该电子从 $n=2$ 的轨道跃迁到电离状态，外界需要提供多少能量？

14-15 对于氢原子中处于基态的电子，试求：

（1）电子绕行速率；

（2）电子绕行频率.

第 14 章参考答案

第 15 章

量子力学初步

在总结大量实验事实和早期量子论的基础上,1926 年,海森伯、薛定谔、玻恩等人建立了反映微观粒子(包括分子、原子、原子核、电子、质子等)运动规律的量子力学理论. 量子力学和相对论是 20 世纪初的重大理论成果,是近代和现代物理学的理论基础.

量子力学在解决实际问题中不断发展,而且得到了广泛的应用. 从粒子物理到天体物理,从化学到生物学和医学,从晶体管到大规模集成电路,从激光到超导材料,几乎一切高新技术都离不开量子力学. 可以说,如果没有量子力学就没有现代人类的物质文明.

量子力学的研究方法同经典物理学一样,是从少数几个基本原理出发,通过逻辑推理和数学演算,得出研究对象的一系列性质,从而深入了解微观系统的结构和运动规律.

本章侧重介绍量子力学的一些基本原理、基本概念和基本思想,并通过几个具体事例的讨论来说明量子力学处理问题的基本方法.

§15.1 实物粒子的波粒二象性

实物粒子是指静止质量不为零的微观粒子,如电子、中子、质子等.经典物理指出,实物粒子除具有能量、动量外,它们在运动中沿确定的轨道前进,它们的运动不能像波动那样在空间进行叠加,也不能产生干涉和衍射现象.但是,当人们认识到光具有粒子性后,进一步又发现实物粒子也具有波动性,实物粒子怎么会既有粒子性又具有波动性呢? 本节我们主要讨论这一问题.

15.1.1 德布罗意假设

光具有波粒二象性. 光的干涉、衍射现象说明光具有波动性,而黑体辐射、光电效应和康普顿效应又说明光具有粒子性. 1924 年,法国物理学家德布罗意在光的波粒二象性的启发下想到:自然界在许多方面都是明显对称的,于是他提出了一个大胆的假设:**不仅光具有波粒二象性,一切实物粒子(如电子、质子等)也都具有波粒二象性**. 他认为,实物粒子的运动总有某种波动相伴随,其能量 E 与频率 ν、动量 p 与波长 λ 之间的关系和爱因斯坦光子对应的公式相同,即

$$E = mc^2 = h\nu \tag{15-1}$$

阅读材料:
德布罗意波的提出

$$p = mv = \frac{h}{\lambda} \tag{15-2}$$

式(15-1)和式(15-2)就是联系粒子性和波动性的关系式,称为德布罗意关系,它是从光子所遵循的式(14-15)和式(14-17)推广而得出的.这种和实物粒子相联系的波称为物质波(或称为德布罗意波).德布罗意由于这一开创性的工作而获得了1929年的诺贝尔物理学奖.

对于静止质量为 m_0 的实物粒子来说,粒子以速度 v 运动时,其质量 $m = \frac{m_0}{\sqrt{1-\frac{v^2}{c^2}}}$. 由式(15-2)得物质波的波长为

$$\lambda = \frac{h}{p} = \frac{h}{mv} = \frac{h}{m_0 v}\sqrt{1-\frac{v^2}{c^2}} \tag{15-3a}$$

当粒子速度 $v \ll c$ 时,则有

$$\lambda = \frac{h}{m_0 v} \tag{15-3b}$$

以电子为例,电子的波长取决于加速电势差 U,电子加速后,它的动能为

$$\frac{1}{2}m_e v^2 = eU \tag{15-4}$$

由此式可得电子的速度为

$$v = \sqrt{\frac{2eU}{m_e}} \tag{15-5}$$

根据德布罗意公式,此时电子的物质波波长为

$$\lambda = \frac{h}{m_e v} = \frac{h}{\sqrt{2m_e e}} \frac{1}{\sqrt{U}} \tag{15-6}$$

将 $h = 6.63 \times 10^{-34}$ J·s, $m_e = 9.11 \times 10^{-31}$ kg, $e = 1.60 \times 10^{-19}$ C 代入式(15-6)得

$$\lambda = \frac{1.225}{\sqrt{U}}$$

式中 λ 的单位为 nm, U 的单位为 V. 将 $U = 100$ V 代入,得

$$\lambda = 0.122\ 5 \text{ nm}$$

可见,电子的物质波波长大致与晶格常量相当,因此,可以利用电子对晶格的衍射来验证电子是否具有波动性.

必须指出,机械波和电磁波均为经典波,物质波与它们截然不同. 机械波是机械振动在空间的传播,电磁波是变化的电场与磁场在空间的传播,而物质波是为解释粒子的干涉、衍射现象而又避免与粒子性相矛盾而提出来的波,它是对微观粒子运动的统计描述. 绝不能因微观粒子具有波动性就机械地认为微观粒子运动就是经典物理学中的波动.

15.1.2 德布罗意假设的实验验证

德布罗意假设纯属理论性假设,其是否正确,关键在于实验验证. 1927年戴维

孙和革末用布拉格 X 射线衍射实验的思路验证了电子的波动性.

实验装置如图 15-1 所示,电子枪发射的电子束,经电势差 U 加速后打在晶体 M 上. 晶体可以绕一平行于电子束的轴转动. 电子束被晶体散射后进入电子探测器 B,与探测器相连的灵敏电流计 G 可以测量接收到的电子数量. 若电子具有波动性,那就应像 X 射线一样,会发生衍射,并符合布拉格公式 $2d\sin\varphi = k\lambda$ ($k = 1, 2, \cdots$).

阅读材料:
物质波假设的实验检验

戴维森和革末在实验时,保持晶格常量 d 和散射角 φ 不变,通过改变加速电压 U 来改变电子的波长 λ,这样,只有当 λ 符合布拉格衍射条件时,才会使探测器接收到的电子束最强,即 I 最大. 图 15-2 所示是探测器中电子束强度 I 与 $\sqrt{U}$ 的实验关系,可以看到曲线上出现了一系列峰值,反映出确有电子的布拉格衍射存在. 当 $d = 0.9\times10^{-10}$ m,$\varphi = 65°$,$U = 54$ V 时,按布拉格公式可算得电子的波长为

$$\lambda = 2d\sin\varphi = 2\times0.091\times\sin 65° \text{ nm} = 0.165 \text{ nm}$$

而按德布罗意公式算得该电子的波长应为

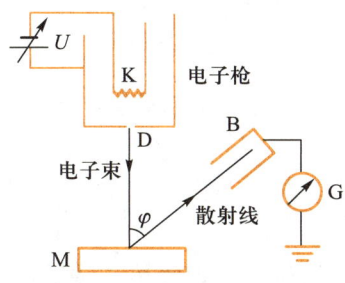

图 15-1 电子的衍射实验装置

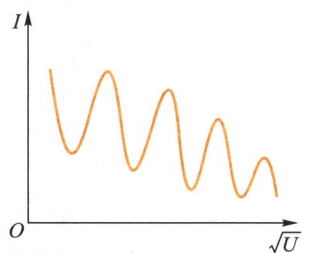

图 15-2 电子的衍射实验曲线

$$\lambda = \frac{h}{m_e v} = \frac{h}{\sqrt{2m_e e}}\frac{1}{\sqrt{U}} = \frac{1.225}{\sqrt{54}} \text{ nm} \approx 0.167 \text{ nm}$$

两者结果几乎一致!所以,上述实验一方面验证了电子具有波动性,能像 X 射线一样满足布拉格方程,另一方面也检验了德布罗意关系的正确性.

同年,英国物理学家 C. J. 汤姆孙用电子束穿过多晶薄片再射到照相屏上,结果在照相屏上得到和 X 射线衍射图样相似的环状衍射图样,如图 15-3 所示. 他同戴维森一起,因证实电子的波动性而共同获得了 1937 年的诺贝尔物理学奖.

在实验证实了电子的波动性后,人们又用实验证实了分子、质子和原子等也具有波动性,这就说明,一切微观粒子都具有波粒二象性.

微观粒子的波动性在现代科学技术中已经得到广泛应用,电子显微镜即为一例. 在光的衍射中

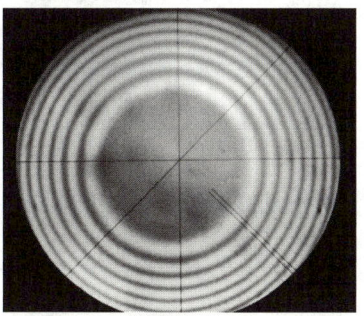

图 15-3 电子穿过多晶薄片时的衍射

讨论过,光学仪器的分辨率与波长成反比,波长越短,分辨率越高. 由于受可见光波长的限制,光学显微镜的分辨率不可能很高. 而电子的波长比可见光短得多,

经几百伏至几万伏电压加速后,电子的波长和 X 射线接近,所以,电子显微镜的放大倍数很高,可达到几十万倍以上,分辨率可达 10 nm 数量级. 我国制造的电子显微镜,放大倍数为 8×10^5,分辨率为 14.4 nm. 电子显微镜不仅能直接观察到蛋白质一类较大分子的结构,还能分辨单个原子的尺寸,为研究分子结构、晶格缺陷、病毒和细胞组织等提供了有力的工具,从而在工业、生物、医学等方面得到了广泛应用.

例 15-1 试计算动能为 0.05 eV 的(热)中子的物质波波长.

解 由于中子的能量较小,可采用非相对论性计算,有 $p=\sqrt{2m_n E_k}$,故

$$\lambda = \frac{h}{p} = \frac{h}{\sqrt{2m_n E_k}}$$

把 $h = 6.63\times10^{-34}$ J·s,$m_n = 1.675\times10^{-27}$ kg,$E_k = 0.05$ eV 代入上式,得

$$\lambda = 0.128 \text{ nm}$$

这个波长与 X 射线的波长处于同一数量级,与晶体的晶格常量 d 也相近,可见中子通过晶体也会发生衍射.

例 15-2 计算质量 $m = 0.01$ kg,速度 $v = 300$ m/s 的子弹的物质波波长.

解 根据德布罗意公式有

$$\lambda = \frac{h}{mv} = \frac{6.63\times10^{-34}}{0.01\times300} \text{ m} = 2.21\times10^{-34} \text{ m}$$

可以看出,由于普朗克常量是极其微小的量,所以宏观物体的物质波波长是非常小的,以至于达到实验无法测量的程度,因此宏观物体仅表现出粒子性. 这也是物质波存在而长期未被发现的原因.

例 15-3 一束具有动量 p 的电子,垂直地射入宽度为 a 的狭缝,若在狭缝后与狭缝相距 f 的地方放置一块荧光屏,求屏幕上衍射图样中央明条纹的宽度.

解 电子的物质波波长为

$$\lambda = \frac{h}{p}$$

电子经单缝衍射后,第一级极小的位置由下式决定:

$$a\sin\theta_1 = \pm\lambda$$

式中 θ_1 为衍射角. 因 θ_1 很小,有 $\theta_1 \approx \sin\theta_1 \approx \tan\theta_1$,故中央明条纹的角宽度

$$2\theta_1 = \frac{2\lambda}{a}$$

屏幕上中央明条纹的宽度

$$d = f2\theta_1 = \frac{2f\lambda}{a} = \frac{2fh}{ap}$$

例 15-4 用德布罗意波的概念导出氢原子玻尔理论中的角动量量子化条件.

解 欲使绕核做圆周运动的电子不辐射能量,处于定态,则在此轨道上与运动电子相联系的德布罗意波应为驻波. 而当半径为 r 的圆的周长等于波长的整数倍时会形成稳定的驻波. 故有

$$2\pi r = n\lambda$$

由德布罗意假设可知,质量为 m 的电子以速度 v 绕核做半径为 r 的圆周运动时,其波长为

$$\lambda = \frac{h}{mv}$$

把此式代入上式,得

$$L = mvr = n\frac{h}{2\pi} = n\hbar$$

此即氢原子玻尔理论的角动量量子化条件.

思考题

15-1 什么是量子力学?量子力学为什么叫力学?

15-2 对于运动着的宏观实物粒子,为什么不考虑它们的波动性?

15-3 当电子与光子具有相同波长时,它们的总能量是否相同?

15-4 如果普朗克常量 $h \to 0$,对波粒二象性有什么影响?

§15.2 不确定关系

在经典力学中,物体的运动状态是用位置(坐标)、速度(动量)来描述的,并且这两个物理量在任何瞬间都具有可以准确确定的值,因而物体有确定的运动轨道. 若知道了物体运动的初始条件以及受力情况,就可以按照牛顿运动定律求出物体在任意时刻的运动状态和任意时间段的运动轨道.

对于微观粒子,因为它具有波粒二象性,是否能同时用确定的位置和动量来描述粒子运动呢?下面以电子单缝衍射为例来进行研究.

如图 15-4 所示,一束动量大小为 p 的电子通过缝宽为 Δx 的单缝后发生衍射而在屏上形成衍射条纹,大部分电子将落在屏幕中央明纹上,少量电子落在外侧次极大处,现只考虑中央明条纹. 对一个电子来说,无法准确地说它是从缝中哪一点通过的,而只

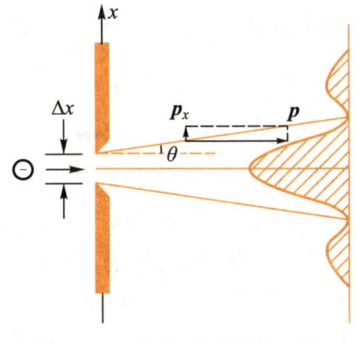

图 15-4 从电子的单缝衍射说明不确定关系

能说它是从宽度为 Δx 的缝中通过的. 所以,电子在 x 轴方向上位置的不确定量为 Δx. 同时,由于衍射的缘故,电子速度的方向有了改变,电子在 x 轴方向的动量也是不确定的,因为在只考虑中央明条纹的情况下,电子落在中央明条纹上哪一点是不确定的,也即在 x 轴方向上其动量大小 p_x 是不确定的. 其不确定范围为(最大)

$$\Delta p_x = p\sin\theta$$

这里 θ 为第一级暗条纹所对应的衍射角,由单缝衍射公式可知

$$\sin\theta = \frac{\lambda}{\Delta x}$$

代入上式,得

$$\Delta p_x = p\frac{\lambda}{\Delta x}$$

由德布罗意关系,得

$$\lambda = \frac{h}{p}$$

所以

$$\Delta p_x = \frac{h}{\Delta x}$$

即

$$\Delta x \Delta p_x = h$$

> 提示:
> 某些微观量的大小常用不确定关系进行估算,由于是估算,因此不确定关系也可写成 $\Delta x \Delta p_x \geqslant h$ 或 $\Delta x \Delta p_x \geqslant \hbar$ 的形式.

事实上,衍射电子也会落在中央明纹以外的次极大位置. 因此,电子在 x 方向的动量应更大一些,所以上式可写为

$$\Delta x \Delta p_x \geqslant h$$

以上只是借助一个特例作粗略估算. 更严格的讨论指出:

$$\begin{cases} \Delta x \Delta p_x \geqslant \dfrac{\hbar}{2} \\ \Delta y \Delta p_y \geqslant \dfrac{\hbar}{2} \\ \Delta z \Delta p_z \geqslant \dfrac{\hbar}{2} \end{cases} \quad (15-7)$$

式中 $\hbar$ 称为约化普朗克常量,读作"h-bar", $\hbar = \dfrac{h}{2\pi} = 1.054\,588 \times 10^{-34}$ J·s. 在计算中,可取 $\hbar = 1.05 \times 10^{-34}$ J·s

> 提示:
> 利用不确定关系可以对能级宽度、光的相干长度、零点能问题进行估算.

式(15-7)称为不确定关系,它不仅适用于电子,也适用于其他微观粒子. 德国物理学家海森伯由于提出了不确定关系和在量子力学方面的重大贡献而获得了 1932 年的诺贝尔物理学奖.

对于不确定关系,作如下几点说明.

(1) 不确定关系表明:粒子的位置和动量是不可能同时准确测定的,并不是说粒子的位置和动量不能准确测定,这里的关键是"不可能同时准确测定". 由式(15-7)可知,当 $\Delta x = 0$ 时,即精确确定了粒子的位置,则 $\Delta p_x \to \infty$,表明无法确定其动量及它要朝什么方向运动;当 $\Delta p_x = 0$ 时,即准确确定了动量,但 $\Delta x \to \infty$,也就无

法确定粒子在什么位置.

（2）不确定关系来源于物质的波粒二象性,它是微观粒子具有波粒二象性的必然反映,不是实验技术、测量仪器不精确所引起的.无论将来实验技术进步到什么程度,测量仪器如何精确,人们永远不可能同时确定微观粒子的位置和动量.

（3）在具体问题中,普朗克常量 h 与其他量相比是个极微小的量,可近似认为 $h \to 0$,则有 $\Delta x \Delta p_x \geq 0$,这意味着动量和位置都有可能有确定值,即其不确定量可能同时为零,此时用经典力学的方法就足够了.若在具体问题中,h 不能忽略时就必须考虑物质的波粒二象性,应用量子力学的方法来处理.所以普朗克常量实际上就是决定用量子力学还是用经典力学的一种判据.正如光速 c 是决定用相对论力学还是用经典力学的判据一样,当物体的速度接近光速时,必须用相对论力学,其他情况可近似用经典力学来处理.

不确定关系不仅存在于位置与动量之间,也存在于能量与时间之间.如果微观体系处于某一状态的时间为 Δt,则其能量必有一个不确定量 ΔE,量子力学可导出两者之间有如下关系：

$$\Delta E \Delta t \geq \frac{\hbar}{2} \qquad (15-8)$$

式(15-8)称为能量和时间的不确定关系,将其应用于原子系统可以确定原子各激发态能级宽度 ΔE 和该能级平均寿命 Δt 之间的关系.由式(15-8)可知,Δt 越大(寿命越长),ΔE 越小,能级越确定.能级宽度 ΔE 与它的平均寿命 Δt 成反比,能级寿命越短,能级越宽,能级寿命越长,能级越窄.由于原子处于基态时的寿命最长,所以基态能级最窄.激发态能级的能量有一定的宽度.

> **提示：**
> 如果用经典物理中的位置、动量去描述微观粒子,一定会产生误差,说明不确定关系对宏观物体不起作用.

例 15-5 一颗质量为 10 g 的子弹,以 $v = 500$ m/s 的速度飞行,设子弹速度的不确定量为 0.1%,求子弹位置的不确定量.

解 根据题意,子弹速度的不确定量为

$$\Delta v = 500 \times 0.1\% \text{ m/s} = 0.5 \text{ m/s}$$

子弹动量的不确定量为

$$\Delta p = m \Delta v = 0.01 \times 0.5 \text{ kg} \cdot \text{m/s} = 5 \times 10^{-3} \text{ kg} \cdot \text{m/s}$$

根据不确定关系得子弹位置的不确定量为

$$\Delta x = \frac{\hbar}{2\Delta p} = \frac{1.05 \times 10^{-34}}{2 \times 5 \times 10^{-3}} \text{ m} = 1.05 \times 10^{-32} \text{ m}$$

这个不确定量是无法用测量仪器测量的,因此对于宏观物体,不确定关系实际上不起"限制"作用,所以宏观物体可以用位置(坐标)和动量来描述其运动状态.

例 15-6 原子的线度为 10^{-10} m,求原子中电子速度的不确定量.

解 "电子在原子中"就意味着电子位置的不确定量为原子本身的线度,即 $\Delta x = 10^{-10}$ m,根据不确定关系可得

$$\Delta v = \frac{\Delta p}{m} = \frac{\hbar}{2m\Delta x} = \frac{1.05\times 10^{-34}}{2\times 9.1\times 10^{-31}\times 10^{-10}} \text{ m/s} = 0.58\times 10^{6} \text{ m/s}$$

按玻尔理论计算氢原子中电子轨道运动速度约为 10^6 m/s,它与上面计算的速度不确定量是同数量级的. 所以不确定关系不允许用位置(坐标)和动量来描述氢原子中电子的运动,因此,对原子中的电子说它的轨道与速度是没有实际意义的.

例 15-7 氦氖激光器发出波长 $\lambda = 632.8$ nm 的光,谱线宽度 $\Delta\lambda = 10^{-9}$ nm,当这种光子沿 x 轴方向传播时,它的 x 坐标的不确定量多大?

解 根据德布罗意关系式 $p_x = \dfrac{h}{\lambda}$,等式两边微分并只取其绝对值,则

$$\Delta p_x = \frac{h}{\lambda^2}\Delta\lambda$$

由不确定关系得

$$\Delta x = \frac{\hbar}{2\Delta p_x} = \frac{\lambda^2}{4\pi\Delta\lambda} = \frac{(6.328\times 10^{-7})^2}{4\times 3.14\times 10^{-18}} \text{ m} = 3.2\times 10^{4} \text{ m}$$
$$= 32 \text{ km}$$

例 15-8 假定原子中的电子在某激发态的平均寿命 $\Delta t = 10^{-8}$ s,该激发态能级宽度是多少?

解 $\Delta E \geq \dfrac{\hbar}{2\Delta t} = \dfrac{1.05\times 10^{-34}}{2\times 10^{-8}} = 5.25\times 10^{-27}$ J $\approx 3.3\times 10^{-8}$ eV

当原子从激发态向基态跃迁时,由于能级有一定的宽度,则谱线也有一定的宽度,称为自然宽度;反过来,根据谱线的自然宽度可以确定原子在激发态的平均寿命.

思考题

15-5 从不确定关系能得出"微观粒子的运动状态是无法确定的"吗?

15-6 经典力学认为,如果已知粒子在某一时刻的位置和速度,则可以预言粒子未来的运动状态.在量子力学看来,是否可能?

15-7 为什么说不确定关系与实验技术或仪器的精度无关?

§15.3 波函数及其统计解释

15.3.1 波函数

在经典力学中,物体在任一时刻均有确定的位置和动量,因此,物体的运动

阅读材料:
矩阵力学的建立

状态可用位置和动量来描述. 由于微观粒子具有波动性,所以其运动状态不能用位置和动量描述,而必须采用新的方法来描述,下面以自由粒子的运动为例来加以说明.

一个沿 x 轴正方向传播的频率为 ν,波长为 λ 的单色平面波,其波动方程为

$$y(x,t) = A\cos\omega\left(t - \frac{x}{u}\right) = A\cos 2\pi\left(\nu t - \frac{x}{\lambda}\right) \tag{15-9}$$

用复数形式表示为

$$y(x,t) = A\mathrm{e}^{-\mathrm{i}2\pi\left(\nu t - \frac{x}{\lambda}\right)} \tag{15-10}$$

式(15-9)是式(15-10)的实数部分,即可观测的波动方程.

现在先讨论微观粒子处于自由运动状态下的情况. 所谓自由粒子,就是该粒子不受力的作用,在运动过程中其速度 v、动量 p、能量 E 均保持不变. 由于微观粒子具有波动性,根据德布罗意公式,与该自由粒子相联系的物质波的波长为

$$\lambda = \frac{h}{p}$$

频率为

$$\nu = \frac{E}{h}$$

由于自由粒子的 p、E 是常量,所以其相应的物质波的波长 λ 和频率 ν 也是常量. 这样,与自由粒子相联系的物质波就是单色平面波. 如果此波是沿 x 轴方正向传播的,则其波动表达式应采用式(15-10)的复数形式,而不采用式(15-9)的实数形式,这是物质波所要求的. 同时,对物质波来说,式(15-10)中的 $y(x,t)$ 既不代表介质中质点的振动位移,也不代表某个量(如电场强度等)的大小,为此,我们改用 $\Psi(x,t)$ 来表示,用它来描述物质波在空间的传播,于是得

$$\Psi(x,t) = \Psi_0 \mathrm{e}^{-\mathrm{i}2\pi\left(\nu t - \frac{x}{\lambda}\right)}$$

把 $\lambda = \frac{h}{p}$ 和 $\nu = \frac{E}{h}$ 代入上式,即得沿 x 轴正方向传播的动量大小为 p、能量为 E 的自由粒子的物质波的表达式为

$$\Psi(x,t) = \Psi_0 \mathrm{e}^{-\mathrm{i}\frac{2\pi}{h}(Et - px)} = \Psi_0 \mathrm{e}^{-\frac{\mathrm{i}}{\hbar}(Et - px)} \tag{15-11}$$

式中 $\Psi(x,t)$ 为波函数,它一般是位置和时间的函数;Ψ_0 为波函数的振幅.

在外场中的非自由粒子(如氢原子中的核外电子等)仍然可用波函数来描述. 显然,外场不同,粒子的运动状态及描述运动状态的波函数也不同. 因此,作为量子力学的一个基本原理,**微观粒子的运动状态可用一个波函数来描述,这种新的描述方法体现了微观粒子的波粒二象性.**

15.3.2 波函数的统计解释

物质波的波函数是复数,它本身并不代表任何可观测的物理量. 那么,波函数是怎样描述微观粒子运动状态的呢?波函数的物理意义究竟是什么?应该如何把

粒子性和波动性这两个似乎完全对立的性质统一起来理解呢？1926 年，德国物理学家玻恩利用类比的方法提出了新的解释，并因此获得了 1954 年的诺贝尔物理学奖.

为了理解波函数的意义，下面重新分析一下光的单缝衍射的光强分布图样. 根据波动的观点，光强与振幅的平方成正比，所以衍射图样中最亮的地方振幅最大；根据粒子的观点，最亮处是单位时间内射到该处的光子数目最多，或者说是光子在该处出现的概率最大的地方. 所以可以认为：光子在空间某处出现的概率与光振动振幅的平方成正比.

现在应用上述观点来分析电子的单缝衍射图样. 由于电子也具有波粒二象性，衍射图样中电子密集的地方，按统计的观点，表示该处出现电子的概率最大；按波动的观点，表示该处波函数的模的平方最大. 由此可以得出类似的结论：在某时刻，电子在空间某处出现的概率 $\mathrm{d}W$ 与该处波函数的模的平方成正比，即

$$\mathrm{d}W = |\Psi(\boldsymbol{r},t)|^2 \mathrm{d}V = \Psi(\boldsymbol{r},t)\Psi^*(\boldsymbol{r},t)\mathrm{d}V \tag{15-12}$$

式中 $\Psi^*(\boldsymbol{r},t)$ 为 $\Psi(\boldsymbol{r},t)$ 的共轭复数. 这就是玻恩对波函数所作的统计解释，它不仅成功地解释了电子的单缝衍射现象，而且在解释其他许多问题时所得的结果与实验也是完全吻合的. 因此，对波函数的这种统计解释已为大家所接受.

按照波函数的统计解释，我们不能根据描述粒子状态的波函数预言一个粒子某一时刻一定在什么地方出现，但是可以指出在空间各处找到该粒子的概率分别是多少. 所以，微观粒子的波动性与其统计性是密切联系着的，而波函数所表示的则是概率波. 式(15-12)表明，微观粒子出现的概率随时间、空间而变化，这正是微观粒子波动性的表现.

由于波函数模的平方 $|\Psi(\boldsymbol{r},t)|^2$ 代表时刻 t 粒子在空间 $\boldsymbol{r}$ 处的单位体积中出现的概率，这就使得波函数具有一个独特的性质，即波函数 Ψ 与 $C\Psi$ （C 为任意常数）所描述的是同一个状态，这一点与经典的波动（如弹性波、电磁波等）有着本质的区别，经典波动的振幅如果增大了 C 倍，则其能量就增加了 C^2 倍，这是完全不同的另一种波动.

单位体积中出现的概率称为概率密度，用 w 表示，则

$$w = \frac{\mathrm{d}W}{\mathrm{d}V} = |\Psi(\boldsymbol{r},t)|^2 \tag{15-13a}$$

提示：
式(15-13a)给出的物质波强度总是一个正的实数.

波函数 $\Psi(\boldsymbol{r},t)$ 既然具有统计意义，就必须满足一些条件. 由于一定时刻在空间给定点微观粒子出现的概率应该是唯一的，并且是有限的，概率的空间分布不能发生突变，所以波函数必须满足单值、有限、连续三个条件，一般称这三个条件为波函数的标准化条件. 因此，在两种不同势场交界处，波函数及其一阶导数也是连续的. 另外，粒子在空间各点出现的概率总和必等于 1，故

$$\int_V |\Psi(\boldsymbol{r},t)|^2 \mathrm{d}V = 1 \tag{15-13b}$$

上式称为波函数的归一化条件. 只有满足标准化条件和归一化条件的波函数才能够描述微观粒子的运动状态.

需要指出的是，当一个粒子的波函数给定以后，在任何时刻，不但该粒子的空

间位置概率分布确定了,而且关于粒子的所有力学量(或称为可观测量,如速度、动量、角动量、能量等)的概率分布也都确定了,从这个意义上来说,$\Psi(r,t)$ 完全描述了粒子的状态,所以波函数也称为态函数.

思考题

15-8 量子力学中微观粒子的状态用波函数 $\Psi(r,t)$ 描述,这是否说明波函数 $\Psi(r,t)$ 包含着微观粒子的所有物理信息?

15-9 实物粒子的物质波与电磁波有什么不同?

15-10 物质波是什么波?什么是概率密度?概率密度和波函数有什么关系?

15-11 什么是波函数必须满足的标准化条件?

15-12 波函数归一化是什么意思?

§15.4 态叠加原理

态叠加原理是量子力学的一个基本原理,它可以简要地表述为:**如果 Ψ_1,Ψ_2,$\cdots$,Ψ_n 分别是方程的解,那么它们的线性组合**

$$\Psi = C_1\Psi_1 + C_2\Psi_2 + \cdots + C_n\Psi_n = \sum_{i=1}^{n} C_i\Psi_i \quad (C_1, C_2, \cdots, C_n \text{ 是任意常数})$$

(15-14)

也一定是方程的解. 它的物理意义是:如果所描写的都是体系可能实现的状态,那么它们的线性叠加 Ψ 所描写的也是体系的一个可能实现的状态.

其实,一切经典波动过程都服从叠加原理,我们知道,如果 Φ_1 和 Φ_2 是两个可能的波动过程,那么它们的线性叠加

$$\Phi = a\Phi_1 + b\Phi_2 \quad (a、b \text{ 都是常量})$$

(15-15)

也是一个可能的波动过程. 光波的干涉和衍射就是利用这一原理来解释的.

但是,量子力学中的态叠加原理与经典力学中的叠加原理只是在数学形式上相同,而在物理本质上是不同的. 下面通过电子束双缝干涉实验来说明量子力学中的态叠加原理.

如图 15-5 所示,电子束从左边射来,通过双缝以后,落在屏幕上. 如果在屏幕处放一照相底片,就可以拍到干涉条纹. 电子在屏幕上的概率分布曲线与光学中光强分布曲线完全一样,如图 15-5(b)所示.

如果只开缝 1,关闭缝 2,电子将发生单缝衍射,其运动用波函数 Ψ_1 来描述,电子到达屏幕上各点的概率密度 w_1 的分布曲线与光学单

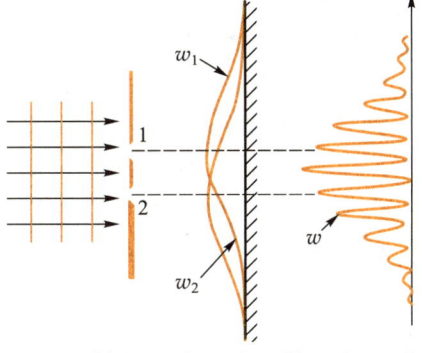

(a) $w = |\Psi_1|^2 + |\Psi_2|^2$ (b) $w = |\Psi_1 + \Psi_2|^2$

图 15-5 电子衍射和机枪打靶

缝衍射相同,如图 15-5(a)中 ω_1 所示. 根据波函数的统计解释

$$w_1 = |\Psi_1|^2 = \Psi_1^* \Psi_1$$

如果只开缝 2,关闭缝 1,相应的电子波函数为 Ψ_2,屏幕上的概率密度为 w_2,如图 15-5(a)中的 ω_2 所示. 则

$$w_2 = |\Psi_2|^2 = \Psi_2^* \Psi_2$$

如果两条缝同时打开,按经典统计理论,互相排斥事件中的任何一件发生的概率等于每个事件单独发生的概率之和. 因此,经典粒子(如机枪打靶时的子弹),在屏幕上的概率分布应为两单缝情况下的概率分布的叠加,如图 15-5(a)所示,即

$$\omega = \omega_1 + \omega_2 \tag{15-16}$$

用波函数来表示,有

$$\omega = |\Psi_1|^2 + |\Psi_2|^2$$

但实验结果却不是这样,由于微观粒子不同于经典粒子,在两缝同时打开时,电子的去向有两种可能,或是缝 1,或是缝 2,它们可以任意通过其中的一条缝,这时就不是概率的相互叠加,而是波函数的叠加,则有

$$\Psi = \Psi_1 + \Psi_2$$

在上式中,叠加系数 $C_1 = C_2 = 1$,因为两条缝是完全等价的. 此时,电子在屏幕上的概率分布为

$$\begin{aligned} w = |\Psi|^2 = |\Psi_1 + \Psi_2|^2 &= (\Psi_1 + \Psi_2)^* (\Psi_1 + \Psi_2) \\ &= \Psi_1^* \Psi_1 + \Psi_1^* \Psi_2 + \Psi_2^* \Psi_1 + \Psi_2^* \Psi_2 \\ &= w_1 + w_2 + \Psi_1^* \Psi_2 + \Psi_2^* \Psi_1 \end{aligned} \tag{15-17}$$

即

$$w \neq w_1 + w_2$$

这说明:当两条缝同时打开时的概率分布,不等于两次分别打开单独一条缝时的概率分布之和,而多出了 $\Psi_1^* \Psi_2$、$\Psi_2^* \Psi_1$ 两项. 这两项称为干涉项,它们是产生干涉的原因.

由此可见,在量子力学中,电子在屏幕上的概率分布是两个波函数的叠加,而不是概率的叠加,这正是态叠加原理的含义.

量子力学中的态叠加原理是一个与测量密切联系在一起的基本原理. 根据态叠加原理,若在体系 Ψ_1 状态下进行力学量测量,测量到的结果是 λ_1,在体系 Ψ_2 状态下进行力学量测量,测量到的结果是 λ_2……则当体系处在状态 $\Psi_1, \Psi_2, \cdots, \Psi_n$ 的线性叠加 Ψ 状态下进行力学量测量时,测量到的结果可能是 $\lambda_1, \lambda_2, \cdots, \lambda_n$,但绝不会是其他的值,且测量结果为 $\lambda_1, \lambda_2, \cdots, \lambda_n$ 的概率正好分别是 Ψ 的展开式(15-14)中各相系数模的平方,即

$$\begin{cases} w_1 = |C_1|^2 \\ w_2 = |C_2|^2 \\ \cdots\cdots\cdots \\ w_n = |C_n|^2 \end{cases} \tag{15-18}$$

思考题

15-13 量子力学中的态叠加原理与经典力学中的态叠加原理有何区别？

§ 15.5 力学量用算符表示

15.5.1 力学量算符

在量子力学中,当微观粒子处于某一状态时,它的力学量(如坐标、动量、角动量、能量等)一般不具有确定的数值,而是具有一系列可能值,每个可能值以一定的概率出现. 当粒子所处的状态确定时,力学量具有某一可能值的概率也就完全确定了,因而有确定的平均值. 例如,氢原子中的电子处于某一束缚态时,它的坐标和动量都没有确定值,但坐标具有某一确定值 r 或动量具有某一确定值 p 的概率都是完全确定的. 在量子力学中,力学量的这些特点是经典力学中的力学量所没有的. 为了反映这些特点,在量子力学中引进算符来表示力学量.

通俗地说,算符就是一种运算符号,我们常用上方加"^"的字母来表示算符,如 $\hat{F}$,当把算符 $\hat{F}$ 作用在函数 u 上以后,它可以使这个函数变成另一个函数 v,即写成

$$\hat{F}u = v \qquad (15-19)$$

例如,$\dfrac{\mathrm{d}}{\mathrm{d}x}$ 就是一个算符,如果我们把它作用在函数 u 上,则

$$\frac{\mathrm{d}}{\mathrm{d}x}u = v$$

即算符 $\dfrac{\mathrm{d}}{\mathrm{d}x}$ 是一个求微商的运算符号,称为微分算符.

$\nabla = \dfrac{\partial}{\partial x}\boldsymbol{i} + \dfrac{\partial}{\partial y}\boldsymbol{j} + \dfrac{\partial}{\partial z}\boldsymbol{k}$ 称为那勃勒算符,$\nabla^2 = \dfrac{\partial^2}{\partial x^2} + \dfrac{\partial^2}{\partial y^2} + \dfrac{\partial^2}{\partial z^2}$ 称为拉普拉斯算符.

在量子力学中,描述体系的每一个力学量都对应于一个算符,因而**力学量用算符表示**是量子力学中的一个重要基本原理,其理论和应用十分广泛.

一般来说,在量子力学中,其力学量若在经典力学中有相应的力学量 $F(\boldsymbol{r},\boldsymbol{p})$,则只需将量中的 $\boldsymbol{r},\boldsymbol{p}$ 换算成算符形式 $\boldsymbol{r}, -\mathrm{i}\hbar\nabla$ 即为该力学量的算符 $\hat{F}$,即

$$F(\boldsymbol{r},\boldsymbol{p}) = \hat{F}(\boldsymbol{r}, -\mathrm{i}\hbar\nabla)$$

下面是几个常见的力学量的算符的例子：

位置算符：$\hat{\boldsymbol{r}} = \boldsymbol{r}$

动量算符：$\hat{\boldsymbol{p}} = -\mathrm{i}\hbar\nabla$

动能算符：$\hat{E}_k = -\dfrac{\hbar^2}{2m}\nabla^2$

能量算符：$\hat{E} = i\hbar \dfrac{\partial}{\partial t}$

角动量算符：$\hat{L} = r \times (-i\hbar \nabla)$

哈密顿算符：$\hat{H} = -\dfrac{\hbar^2}{2m} \nabla^2 + U(\boldsymbol{r})$

当然,量子力学中有些力学量在经典力学中无相应的力学量,如自旋、同位旋等,对于它们的算符形式,量子力学将单独给出.

15.5.2 本征方程

若力学量算符 $\hat{F}$ 作用在体系波函数 Ψ 上,得到的结果是 Ψ 与一个常量 λ 的乘积,即

$$\hat{F}\Psi = \lambda \Psi \tag{15-20}$$

此方程称为算符 $\hat{F}$ 的本征方程,λ 称为 $\hat{F}$ 的本征值,Ψ 称为 $\hat{F}$ 的本征函数,它所描述的状态称为 $\hat{F}$ 的本征态.

量子力学的重要任务之一就是解 $\hat{F}$ 的本征方程(15-20). 但是,对于具体的物理问题,往往要求 Ψ 必须满足一定的边界条件. 这样,常量 λ 的取值未必是任意的,而常常是仅对 λ 的某些特定值,方程(15-20)才有符合边界条件的非零解. 因此,算符 $\hat{F}$ 的本征值和本征函数是在解本征方程的过程中同时求出来的.

若一个本征函数对应于一个本征值,则称相应的本征态是非简并的,若两个或两个以上的本征函数对应于一个本征值,则称相应的本征态是简并的. 本征函数的数目称为简并度. 由于任意一个力学量的测量结果都是实数,因而所有力学量算符的本征值均为实数. 量子力学认为,当体系处于力学量 $\hat{F}$ 的本征态时,它的本征值 λ 就是实验中测得 $\hat{F}$ 的值.

15.5.3 力学量的平均值

在经典力学中,处于一定状态下的体系的每一个力学量,在每一时刻都具有一个确定的值. 然而,在量子力学中,如果体系处于任一状态 Ψ 中,在每一时刻力学量并不具有确定的值,一般只有确定的概率分布和平均值. 因此对于任何力学量只有求出它的平均值,才能与实验进行比较. 若一粒子的波函数为 Ψ,则力学量 F 的平均值

$$\overline{F} = \int \Psi^* \hat{F} \Psi \, dV \tag{15-21}$$

若波函数是一维的,则

$$\overline{F} = \int \Psi^* \hat{F} \Psi \, dx \tag{15-22}$$

这就是说,只要将经典力学中的力学量 F 写成算符形式 $\hat{F}$,并将其插入两相关的共

轭波函数之间,然后积分即得该量的平均值,例如,x 及 p_x 的平均值分别为

$$\bar{x} = \int \Psi^* x \Psi \mathrm{d}x \tag{15-23}$$

$$\bar{p}_x = \int \Psi^* \left(-\mathrm{i}\hbar \frac{\mathrm{d}}{\mathrm{d}x} \right) \Psi \mathrm{d}x \tag{15-24}$$

例 15-9 已知一维无限深方势阱中运动的基态粒子波函数为

$$\Psi(x) = \sqrt{\frac{2}{a}} \sin \frac{\pi}{a} x \quad (0 < x < a)$$

$$\Psi(x) = 0 \quad (x \geqslant 0, \quad x \leqslant a)$$

求在一维无限深方势阱中运动的基态粒子的 $\bar{x}$、$\overline{x^2}$ 和 $\bar{p}$.

解 $\bar{x} = \int_{-\infty}^{\infty} \Psi_1^*(x) x \Psi_1(x) \mathrm{d}x = \int_0^a x \frac{2}{a} \sin^2 \frac{\pi}{a} x \mathrm{d}x = \frac{2}{a} \int_0^a x \sin^2 \frac{\pi}{a} x \mathrm{d}x = \frac{a}{2}$

$\overline{x^2} = \int_{-\infty}^{\infty} \Psi_1^*(x) x^2 \Psi_1(x) \mathrm{d}x = \int_0^a x^2 \frac{2}{a} \sin^2 \frac{\pi}{a} x \mathrm{d}x = \frac{a^3}{3} - \frac{a^2}{2\pi^2}$

$\bar{p} = \int_{-\infty}^{\infty} \Psi_1^*(x) \hat{p} \Psi_1(x) \mathrm{d}x = \frac{2}{a} \int_0^a \sin \frac{\pi}{a} x \left(-\mathrm{i}\hbar \frac{\mathrm{d}}{\mathrm{d}x} \right) \sin \frac{\pi}{a} x \mathrm{d}x$

$= -\mathrm{i}\hbar \frac{2\pi}{a^2} \int_0^a \sin \frac{\pi}{a} x \cos \frac{\pi}{a} x \mathrm{d}x = 0$

15.5.4 线性厄米算符

设 Ψ_1 和 Ψ_2 是两个任意波函数,C_1 和 C_2 是两个任意常数,如果算符 $\hat{F}$ 满足下列等式

$$\hat{F}(C_1 \Psi_1 + C_2 \Psi_2) = C_1 \hat{F} \Psi_1 + C_2 \hat{F} \Psi_2 \tag{15-25}$$

则称 $\hat{F}$ 是线性算符. 显然 x、$\frac{\partial}{\partial x}$、$\frac{\mathrm{d}}{\mathrm{d}x}$、$\frac{\partial^2}{\partial x \partial y}$ 等算符都是线性算符,而 $\sqrt{\quad}$ 则不是线性算符,因为

$$\sqrt{C_1 \Psi_1 + C_2 \Psi_2} \neq C_1 \sqrt{\Psi_1} + C_2 \sqrt{\Psi_2}$$

如果对于任意两个波函数 Ψ_1 和 Ψ_2,算符 $\hat{F}$ 满足下列等式:

$$\int \Psi_1^* \hat{F} \Psi_2 \mathrm{d}x = \int (\hat{F} \Psi_1)^* \Psi_2 \mathrm{d}x \tag{15-26}$$

则称 $\hat{F}$ 为厄米算符(或称为自轭算符),式中 x 代表所有的变量,积分范围是所有变量变化的整个区域.

一般说来,我们要求 Ψ_1 和 Ψ_2 是平方可积的,即当变量 $x \to \pm\infty$ 时,它们等于零. 这一条件在实际问题中经常是可以满足的.

厄米算符有如下两个基本性质:
(1) 厄米算符的本征值和平均值必为实数.
(2) 厄米算符对应于不同本征值的本征函数必定是正交的.

例 15-10 证明算符 $\hat{p}_x$ 是厄米算符

证

$$\int_{-\infty}^{\infty} \Psi_1^* \hat{p}_x \Psi_2 \mathrm{d}x = -\mathrm{i}\hbar \int_{-\infty}^{\infty} \Psi_1^* \frac{\partial}{\partial x} \Psi_2 \mathrm{d}x$$

$$= -\mathrm{i}\hbar \, \Psi_1^* \Psi_2 \Big|_{-\infty}^{\infty} + \mathrm{i}\hbar \int_{-\infty}^{\infty} \frac{\partial \Psi_1^*}{\partial x} \Psi_2 \mathrm{d}x$$

$$= \int_{-\infty}^{\infty} (\hat{p}_x \Psi_1)^* \Psi_2 \mathrm{d}x$$

上面的计算中,我们用了分部积分,由于 Ψ_1^* 和 Ψ_2 是平方可积的,所以上式第一项应当为零.

如果算符既是线性的又是厄米的,那么我们就称这种算符是线性厄米算符. 例 15-10 中的算符 $\hat{p}_x$ 就是线性厄米算符.

为什么我们对线性厄米算符特别感兴趣呢?这是因为在量子力学中,所有力学量的算符都是线性厄米算符.

例 15-11 证明厄米算符的本征值为实数.

证 设 λ 和 Ψ 分别表示 $\hat{F}$ 的一个本征值和相应的本征函数,则有本征方程

$$\hat{F}\Psi = \lambda \Psi$$

以 Ψ^* 左乘上式,并对空间积分,得

$$\int \Psi^* \hat{F} \Psi \mathrm{d}x = \int \Psi^* \lambda \Psi \mathrm{d}x = \lambda \int \Psi^* \Psi \mathrm{d}x$$

因为 $\hat{F}$ 为厄米算符,则

$$\int \Psi^* \hat{F} \Psi \mathrm{d}x = \int (\hat{F}\Psi)^* \Psi \mathrm{d}x = \lambda^* \int \Psi^* \Psi \mathrm{d}x$$

比较上面两式,得

$$\lambda = \lambda^*$$

即厄米算符的本征值是实数.

15.5.5 算符的对易关系

在量子力学中,为了描述两个算符 $\hat{A}$ 和 $\hat{B}$ 之积的变换关系,引入符号

$$[\hat{A}, \hat{B}] = \hat{A}\hat{B} - \hat{B}\hat{A} \tag{15-27}$$

如果 $[\hat{A}, \hat{B}] = 0$,则称算符 $\hat{A}$ 与 $\hat{B}$ 对易(可交换),如果 $[\hat{A}, \hat{B}] \neq 0$,则称算符 $\hat{A}$ 与 $\hat{B}$ 不对易(不可交换).

在经典力学中,所有的力学量都是可对易的,但在量子力学中,由于微观粒子具有波粒二象性,所以我们得到了不确定关系式(15-7),这样就使得微观体系的有些力学量算符不能对易,而有些力学量算符可以对易.量子力学证明,如果两力学量

的算符 $\hat{A}$ 和 $\hat{B}$ 可对易,则这两个力学量同时有确定值.

例 15-12 证明 $[x,\hat{p}_x]=i\hbar$.

证 对于任意的状态 Ψ,有

$$[x,\hat{p}_x]\Psi = x\hat{p}_x\Psi - \hat{p}_x x\Psi = -i\hbar\left[x\frac{\partial\Psi}{\partial x} - \frac{\partial(x\Psi)}{\partial x}\right] = -i\hbar\left[x\frac{\partial\Psi}{\partial x} - \Psi - x\frac{\partial(\Psi)}{\partial x}\right] = i\hbar\Psi$$

由于 Ψ 是任意的一个状态,所以

$$[x,\hat{p}_x] = i\hbar$$

可见,坐标和动量的同一分量是不可以同时有确定值的. 这正是不确定关系所表明的.

例 15-13 计算对易关系 $[f(x),\hat{p}_x]$.

解:对于任意的状态 Ψ,有

$$[f(x),\hat{p}_x]\Psi = f(x)\hat{p}_x\Psi - \hat{p}_x f(x)\Psi = -i\hbar\left\{f(x)\frac{\partial\Psi}{\partial x} - \frac{\partial[f(x)\Psi]}{\partial x}\right\}$$

$$= -i\hbar f(x)\frac{\partial\Psi}{\partial x} + i\hbar\frac{\partial f(x)}{\partial x}\Psi + i\hbar f(x)\frac{\partial\Psi}{\partial x}$$

由于 Ψ 是任意的一个状态,所以

$$[f(x),\hat{p}_x] = i\hbar\frac{\partial}{\partial x}f(x)$$

思考题

15-14 在量子力学中,如何确定力学量?

§15.6 薛定谔方程

15.6.1 薛定谔方程

微观粒子的运动状态是用波函数来描述的,那么怎样才能求出处于一定条件下的粒子的波函数呢？在经典力学中,如果知道质点的受力情况,以及质点在初始时刻的位置和速度,根据牛顿运动定律可求得质点在任意时刻的运动状态. 描述微观粒子运动状态的波函数则遵循另外一个方程,求解这一方程,就可以知道粒子的运动状态. 这个方程称为薛定谔方程,是 1925 年奥地利物理学家薛定谔建立的. 为此,薛定谔荣获了 1933 年的诺贝尔物理学奖.

薛定谔方程是量子力学的一个基本原理,它既不可能从已有的理论上推导出来,也不可能从实验事实中总结出来(因为波函数本身是不可观测量). 和物理学中的其他基本方程(如牛顿运动定律、麦克斯韦方程组等)一样,其正确性只能靠由它

阅读材料：
波动力学的建立

提示：

在量子力学发展史中还有其他两种理论体系同样能解决量子力学问题. 一种是海森伯的矩阵力学,另一种是费曼的路径积分量子化方法. 但需运用较多的数学手段.

得出的一切结果与实验相符合来证实. 由于将此方程应用于分子、原子等微观粒子所得到的大量结果都和实验相符合,因而薛定谔方程是微观粒子运动规律的一个基本方程.

质量为 m 的粒子,在势能函数 $U(r)$（一般情况下势能 $U(r)$ 也可以是时间 t 的函数）的势场中运动,当它的速度远小于光速时,其波函数所满足的方程为

$$\hat{H}\Psi(r,t) = i\hbar \frac{\partial \Psi(r,t)}{\partial t} \quad (15-28)$$

式中

$$\hat{H} = -\frac{\hbar^2}{2m}\nabla^2 + U(r)$$

式(15-28)就是著名的薛定谔方程（或称为含时薛定谔方程）.

15.6.2 定态薛定谔方程

通常主要研究的是定态问题,所谓定态是指粒子的概率密度分布不随时间变化的状态,即粒子的能量 E 和动量 p 不随时间变化的状态. 一种比较简单的情况是粒子在稳定势场中的运动,此时势能函数 $U(r)$ 与时间无关,粒子的能量 $E = \frac{p^2}{2m} + U(r)$ 也不随时间变化,这时粒子处于定态,粒子的波函数可表示为空间函数 $\psi(r)$ 与时间函数 $e^{-\frac{i}{\hbar}Et}$ 两部分的乘积,即

$$\Psi(r,t) = \psi(r) e^{-\frac{i}{\hbar}Et} \quad (15-29)$$

从式(15-29)可知,当粒子处于定态时,在空间各点出现的概率密度 $|\Psi(r,t)|^2 = |\psi(r)|^2$ 与时间无关. 因此定态函数的空间部分 $\psi(r)$ 也称为定态波函数. 将式(15-29)代入式(15-28),并利用 $\hat{E} = i\hbar \frac{\partial}{\partial t}$ 得

$$\left[-\frac{\hbar^2}{2m}\nabla^2 + U(r)\right]\psi(r) = E\psi(r) \quad (15-30a)$$

引入哈密顿算符,则式(15-30a)可简写为

$$\hat{H}\psi(r) = E\psi(r) \quad (15-30b)$$

式(15-30a)和式(15-30b)称为定态薛定谔方程（或称为不含时薛定谔方程）. 求解此方程得出 $\psi(r)$ 后,再由式(15-29)可给出波函数 $\Psi(r,t)$. 因此,在研究粒子处于定态时,就归结为求定态薛定谔方程的解 $\psi(r)$.

若粒子沿 x 轴运动,式(15-30a)可简化为

$$\frac{d^2\psi(x)}{dx^2} + \frac{2m}{\hbar^2}(E-U)\psi(x) = 0 \quad (15-31)$$

式(15-31)称为一维定态薛定谔方程.

思考题

15-15 描述经典粒子运动的物理量的基本特征是什么? 经典粒子运动所遵

循的规律是什么？描述微观粒子运动的物理量的基本特征是什么？微观粒子运动所遵循的规律是什么？

§15.7 薛定谔方程的应用

薛定谔方程是量子力学的基本方程，像牛顿运动定律是经典力学的基本方程一样，量子力学对于微观粒子运动的研究都可以归纳为寻求并解答各种情况下的薛定谔方程.

应用薛定谔方程求解微观粒子运动的一般步骤是：首先写出薛定谔方程，其次求出薛定谔方程的通解，再次根据标准化条件求出常量，最后由归一化条件得出波函数.

> 提示：
> 量子理论认为原子中的电子具有波动性，服从薛定谔方程，不存在轨道概念.

15.7.1 一维无限深方势阱

如图15-6所示，一粒子处在势能为 U 的势场中，沿 x 轴做一维运动，粒子的势能函数为

$$U(x)=\begin{cases}0 & (0<x<a)\\ \infty & (x\leqslant 0, x\geqslant a)\end{cases}$$

由于势能的分布像阱，而且阱深无限，所以形象地称为无限深方势阱. 在阱内势能为零，所以粒子不受力. 在边界 $x=0$ 和 $x=a$ 处，由于势能突然增大到无限大，所以粒子受到无限大的指向阱内的力. 因此，粒子只能在 $0<x<a$ 的范围内运动.

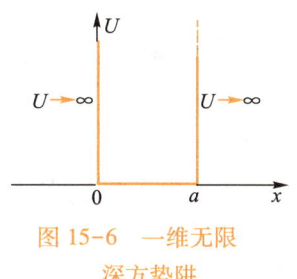

图15-6 一维无限深方势阱

粒子在一维无限深方势阱中的运动，其状态用波函数描述，而波函数满足薛定谔方程，这就需要求解这种情况下的薛定谔方程. 由于粒子只能在 $0<x<a$ 的范围内运动，所以粒子的定态波函数 $\psi(x)$ 在 $x\leqslant 0$ 和 $x\geqslant a$ 的区域应该等于零. 下面求解势阱内的定态波函数. 在势阱内 $U=0$，由式（15-31）一维定态薛定谔方程可得

$$\frac{\mathrm{d}^2\psi(x)}{\mathrm{d}x^2}+\frac{2mE}{\hbar^2}\psi(x)=0 \qquad (15-32)$$

式中 m 为粒子的质量，E 为粒子的总能量.

令

$$k^2=\frac{2mE}{\hbar^2} \qquad (15-33)$$

则式（15-32）可写为

$$\frac{\mathrm{d}^2\psi(x)}{\mathrm{d}x^2}+k^2\psi(x)=0$$

这是典型的简谐振动方程，其通解是

$$\psi(x)=A\sin kx+B\cos kx \qquad (15-34)$$

式中 A 和 B 为两个常量,可由边界条件求出.

由于 $\psi(x)$ 在 $x=0$ 处必须连续,而在 $x\leqslant 0$ 处 $\psi(x)=0$,所以有
$$\psi(0)=B=0$$

于是式(15-34)可写为
$$\psi(x)=A\sin kx \tag{15-35}$$

又由于 $\psi(x)$ 在 $x=a$ 处也必须连续,而在 $x\geqslant a$ 时,$\psi(x)=0$,所以有
$$\psi(a)=A\sin ka=0$$

由于 A 不为零[否则 $\psi(x)$ 恒为零],所以 $\sin ka=0$,于是 k 必须满足
$$ka=n\pi \quad (n=0,\pm 1,\pm 2,\cdots)$$

即
$$k=\frac{n\pi}{a} \quad (n=1,2,\cdots) \tag{15-36}$$

这里,我们舍去了 $n=0,-1,-2,\cdots$ 这是因为当 $n=0$ 时,$\psi(x)=0$,即势阱中找到粒子的概率为零,这显然不合题意.而 $n=-1,-2,\cdots$ 与 $n=1,2,\cdots$ 实际上是代表着同一种概率分布的状态,故只需取 $n=1,2,\cdots$. 将式(15-30)代入式(15-35),得波函数为

$$\psi(x)=A\sin\frac{n\pi}{a}x \quad (0<x<a) \tag{15-37}$$

据归一化条件式(15-13b),有
$$\int_{-\infty}^{+\infty}|\psi(x)|^2 dx = 1$$

得
$$\int_{-\infty}^{+\infty}|\psi(x)|^2 dx = \int_0^a A^2\sin^2\frac{n\pi}{a}x dx = \frac{1}{2}aA^2 = 1$$

所以
$$A=\sqrt{\frac{2}{a}}$$

因此粒子在一维无限深方势阱的波函数为
$$\psi(x)=\begin{cases}\sqrt{\dfrac{2}{a}}\sin\dfrac{n\pi}{a}x & (0<x<a) \\ 0 & (x\leqslant 0, x\geqslant a)\end{cases}$$

由式(15-33)和式(15-36)可得粒子的能量
$$E_n=n^2\frac{\pi^2\hbar^2}{2ma^2} \quad (n=1,2,\cdots) \tag{15-38}$$

式中 n 为量子数. 由式(15-38)可以得出以下三个结论.

(1) 势阱中自由粒子的能量是不连续的,是量子化的. 这个量子化条件是在解薛定谔方程中根据波函数的边界条件而得到的自然结果. 而玻尔能量量子化假设是在经典力学的基础上,人为地、生硬地加上的. 按照经典力学的观点,当粒子在一维无限深方势阱中运动时,其能量是连续的. 但是按量子力学的观点,当粒子在一维无限深方势阱中运动时,其能量是不连续的.

(2) 粒子的最小能量不等于零. 粒子的能级如图 15-7(a)所示. 当 $n=1$ 时,粒

提示:
从式(15-38)来看,玻尔的结果与量子力学结果是吻合的.

子能量最低,其值为

$$E_1 = \frac{\pi \hbar^2}{2ma^2} \neq 0 \quad (称为零点能)$$

表明粒子在势阱中不可能静止. 这是微观粒子波动性的表现,"静止的波"是没有意义的. 而经典粒子的最低能量可以为零.

(3) 能级的相对间隔随 n 的增大而减小. 由式(15-38)可以看出,势阱中能级的相对间隔为

$$\frac{\Delta E_n}{E_n} = \frac{E_{n+1}-E_n}{E_n} = \frac{(n+1)^2-n^2}{n^2} \approx \frac{2}{n}$$

当 $n \to \infty$ 时,$\frac{\Delta E_n}{E_n} \to 0$,说明当 n 很大时,能量可以看成是连续的,这就是经典力学的图像. 从以上分析可知,经典力学可以看成是量子力学在量子数 n 趋于无限大的极限情况. 1918 年丹麦物理学家玻尔在得出氢原子理论之后提出**对应原理:当量子数 n 的取值趋于无限大时,微观领域的量子化结论与经典力学得到的结论一致**.

需要指出,对应原理不仅存在于量子力学与经典力学之间,也存在相对论力学与经典力学之间. 在相对论中,当物体的速度 v 比光速 c 小很多,即 $v \ll c$ 时,相对论力学的有关规律转化为经典力学对应的有关规律:洛伦兹变换退化为伽利略变换;运动物体长度缩短、运动时间延缓效应都消失;质量、动量、能量均回到经典的情形,这也是符合对应原理的.

此外,在光学的单缝衍射中,当 $a \gg \lambda$ 时,光可看作是直线传播,波动光学转化为几何光学. 在不确定关系中 $\Delta x \Delta p_x \geq \hbar$,表明对微观粒子需用量子力学方法,当 $h \to 0$ 时,则只需要用经典力学的方法,这都是符合对应原理的.

(4) 势阱中粒子出现的概率随位置而变化. 由式(15-37)可以求出粒子在 $0<x<a$ 某处出现的概率密度为

$$|\psi(x)|^2 = \frac{2}{a} \sin^2 \frac{n\pi x}{a} \tag{15-39}$$

图 15-7(a)、(b)、(c)分别给出了 $n=1,2,3$ 时 E_n、$\psi_n(x)$ 和 $|\psi_n(x)|^2$ 的分布情况. 由图 15-7(c)可以看出,在最低能级 E_1 时,在阱壁处找到粒子的概率为零,而在中间找到粒子的概率最大;当能量为 E_2 时,在中间找到粒子的概率为零,在 $\frac{a}{4}$ 和 $\frac{3}{4}a$ 处出现粒子的概率最大;这显然与经典力学不同. 按照经典力学,粒子在势阱中不受力,它将做匀速直线运动,势阱内各处出现粒子的概率应该相等. 此外,从图中还可以看出,当 n 增加时,概率密度 $|\psi|^2$ 分布曲线的峰值也增加. 例如,$n=2$ 有两个峰值,$n=3$ 有 3 个峰值……,当 $n \to \infty$ 时,$|\psi|^2$ 的峰值个数就会非常多,几乎连续排列,表明势阱内各处出现粒子的概率相等,所以经典粒子运动状态也可以看作是微观粒子当 $n \to \infty$ 时的极限情况.

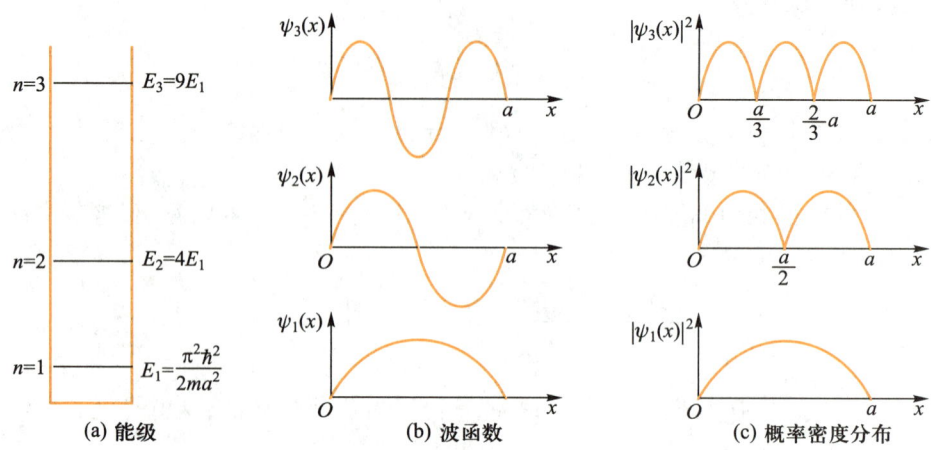

图 15-7 一维无限深方势阱中的能级、波函数和概率密度分布

例 15-14 在一维无限深方势阱中 ($0<x<a$)，当粒子处于 $n=2$ 的能态时，试求：

(1) 发现粒子概率密度最大的位置；

(2) 在 $x=0$ 到 $x=\dfrac{a}{3}$ 之间找到粒子的概率.

解 (1) 一维无限深方势阱中粒子的波函数为

$$\psi_n(x)=\sqrt{\dfrac{2}{a}}\sin\dfrac{n\pi}{a}x \quad (n=1,2,\cdots)$$

当粒子处于 $n=2$ 的能态时，定态波函数为

$$\psi_2(x)=\sqrt{\dfrac{2}{a}}\sin\dfrac{2\pi}{a}x$$

因此，概率密度为

$$|\psi_2(x)|^2=\dfrac{2}{a}\sin^2\dfrac{2\pi}{a}x$$

发现粒子概率最大的位置需满足

$$\dfrac{\mathrm{d}|\psi_2(x)|^2}{\mathrm{d}x}=0$$

$$\dfrac{2}{a}\times 2\sin\left(\dfrac{2\pi}{a}x\right)\cos\left(\dfrac{2\pi}{a}x\right)\times\dfrac{2\pi}{a}=0$$

即

$$\sin\dfrac{4\pi}{a}x=0$$

$$\frac{4\pi}{a}x = k\pi \quad (k=1,2,\cdots)$$

$$x = k\frac{a}{4} \quad (k=1,2,\cdots)$$

选择 k 使 x 满足 $0<x<a$，则 $k=1,2,3$，即 x 在 $\frac{a}{4},\frac{a}{2},\frac{3}{4}a$ 处有极值，其中 $x=\frac{a}{2}$ 时概率密度为零，故发现粒子概率密度最大的位置分别为 $x=\frac{a}{4}$ 和 $x=\frac{3a}{4}$ 处.

(2) 在 $x=0$ 到 $x=\frac{a}{3}$ 之间粒子出现的概率为

$$W = \int_0^{\frac{a}{3}} |\psi_2(x)|^2 dx = \int_0^{\frac{a}{3}} \frac{2}{a}\sin^2\frac{2\pi}{a}x\,dx = 0.4$$

15.7.2　隧道效应

隧道效应是微观粒子的一种量子现象，在近代物理及现代高新技术中均有广泛应用. 下面用一维方势垒的特例来加以说明.

设有一粒子处于势能为 U 的势场中，仍沿 x 轴做一维运动，粒子在这种外势场中的势能函数

$$U(x) = \begin{cases} U_0 & (0<x<a) \\ 0 & (x\leqslant 0, x\geqslant a) \end{cases}$$

势能曲线如图 15-8 所示，它形似矩形，称为一维方势垒.

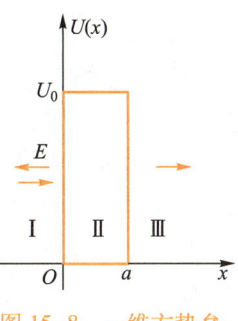

图 15-8　一维方势垒

在经典力学中，如果粒子能量 $E<U_0$，自左向右运动时碰到势垒壁后，会被反射回来，并沿相反的方向运动，粒子是不能进入势垒的；若粒子的 $E>U_0$，则粒子将沿原方向继续运动，速度发生变化. 在量子力学中则会出现一种新的现象，当 $E>U_0$ 时，粒子有可能穿过势垒，但也有可能被反射回来；而当 $E<U_0$ 时，粒子有可能被势垒反射回来，但也有可能穿过势垒，运动到势垒右边的区域中去. 这种现象称为隧道效应.

下面仿照一维无限深方势阱的研究思路讨论这种效应. 把势场划分为三个区域，列出三个区域的薛定谔方程：

对区域 Ⅰ，$U=0$，有

$$\frac{d^2\psi_1(x)}{dx^2} + \frac{2mE}{\hbar^2}\psi_1(x) = 0$$

对区域 Ⅱ，$U=U_0>E$，有

$$\frac{d^2\psi_2(x)}{dx^2} + \frac{2m}{\hbar^2}(E-U_0)\psi_2(x) = 0$$

对区域 Ⅲ，$U=0$，有

$$\frac{d^2\psi_3(x)}{dx^2} + \frac{2mE}{\hbar^2}\psi_3(x) = 0$$

分别将 $k_1^2 = k_3^2 = \frac{2mE}{\hbar^2}$，$k_2^2 = \frac{2m}{\hbar^2}(E-U_0)$ 代入上面三式中，化简得

$$\begin{cases} \frac{d^2\psi_1(x)}{dx^2} + k_1^2\psi_1(x) = 0 \\ \frac{d^2\psi_2(x)}{dx^2} + k_2^2\psi_2(x) = 0 \\ \frac{d^2\psi_3(x)}{dx^2} + k_1^2\psi_3(x) = 0 \end{cases} \quad (15\text{-}40)$$

这是三个二阶常系数线性齐次微分方程，其通解为

$$\begin{cases} \psi_1(x) = A e^{ik_1 x} + A' e^{-ik_1 x} \\ \psi_2(x) = B e^{ik_2 x} + B' e^{-ik_2 x} \\ \psi_3(x) = C e^{ik_1 x} + C' e^{-ik_1 x} \end{cases} \quad (15\text{-}41)$$

$\psi(x)$ 不为零，说明在各区域找到粒子的概率不为零，沿 x 轴正方向运动的粒子可以自左向右穿过势垒.

图 15-9 表示粒子自左向右入射时，三个区域中波函数 $\psi(x)$ 的情况.

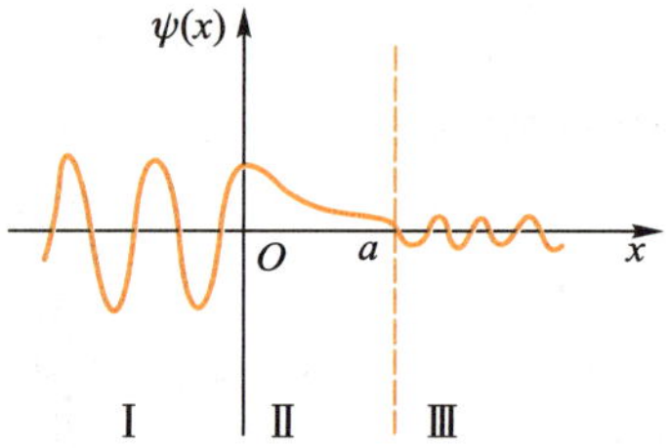

在势垒问题中，用透射系数来描述粒子穿透势垒的概率，透射系数 D 定义为：在区域Ⅲ（$x>a$）的透射粒子数与区域Ⅰ（$x<0$）的入射粒子数之比. 量子力学的计算表明，当粒子的能量 $E<U_0$ 时，透射系数为

图 15-9 一维方势垒中的波函数

$$T = e^{-\frac{2a}{\hbar}\sqrt{2m(U_0-E)}} \quad (15\text{-}42)$$

由式（15-42）很容易看出，透射系数的大小与势垒宽度 a，粒子质量 m 和（U_0-E）的值有关，如果 a 越小，m 越小和（U_0-E）越小，则透射系数就越大，粒子穿透势垒的概率就越大，如果 a 或 m 为宏观大小时，则粒子实际上将不能穿透势垒，所以隧道效应是一种微观效应. 为了给出透射系数的数量级，设想一个 α 粒子（$m = 6.64\times10^{-27}$ kg）穿过一个宽度为 $a = 10^{-14}$ m 的势垒，并设 $U_0-E = 1$ MeV，由此可以求得透射系数

$$T = 10^{-4}$$

若 $a = 10^{-13}$ m，则透射系数已经小到

$$T = 10^{-38}$$

所以，如果讨论的是宏观现象，即使 m 和 a 都是宏观的小量，实际上隧道效应也已经没有意义了，这时已从量子概念过渡到了经典概念.

按照经典力学观点，隧道效应是不可理解的. 然而，这是微观粒子的行为——是由波动性决定的. 因此，隧道效应是量子力学特有的现象，它已被许多实验事实证明. 1981 年，宾尼希和罗雷尔利用电子的隧道效应制成了扫描隧穿显微

镜.该显微镜的灵敏度极高,能够在原子尺度上进行无损探测,它把人类视野带进了单个分子和原子的研究范围,提升了人们在原子和分子水平上操纵物质的能力,从而推进了当前纳米技术的研究,在材料科学和生物科学等的研究工作中发挥了很大的作用.为此,宾尼希和罗雷尔获得了1986年的诺贝尔物理学奖.1986年,宾尼希又在扫描隧穿显微镜的基础上研制出了原子力显微镜.从电子显微镜到原子力显微镜,它们无一不是在量子论和量子力学启发下的产物.由此可知,先进的科学技术离不开先进的科学理论的指导.

15.7.3 一维线性简谐振子

无论是在宏观领域还是在微观领域,一维线性简谐振子都是一个重要的物理模型,在经典物理及近代物理中均有广泛的应用.一般地说,任何体系在平衡位置附近做微小振动,则该体系均可近似为一维线性简谐振子.在经典力学中,如果一个质量为 m 的质点沿 x 轴仅受弹力 $F=-kx$ 作用就构成了一个一维线性简谐振子.在量子力学中,固体中处于格点上的原子在平衡位置附近做微小振动,原子核内质子和中子的振动等都可视为一维线性简谐振子.前面介绍过的普朗克量子假设就曾用到了一维线性简谐振子模型.

设有一个质量为 m 的粒子在做一维简谐振动,取坐标原点为平衡位置,则弹性势能为

$$U(x)=\frac{1}{2}kx^2=\frac{1}{2}m\omega^2 x^2 \tag{15-43}$$

式中 k 为弹性系数,$\omega=\sqrt{\dfrac{k}{m}}$ 为固有频率.将式(15-43)代入式(15-31),则一维线性简谐振子的定态薛定谔方程为

$$\frac{\mathrm{d}^2\psi(x)}{\mathrm{d}x^2}+\frac{2m}{\hbar^2}\left(E-\frac{1}{2}m\omega^2 x^2\right)\psi(x)=0 \tag{15-44}$$

这是一个变系数的常微分方程,用级数解法求解,可以精确求得一维线性简谐振子的能级和定态波函数为

$$E_n=\left(n+\frac{1}{2}\right)\hbar\omega \quad (n=0,1,2,\cdots) \tag{15-45}$$

$$\psi_n(x)=\left(\frac{\alpha}{2^n n!\sqrt{\pi}}\right)^{\frac{1}{2}}(-1)^n \mathrm{e}^{-\frac{1}{2}\alpha^2 x^2}\frac{\mathrm{d}^n}{\mathrm{d}(\alpha x)^n}(\mathrm{e}^{-\alpha^2 x^2}) \tag{15-46}$$

提示:
方程(15-44)的求解过程,感兴趣的读者可参阅量子力学书籍.

图15-10给出了一维线性简谐振子势能曲线、能级以及概率密度分布曲线.下面对所得结果进行讨论.

(1)能量本征值和零点能

式(15-45)中的整数 n 称为量子数.可见,能量是量子化的.当 $n=0$ 时,$E_0=\dfrac{1}{2}\hbar\omega$ 为基态能量(最小能量),称为零点能,当 $n=1$ 时,$E_1=\dfrac{3}{2}\hbar\omega$ 为第一激发态的能量……一维线性简谐振子的能级如图15-10所示.相邻能级的间隔相等,为

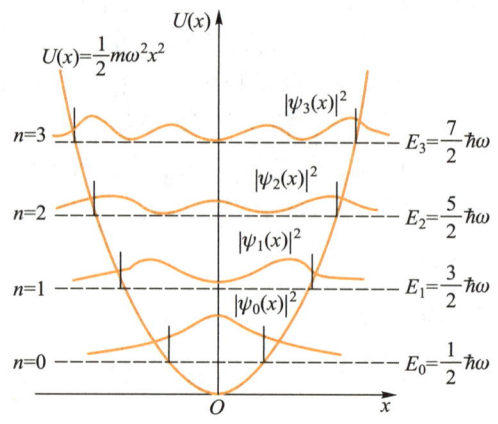

图 15-10 一维线性简谐振子的能级和概率密度分布

$$E_{n+1} - E_n = \hbar\omega \tag{15-47}$$

按照经典力学,这一简谐振子的能量应该是连续的,且最小能量为零(振子静止于平衡位置的时刻).但量子力学的结果给出的能量是分立的,且最小能量不等于零,意味着微观粒子不可能静止,这是波粒二象性的表现.

一维线性简谐振子的能量量子化概念是普朗克首先提出来的,但普朗克的能量量子化只是一个大胆的假设,而在这里,它是量子力学的必然结果.

(2)能量本征函数和宇称

式(15-46)中 $\alpha = \sqrt{\dfrac{m\omega}{\hbar}}$,由式(15-46)可知 $n = 0, 1, 2, 3$ 时定态波函数为

$$\psi_0 = \alpha^{\frac{1}{2}} \pi^{-\frac{1}{4}} e^{-\frac{1}{2}\alpha^2 x^2}$$

$$\psi_1 = (2\alpha)^{\frac{1}{2}} \pi^{-\frac{1}{4}} \alpha x\, e^{-\frac{1}{2}\alpha^2 x^2}$$

$$\psi_2 = \left(\frac{\alpha}{3}\right)^{\frac{1}{2}} \pi^{-\frac{1}{4}} (2\alpha^2 x^2 - 1) e^{-\frac{1}{2}\alpha^2 x^2}$$

$$\psi_3 = \left(\frac{\alpha}{3}\right)^{\frac{1}{2}} \pi^{-\frac{1}{4}} \alpha x (2\alpha^2 x^2 - 3) e^{-\frac{1}{2}\alpha^2 x^2}$$

从以上几个定态波函数可以看出,对于一维线性简谐振子波函数 ψ_n,当 n 为零或偶数时,$\psi_n(-x) = \psi_n(x)$,即 ψ_n 是偶函数;我们称这些波函数具有偶宇称。当 n 为奇数时,$\psi_n(-x) = -\psi_n(x)$,即 $\psi_n(x)$ 为奇函数.我们称这些波函数具有奇宇称.

(3)概率密度随 n 而变化

一维线性简谐振子的概率分布如图 15-10 中的 $|\psi_n(x)|^2$.按照经典力学,简谐振子在平衡位置($x=0$)处的势能取最小值,相应的动能取最大值,速度最快,驻留时间最短,因而在该处出现粒子的概率最小.而在最大位移附近,简谐振子的速度最小,驻留时间最长,因此粒子在该处出现的概率最大.而量子力学的结果表明,处于基态的粒子出现在平衡位置($x=0$)的概率最大.显然,当一维线性简谐振子在量子

数 n 较小时,粒子出现概率的位置与经典情况差别很大;随着量子数 n 增加,概率密度 $|\psi_n(x)|^2$ 的峰值的个数也增多,当 $n\to\infty$ 时,概率密度 $|\psi_n(x)|^2$ 的峰值个数多而密集,量子力学概率分布过渡到经典力学的概率分布.

15.7.4 氢原子

氢原子的原子核质量比电子的质量大得多(约为 1 837 倍),因此可以近似认为原子核不动,电子在原子核的静电场中运动.电子的势能函数为

$$U(r) = -\frac{e^2}{4\pi\varepsilon_0 r}$$

式中 r 为电子离原子核的距离.由于 $U(r)$ 只是空间坐标的函数,因此是一个定态问题.由式(15-30a),则氢原子中电子的定态薛定谔方程为

$$\nabla^2\psi + \frac{2m}{\hbar^2}\left(E + \frac{e^2}{4\pi\varepsilon_0 r}\right)\psi = 0$$

因为势能仅为 r 的函数,采用球坐标系计算较方便,如图 15-11 所示,因 $x = r\sin\theta\cos\varphi, y = r\sin\theta\sin\varphi, z = r\cos\theta$,故用球坐标表示的拉普拉斯算符为

$$\nabla^2 = \frac{1}{r^2}\frac{\partial}{\partial r}\left(r^2\frac{\partial}{\partial r}\right) + \frac{1}{r^2\sin\theta}\frac{\partial}{\partial\theta}\left(\sin\theta\frac{\partial}{\partial\theta}\right) + \frac{1}{r^2\sin^2\theta}\frac{\partial^2}{\partial\varphi^2}$$

用球坐标表示的波函数为

$$\psi = \psi(r,\theta,\varphi)$$

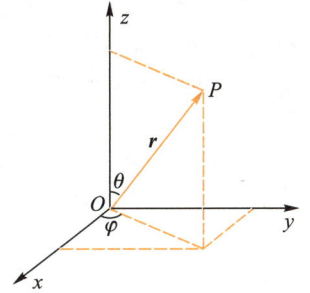

图 15-11 球坐标系中的氢原子

则薛定谔方程为

$$\frac{1}{r^2}\frac{\partial}{\partial r}\left(r^2\frac{\partial\psi}{\partial r}\right) + \frac{1}{r^2\sin\theta}\frac{\partial}{\partial\theta}\left(\sin\theta\frac{\partial\psi}{\partial\theta}\right) + \frac{1}{r^2\sin^2\theta}\frac{\partial^2\psi}{\partial\varphi^2} + \frac{2m}{\hbar^2}\left(E + \frac{e^2}{4\pi\varepsilon_0 r}\right)\psi = 0 \tag{15-48}$$

这是一个较为复杂的微分方程,用分离变量法求解,可以精确地解出 ψ 的具体解析表达式,它是 r、θ、φ 的函数.即有

$$\psi(r,\theta,\varphi) = R(r)\Theta(\theta)\Phi(\varphi)$$

由于求解过程和 ψ 的具体形式比较复杂,所以略去具体的求解过程,只讨论求解过程中所得到的重要结果.

(1) 氢原子中电子的能量 E 是量子化的,即

$$E_n = -\frac{me^4}{8\varepsilon_0^2 h^2}\frac{1}{n^2} \tag{15-49}$$

式中 n 为主量子数,其可能取值为 $n = 1, 2, \cdots$.由式(15-49)可见,氢原子的能量是不连续的,量子化的.该式与玻尔轨道的能量公式一致,可以解释氢原子光谱的规律.

(2) 氢原子中电子的角动量 L 是量子化的,即

$$L = \sqrt{l(l+1)}\hbar \tag{15-50}$$

式中 l 为角量子数(或称为副量子数),它决定了角动量的取值,其可能取值为 $l = 0$,

提示:
方程(15-48)的求解过程,感兴趣的读者可参阅量子力学书籍.

$1,2,\cdots,n-1$. 由此可见，在 n 一定时，l 有 n 个不同的取值. 该结果不仅与玻尔假定的形式不同（玻尔假定中 $L=n\dfrac{h}{2\pi}=n\hbar$），取值不同（玻尔假定中 $n\neq 0$），而且这里的量子化结果是解薛定谔方程中的自然结果，不像玻尔理论中是人为假定的.

（3）电子角动量 L 在空间给定方向的分量是量子化的.

角动量是矢量，因此要完全确定电子的角动量，还需要确定其在空间的方向. 求解方程（15-48）发现，角动量 L 在某一特定方向（如 z 轴）上的分量 L_z 为

$$L_z = m_l \hbar \tag{15-51}$$

式中 m_l 为磁量子数，其可能取值为 $m_l = 0,\pm 1,\pm 2,\cdots,\pm l$. 可见，角动量在空间的取向只有 $2l+1$ 种可能，这一结论称为角动量的空间量子化. 例如，当 $l=1$ 时，m_l 的值可能为 $0,\pm 1$，共有 3 个值，表示角动量在空间有 3 种可能取向，如图 15-12（a）所示. 当 $l=2$ 时，m_l 的值可能为 $0,\pm 1,\pm 2$，共有 5 个值，表示角动量在空间有 5 种可能的取向，如图 15-12（b）所示. 对给定的 l，m_l，其共有 $2l+1$ 个可能值，即角动量可以有 $2l+1$ 种可能取向.

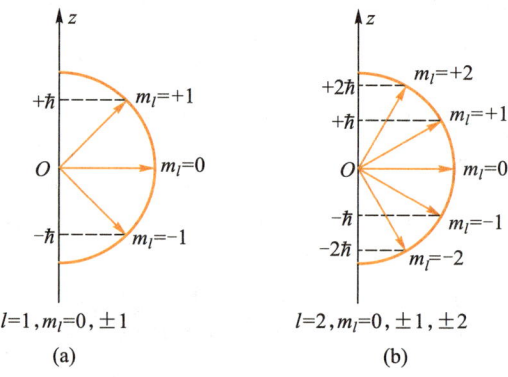

图 15-12　电子角动量的空间量子化

根据以上讨论可知，用量子力学的薛定谔方程来研究氢原子时，量子化特性是必然的结果. 求解薛定谔方程得到的是电子的波函数 $\psi(r,\theta,\varphi)$，分别对应三个量子数 n、l、m_l，即有一确定的波函数描述一个确定的状态.

$$\psi_{nlm_l}(r,\theta,\varphi) = R_{nl}(r)\Theta_{lm_l}(\theta)\Phi_{m_l}(\varphi) \tag{15-52}$$

表 15-1 给出了 $n=1,2$ 时氢原子的定态波函数，以供今后查用.

表 15-1　氢原子的定态波函数（a_0 为玻尔半径）

n	l	m_l	$\Phi_{m_l}(\varphi)$	$\Theta_{lm_l}(\theta)$	$R_{nl}(r)$	$\psi_{nlm_l}(r,\theta,\varphi)$
1	0	0	$\dfrac{1}{\sqrt{2\pi}}$	$\dfrac{1}{\sqrt{2}}$	$\dfrac{2}{a_0^{\frac{3}{2}}}e^{-\frac{r}{a_0}}$	$\dfrac{1}{\sqrt{\pi}a_0^{\frac{3}{2}}}e^{-\frac{r}{a_0}}$

续表

n	l	m_l	$\Phi_{m_l}(\varphi)$	$\Theta_{lm_l}(\theta)$	$R_{nl}(r)$	$\psi_{nlm_l}(r,\theta,\varphi)$
2	0	0	$\dfrac{1}{\sqrt{2\pi}}$	$\dfrac{1}{\sqrt{2}}$	$\dfrac{1}{2\sqrt{2}\,a_0^{\frac{3}{2}}}\left(2-\dfrac{r}{a_0}\right)e^{-\frac{r}{2a_0}}$	$\dfrac{1}{4\sqrt{2\pi}\,a_0^{\frac{3}{2}}}\left(2-\dfrac{r}{a_0}\right)e^{-\frac{r}{2a_0}}$
2	1	0	$\dfrac{1}{\sqrt{2\pi}}$	$\dfrac{\sqrt{6}}{2}\cos\theta$	$\dfrac{1}{2\sqrt{6}\,a_0^{\frac{3}{2}}}\dfrac{r}{a_0}e^{-\frac{r}{2a_0}}$	$\dfrac{1}{4\sqrt{2\pi}\,a_0^{\frac{3}{2}}}\dfrac{r}{a_0}e^{-\frac{r}{2a_0}}\cos\theta$
2	1	±1	$\dfrac{1}{\sqrt{2\pi}}e^{\pm i\varphi}$	$\dfrac{\sqrt{3}}{2}\sin\theta$	$\dfrac{1}{2\sqrt{6}\,a_0^{\frac{3}{2}}}\dfrac{r}{a_0}e^{-\frac{r}{2a_0}}$	$\dfrac{1}{8\sqrt{\pi}\,a_0^{\frac{3}{2}}}\dfrac{r}{a_0}e^{-\frac{r}{2a_0}}\sin\theta\,e^{\pm i\varphi}$

在量子力学中,没有轨道的概念,只能给出空间的概率分布的概念. 根据波函数的统计解释,波函数模的平方 $|\psi_{nlm_l}(r,\theta,\varphi)|^2$ 表示电子在氢原子内部各处出现的概率密度,由此我们便可得到在氢原子内部空间体积元 $dV=r^2\sin\theta drd\theta d\varphi$ 内,电子出现的概率为

$$|\psi_{nlm_l}(r,\theta,\varphi)|^2 dV = |R(r)_{nl}|^2 |\Theta_{lm_l}(\theta)|^2 |\Phi_{m_l}(\varphi)|^2 r^2\sin\theta drd\theta d\varphi$$

它表示电子出现在距核距离为 r、方位角小于 θ、φ 的体积元 dV 中的概率. 由于氢原子的势能是球对称的,所以我们主要讨论径向概率. 电子在半径为 r~$r+dr$ 的薄球壳内的概率为

$$w_{nl}(r)dr = |R_{nl}(r)|^2 r^2 dr \tag{15-53}$$

式中 $R_{nl}(r)$ 称为径向波函数. 如果我们给出了表征电子状态的量子数 n 和 l 的具体数值,那么由表 15-1 就可以查出 $R_{nl}(r)$ 的函数形式,代入公式(15-53),即可算出 $w_{nl}(r)dr$. 例如,若电子处于基态,则 $n=1, l=0$,则

$$w_{10}(r)dr = [R_{10}(r)]^2 r^2 dr = \dfrac{4}{a_0^3}e^{-\frac{2r}{a_0}}r^2 dr$$

可见,除 $r=0$ 和 $r\to\infty$ 之外,其余各处的 $w_{10}(r)$ 都不为零. 也就是说,在 $0<r<\infty$ 范围内电子都有可能出现,只是概率大小的不同. 利用求极值的方法可求得电子出现的最大概率离核的距离 r_{max},对 $w_{10}(r)$ 微分得

$$\dfrac{dw_{10}(r)}{dr} = \dfrac{4}{a_0^3}e^{\frac{-2r}{a_0}}\left[2r - \dfrac{2r^2}{a_0}\right] = 0$$

所以

$$r_{max} = a_0$$

其数值等于玻尔半径,表明氢原子中电子在半径为 a_0 的球壳上出现的概率最大,而这正是玻尔量子理论中对应于 $n=1$ 的容许轨道. 也就是说,玻尔轨道从量子力学观点来看,并不是电子的运动轨道,而只是表示电子出现概率最大的地方.

通常把电子在原子核外空间的概率分布形象地用电子云来表示,如图 15-13 所示,在电子云浓密的地方,表

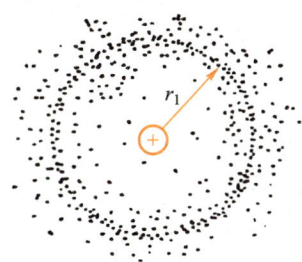

图 15-13 氢原子的电子云

示电子出现的机会多;而在电子云稀疏的地方,表示电子出现的机会少. 但要注意,电子云并不表示电子的运动状态,不要误以为电子像云雾那样弥漫在原子核外空间,更不能误认为一个点就代表一个电子.

思考题

15-16 量子力学给出的势阱内的粒子在各处的概率和经典结论有何不同? 关于粒子可能具有的能量,两者给出的结论又有何不同?

15-17 玻尔氢原子基态图像和由薛定谔方程得出的氢原子基态图像有哪些相似之处? 有哪些不同之处?

15-18 什么是隧道效应? 在怎样的情况下,隧道效应就不明显了?

15-19 量子力学给出的一维简谐振子的可能能量和普朗克当初提出的假设有何不同? 什么叫零点能? 经典物理的"零点能"是多少?

§ 15.8 定态非简并微扰论

我们已经讨论过的一维无限深方势阱中的粒子、隧道效应、一维线性简谐振子和氢原子都是通过求解这些体系的哈密顿算符 $\hat{H}$ 的本征方程(定态薛定谔方程)得出其本征值和本征函数,在这些问题中,由于体系的 $\hat{H}$ 比较简单,因而可以精确求解. 但在很多实际问题中, $\hat{H}$ 比较复杂,无法求出其本征方程的精确解,只能采用一些近似方法. 近似方法是从简单问题的精确解出发,求解复杂问题的近似解. 近似方法很多,每一种近似方法都有其优缺点和一定的适用范围,其中应用最广泛的近似方法就是微扰论. 本节讨论定态非简并微扰论以及其应用.

设体系的 $\hat{H}$ 不显含时间(属于定态问题),其能量本征方程

$$\hat{H}\psi_n = E_n \psi_n \tag{15-54}$$

的精确求解较为困难. 但 $\hat{H}$ 可分解为两部分

$$\hat{H} = \hat{H}^{(0)} + \hat{H}' = \hat{H}^{(0)} + \lambda \hat{H}^{(1)} \tag{15-55}$$

$\hat{H}' = \lambda \hat{H}^{(1)}$ 很小,可看作是加于 $\hat{H}^{(0)}$ 上的微扰, $\lambda \ll 1$,表示 $\hat{H}'$ 为小量,而且 $\hat{H}$ 的主要部分 $\hat{H}^{(0)}$ 的本征方程

$$\hat{H}^{(0)} \psi_n^{(0)} = E_n^{(0)} \psi_n^{(0)} \tag{15-56}$$

为已知. 如果没有微扰,即 $\hat{H}' = 0$,则 $\hat{H}$ 就是 $\hat{H}^{(0)}$, E_n, ψ_n 就是 $E_n^{(0)}$, $\psi_n^{(0)}$,微扰的引入使得体系的能级由 $E_n^{(0)}$ 变为 E_n,即能级发生了移动,波函数也由 $\psi_n^{(0)}$ 变为 ψ_n.

将式(15-54)中的 E_n 和 ψ_n 展为 λ 的幂级数

$$E_n = E_n^{(0)} + \lambda E_n^{(1)} + \lambda^2 E_n^{(2)} + \cdots \tag{15-57}$$

$$\psi_n = \psi_n^{(0)} + \lambda \psi_n^{(1)} + \lambda^2 \psi_n^{(2)} + \cdots \tag{15-58}$$

$E_n^{(0)}$ 和 $\psi_n^{(0)}$ 称作能量和波函数的零级近似，$\lambda E_n^{(1)}$ 和 $\lambda \psi_n^{(1)}$ 称作能量和波函数的一级修正，依次类推.

将式(15-57)和式(15-58)代入式(15-54)

$$(\hat{H}^{(0)} + \lambda \hat{H}^{(1)})(\psi_n^{(0)} + \lambda \psi_n^{(1)} + \lambda^2 \psi_n^{(2)} + \cdots)$$
$$= (E_n^{(0)} + \lambda E_n^{(1)} + \lambda^2 E_n^{(2)} + \cdots)(\psi_n^{(0)} + \lambda \psi_n^{(1)} + \lambda^2 \psi_n^{(2)} + \cdots)$$

所以

$$\hat{H}^{(0)} \psi_n^{(0)} + \lambda (\hat{H}^{(0)} \psi_n^{(1)} + \hat{H}^{(1)} \psi_n^{(0)}) + \lambda^2 (\hat{H}^{(0)} \psi_n^{(2)} + \hat{H}^{(1)} \psi_n^{(1)}) + \cdots$$
$$= E_n^{(0)} \psi_n^{(0)} + \lambda (E_n^{(0)} \psi_n^{(1)} + E_n^{(1)} \psi_n^{(0)}) + \lambda^2 (E_n^{(0)} \psi_n^{(2)} + E_n^{(1)} \psi_n^{(1)} + E_n^{(2)} \psi_n^{(0)}) + \cdots$$

等式两边 λ 的同幂次项的系数应相等，于是可得下面的逐级近似方程：

λ^0: $\quad\quad\quad \hat{H}^{(0)} \psi_n^{(0)} = E_n^{(0)} \psi_n^{(0)} \tag{15-59}$

λ^1: $\quad\quad\quad \hat{H}^{(0)} \psi_n^{(1)} + \hat{H}^{(1)} \psi_n^{(0)} = E_n^{(0)} \psi_n^{(1)} + E_n^{(1)} \psi_n^{(0)} \tag{15-60}$

λ^2: $\quad\quad\quad \hat{H}^{(0)} \psi_n^{(2)} + \hat{H}^{(1)} \psi_n^{(1)} = E_n^{(0)} \psi_n^{(2)} + E_n^{(1)} \psi_n^{(1)} + E_n^{(2)} \psi_n^{(0)} \tag{15-61}$

$\cdots\cdots\cdots\cdots$

逐级求解这些方程，可得到满足一定精度的修正值，进而求得近似解.例如，将求解方程(15-60)所得的修正值代入式(15-57)可得到能量一级近似解为

$$E_n = E_n^{(0)} + H'_{nn} \tag{15-62}$$

式中 $\quad\quad\quad H'_{nn} = E_n^{(1)} = \int \psi_n^{*(0)} \hat{H}' \psi_n^{(0)} \mathrm{d}\tau$

即能量的一级修正值等于 $\hat{H}'$ 在 $\psi_n^{(0)}$ 态中的平均值.

将求解方程(15-60)所得的修正值代入式(15-58)可得到波函数的一级近似解为

$$\psi_n = \psi_n^{(0)} + \sum_{m \neq n} \frac{H'_{mn}}{E_n^{(0)} - E_m^{(0)}} \psi_m^{(0)} \tag{15-63}$$

式中 $\quad\quad\quad \hat{H}_{mn}^{(1)} = \int \psi_m^{*(0)} \hat{H}' \psi_n^{(0)} \mathrm{d}\tau$

将求解方程(15-61)所得的修正值代入式(15-57)可得到能量二级近似解为

$$E_n = E_n^{(0)} + \hat{H}'_{nn} + \sum_{m \neq n} \frac{|H'_{mn}|^2}{E_n^{(0)} - E_m^{(0)}} \tag{15-64}$$

通常，微扰对波函数的修正只计算到一级近似，而对能量的修正计算到二级近似.因此，定态非简并微扰论中最常用的公式是式(15-63)和式(15-64).

下面对式(15-63)和式(15-64)进行讨论.

(1) 微扰论的适用条件为

$$\left| \frac{H'_{mn}}{E_n^{(0)} - E_m^{(0)}} \right| \ll 1 \quad (E_n^{(0)} \neq E_m^{(0)}) \tag{15-65}$$

可见，要用微扰论方法取得好的结果，必须 H'_{mn} 要小，同时，能级间隔 $(E_n^{(0)} - E_m^{(0)})$ 要大.

(2) 如果要求能量的二级近似和波函数的一级近似解,需计算 H'_{mn},然后计算这些无穷项的和,但实际上要完成这种求和工作是不可能的,这时只需计算和式中与 n 相差不大的项.

例 15-15 一维无限深方势阱($0<x<a$)中的粒子受到微扰 $\hat{H}'=A\cos\dfrac{\pi x}{a}$ 的作用,其中 A 为实常数.试求基态能量到二级近似和波函数到一级近似.

解 我们已经知道,一维无限深方势阱($0<x<a$)中粒子的能量和波函数分别为

$$\psi_n^{(0)}(x)=\sqrt{\dfrac{2}{a}}\sin\dfrac{n\pi x}{a},\quad E_n^{(0)}=\dfrac{n^2\pi^2\hbar^2}{2ma^2},\quad n=1,2,\cdots$$

式中,m 为粒子的质量. 受到微扰 $\hat{H}'=A\cos\dfrac{\pi x}{a}$ 作用后,由式(15-63)和式(15-64)可知基态能量二级近似与波函数一级近似的计算公式为

$$E_1=E_1^{(0)}+H'_{11}+\sum_{m\neq 1}\dfrac{|H'_{m1}|^2}{E_1^{(0)}-E_m^{(0)}}$$

$$\psi_1=\psi_1^{(0)}+\sum_{m\neq 1}\dfrac{H'_{m1}}{E_1^{(0)}-E_m^{(0)}}\psi_m^{(0)}$$

其中

$$H'_{11}=\int\psi_1^{(0)*}\hat{H}'\psi_1 dx=\int_0^a\sqrt{\dfrac{2}{a}}\sin\dfrac{\pi x}{a}A\cos\dfrac{\pi x}{a}\sqrt{\dfrac{2}{a}}\sin\dfrac{\pi x}{a}dx$$

$$=\dfrac{2A}{a}\int_0^a\sin^2\dfrac{2\pi x}{a}\cos\dfrac{\pi x}{a}dx=0$$

取 $m=2$,则

$$H'_{m1}=H'_{21}=\int\psi_2^{(0)*}\hat{H}'\psi_1 dx=\int_0^a\sqrt{\dfrac{2}{a}}\sin\dfrac{2\pi x}{a}A\cos\dfrac{\pi x}{a}\sqrt{\dfrac{2}{a}}\sin\dfrac{\pi x}{a}dx$$

$$=\dfrac{2A}{a}\int_0^a\sin\dfrac{2\pi x}{a}\cos\dfrac{\pi x}{a}\sin\dfrac{\pi x}{a}dx=\dfrac{A}{a}\int_0^a\sin^2\dfrac{2\pi x}{a}dx$$

$$=\dfrac{A}{a}\int_0^a\dfrac{1}{2}\left(1-\cos\dfrac{4\pi x}{a}\right)dx=\dfrac{A}{2}$$

$$E_1^{(0)}-E_m^{(0)}=E_1^{(0)}-E_2^{(0)}=-\dfrac{3\pi^2\hbar}{2ma^2}$$

将 H'_{m1} 的值代入 E_1 与 ψ_1 的表示式中,分别得到基态能量到二级近似和波函数到一级近似为

$$E_1=\dfrac{\pi^2\hbar^2}{2ma^2}-\dfrac{A^2ma^2}{6\pi^2\hbar^2}$$

$$\psi_1 = \begin{cases} \sqrt{\dfrac{2}{a}}\left(\sin\dfrac{\pi x}{a} - \dfrac{Ama^2}{3\pi^2\hbar^2}\sin\dfrac{2\pi x}{a}\right), & 0<x<a \\ 0, & x<0, x>a \end{cases}$$

由此结果可以看出,加微扰后的能级为在没加微扰的能级等于 $\dfrac{\pi^2\hbar^2}{2ma^2}$ 的基础上移动了 $\dfrac{Ama^2}{6\pi^2\hbar^2}$.

思考题

15-20 微扰理论包括哪些内容？

15-21 学习微扰理论有何特殊意义？

§15.9 电子的自旋

15.9.1 施特恩-格拉赫实验

原子由于核外电子旋转而具有磁矩,而磁矩在空间的取向取决于核外电子角动量在空间的取向. 因此,如果原子磁矩的空间取向是量子化的,则核外电子角动量的空间取向也是量子化的.

为了验证电子角动量的空间量子化,1921年,德国实验物理学家施特恩和格拉赫做了一个有名的实验,其装置如图15-14(a)所示,A是原子射线源,发出银原子射线束,经狭缝B成为一束很细的原子射线,然后通过非均匀磁场,如图15-14(b)所示,最后沉积在照相底板P上,整个装置放在高真空中. 实验发现,没有外磁场时,板P上沉积为一条正对射线的痕迹,加上外磁场时,射线束分裂成明显的两条线,如图15-14(c)所示. 射线在磁场中分裂,证实了原子具有磁矩且磁矩在外磁场只有两种取向,即空间取向是量子化的. 从而也证实了电子角动量的空间取向是量子化的. 然而,根据空间量子化理论,当角动量量子数为 l 时,磁量子数 m 可取 $2l+1$ 个值,即它在空间有奇数个取向,但实验观察到的只有两个(偶数)取向,所以利用空间量子化理论无法解释这个实验事实.

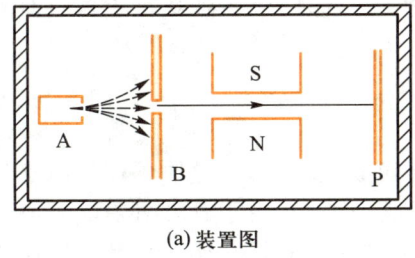
(a) 装置图

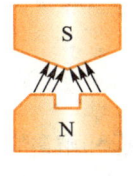
(b) 非均匀磁场

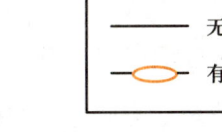
(c) 实验结果

图 15-14 施特恩-格拉赫实验

15.9.2 电子自旋假设

为了解释上述施特恩-格拉赫实验,1925年乌伦贝克和古兹密特提出了电子自旋假设:**电子除空间运动外,还存在着一种自旋运动,相应地具有自旋角动量和自旋磁矩. 自旋角动量和自旋磁矩也是空间量子化的.**

与电子的轨道角动量及其空间量子化相似,电子自旋角动量 S 的大小为

$$S = \sqrt{s(s+1)}\hbar \tag{15-66}$$

式中 s 是自旋量子数.

电子自旋角动量在外磁场方向的投影为

$$S_z = m_s \hbar \tag{15-67}$$

式中 m_s 为电子的自旋磁量子数. 与 m_l 取值一样,$m_s = 0, \pm 1, \pm 2, \cdots, \pm s$,即可取 $2s+1$ 个值.

考虑到施特恩-格拉赫实验中,原子束分裂为上下两条,因此 m_s 只能取正负对称的两个值,即

$$2s+1 = 2$$
$$s = \frac{1}{2}, \quad m_s = \pm\frac{1}{2}$$

由此可推知电子的自旋角动量

$$S = \sqrt{\frac{1}{2}\left(\frac{1}{2}+1\right)}\hbar = \frac{\sqrt{3}}{2}\hbar$$
$$S_z = \pm\frac{1}{2}\hbar \tag{15-68}$$

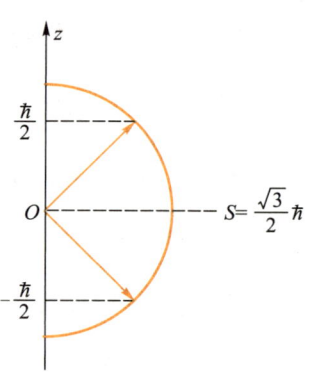

图 15-15 电子自旋角动量

如图 15-15 所示.

引入电子自旋的概念可以圆满地解释上述实验现象. 另外,应用电子自旋假设还能圆满地解释碱金属原子光谱的双线(如钠黄光的 589.0 nm 和 589.6 nm)现象(即光谱的精细结构问题). 这也说明了电子自旋假设的正确性.

需要指出的是,电子的自旋是电子的重要特征,不要把自旋想象成宏观物体的自转,因为微观粒子的运动和宏观物体的运动是不同的,简单的类比会产生错误的概念. 电子的自旋是电子的禀性,它的存在,使对电子状态的描述又增加了新的量子数——自旋磁量子数. 顺便指出,自旋并非电子所独有,一切微观粒子都具有自旋的特征.

15.9.3 四个量子数

通过求解定态薛定谔方程和解释施特恩-格拉赫实验可知,氢原子核外电子的运动状态由四个量子数(n、l、m_l、m_s)决定. 对于其他原子,由于其核外有 z 个电子($z \geq 2$),它们之间的相互作用也会对电子的运动状态产生影响,因此,其薛定谔方

程要比氢原子的薛定谔方程复杂得多. 但通过计算可知, 其原子核外电子的运动状态仍由四个量子数 (n、l、m_l、m_S) 决定.

（1）主量子数 n. 由主量子数可以大体决定原子中电子的能量. n 的可能取值为 $n=1,2,\cdots$.

（2）角量子数 l. 由角量子数可决定电子绕原子核运动的轨道角动量的大小. l 的可能取值为 $l=0,1,2,\cdots,n-1$. 一般来说, 处于同一主量子数 n, 而不同角量子数 l 的状态中的电子, 其能量稍有不同.

（3）磁量子数 m_l. 由磁量子数可以决定轨道角动量在空间的取向, 也就是它在外磁场方向的分量. m_l 的可能取值为 $0,\pm 1,\cdots,\pm l$.

（4）自旋磁量子数 m_S. 由自旋磁量子数可以决定电子自旋角动量在空间的取向, 也就是它在外磁方向的分量. m_S 的可能取值为 $+\dfrac{1}{2},-\dfrac{1}{2}$.

需要指出, 在上述四个量子化条件中, 主量子数 n 确定后, 角量子数 l 和磁量子数 m_l 的数值范围也就从而确定. 因此, n、l 和 m_l 这三个量子数是相互联系的. 由于原子的能量是其中各个电子能量的总和, 而每个电子的能量不仅取决于主量子数 n, 而且还取决于角量子数 l, 因此原子的能级是其中每个电子的量子数 n、l 的集合. 我们把原子中电子的量子数 n、l 的集合称为原子的电子组态. 给出了原子的电子组态, 也就提示了原子的相应能级.

思考题

15-22 为什么说原子内电子的运动状态用轨道来描述是错误的？

§ 15.10 全同性原理

质量、电荷、自旋等固有性质完全相同的粒子称为全同粒子. 例如, 所有的电子是全同粒子, 所有的质子也是全同粒子.

对于全同粒子, 经典力学和量子力学在认识上是不同的, 在经典力学中, 每个粒子都有它自己的连续而确定的轨道, 因而对于两个宏观全同粒子, 尽管它们的固有性质相同, 但在任何时刻, 我们总可以用测定它们的位置和速度的办法来判断出哪个是第一个粒子, 哪个是第二个粒子, 如图 15-16(a) 所示.

但是, 在量子力学中, 这样做是不可能的, 因为对于微观粒子来说, 轨道的概念是不存在的. 微观粒子的运动状态用波函数来描写, 在运动过程中, 描述两个全同粒子的波函数可以在空间发生重叠, 如图 15-16(b) 所示. 由于两个粒子的固有性质完全相同, 因此, 在重叠区我们就无法区分它究竟是第一个粒子还是第二个粒子. 所以全同粒子是不可区分的.

全同粒子的这种不可区分性是微观粒子所具有的特性, 根据这一特性, **在全同粒子所组成的体系中, 交换两个粒子的全部变量时, 不会引起体系物理状态的变**

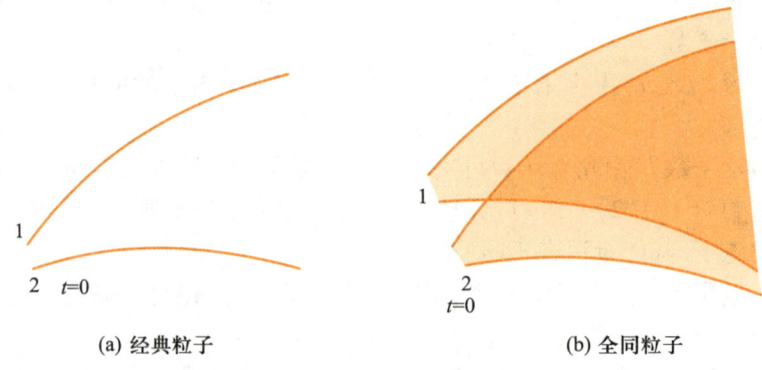

(a) 经典粒子 (b) 全同粒子

图 15-16　经典粒子与全同粒子

化,这一结论称为**全同性原理**,它是量子力学的基本原理之一. 为具体起见,考虑一个由几个全同粒子组成的多粒子体系,其波函数为

$$\Psi(q_1,\cdots,q_i,\cdots,q_j,\cdots,q_N)$$

其中 q_i 表示第 i 个粒子的全部坐标,包括空间坐标和自旋坐标,我们用 $\hat{P}_{ij}$ 表示对第 i 个粒子和第 j 个粒子的全部坐标的交换,即

$$\hat{P}_{ij}\Psi(q_1,\cdots,q_i,\cdots,q_j,\cdots,q_N)=\Psi(q_1,\cdots,q_j,\cdots,q_i,\cdots,q_N)$$

由于波函数 $\hat{P}_{ij}\Psi$ 和 Ψ 所描述的是同一状态,它们最多只能相差一个常量 C,即

$$\hat{P}_{ij}\Psi=C\Psi \tag{15-69}$$

于是,用 $\hat{P}_{ij}$ 再运算一次,可得

$$\hat{P}_{ij}^2\Psi=C\hat{P}_{ij}\Psi=C^2\Psi$$

显然,$\hat{P}_{ij}^2=1$,因此有 $C^2=1$,可得

$$C=\pm 1 \tag{15-70}$$

将其代入式(15-69)可以看出,交换算符 $\hat{P}_{ij}$ 只有两个本征值 $C=\pm 1$,说明全同粒子体系波函数交换性质必定属于下列二者之一:

$$\hat{P}_{ij}\Psi=+\Psi \tag{15-71}$$

$$\hat{P}_{ij}\Psi=-\Psi \tag{15-72}$$

式(15-71)的波函数具有任意两个粒子互换后波函数不变,这种波函数称为对称波函数;式(15-72)的波函数具有任意两个粒子互换后波函数改变一个负号,这种波函数称为反对称波函数.

应该指出,全同粒子系的波函数交换性质是不随时间改变的. 如果全同粒子在某一时刻处在对称(或反对称)态上,则它将永远处在对称(或反对称)态上.

实验表明,自然界存在着两类粒子:一类是具有整数自旋(即 $S_z=0,\hbar,2\hbar,\cdots$)的粒子(如 π 介子、光子、氢原子和 α 粒子等)称为玻色子,由玻色子组成的全同粒子体系的波函数必须是对称的;另一类是具有半整数自旋(即 $S_z=\dfrac{1}{2}\hbar,\dfrac{3}{2}\hbar,$

$\frac{5}{2}\hbar,\cdots$)的粒子(如电子、质子和中子等)称为费米子,由费米子组成的全同粒子体系的波函数必须是反对称的. 有些粒子是由质子和中子组成的复合粒子,它们是玻色子还是费米子要看质子和中子个数的和为奇数还是偶数来决定,例如,α 粒子由两个质子和两个中子组成,属于玻色子.

§15.11 原子的壳层结构与元素周期表

除氢原子外,其他原子都有两个以上的电子,是多电子体系. 对多电子体系,原子中的电子是如何分布的呢?

1916 年,柯塞尔提出了多电子体系中原子核外电子按壳层分布的形象化模型. 他认为主量子数 n 相同的电子,组成一个壳层. 对应于 $n=1,2,3,4,\cdots$ 状态的壳层分别用大写字母 K,L,M,N,$\cdots$ 表示. 在一个壳层内,又按角量子数 l 分成若干个支壳层. 对应于 $l=0,1,2,3,\cdots$ 状态的支壳层分别用小写字母 s,p,d,f,$\cdots$ 表示. 电子在原子中的壳层分布遵循泡利不相容原理和能量最小原理.

15.11.1 泡利不相容原理

原子中不可能同时有两个或两个以上电子处于完全相同的状态,这个原理称为**泡利不相容原理**. 由于原子中一个电子的运动状态可用四个量子数来表示,因而泡利不相容原理还可以表述为:原子中不可能同时有两个或两个以上的电子具有相同的量子数. 奥地利理论物理学家泡利由于发现了泡利不相容原理而获得了 1945 年的诺贝尔物理学奖.

阅读材料:泡利不相容原理和电子自旋的提出

根据泡利不相容原理,由于 l 的取值为 $0,1,2,\cdots,n-1$,所以当 n 给定后,l 有 n 个可能取值,即

n	1	2	3	4	$\cdots$
l 可能值	0	0,1	0,1,2	0,1,2,3	$\cdots$
相应支壳层	s	s,p	s,p,d	s,p,d,f	$\cdots$

当 l 给定时,m 的可能值为 $0,\pm 1,\pm 2,\cdots,\pm l$,共有 $2l+1$ 个;当 n,l,m 给定时,m_s 又可取 $\pm\frac{1}{2}$,共有 2 个值,所以,具有同一个 n 值的电子数最多为

$$N=\sum_{l=0}^{n-1}2(2l+1)=2[1+3+5+\cdots+(2n-1)]=2n^2 \qquad (15-73)$$

由此可见,每一壳层最多能容纳 $2n^2$ 个电子,每一支壳层能容纳 $2(2l+1)$ 个电子,各壳层、支壳层最多能容纳的电子数如表 15-2 所示.

表 15-2 各壳层、支壳层最多能容纳的电子数

n \ l		0 s	1 p	2 d	3 f	4 g	5 h	6 i	总数 ($2n^2$)
1	K	2	—	—	—	—	—	—	2
2	L	2	6	—	—	—	—	—	8
3	M	2	6	10	—	—	—	—	18
4	N	2	6	10	14	—	—	—	32
5	O	2	6	10	14	18	—	—	50
6	P	2	6	10	14	18	22	—	72
7	Q	2	6	10	14	18	22	26	98

例如,当 $n=2, l=0$ 时,对应 L 壳层 s 支壳层,最多可能有 2 个电子,简记为 $2s^2$;当 $n=2, l=1$ 时,对应 L 壳层 p 支壳层,最多可能有 6 个电子,简记为 $2p^6$,故 L 壳层最多可能有 8 个电子,因而电子组态是 $2s^2 2p^6$.

15.11.2 能量最小原理

原子处于正常状态时,其中每个电子都趋向占据最低的能级,这就是**能量最小原理**. 能级高低基本上决定于主量子数 n, n 越小,能级越低,离核越近. 所以电子一般按照 n 从小到大的顺序填入各能级,但能级还和角量子数 l 有关,因而在某些情况下,n 较小的壳层还未填满时,n 较大的壳层上已有电子填入了. 原子壳层中电子能量的高低与 n、l 究竟有什么关系呢?我国科学家徐光宪总结出一条规律:**对原子外层的电子**,**能级高低由** $n+0.7l$ **的大小确定**,**其值越大**,**能级越高**. 这一结论称为徐光宪定则. 例如,4s($n=4, l=0$) 的 $n+0.7l=4$,而 3d($n=3, l=2$) 的 $n+0.7l=4.4$,所以 4s 态应比 3d 态先填入电子. 因此原子中的电子是按下列次序在各个支壳层上排列的:1s,2s,2p,3s,3p,4s,3d,4p,5s,4d,5p,6s,4f,5d,6p,7s,6d,….

1869 年,俄国化学家门捷列夫发现了元素的周期性,即如果将元素按原子核电荷数的顺序排列,则元素的化学性质和物理性质就会出现有规律、周期性的重复,从而列出了元素周期表. 利用泡利不相容原理、能量最小原理等量子力学理论可知,原子中的电子从低能级逐级填充,一个壳层填满后再填充下一壳层,当核外电子向一个新的壳层填入时,就是一个新的周期的开始.

例如,氢(H)原子只有一个电子,填充在 1s 状态,氦(He)原子有两个电子,根据壳层结构 K 壳层允许有 2 个电子,所以它们同时填在 1s 状态(两电子的自旋相反),这样 K 壳层正好填满,构成了第一个闭合壳层,完成了元素周期表中第一个周期.锂(Li)原子有 3 个电子,其中 2 个电子填满 K 壳层,剩下的 1 个电子只能开始填上新的壳层——L 层上,这就标志着新的周期开始,由此可见,用原子的壳层结构可以很好地解释元素的周期性规律.

表 15-3 列出了元素周期表中前 36 种元素在原子基态时核外电子的填充情况.

表 15-3　元素周期表中前 36 种元素在原子基态时核外电子的填充情况

周期	原子序数	元素	各壳层上的电子数											
			K	L		M			N				O		
			1s	2s	2p	3s	3p	3d	4s	4p	4d	4f	5s	5p	5d
I	1	氢(H)	1	—	—	—	—	—	—	—	—	—	—	—	—
	2	氦(He)	2	—	—	—	—	—	—	—	—	—	—	—	—
II	3	锂(Li)	2	1	—	—	—	—	—	—	—	—	—	—	—
	4	铍(Be)	2	2	—	—	—	—	—	—	—	—	—	—	—
	5	硼(B)	2	2	1	—	—	—	—	—	—	—	—	—	—
	6	碳(C)	2	2	2	—	—	—	—	—	—	—	—	—	—
	7	氮(N)	2	2	3	—	—	—	—	—	—	—	—	—	—
	8	氧(O)	2	2	4	—	—	—	—	—	—	—	—	—	—
	9	氟(F)	2	2	5	—	—	—	—	—	—	—	—	—	—
	10	氖(Ne)	2	2	6	1	—	—	—	—	—	—	—	—	—
III	11	钠(Na)	2	2	6	2	—	—	—	—	—	—	—	—	—
	12	镁(Mg)	2	2	6	2	—	—	—	—	—	—	—	—	—
	13	铝(Al)	2	2	6	2	1	—	—	—	—	—	—	—	—
	14	硅(Si)	2	2	6	2	2	—	—	—	—	—	—	—	—
	15	磷(P)	2	2	6	2	3	—	—	—	—	—	—	—	—
	16	硫(S)	2	2	6	2	4	—	—	—	—	—	—	—	—
	17	氯(Cl)	2	2	6	2	5	—	—	—	—	—	—	—	—
	18	氩(Ar)	2	2	6	2	6	—	—	—	—	—	—	—	—
IV	19	钾(K)	2	2	6	2	6	—	1	—	—	—	—	—	—
	20	钙(Ca)	2	2	6	2	6	—	2	—	—	—	—	—	—
	21	钪(Sc)	2	2	6	2	6	1	2	—	—	—	—	—	—
	22	钛(Ti)	2	2	6	2	6	2	2	—	—	—	—	—	—
	23	钒(V)	2	2	6	2	6	3	2	—	—	—	—	—	—
	24	铬(Cr)	2	2	6	2	6	5	1	—	—	—	—	—	—

续表

周期	原子序数	元素	各壳层上的电子数											
			K	L		M			N				O		
			1s	2s	2p	3s	3p	3d	4s	4p	4d	4f	5s	5p	5d
IV	25	锰(Mn)	2	2	6	2	6	5	2	—	—	—	—	—	—
	26	铁(Fe)	2	2	6	2	6	6	2	—	—	—	—	—	—
	27	钴(Co)	2	2	6	2	6	7	2	—	—	—	—	—	—
	28	镍(Ni)	2	2	6	2	6	8	2	—	—	—	—	—	—
	29	铜(Cu)	2	2	6	2	6	10	1	—	—	—	—	—	—
	30	锌(Zn)	2	2	6	2	6	10	2	—	—	—	—	—	—
	31	镓(Ga)	2	2	6	2	6	10	2	1	—	—	—	—	—
	32	锗(Ge)	2	2	6	2	6	10	2	2	—	—	—	—	—
	33	砷(As)	2	2	6	2	6	10	2	3	—	—	—	—	—
	34	硒(Se)	2	2	6	2	6	10	2	4	—	—	—	—	—
	35	溴(Br)	2	2	6	2	6	10	2	5	—	—	—	—	—
	36	氪(Kr)	2	2	6	2	6	10	2	6	—	—	—	—	—

习题

15-1 选择题

(1) 假设一个光子和一个电子具有相同的波长,则( ).
(A) 光子具有较大的动量 (B) 电子具有较大的动量
(C) 电子和光子的动量相等 (D) 电子和光子的动量不确定

(2) 关于不确定关系 $\Delta x \Delta p_x \geq \dfrac{\hbar}{2}$ 有以下几种理解,其中正确的是( ).

(a) 粒子的动量不可能确定,但坐标可以被确定
(b) 粒子的坐标不可能确定,但动量可以被确定
(c) 粒子的动量和坐标不可能同时确定
(d) 不确定关系不仅适用于电子和光子,也适用于其他粒子
(A) (a)、(b) (B) (b)、(d) (C) (c)、(d) (D) (d)、(a)

(3) 将波函数在空间各点的振幅同时增大 K 倍,则粒子在空间的概率分布将( ).
(A) 增大 K^2 倍 (B) 增大 $2K$ 倍 (C) 增大 K 倍 (D) 不变

(4) 已知粒子在一维无限深方形势阱中运动,其波函数为

$$\psi(x) = \sqrt{\frac{2}{a}} \sin \frac{3\pi}{a} x \quad (0 \leqslant x \leqslant a)$$

那么粒子在 $x = \frac{a}{6}$ 处出现的概率密度为(　　).

(A) $\frac{\sqrt{2}}{\sqrt{a}}$　　　(B) $\frac{1}{a}$　　　(C) $\frac{2}{a}$　　　(D) $\frac{1}{\sqrt{a}}$

(5) 下列各组量子数中,可以描述原子中电子的状态的是(　　).

(A) $n=2, l=2, m_l=0, m_S=\frac{1}{2}$　　　(B) $n=3, l=1, m_l=-1, m_S=-\frac{1}{2}$

(C) $n=1, l=2, m_l=1, m_S=\frac{1}{2}$　　　(D) $n=1, l=0, m_l=1, m_S=-\frac{1}{2}$

15-2 填空题

(1) 一个质子从静止开始,经过 1 kV 的电压加速后,其物质波波长为_____.

(2) 一个电子被限定在原子直径范围内运动(原子直径 $d=10^{-10}$ m),则其速度的不确定量为_____.

(3) 在宽度为 0.1 nm 的一维无限深方势阱中,能级 $n=2$ 的电子能量为_____.

(4) 若氢原子处于 $n=3$、$l=1$ 的激发态,则电子轨道角动量的大小 $L=$_____;轨道角动量在外磁场方向上的可能取值 $L_z=$_____,电子自旋角动量 $S=$_____.

(5) 在主量子数 $n=2$、自旋磁量子数 $m_S=\frac{1}{2}$ 的量子态中,能够填充的最大电子数是_____.

15-3 α 粒子在磁感应强度大小为 $B=0.025$ T 的均匀磁场中沿半径为 $R=0.83$ cm 的圆形轨道运动.

(1) 计算其物质波长;

(2) 若使质量 $m=0.1$ g 的小球以与 α 粒子相同的速率运动,其物质波长为多大?

15-4 一光子具有 15 eV 能量,氢原子中处于 $n=1$ 轨道的电子吸收光子能量后形成一光电子.试问:

(1) 该光电子远离质子时的速度多大?

(2) 该光电子的物质波长等于多少?

15-5 把一束很窄的热中子束射到晶体上,由布拉格衍射图样可以求得热中子的能量.若晶体的原子间距(即晶格常量)为 0.18 nm,第一级加强时掠射角为 30°,试求这些热中子的能量.

15-6 设粒子在沿 x 轴运动时,速率的不确定量为 $\Delta v_x = 1$ cm/s,试估算下列各种粒子的坐标不确定量 Δx:

(1) 电子;

(2) 质量为 10^{-13} kg 的布朗粒子;

(3) 质量为 10^{-4} kg 的小弹丸.

15-7 铀核的线度为 7.2×10^{-15} m,求其中一个质子的动量和速度的不确定量.

15-8 如果钠原子所发出的黄色谱线($\lambda=589$ nm)的自然宽度为 $\Delta \nu/\nu = 1.6 \times 10^{-8}$,计算钠原子相应该波长状态的平均寿命.

15-9 氢原子基态波函数为

$$\psi(r)=\sqrt{\frac{1}{\pi a_0^3}}\mathrm{e}^{-\frac{r}{a_0}}$$

式中 a_0 为玻尔半径. 试求电子出现在 $r=a_0$ 的球内、外的概率.

15-10 下列函数哪些是算符 $\dfrac{\mathrm{d}^2}{\mathrm{d}x^2}$ 的本征函数,其本征值是什么?

(1) x^2; (2) e^x; (3) $\sin x$; (4) $3\cos x$; (5) $\sin x+\cos x$

15-11 一维简谐振子处在基态 $\psi(x)=\sqrt{\dfrac{a}{\sqrt{\pi}}}\mathrm{e}^{-\frac{a^2x^2}{2}-\frac{\mathrm{i}}{2}\omega t}$,求:

(1) 势能的平均值 $\overline{U}=\dfrac{1}{2}m\omega^2\overline{x^2}$;

(2) 动能的平均值 $\overline{E_k}=\dfrac{\overline{p^2}}{2m}$.

$\left[\text{利用积分公式}\displaystyle\int_0^{+\infty}x^{2n}\mathrm{e}^{-ax^2}\mathrm{d}x=\dfrac{1\cdot3\cdot5\cdot\cdots\cdot(2n-1)}{2^{n+1}a^n}\sqrt{\dfrac{\pi}{a}}.\right]$

15-12 已知 $\hat{F}=\dfrac{\partial}{\partial x}$,求 $\hat{F}f(x)$.

15-13 已知 $\hat{F}_1=\left(\dfrac{\partial}{\partial x}\right)x$,$\hat{F}_2=1+x\dfrac{\partial}{\partial x}$,试证: $\hat{F}_1=\hat{F}_2$.

15-14 下列算符哪些是线性的,哪些是非线性的?

(1) $3x^2\dfrac{\mathrm{d}^2}{\mathrm{d}x^2}$; (2) $(\quad)^2$; (3) $\displaystyle\int\mathrm{d}x$; (4) $\displaystyle\sum_{x=1}^n$

15-15 下列算符中哪些是厄米算符:

(1) x; (2) $\dfrac{\mathrm{d}}{\mathrm{d}x}$; (3) $\mathrm{i}\dfrac{\mathrm{d}}{\mathrm{d}x}$; (4) $4\dfrac{\mathrm{d}^2}{\mathrm{d}x^2}$

15-16 计算下列对易关系:

(1) $\left[\dfrac{\partial}{\partial x},\hat{x}\right]$; (2) $[\hat{y},\hat{p}_x]$; (3) $[\hat{p}_y,\hat{p}_z]$

15-17 设有一电子在宽度为 $a=0.2\ \mathrm{nm}$ 的一维无限深方势阱中运动. 试求:

(1) 电子在势阱中的最低能量;

(2) 已知电子的波函数为 $\psi(x)=\sqrt{\dfrac{2}{a}}\sin\dfrac{n\pi}{a}x(0<x<a)$,电子处于第二激发态$(n=3)$时,电子出现概率最大的位置.

15-18 描述一维运动粒子所处状态的波函数如下:

$$\psi(x)=\begin{cases}2\lambda^{\frac{3}{2}}x\mathrm{e}^{-\lambda x} & (x\geqslant 0)\\ 0 & (x<0)\end{cases}$$

式中 $\lambda>0$. 试求:

(1) 求粒子坐标的概率密度分布函数；

(2) 发现粒子的概率最大的位置.

15-19 氢原子中的电子处于 $n=4$、$l=3$ 的状态. 问：

(1) 该电子角动量 L 的值为多少？

(2) 角动量 L 在 z 轴的分量有哪些可能的值？

(3) 角动量 L 与 z 轴的夹角的可能值为多少？

15-20 处于一维无限深方势阱 $(0<x<a)$ 中的粒子,受到微扰

$$\hat{H}' = \begin{cases} -\dfrac{2bx}{a} + b & \left(0<x<\dfrac{a}{2}\right) \\ +\dfrac{2bx}{a} - b & \left(\dfrac{a}{2}<x<a\right) \end{cases}$$

的作用,求其能量的一级修正.

15-21 一维线性简谐振子受到微扰 $\hat{H}' = a\mathrm{e}^{-\beta x^2}$ 的作用,计算基态能量的一级修正,其中常数 $\beta>0$.

15-22 求出能够占据一个 d 支壳的最多电子数,并写出这些电子的 m_l 和 m_s.

15-23 试求下列量子态上所能容纳的最多电子数：

(1) $n=3$；　　　　(2) $\begin{cases} n=3 \\ m_s=\dfrac{1}{2} \end{cases}$；　　　　(3) $\begin{cases} n=l \\ l=m_l=3 \end{cases}$

第 15 章参考答案

>>>* 第 16 章

现代科学与高新技术物理基础专题

科学技术是第一生产力,每一项重大科技成果的问世都将导致人类生活方式的巨大变革. 在 21 世纪初,现代科学与高新技术有了飞速发展,在世界范围内引起了巨大的反响,受到广泛关注. 大量的实践表明,任何现代科学与高新技术都离不开基础学科,特别是物理学的发展,因此,学好物理知识对掌握现代科学与开发高新技术是非常重要的.

本章有选择性地介绍一些现代科学与高新技术知识,以供不同专业的读者使用.

§ 16.1 原子核物理

原子核物理以原子核为研究对象,研究原子核的基本性质、核结构、核反应、核衰变及核技术在各领域中的应用.

16.1.1 原子核的基本性质

1. 原子核的电荷和质量

原子是由原子核和核外电子组成的. 原子的线度为 10^{-10} m,而原子核的线度为 10^{-15} m. 原子核由质子和中子组成,质子和中子统称为核子. 质子带有和电子电荷量相等的正电荷,中子不带电,两者的大小几乎相同,半径为 0.8×10^{-15} m. 原子核中质子的数目称为核电荷数(或称为原子序数),用 Z 表示. 因原子核外电子数等于核电荷数,故原子呈电中性.

由于电子的质量很小,所以原子核几乎集中了原子的全部质量. 例如,最轻的氢原子核的质量是 $m_H = 1.6726 \times 10^{-27}$ kg,核外一个电子的质量却只有 $m_e = 9.11 \times 10^{-31}$ kg,两者的比值是

$$\frac{m_e}{m_H} = \frac{9.11 \times 10^{-31}}{1.6726 \times 10^{-27}} = \frac{1}{1836}$$

阅读材料:
中子的发现

核电荷数 Z 越大的元素,这个比值越小. 例如,对铀原子来说,这个比值约等于 $\frac{1}{4800}$. 所以原子核的质量差不多就是原子的质量. 在原子核物理中,通常不用 kg 来表示原子的质量,而用一种很小的单位来表示它. 国际上用碳原子质量的 $\frac{1}{12}$ 作为一个原子质量单位,用符号 u(原子质量单位)表示,即

$$1 \text{ u} = 1.660539 \times 10^{-27} \text{ kg}$$

用原子质量单位表示的各种原子核的质量都接近于整数,这个整数用 A 表示,称为原子核的质量数. 例如,氢的质量数 $A=1$,碳 12 的质量数 $A=12$,氧 16 的质量数 $A=16$,铀 238 的质量数 $A=238$ 等. 表 16-1 给出了用原子质量单位表示的一些原子的质量.

表 16-1 用原子质量单位表示的一些原子的质量

元素	电荷数 Z	中子数 N	原子质量/u	质量数 A
氕(H)	1	0	1.007 276	1
氘(H)	1	1	2.013 55	2
氚(H)	1	2	3.015 50	3
氦(He)	2	1	3.014 93	3
氦(He)	2	2	4.001 51	4
锂(Li)	3	3	6.015 13	6
锂(Li)	3	4	7.016 01	7
铍(Be)	4	4	8.005 08	8
铍(Be)	4	5	9.012 19	9
硼(B)	5	5	10.012 94	10
硼(B)	5	6	11.009 31	11
碳(C)	6	6	12.000 00	12
碳(C)	6	7	13.003 35	13
氮(N)	7	7	14.003 07	14
氮(N)	7	8	15.000 11	15
氧(O)	8	8	15.994 91	16
氧(O)	8	9	16.999 13	17
氧(O)	8	10	17.999 16	18

用原子质量单位表示的质子、中子和电子的质量分别为

$$m_p = 1.007\ 276\ \text{u}, \quad m_n = 1.008\ 665\ \text{u}, \quad m_e = 0.000\ 549\ \text{u}$$

不同的原子核由数目不同的质子和中子组成. 核电荷数 Z 和中子数 N 之和称为核的质量数 A, 即 $A = Z + N$.

电荷数 Z 和质量数 A 是表示原子核特征的两个重要的标志性物理量. 在原子核物理中常用 $_Z^A X$ 来表示不同的原子核, 其中 X 代表某种元素, 左上角 A 表示质量数, 左下角 Z 表示电荷数, 例如 $_8^{16}O$, 表示氧(O)元素的电荷数 $Z = 8$, 质量数 $A = 16$. 电子和中子虽然不是原子核, 但也采用这种符号, 标记为 $_{-1}^0 e$ 和 $_0^1 n$. 质子可用 $_1^1 H$ 标记也可用 $_1^1 p$ 标记.

电荷数 Z 相同、质量数 A 不同的元素具有相同的化学性质, 在元素周期表中, 它们处于同一位置, 这些元素称为同位素. 几乎所有元素都有同位素. 例如, 氢元素就有三种同位素, 即氕、氘和氚. 它们的电荷数 Z 均为 1, 但质量数 A 不同, 氕核 $A = 1$, 氘核 $A = 2$, 氚核 $A = 3$, 它们的符号分别为 $_1^1 H$、$_1^2 H$、$_1^3 H$.

在已知的一百多种元素中,目前已发现有一千多种同位素. 在这些同位素中,有些是天然的,有些是人工合成的. 例如在自然界中,98.892%的碳核为$^{12}_{6}C$,其余的为$^{13}_{6}C$和微量的$^{14}_{6}C$,人工合成的还有$^{10}_{6}C$和$^{11}_{6}C$,所以碳有五种同位素. 天然存在的铀则有三种同位素,$^{238}_{92}U$、$^{235}_{92}U$和$^{234}_{92}U$,它们所占的比例分别为 99.274%、0.720%和 0.006%.

天然存在的重元素如铀、镭、钋和钍等的原子核是不稳定的,它们能自发地发生衰变,放出射线,这类元素称为放射性元素. 在各种元素的同位素中,有些是稳定的,也有些是不稳定的. 例如$^{3}_{1}H$、$^{14}_{6}C$、$^{32}_{15}P$、$^{60}_{27}Co$ 等是不稳定的,它们会自发地放出射线. 这类不稳定的同位素称为放射性同位素.

2. 原子核的大小

实验表明,原子核有非常确定的大小,原子核的体积与质量数成正比. 若把原子核近似看作球形,则原子核的半径

$$R = R_0 A^{\frac{1}{3}} \qquad (16-1)$$

式中 R_0 为比例常量,实验测得 $R_0 = 1.2 \times 10^{-15}$ m = 1.2 fm(飞米).

由原子核的质量和大小可以计算它的密度

$$\rho = \frac{m_N}{V} = \frac{m_N}{\frac{4}{3}\pi R^3} = \frac{3m_N}{4\pi R_0^3 A}$$

由于 $\frac{m_N}{A} = 1$ u,$R_0 = 1.2 \times 10^{-15}$ m,所以

$$\rho = 2.3 \times 10^{17} \text{ kg/m}^3$$

这是个很大的数,比水的密度要大 10^{14} 倍. 像乒乓球那样大的核物质,其质量约为2×10^{12} kg,可见原子核是一种密度极高的物质. 在宏观物体中,只有某些星体,例如白矮星、中子星等,其密度才接近这个值. 在这些星体中,原子的电子壳层由于巨大的引力而崩塌,成为极致密的简并电子气与原子核的混合物(白矮星),或者成为简并中子的聚合物(中子星).

3. 原子核的自旋和磁矩

原子核和电子相似,具有自旋特性. 原子核中每个核子都在不停地做轨道运动和自旋,形成核子的轨道角动量和自旋角动量. 所有核子轨道角动量和自旋角动量的矢量和构成原子核的总角动量,通常称为原子核的自旋角动量. 它的大小是量子化的,其值为

$$P_J = \sqrt{J(J+1)}\hbar \qquad (16-2)$$

式中 J 为自旋量子数,简称自旋.

既然原子核带电又有自旋,因此核也具有磁矩. 实验测得质子的磁矩为

$$\mu_p = 2.792\,847\,\frac{e\hbar}{2m_p} = 2.792\,847\,\mu_N \qquad (16-3)$$

式中 μ_N 为核磁子,是原子核的磁矩单位,$\mu_N = \frac{e\hbar}{2m_p} = 5.050\,784 \times 10^{-27}$ J/T.

4. 核力

在原子核的核子之间存在着两种力:一种是质子之间的静电斥力;另一种是核子之间的引力,称为核力. 显然,静电斥力不能使原子核构成一个稳定系统,只有核力才能使原子核成为稳定的系统. 核力具有如下性质.

(1) 核力与电荷量无关

实验表明,无论是质子和质子,还是质子和中子,或是中子和中子之间,核力的大小和特征都

是相同的. 这说明, 核力与核子带电与否无关, 即核力是与电荷量无关的力.

(2) 核力是短程强作用力

实验表明, 核力虽然是一种比电磁力强得多的强相互作用力, 但作用的距离只有 10^{-15} m, 距离大于这一数量级时, 核力的作用很快减小而接近于零, 这就是说, 只有在原子核范围内核力才能起作用. 所以这种力为短程力.

(3) 核力是饱和力

对核内每一核子来说, 它只能与近邻的几个核子有核力作用, 而不能与核内其他核子发生作用. 这种性质称为核力的饱和性.

(4) 核力是交换力

电磁相互作用是带电粒子之间交换光子而产生的交换力. 与此相似, 在核子周围存在着一种介子场, 核力是通过介子场而且以交换量子——π 介子的方式来实现的. 也就是说, 核子是通过交换 π 介子来实现核子的相互作用的.

16.1.2 原子核的结合能

既然原子核是由核子(中子和质子)组成的, 似乎原子核的质量应该等于核内所有核子质量的总和. 但实验发现, 原子核的质量总是小于组成它的质子和中子的质量总和. 这种现象称为质量亏损. 设 m_n、m_p 和 m_X 分别表示中子、质子和原子核 $^A_Z X$ 的质量, 则原子核的质量亏损为

$$\Delta m = [Zm_p + (A-Z)m_n] - m_X \tag{16-4}$$

由于质子质量 m_p 等于氢原子质量 m_H 减去一个核外电子的质量 m_e, 即 $m_p = m_H - m_e$; 核电荷数为 Z 的原子核的质量 m_X 等于这种原子的质量 m 减去 Z 个核外电子的质量 m_e, 即 $m_X = m - Zm_e$, 代入式(16-4), 得

$$\Delta m = Z(m_H - m_e) + (A-Z)m_n - (m - Zm_e) = [Zm_H + (A-Z)m_n] - m \tag{16-5}$$

由于实验中用质谱仪测出的元素质量是原子的质量 m 而不是原子核的质量 m_X, 所以要用式(16-5)计算质量亏损. 根据相对论的质能关系 $\Delta E = \Delta mc^2$, 如果质量亏损 $\Delta m = 1$ u, 则对应的能量改变为

$$\Delta E = \Delta mc^2 = 1.660\,539 \times 10^{-27} \text{ kg} \times c^2 = 1.492\,418 \times 10^{-10} \text{ J} = 931.5 \text{ MeV}$$

(1 eV $= 1.602\,177 \times 10^{-19}$ J). 因此, 由 Z 个质子和 $A-Z$ 个中子结合成 $^A_Z X$ 核时, 释放出的能量为

$$\Delta E = \Delta mc^2 = [Zm_H + (A-Z)m_n - m] \times 931.5 \text{ (MeV)} \tag{16-6}$$

式中质量以 u 为单位. 这种由质子和中子形成原子核时所放出的能量称为原子核的结合能; 反之, 要使原子核分裂成单个的自由质子和自由中子, 外界必须克服核子之间的相互作用力做功, 即供给与结合能同样大小的能量.

原子核的结合能与原子核内所包含的总核子数 A 的比值称为平均结合能(或称为比结合能), 用 $\overline{E}_0$ 表示, 即

$$\overline{E}_0 = \frac{\Delta E}{A} = \frac{\Delta mc^2}{A} \tag{16-7}$$

不同的原子核平均结合能不相同, 核子平均结合能的大小反映了原子核的稳定程度. 核子的平均结合能越大, 原子核就越稳定. 图 16-1 所示为核子平均结合能与核子数 A 的关系曲线, 称为核子平均结合能曲线. 由图可知, 最轻的原子核和最重的原子核的核子平均结合能较小, 中等质量($A = 40 \sim 100$)的核, 核子的平均结合能较大, 并大致相等. 平均结合能的最大值约 8.8 MeV, 其对应的质量数 $A = 60$, 因而原子核的组合或演化的后果, 是向 $A = 60$ 的核趋近时将释放原子能. 在重核区, 如果将一个重核分裂成两个中等质量的核, 核子的平均结合能将升高, 从而

释放出核能,这就是核裂变的理论基础,根据这一理论,人类制成了原子弹,建成了核电站. 在轻核区,将两个平均结合能小的核聚合成平均结合能大的核,也会释放出核能,这是核聚变的理论基础,根据这一理论,人类制成了氢弹,并正在进行受控热核聚变反应的研究.

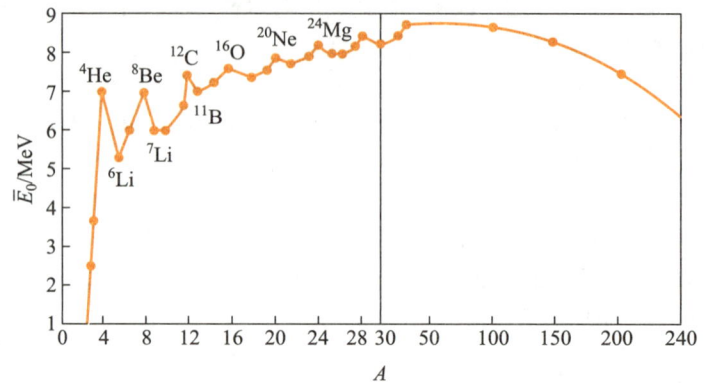

图 16-1　核子平均结合能与核子数 A 的关系曲线

16.1.3　原子核的放射性衰变

1. 放射性元素

阅读材料:天然放射性的发现

阅读材料:α、β、γ 射线的发现

原子核的稳定性,是指原子核不会自发地改变其质子数、中子数和它的基本性质,按原子核的稳定性可分为稳定原子核和放射性(或称为不稳定)原子核两类. 经验告诉我们,原子核中的质子数等于和大于 84 的原子核是不稳定的,即电荷数 84 以后的元素均为放射性元素. 它们会自发地发生转变,放出射线. 这种核的转变过程称为原子核的放射性衰变. 放射性元素有两种:一种是自然界中原来就存在的,称为天然放射性元素;另一种是人工合成的,称为人工放射性元素. 有些元素的同位素是人工合成的而且具有放射性,称为人工放射性同位素. 对放射性衰变现象的研究,是研究原子核的重要途径之一.

放射性元素放出的射线有三种. 如图16-2所示,在铅室底部放有微量的镭,其上有一小孔. 因为射线不能穿过很厚的铅板,所以仅能沿着小孔向外射出. 若使射线通过强磁场(或电场),射线将分为三束,分别称它们为 α 射线、β 射线、γ 射线. 实验表明:α 射线和 β 射线能在电场或磁场中发生偏转,而偏转方向不同. 这说明它们是带异种电荷的,其中 α 射线带正电,β 射线带负电. γ 射线在电场或磁场中不发生偏转,说明 γ 射线不带电.

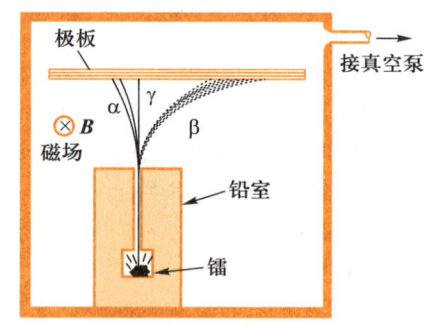

图 16-2　三种放射性射线

对这三种射线的进一步研究表明:α 射线是具有很高速度的氦原子核($^4_2$He)流,即 α 粒子流;β 射线是高速运动的电子流;γ 射线是波长比 X 射线波长还短的电磁波,即光子流.

进一步的研究发现,放射性射线具有下列几种性质:① 能使气体电离;② 具有较强的穿透能力;③ 能使底片感光;④ 能激发荧光;⑤ 能破坏细胞组织;⑥ 能使吸收射线的物质发热.

应该指出,有些放射性同位素能同时放射这三种射线,如铀(^{233}U);有些只放射其中一种或两种射线,如碳(^{14}C)、磷(^{32}P)、硫(^{35}S)、锶(^{90}Sr)只放射 β 射线,钴(^{60}Co)、碘(^{131}I)只放射 β 和 γ 射线,镭(^{226}Ra)只放射 α 和 γ 射线等. 如果原子核放射一个 α 粒子(β 粒子或 γ 光子),就说这个核进行了一次 α(β 或 γ)衰变.

2. 放射性衰变规律

放射性元素原子核的衰变规律取决于原子核内部的性质,与外界温度、压力等因素无关. 设放射性元素中每个原子核在单位时间内的自发衰变概率 λ 是相同的,而且不受外界的影响. 若给定的放射性元素在某一时刻 t,未衰变的原子核数为 N,则在单位时间内衰变的原子核数为 λN. 如果在 dt 时间内,有 $-\mathrm{d}N$ 个原子核发生衰变,则单位时间内衰变的原子核数也可表示为 $-\dfrac{\mathrm{d}N}{\mathrm{d}t}$. 因此有

阅读材料:
天然放射性的
初步研究

$$-\frac{\mathrm{d}N}{\mathrm{d}t}=\lambda N$$

对上式积分可得

$$N=N_0 \mathrm{e}^{-\lambda t} \tag{16-8}$$

式中 N_0 为 $t=0$ 时的原子核数目,λ 为单位时间内核的自发衰变概率,称为衰变常量. 式(16-8)表明,**原子核数是按指数规律随时间而减少的**,这一规律称为**放射性衰变定律**.

通常以单位时间内发生核衰变的次数表示放射性的强弱,称为放射性强度(或称为放射性活度),以符号 I 表示. 按照放射性强度的定义,可得

$$I=-\frac{\mathrm{d}N}{\mathrm{d}t}=\lambda N_0 \mathrm{e}^{-\lambda t}$$

使

$$I_0=\lambda N_0$$

有

$$I=I_0 \mathrm{e}^{-\lambda t} \tag{16-9}$$

式(16-9)是放射性衰变定律的另一种表达形式,它表示**放射性强度也是随时间按指数规律减小的**,如图16-3所示.

在国际单位制中,放射性强度的单位是 Bq(贝可勒尔),1 Bq 表示每秒发生一次核衰变时放射源的强度,常用的单位还有 Ci(居里),Ci 和 Bq 的关系为

$$1 \text{ Ci} = 3.7 \times 10^{10} \text{ Bq}$$

由放射性衰变定律可知,λ 越大,则衰变越快. 在习惯上,常用和 λ 有关的一个常量——半衰期 $T_{\frac{1}{2}}$ 表示衰变的快慢. 半衰期 $T_{\frac{1}{2}}$ 是指:由 N_0 个到 $\dfrac{N_0}{2}$ 个原子核衰变所经历的时间,或放射性强度减小到一半 $\left(\text{即 } I=\dfrac{I_0}{2}\right)$ 所经历的时间.

图 16-3 放射性衰变定律

半衰期越长,表示衰变得越慢. 不同放射性元素的半衰期是不同的,而且相差很大,有的长达几十亿年,有的短至几十万分之一秒. 例如,^{238}U 的半衰期 $T_{\frac{1}{2}}=4.51\times 10^9$ a(年),^{226}Ra 的半衰期为 1590~1631 a,^{90}Sr 的半衰期为 28 a,^{212}Po 的半衰期为 3.0×10^{-7} a,^{60}Co 进行 γ 衰变的半衰期为 5.3 a. 可以这样来理解半衰期,例如 1 g 的 ^{90}Sr 经过 28 年剩下 $\dfrac{1}{2}$ g,再经过 28 年剩下 $\dfrac{1}{4}$ g,以此类推.

半衰期 $T_{1/2}$ 和衰变常量 λ 之间的关系可由式(16-9)导出,因为

$$\frac{I_0}{2}=I_0 \mathrm{e}^{-\lambda T_{\frac{1}{2}}}$$

所以
$$T_{\frac{1}{2}} = \frac{\ln 2}{\lambda} = \frac{0.693}{\lambda} \tag{16-10}$$

例 16-1 已知某放射性元素在 5 min 内减少了 43.2%，求它的衰变常量和半衰期.

解 根据放射性衰变定律 $N = N_0 e^{-\lambda t}$，在 $t = 300$ s 时有
$$(1 - 43.2\%) N_0 = N_0 e^{-\lambda t}$$

所以
$$0.568 = e^{-\lambda t}$$

$$\lambda = \frac{1}{t} \ln \left(\frac{1}{0.568} \right) = 0.001\ 88\ \text{s}^{-1}$$

利用式(16-10)，有
$$T_{\frac{1}{2}} = \frac{\ln 2}{\lambda} = 369\ \text{s}$$

例 16-2 已知 ^{40}K 衰变为 ^{40}Ar 的半衰期是 1.28×10^9 a. 一块取自月球上的岩石经分析含有 92% 的 ^{40}K 和 8% 的 ^{40}Ar，试计算月球岩石的年龄.

解 根据式(16-8)，有
$$t = \frac{1}{\lambda} \ln \frac{N_0}{N}$$

由式(16-10)有 $\frac{1}{\lambda} = T_{\frac{1}{2}} / \ln 2$，所以
$$t = \frac{T_{\frac{1}{2}}}{\ln 2} \ln \frac{N_0}{N}$$

由题意可知 $\frac{N_0}{N} = \frac{1}{8\%}$，代入上式，则
$$t = \frac{1.28 \times 10^9}{0.693} \ln \frac{1}{0.08}\ \text{a} = 4.67 \times 10^9\ \text{a}$$

该月球岩石的年龄约 46 亿年.

3. 放射性辐射剂量

当物质被射线照射时将吸收射线的能量，通常把单位质量吸收的辐射能称为吸收剂量，用 D 表示，则有
$$D = \frac{\text{d}E}{\text{d}m} \tag{16-11}$$

在 SI 单位中，吸收剂量的单位为 Gy（戈瑞），1 Gy = 1 J/kg. 但在实际应用中，更常使用的单位是 rad（拉德）
$$1\ \text{rad} = 10^{-2}\ \text{Gy}$$

由于不同射线对人体的危害程度并不相同，所以吸收剂量不能很好地表示射线的危害程度. 因而引入相对生物效应（RBE），通常以能量为 250 keV 的 X 射线产生的生物效应作为比较的基准，它的剂量与其他某种射线产生相同生物效应所需的剂量之比为 RBE：
$$RBE = \frac{250\ \text{keV 的 X 射线产生生物效应的剂量}}{\text{某种辐射产生相同生物效应的剂量}} \tag{16-12}$$

α 射线的 RBE 值为 10~20，β 射线、γ 射线和 X 射线的 RBE 值为 1.0，快中子射线的为 10. 衡量射线生物效应及危险度的辐射剂量称为当量剂量（或称为有效剂量、剂量当量），用 H

表示,其数值可由 RBE 与吸收剂量 D 的积求得,即
$$H = RBE \times D \tag{16-13}$$
在 SI 单位中,H 的单位为 Sv(希沃特),亦可用 rem(雷姆)为 H 的单位
$$1 \text{ rem} = 10^{-2} \text{ Sv}$$

放射性射线对人体组织有杀伤作用,但只要不超过最高允许当量剂量,它对人的健康不会产生影响. 当量剂量的安全底线究竟是多少? 国际原子能机构(IAEA)规定:对公众接受的当量剂量限值为每年 1 mSv,与射线接触的工作人员接受的当量剂量限值为每年 50 mSv.

虽然过量的放射性射线会对人类造成严重危害,但适量的放射性射线却可用于医学领域中的诊断和治疗. 例如,利用甲状腺具有选择性摄取和浓聚碘的功能,可对甲状腺进行诊断和治疗;利用心肌灌注显像,可诊断心肌疾病和了解心肌供血情况;利用高能射线的局部照射对肿瘤组织进行杀伤,治疗癌症等. 放射技术在医学领域的应用已发展成为一个专门的学科——核医学.

16.1.4 放射性同位素的应用

存在于自然界中的天然放射性元素是比较稀少的. 自从发现人工放射性元素以后,对于所有元素几乎都能获得它们的放射性同位素. 目前总共有 1 000 多种放射性同位素.

放射性同位素作为核技术的一个重要方面,不仅在多种科学领域发挥了巨大作用,而且已经深入到国民经济的各个方面,在工业、农业、医药卫生、航空、能源、地矿、化工和电子等领域都有重要应用. 下面着重介绍放射性同位素的一些主要应用.

1. 放射性射线的应用

放射性同位素所放出的射线都能穿透物质,但它们能穿透物质的本领是不同的,其中,γ 射线穿透本领最强,β 射线次之,α 射线最弱. 由于各种物质对 γ 射线都有一定的吸收作用,因而可以根据探测器所测得的 γ 射线的强度确定 γ 射线在物质中穿越的距离;用 γ 射线或中子射线照射农作物的种子,或用含有放射性同位素的溶液浸泡种子,使作物产生变异,从而达到培育新品种的目的;用强剂量 γ 射线辐照,可以抑制豆类、洋葱、大蒜和粮食等的发芽和霉烂,抑制食品中虫卵的发育,杀灭粮食和食品中的霉菌,杀灭肉类和鱼类中的寄生虫,以达到保鲜的目的;用 γ 射线进行消毒,如对医疗器械、流通货币消毒,既简便又不会改变被消毒物品的形态.

在印刷、化纤和纺织等工业生产中,由于摩擦、分离等原因,在产品或工件上常常会产生大量的静电,影响生产的正常进行,甚至会造成事故或危险. 利用射线的电离能力,使空气分子电离,让离子与静电中和,这是工业生产中消除静电的有效手段之一.

2. 示踪技术的应用

因为放射性同位素的踪迹很容易探测出来,这样,放射性同位素就能作为显示踪迹的工具,所以在工农业生产、化学反应或生物成长、医疗诊断中,常在所用的元素中加入少量的这种元素的放射性同位素,在混合物中所有原子的化学性质都是完全一样的,但放射性同位素的原子却单独具有放射性,因此就可以检查出这种同位素原子在全部过程中的动态及所产生的效果,这就是同位素示踪技术的原理,利用同位素示踪技术可以很方便地了解生物体对某种元素的吸收、输送和排放情况. 可以从分子的水平上动态地、定量地研究生命现象;可以诊断肝、脾、肾及甲状腺等器官的病变. 同位素示踪技术还用于测井、探矿和地质勘探. 据统计,目前全世界石油产量的 1/3 是使用放射性测井的结果.

3. 放射性衰变规律的应用

^{14}C 的半衰期是 5 730 年,这种放射性同位素是大气受到宇宙射线的轰击所产生的,并在大气的 CO_2 中占有一定的比例. 由于植物的自然呼吸,在体内包含的碳中 ^{14}C 的比例应与大气中的相同.

植物死后呼吸停止了,对大气中的碳的吸收也就停止了. 在植物体内的^{14}C 就以 5 730 年的半衰期衰变. 经过5 730年,植物残骸中^{14}C 与^{12}C 的含量的比值就减少至大气中比值的一半,再经过 5 730 年,此值就减少至大气中比值的四分之一,以此类推. 所以,可以由植物残骸中^{14}C 与^{12}C 比值的测定,确定该残骸死亡的年代. 根据上述原理,也可以用其他放射性同位素的半衰期确定地质样品的形成年代. 例如,根据目前岩石中$^{238}_{92}$U 与$^{206}_{82}$Pb 的含量比,由铀的半衰期可估算地质样品的年龄.

16.1.5 原子核能的应用

当原子核与原子核,或原子核与其他粒子发生相互作用时,便会发生各种变化,这样的变化称为原子核反应,简称核反应. 常见的核反应有两种:一种称为裂变反应,它是指重原子核受到中子轰击时会分裂为两个质量相差不大的新原子核碎片(大多数情况下,重核分裂成两块核碎片,称为二分裂变. 但也有少数分裂成三块或四块核碎片,分别称为三分裂变和四分裂变,这是我国物理学家钱三强、何泽慧夫妇于 1946 年发现的). 另一种称为聚变反应,它是指将轻原子核聚变合成重原子核的反应. 实验指出,这两种核反应中均有大量的热量放出. 因此,裂变反应和聚变反应是获得原子核能的两种途径.

1. 裂变反应

用慢中子轰击铀核时,可使铀核分裂成两个质量相近的中等质量的核和1~3个快中子,同时放出大量的热能,现以铀(^{235}U)裂变生成钡(Ba)和氪(Kr)为例计算释放出的能量

$$^{235}_{92}\text{U}+^{1}_{0}\text{n} \rightarrow ^{137}_{56}\text{Ba}+^{97}_{36}\text{Kr}+2^{1}_{0}\text{n}$$

这一反应过程发生的质量亏损 Δm,可由反应前的总质量减去反应后的总质量来计算. 根据各原子核及中子的质量,有

$$\Delta m = (235.043\ 9+1.008\ 66)\text{u} - (136.906\ 1+96.921\ 2+1.008\ 66\times2)\text{u}$$
$$= 0.207\ 94\ \text{u}$$

相应释放出的能量为

$$\Delta E = 0.207\ 94 \times 931.5\ \text{MeV} = 193.7\ \text{MeV}$$

阅读材料:核裂变的发现

考虑到裂变产物继续衰变时放出的能量,每次裂变可放出约 200 MeV 的能量. ^{235}U 核裂变时放出两个中子,又可引起其他^{235}U 裂变,这些裂变又产生更多的中子引起更多的核裂变,形成链式反应,如图 16-4 所示. 裂变时放出中子的过程极快,约 10^{-12} s,如果铀块中起初有一个核裂变,则到第 80 代时,中子数将达到 $N=2^{80} \sim 10^{24}$,其值约等于 1 kg 铀所含的原子核数. 如果将 1 kg ^{235}U 制成球形,直径不超过 5 cm,若全部铀核裂变,在百万分之几秒时间内将放出巨大的能量,这就是原子弹爆炸的原理. 1964 年 10 月 16 日,我国第一颗原子弹在新疆罗布泊爆炸成功.

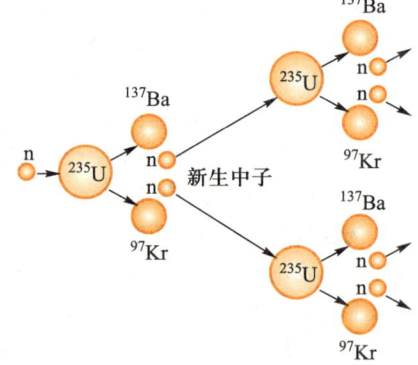

图 16-4 ^{235}U 的链式反应

要维持链式反应是有条件的,即必须使后一代中子数与前一代中子数的比值(称为中子的再生率)大于 1. 为此,铀块的体积要足够大. 如果体积太小,裂变时放出的中子往往没有和铀核相遇就已飞出铀块了. 中子跑掉太多就不能维持链式反应,维持链式反应的最小体积称为临界体积,它所对应的质量称为临界质量. 另外,铀块的成分要求很纯,因为杂质往往会吸收掉很多中子,使链式反应停止.

链式反应也可以有控制地缓慢进行,使链式反应有控制地进行的装置称为原子核反应堆,简称核反应堆. 核反应堆有广泛的用途,可以专用于核能发电,将裂变后碎片的动能转变为电能,以对外提供动力,可以产生高强度的中子流,用以进行中子实验,或用于制造各种放射性同位素,可

以由$^{238}_{92}$U制成可裂变同位素$^{239}_{94}$Pu,作为另一种核燃料.

目前世界上使用最广泛的能源是电能,它常通过消耗煤或石油的化学能,或者通过消耗水的机械能来获得. 但是,随着煤或石油的大量开采,它们的储量正在不断减少,且它们作为工业原料的地位又在不断加强. 于是,人们便想到了利用核反应释放出的热量来发电,这样得到的电称核电. 目前全世界已拥有400多座核电站,我国已成功地建设了大亚湾核电站和秦山核电站,其中秦山核电站一期工程于1991年12月建成发电,实现了我国核电零的突破,大亚湾核电站由2台9×10^5 kW的压水堆组成,其中第一台机组于1994年2月1日投入运行,年发电量可达1.26×10^{10} kW·h.

核电站的运行原理如图16-5所示. 核反应中释放的热量通过冷却剂被输送到热交换器,将水加热,变成蒸汽后进入汽轮机,带动发电机发电.

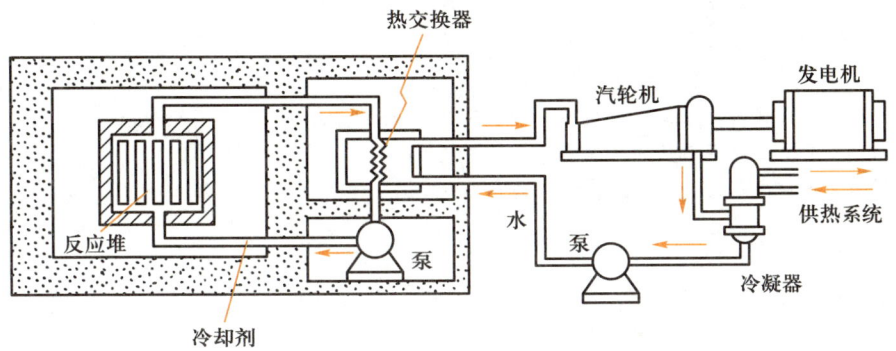

图16-5 核电站的运行原理

2. 聚变反应

轻核聚变是利用原子核能的另一种方法. 轻核聚变必须在高温下才能发生,因为在高温下,原子核具有极大的热运动动能,足以克服带电粒子相互接近时所受到的静电斥力,引起粒子发生激烈的相互作用而导致聚变,从而放出大量原子核能. 在高温下,使轻核聚合而放出大量原子核能的方法,目前已获得了巨大的成就. 这种反应称为热核反应. 同位素氘($^2_1$H)和氚($^3_1$H)形成氦核是一个比较容易发生的热核反应,它的反应式是

$$^2_1H + ^3_1H \rightarrow ^4_2He + ^1_0n$$

放出的能量比铀核分裂时所放出的还大10倍. 在原子弹爆炸时,爆炸中心能达到几百万摄氏度的高温. 在这样高的温度下,热核反应足以发生. 热核武器,即氢弹,就是按照这个原理制成的. 也就是说,氢弹是用原子弹来引爆的. 1967年6月17日,中国自行设计、制造的第一颗氢弹在我国西部地区上空爆炸成功.

轻核聚变也可用人工方法实现,即利用加速器将质子或氘核等加速,去轰击原子核. 例如

$$^1_1H + ^7_3Li \rightarrow 2\,^4_2He + 17.5 \text{ MeV}$$

$$^2_1H + ^6_3Li \rightarrow 2\,^4_2He + 22.1 \text{ MeV}$$

在这些聚变反应中,虽然也能获得较大能量,但是用高能质子($^1_1$H)轰击锂核($^7_3$Li)时,质子与锂核发生核反应的概率颇小,而大多数质子的能量却消耗在电离和激发被撞击的原子上,所以用这种方法来获得核能是得不偿失的.

用人工方法产生的热核反应,称为人工热核反应. 氢弹是一种爆炸式的热核反应,一般是不可控制的. 在人工控制下进行的热核反应,称为受控热核反应,它能够根据需要控制热核反应的速度,使之缓慢而均匀地进行,以适应在生产实践中的应用. 但是,实现受控热核反应比实现爆炸

阅读材料:
质子的发现与人工核反应的发现

式的热核反应要困难得多,至今还未圆满解决.如果受控热核反应能够实现,它将比目前铀裂变的核反应堆具有更多的优点:运行安全,污染较少;特别是热反应中所需要的氘核,在地球的海水中蕴藏量极为丰富,多达 $40×10^{15}$ kg.氘可以通过电解重水(D_2O)得到.虽然重水在普通水中只含有 0.015%,但在聚变反应中平均每个氘核,先后共可放出 7.2 MeV 的能量.这样估算起来,几升海水就可提供约 10^4 kW·h 的电能.如果全部海水用于聚变反应,释放出来的能量总共可提供 10^{25} kW·h 的电能,足够供人类使用上百亿年;而且反应的产物是无放射性污染的氦,所以,受控热核反应的技术一旦成功,原子核能必将成为未来的主要能源.

思考题

*16-1 在几种元素的同位素 $^{12}_{6}C$、$^{13}_{6}C$、$^{14}_{6}C$、$^{14}_{7}N$、$^{15}_{7}N$、$^{16}_{8}O$ 和 $^{17}_{8}O$ 中

(1) 哪些同位素的原子核包含有相同的质子数?相同的中子数?相同的核子数?

(2) 哪些同位素有相同的核外电子数?

16-2 为什么说原子核好像是 A 个小硬球挤在一起形成的?

16-3 为什么保存天然的铀没有爆炸的危险?

*16-4 如何理解核能?简述核能的应用.

§ 16.2 粒子物理

粒子物理是当今人类探索微观结构的最前沿,它的研究对象比原子核更深一个层次,其任务在于通过发现并产生新的粒子,研究粒子的各种性质、结构和相互作用,来探索物质的基本结构.

16.2.1 粒子的分类

通常把目前所认识到的组成物质的最小基本单元,称为"粒子".最初把元素的最小单元——原子看作不可分的,是各种物质结构的基本单元.但到 20 世纪初,人们认为原子是由原子核和电子构成的,原子核还有内部结构.1932 年中子被发现后,人们认识到原子是由质子、中子和电子组成的,原子不再是组成物质的最基本单元.在这以后,人们把质子、中子和电子作为物质结构的基本单元,再加上光子,都被看作基本粒子.但不久在 β 衰变中发现了中微子和正电子,随后又发现了 μ 子、π 介子、K 介子、超子等.加速器发展后,更多的粒子被发现,迄今发现的基本粒子数目已有四百种之多.从这些粒子的性质来分析可以知道,有些粒子还有内部结构,很难再说是基本粒子了.许多文献中已把基本粒子改称为粒子,把基本粒子物理学改称为粒子物理学.

对粒子进行分类,可以用不同的方法.如果所有粒子按照参与相互作用的情况进行分类则粒子可分为三类.

1. 场粒子类

任何两个粒子间不管发生哪种相互作用,都要通过交换粒子来实现,这种传递相互作用的粒子称为场粒子(又称为媒介子或规范玻色子).传递万有引力相互作用的场粒子是引力子 g(尚待实验证实);传递强相互作用的场粒子是介子和胶子G(有间接实验证据);传递电磁相互作用的场粒子是光子 γ;传递弱相互作用的场粒子是中间玻色子 $W^±$ 和 Z^0.

2. 轻子类

不参与强相互作用的粒子称为轻子.至今已知的轻子有 6 个,它们分别是 τ 子($τ^-$)、μ 子($μ^-$)、电子(e^-)、μ 中微子($ν_μ$)、e 中微子($ν_e$)和 τ 中微子($ν_τ$)以及它们的反粒子共计 12 种.

阅读材料:
中微子的发现

阅读材料:
μ 子的发现

3. 强子类

凡是可以直接参与强相互作用的粒子统称为强子(强子也参与其他相互作用,但在短程内强力占绝对优势). 强子可分为两类:介子和重子. 重子中又把质子和中子称为核子,其余的称为超子. 我国物理学家王淦昌领导的小组在 1959 年发现了 Σ 超子的反粒子 $\overline{\Sigma^-}$.

粒子的电荷量以元电荷为单位,除光子、核子、中微子、η 介子和 Λ 超子外,一般用"+""-""0"标在其符号的右上角,分别表示粒子所带的电荷量为"+e""-e"和"0". 粒子的符号上面划"—"表示对应的反粒子.

表 16-2 列出了粒子的分类.

阅读材料:
π 介子的发现

表 16-2 粒子分类表

类别		粒子名称	符号		电荷/e	静止质量/MeV	自旋/$\hbar$	平均寿命/s	主要衰变产物
			正粒子	反粒子					
场粒子		光子	γ	γ	0	0	1	稳定	—
		中间玻色子	W^+	W^-	+1	80.22×10^3	1	70.95×10^{-25}	$e^+ + \nu_e$
			Z^0	Z^0	0	91.78×10^3	1	70.77×10^{-25}	$e^+ + e^-$
		胶子	G	—	0	0	1	—	—
		引力子	g	—	0	0	2	—	—
轻子		电子	e^-	e^+	-1	0.511	$\frac{1}{2}$	稳定	—
		μ 子	μ^-	μ^+	-1	105.659	$\frac{1}{2}$	2.197×10^{-6}	$e^- + \bar{\nu}_e + \nu_\mu$
		τ 子	τ^-	τ^+	-1	1 784	$\frac{1}{2}$	$<2.3\times10^{-12}$	—
		e 中微子	ν_e	$\bar{\nu}_e$	0	<0.000 06	$\frac{1}{2}$	稳定	—
		μ 中微子	ν_μ	$\bar{\nu}_\mu$	0	<0.57	$\frac{1}{2}$	稳定	—
		τ 中微子	ν_τ	$\bar{\nu}_\tau$	0	<250	$\frac{1}{2}$	稳定	—
强子	介子	π 介子	π^+	π^-	+1	139.569	0	2.603×10^{-18}	$\mu^+ + \nu_\mu$
			π^0	—	0	134.965	0	0.828×10^{-16}	$\gamma+\gamma, \gamma+e^++e^-$
		K 介子	K^+	(K^-)	+1	493.669	0	$1.237\,1\times10^{-8}$	$\mu^++\nu_\mu, \pi^++\pi^0,$ $\pi^++\pi^++\pi^-,$ $\pi^++\pi^0+\pi^0$
			K^0	—	0	497.67	0	$\begin{cases} K_S^0 0.892\,3 \\ \times10^{-10} \\ K_L^0 5.183 \\ \times10^{-8} \end{cases}$	$\pi^++\pi^-, \pi^0+\pi^0,$ $\pi^-+e^++\nu_e,$ $\pi^++\mu^-+\bar{\nu}_\mu,$ $\pi^++\pi^-+\pi^0,$ $\pi^0+\pi^0+\pi^0$

续表

类别		粒子名称	符号		电荷/e	静止质量/MeV	自旋/$\hbar$	平均寿命/s	主要衰变产物
			正粒子	反粒子					
强子	介子	η介子	η^0	—	0	548.8	0	7.7×10^{-19}	$\gamma+\gamma, \pi^0+\pi^0+\pi^0,$ $\pi^++\pi^-+\pi^0$
		J/Ψ介子	Ψ	—	0	3 097±1	1	3.1×10^{-19}	$e^++e^-, \mu^++\mu^-,$ 强子
	重子	核子 中子	p	$\bar{p}$	+1	938.280	$\frac{1}{2}$	稳定 ($>6\times10^{37}$)	
		质子	n	$\bar{n}$	0	939.573	$\frac{1}{2}$	918	$p+e^-+\bar{\nu}_e$
		超子 Λ超子	Λ^0	$\overline{\Lambda^0}$	0	1 115.6	$\frac{1}{2}$	2.632×10^{-10}	$p+\pi^-, n+\pi^0$
		Σ超子	Σ^+	$\overline{\Sigma^-}$	+1	1 189.4	$\frac{1}{2}$	8.00×10^{-11}	$p+\pi^0, n+\pi^+$
			Σ^0	$\overline{\Sigma^0}$	0	1 192.46	$\frac{1}{2}$	5.8×10^{-20}	$\Lambda+\gamma$
			Σ^-	$\overline{\Sigma^+}$	−1	1 197.34	$\frac{1}{2}$	1.48×10^{-10}	$n+\pi^-$
		Ξ超子	Ξ^0	$\overline{\Xi^0}$	0	1 314.9	$\frac{1}{2}$	2.96×10^{-10}	$\Lambda+\pi^0$
			Ξ^-	$\overline{\Xi^+}$	−1	1 321.32	$\frac{1}{2}$	1.641×10^{-10}	$\Lambda+\pi^-$
		Ω超子	Ω^-	Ω^+	−1	1 672.22	$\frac{3}{2}$	0.82×10^{-10}	$\Xi^0+\pi^-,$ $\Xi^-+\pi^0, \Lambda+K^-$

从表 16-2 可以看出，除场粒子外，所有其他粒子分属于轻子和强子. 由于轻子没有显现出有内部结构，所以它们被认为是真正的"基本粒子"，而大量的事实表明：质子、中子、π 介子等强子有内部结构，它们不是基本粒子！

16.2.2 粒子的相互作用

在宏观现象的讨论中，对与我们日常生活相伴、最为熟悉的万有引力相互作用和电磁相互作用（除万有引力外，物体之间的弹力和摩擦力等都被归为电磁相互作用，因为它们的成因都是原子级别的电磁力，例如，你的手指作用在铅笔上的力就是手指的外层电子和铅笔的外层电子之间的电磁力）讨论得比较多. 在粒子领域内，除以上两种相互作用外，到目前为止，还发现有强相互作用和弱相互作用. 也可以说，经过长期的探索，迄今为止人们已经认识到，自然界存在有四种基本的相互作用，即万有引力相互作用（万有引力）、电磁相互作用（电磁力）、强相互作用（强力）和弱相互作用（弱力）. 比较这四种基本相互作用的强度可以知道，若以强力为 1，那么四种力的相对强度之比为

$$F_{强}:F_{电磁}:F_{弱}:F_{引}=1:10^{-2}:10^{-5}:10^{-39}$$

按照作用距离的长短不同,可把以上四种力分为长程力和短程力两种.万有引力和电磁力为长程力,从理论上讲,它们的作用范围是无限大的.强力与弱力为短程力.强力在距离短至 10^{-15} m 左右才会发生,弱力发生的距离至少要小于 10^{-17} m.所以在原子半径 10^{-10} m 的数量级范围,强力和弱力是不起作用的.

1. 万有引力相互作用

不论是宏观物体还是微观粒子,一切具有质量的物质间都有万有引力作用.由于宇宙中天体的质量巨大,其间的万有引力是很大的.但在粒子中,万有引力却是微不足道的.所以,可以不考虑粒子间的万有引力作用,认为在粒子之间只有其他三种相互作用存在.

2. 强相互作用

强相互作用是粒子最重要的相互作用,存在于重子和介子这两类粒子之间.把核子结合成原子核的核力,促使高能核反应中介子和超子的形成的力等都属于强相互作用.强力的作用时间最短,在 10^{-23} s 左右.

3. 电磁相互作用

一切带电的粒子或具有磁矩的粒子都会发生电磁相互作用,无论是在宏观领域还是微观领域,电磁力都发挥着极其重要的作用.原子核与电子结合成原子,原子与原子结合成分子等,电磁力的作用功不可没.电磁力的作用时间在 10^{-21} s 左右.

4. 弱相互作用

寿命在 10^{-10} s 以上的不稳定粒子,它们在衰变过程中发生弱相互作用.这种相互作用比电磁相互作用要弱得多,轻子、介子和重子都可参与这种弱相互作用,弱力的作用时间在 10^{-13} s 左右.

16.2.3 粒子的一些特性和规律

粒子所遵守的规律是多方面的,这里只对其中某些规律作简单的介绍.

1. 波动性和粒子性

光子、电子等微观粒子都既具有粒子性,又具有波动性.通过对其他粒子的研究,进一步发现波粒二象性是粒子的普遍属性.

2. 正粒子和反粒子

对应于每一种粒子,都有它的反粒子存在.例如正电子和电子是一对正、反粒子,它们具有相同的质量、相同的自旋数,但它们带等量异号的电荷.质子和反质子,中子和反中子,π^+ 介子和 π^- 介子等都是一对正、反粒子.中子和反中子都不带电,但具有相反的磁矩.也有个别粒子,它的反粒子就是它本身,例如光子的反粒子就是它自己,π^0 介子的反粒子也是它自己.

阅读材料:
正电子的发现

3. 产生和湮没

在一定条件下,各种粒子要相互转变,在转变过程中,有些粒子产生,有些粒子湮没.例如,电子和正电子相碰后,在它们湮没的同时,产生两个或三个光子;质子和反质子相遇后,在它们湮没时,产生几个 π 介子或 K 介子.所以,在一对正、反粒子湮没的同时,会生成其他形式的粒子.粒子的相互转变,反映了粒子之间的内在联系.

阅读材料:
反质子的发现

4. 守恒和不守恒

宏观物理现象中的一些守恒定律,如能量守恒、动量守恒、角动量守恒和电荷守恒等规律,在粒子领域内部都适用.而且在这一领域内,还出现了一系列新的守恒定律,如重子数守恒、轻子数守恒等.经进一步的研究又发现,在一定条件下,守恒又变成不守恒.例如在弱相互作用中,有同位旋、宇称等不守恒定律.在重子和介子的电磁作用下,也有一些量的不守恒定律.所以在粒相互作用时,既有守恒定律又有不守恒定律.

5. 对称和不对称

质子和中子在强相互作用过程中有相同的性质,所以说质子和中子在强相互作用方面是对称的.但是质子和中子在电磁相互作用方面的性质并不相同,因此,质子和中子在电磁相互作用方面又是不对称的.π^+介子、π^-介子和π^0介子也有类似的性质,它们在强相互作用方面是对称的,但在电磁相互作用方面又是不对称的.此外,还有其他更深入的对称与不对称现象.

16.2.4 强子的夸克模型

用高能电子轰击质子,发现质子的电荷有一定分布,其半径约为 0.7×10^{-15} m.而且,实验还表明中子虽然整体对外显示电中性,但其内部也有电荷分布,分布的半径约为 0.8×10^{-15} m.π 介子的电荷也有一定分布,其半径约为 0.6×10^{-15} m.所有这些事实都表明:质子、中子、π 介子等强子有内部结构.

1964年,美国物理学家盖耳曼和茨瓦格提出了强子结构的模型,认为强子是由三种各具某种不同的量子数的夸克所组成的,并把它们形象地称为三种"味道",即上夸克(u),下夸克(d)和奇异夸克(s).每个夸克的重子数都是 $\frac{1}{3}$,自旋都是 $\frac{1}{2}$,电荷分别是 $\left(\frac{2}{3}\right)e$、$\left(-\frac{1}{3}\right)e$ 和 $\left(-\frac{1}{3}\right)e$,并且各有相应的反粒子,其电荷和重子数与正粒子的相反.

1965年我国的北京理论物理研究所也正式公布了强子结构的层子模型,分别与 u、d、s 相对应,为基本粒子的发展作出了贡献.为与国际交流方便,现已通用夸克模型.

按照夸克模型,所有的重子都由三个夸克组成,所有的介子都由正反夸克各一个组成,例如,质子由两个 u 夸克和一个 d 夸克组成,记为 p≡(uud);中子由两个 d 夸克和一个 u 夸克组成,n≡(ddu);π^+介子由一个 u 夸克和一个反 d 夸克组成,$\pi^+\equiv(u\bar{d})$,而 π^-介子由一个 d 夸克和一个反 u 夸克组成,$\pi^-\equiv(\bar{u}d)$.

1974年华裔物理学家丁肇中和里希特各自独立地发现的 J/Ψ 粒子,1977年,美国物理学家莱德曼等人发现的 γ 粒子,经分析研究,J/Ψ 粒子是由粲夸克(c)和反粲夸克($\bar{c}$)组成的,即 J/Ψ≡($c\bar{c}$),γ 粒子是由底夸克(b)和反底夸克($\bar{b}$)组成,即 γ≡($b\bar{b}$).此外,由对称性来考虑,还应存在第六种夸克,称为顶夸克(t),这种猜想已于1994年由在美国费米国家实验室工作的美籍华裔物理学家叶恭平所证实.六种夸克的符号、电荷、自旋和质量如表 16-3 所示.

表 16-3 六种夸克的符号、电荷、自旋和质量

名称(符号)		电荷/e		自旋	重子数		质量/ (GeV/c^2)
正	反	正	反		正	反	
u	$\bar{u}$	$\frac{2}{3}$	$-\frac{2}{3}$	$\frac{1}{2}$	$\frac{1}{3}$	$-\frac{1}{3}$	0.03
d	$\bar{d}$	$-\frac{1}{3}$	$\frac{1}{3}$	$\frac{1}{2}$	$\frac{1}{3}$	$-\frac{1}{3}$	0.34
s	$\bar{s}$	$-\frac{1}{3}$	$\frac{1}{3}$	$\frac{1}{2}$	$\frac{1}{3}$	$-\frac{1}{3}$	0.54
c	$\bar{c}$	$\frac{2}{3}$	$-\frac{2}{3}$	$\frac{1}{2}$	$\frac{1}{3}$	$-\frac{1}{3}$	1.5

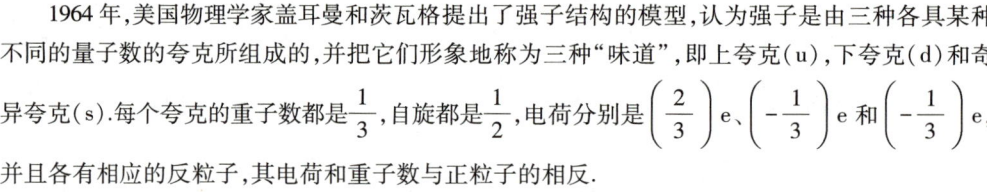

阅读材料:粲夸克的发现

续表

名称(符号)		电荷/e		自旋	重子数		质量/(GeV/c^2)
正	反	正	反		正	反	
b	$\bar{b}$	$-\frac{1}{3}$	$\frac{1}{3}$	$\frac{1}{2}$	$\frac{1}{3}$	$-\frac{1}{3}$	4.5
t	$\bar{t}$	$\frac{2}{3}$	$-\frac{2}{3}$	$\frac{1}{2}$	$\frac{1}{3}$	$-\frac{1}{3}$	178

由于夸克的自旋都是 $\frac{1}{2}$，它们结合成一个系统时应遵守泡利不相容原理，例如 P 中有两个 u 夸克，这两个 u 夸克就不允许处于同一状态，还有如 n 中有两个 d 夸克，Ω 中有三个 s 夸克，也是不允许处于同一状态的. 为了解决这个问题，从而提出每个夸克还应有一个新的量子数，形象地用"颜色"来表示，即红夸克、黄夸克、蓝夸克. 这样，夸克分为六种"味道"，每种味道又各有三种"颜色"，每种夸克都有相应的反夸克，故总共有 36 种不同状态的夸克.

把 2~3 个夸克结合成一个强子的作用，如同前面介绍的交换力所设想的那样，是通过一种称为胶子的粒子的交换来实现的. 1979 年华裔物理学家丁肇中领导的实验小组在德国观察到的"三喷注"现象，为胶子的存在提供了第一个实验依据. 但最后的证实还有待于更多的实验研究.

夸克模型已提出五十多年，至今还未在实验室中观察到孤立的夸克，科学家们正在进一步地探索.

粒子物理问题是当代物理学最重要的问题之一. 我国政府非常重视粒子物理的研究工作. 1988 年 10 月建成我国第一台高能加速器——北京正负电子对撞机(简称 BEPC)，该机所作出的 τ 子质量的精确测量，被国内外粒子物理界公认为是近年来在粒子物理研究中最重要的实验结果. 可以预见，在不久的将来，我国在粒子物理领域一定会进入世界前列.

16.2.5 标准模型

自然界存在的四种相互作用之间有没有联系？在 1915 年爱因斯坦建立了广义相对论之后，物理学家们开始尝试建立一个统一的理论，以期解释电磁力、强相互作用力和弱相互作用力. 这一理论称为标准模型，该模型把基本粒子分为夸克、轻子和中间玻色子三大类.

1967 年，美国物理学家温伯格和格拉肖与巴基斯坦物理学家萨拉姆在杨振宁等提出的理论基础上建立了弱力与电磁力统一的电弱统一理论. 这个理论的基本思想是：当粒子有很高的能量时，弱相互作用和电磁相互作用有相同的强度，因此，这两类相互作用被看作是统一的电弱相互作用的不同表现. 电弱统一理论预言了传递中间玻色子 $W^{\pm}$ 和 Z^0 的存在，并预测了它们的质量(接近 100 GeV/C^2).

1983 年，鲁比亚实验组在 540 GeV(1 GeV=103 MeV)高能质子—反质子对撞实验中发现了 W^+、W^- 和 Z^0 粒子，使电弱统一理论在实验中得到了证实. 为此，格拉肖、温伯格和萨拉姆共同获得了 1979 年的诺贝尔物理学奖，鲁比亚和范德梅尔获得了 1984 年的诺贝尔物理学奖.

电弱统一理论的成功，是人类认识微观世界的重大成果，促使一些物理学家建立一个把强、电、弱三种相互作用统一起来的大统一理论，可是这个理论至今没有得到实验的验证.

物理学家还想把万有引力也统一进来，也就是四种相互作用都统一起来的理论，叫做超大统一理论. 如果超大统一理论成功了，那就意味着自然界只有一种基本相互作用. 可是，近 20 多年来的尝试，困难很大，还没有出现实验可证实的结果. 看来，在科学探索的征途上还有很长的路要走.

思考题

*16-5 究竟什么是"夸克"?

§ 16.3 激光

激光是 20 世纪 60 年代初期发展起来的新型光源. 世界上第一台激光器(红宝石激光器)是美国科学家梅曼在 1960 年发明的. 由于激光具有一些独特的性质,引起了科学家们极大的兴趣,短短 40 多年来,激光技术的应用已取得突飞猛进的发展,并且已经成为一门新兴的尖端学科. 它不但引起了现代光学应用技术的巨大变革,还带动了全息光学、非线性光学、激光光谱学等学科的迅速发展.

激光是一种单色光,各种激光器的谱线波长分布在一个很大的范围内. 短至紫外,长至远红外,其间包括紫外、可见光、近红外、远红外各个波段. 输出功率低到 10^{-6} W,高的达 10^{13} W. 激光器的工作方式有连续输出和脉冲输出两种. 高功率的二氧化碳激光器,其连续输出功率可达 10^4 W;钕玻璃激光器的脉冲输出功率可达 10^{13} W. 在计量技术和实验室中经常使用的氦氖(He-Ne)激光器,发射波长分为 632.8 nm、1 150 nm 和 3 390 nm 三种,连续输出功率为 1~100 mW(毫瓦).

本节简要讨论激光的产生和它的特性.

16.3.1 自发辐射和受激辐射

处于基态的原子,由于外界影响(如碰撞、光的照射等)会跃迁到较高能级(称为激发态)上,处于激发态的原子是不稳定的,原子在激发态停留的时间非常短,通常为 10^{-8} s 数量级. 当处于激发态的原子中的电子从高能级跃迁到低能级时,就会向外发射光子. 一般来说,这种跃迁有两种情况,一种是原子在没有外界作用的情况下,电子自发地由高能级跃迁到低能级,这种由自发跃迁而产生的光辐射称为自发辐射. 图 16-6 是自发辐射前的示意图,图16-7是自发辐射后的示意图. 处在高能级 E_2 的电子自发地向低能级 E_1 跃迁时,所辐射光子的频率 ν 为

$$\nu = \frac{E_2 - E_1}{h}$$

常见的白炽灯、日光灯、钠灯、太阳等普通光源,其发光过程就是上述的自发辐射. 这些光源中的发光物质包含着大量的原子,由于各个原子在进行自发辐射时所发出的光是彼此独立的,它们的频率、振动方向、相位都不一定相同. 所以,这些光源发出的光不是相干光.

另一种情况是处在激发态能级上的原子,在它发生自发辐射之前,如果受到外来的能量为 $h\nu$(满足 $h\nu = E_2 - E_1$)的光子的刺激作用,就有可能从 E_2 能级跃迁到 E_1 能级,同时辐射出一个跟该外来光子同频率、同相位、同偏振态、同振动方向、同传播方向的光子,这种辐射称为受激辐射. 图 16-8(a)是受激辐射发光前的示意图,图16-8(b)是受激辐射发光后的示意图. 在受激辐射中,通过一个光子的作用,得到两个特征完全相同的光子,如果这两个光子再引起其他原子产生受激辐射,就能得到更多特征完全相同的光子,这个现象称为光放大,如图 16-9 所示. 可见,在受激辐射中,各原子辐射出的光是相互联系的,与入射光的频率、相位、偏振态、振动方向和传播方向都相同. 因此受激辐射得到的光是相干光.

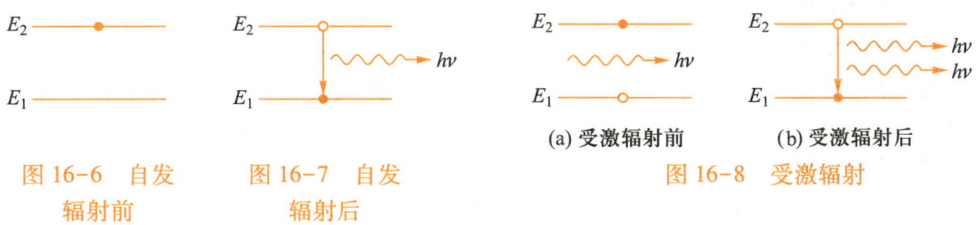

图 16-6 自发辐射前   图 16-7 自发辐射后   图 16-8 受激辐射

当一能量为 $h\nu = E_2 - E_1$ 的光子入射到处于低能级 E_1 的原子上时,原子能吸收此光子,从低能级 E_1 跃迁到高能级 E_2 上. 这一过程称为受激吸收. 图 16-10(a)是受激吸收前的示意图,图 16-10(b)是受激吸收后的示意图.

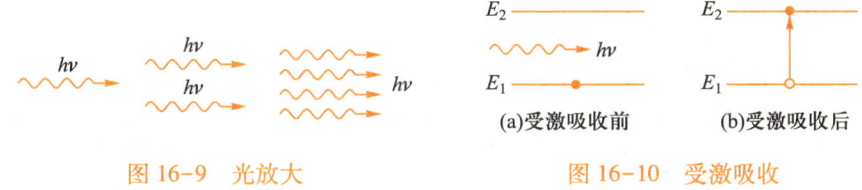

图 16-9 光放大   图 16-10 受激吸收

16.3.2 激光器

用来产生激光的装置称为激光器,激光器由工作物质、激励能源和光学谐振腔三部分组成,图 16-11 所示为激光器的基本组成部分的示意图.

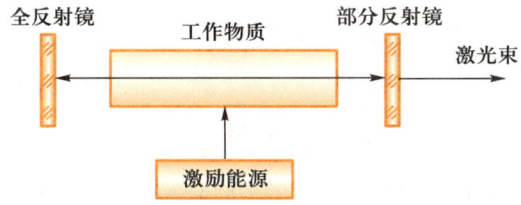

图 16-11 激光器的基本组成部分

1. 工作物质

工作物质是激光器中发射激光的物质,它必须是激活介质,激光器按工作物质的不同可分为以下四大类:固体激光器、液体激光器、气体激光器和半导体激光器.

固体激光器的工作物质通常是晶体或玻璃,在其中均匀掺入少量的激活离子. 在红宝石激光器中,工作物质为人工合成的刚玉(Al_2O_3),其中掺入了少量的铬离子;在钕玻璃激光器中,工作物质为玻璃,其中掺入了少量的钕离子. 固体激光器具有体积小、坚固、输出功率大的特点,一般连续功率可达 100 W 以上.

气体激光器的工作物质是气体. 如氦氖激光器的工作物质是氦气和氖气的混合气体,二氧化碳激光器以二氧化碳为工作物质. 气体激光器一般结构简单、造价较低、光束质量好,是目前品种最多应用最广的一类激光器.

半导体激光器的工作物质为半导体材料,如砷化镓、硫化镉、硫化锌等. 这类激光器体积小、质量小、寿命长,常用在飞机、车辆、宇宙飞船上.

液体激光器通常以有机染料作为工作物质. 一般是把有机染料溶于溶剂(如乙醇、丙酮、水等）中使用，这类激光器工作原理较复杂，但其输出波长连续可调且覆盖面较宽.

2. 激励能源

激励能源将工作物质中处于基态的原子激发到所需的激发态，以获得粒子数反转（见 16.3.3 小节）. 常见的激发方式有光激发、热激发、化学激发以及直流气体放电激发等.

3. 光学谐振腔

光学谐振腔由工作物质两端的两个严格平行的反射镜构成，光学谐振腔用来维持光振荡，提高光能密度. 因为激活介质长度有限，不能产生强激光，为此在激活介质两端各放一反射镜，使一次通过激活介质的光经两平行平面镜来回反射，从而使受激辐射的光不断增强. 此外，光学谐振腔还具有控制激光传播方向、提高激光的单色性等作用.

16.3.3 激光产生的原理

1. 工作物质中的粒子数反转

激光由大量特征完全相同的光子所组成，是通过受激辐射的光放大产生的. 由以上的讨论可以看到，普通光源的发光机制以自发辐射占统治地位，而激光器的发光机制要求受激辐射占优势. 那么怎样才能在一个发光系统中，造成受激辐射的主导地位，而使其发出激光来呢？

当频率为 $\nu = \dfrac{E_2 - E_1}{h}$ 的光子作用在大量原子上时，吸收过程和受激辐射过程可能同时进行，前一过程使入射光子数减少，后一过程使入射光子数得到放大，哪一过程占优势，则由原子中处于低能级 E_1 的原子数 N_1 和处于高能级 E_2 的原子数 N_2 来决定. 当 $N_1 > N_2$ 时，总的效果是光被吸收；反之，当 $N_2 > N_1$ 时，总的效果是光被放大. 经过理论研究，在一般的热平衡状态下，工作物质中的原子在各能级 E_i 上的分布服从玻耳兹曼分布：

$$N_i = C \mathrm{e}^{-\frac{E_i}{kT}}$$

式中 C 为常量，k 为玻耳兹曼常量，$k = 1.38 \times 10^{-23}$ J/K. 原子处于能级 E_2 和 E_1 的数目之比为

$$\frac{N_2}{N_1} = \mathrm{e}^{-\frac{E_2 - E_1}{kT}}$$

若 E_2 为高能级，E_1 为低能级，由上式得 $N_1 > N_2$. 这表明处在低能级 E_1 上的原子数 N_1，总是比处在高能级 E_2 上的原子数 N_2 要多. 所以，在通常情况下，受激吸收过程总是较受激辐射过程要占优势.

为了使受激辐射占优势，必须使处在高能级上的原子数比处在低能级上的原子数多，即 $N_2 > N_1$，这种分布与正常分布相反，所以称为粒子数反转. 实现粒子数反转是工作物质中产生激光的必要条件.

为了使工作物质中的原子实现粒子数反转，必须由外界输入能量，使处于低能级上的原子尽可能多地被激发到高能级上，这一过程称为激励（或泵浦）. 激励的方法一般有光激励、气体放电激励等，但是仅有外界激励是不够的，还要求工作物质中的原子有合适的能级结构. 前面曾讨论过，原子可以长时间处于基态，而处于激发态的时间很短，约为 10^{-8} s，所以要使大量原子处于激发态是比较困难的. 除基态和激发态外，有些物质具有亚稳态，它不如基态稳定，但比激发态要稳定得多，原子处于亚稳态的时间长达 10^{-3} s，甚至 1 s. 在氦原子、氖原子、氩原子、钕离子、铬离子以及二氧化碳分子等中都存在亚稳态. 具有亚稳态的工作物质，就能实现粒子数反转.

2. 光学谐振腔的选频

实现粒子数反转只是产生激光的必要条件. 因为在实现粒子数反转的工作物质中，处于亚稳态的原子可以通过自发辐射和受激辐射两种过程回到基态. 而受激辐射的初始诱导光信号来源于自发辐射，并且原子的这些自发辐射是随机的，因而在这样的光信号激励下发生的受激辐射也

必然是随机的,所辐射的光的相位、振动方向、频率、传播方向等都是互不相关的,都可能不同.

为了获得一定频率和一定传播方向的激光,必须使这一光辐射得到最优越和最大限度地放大,而把其他方向和频率的光辐射加以抑制,光学谐振腔就是为此目的而设计的一种装置.

图 16-12 所示是光学谐振腔的示意图. 这是一个最简单的光学谐振腔,它由两块放置在工作物质两边的平面(或凹球面)反射镜组成,这两个反射镜互相严格平行,其中一个是全反射镜,另一个是部分反射镜,其反射率很高(如氦氖激光器的反射率为 98%). 光学谐振腔的作用是产生、选择和维持特定频率及传播方向的光的光振荡.

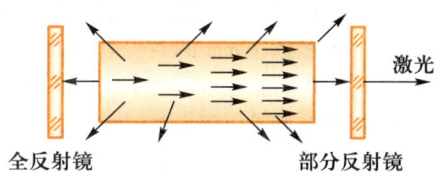

图 16-12　光学谐振腔的示意图

处于光学谐振腔中的工作物质,在外界激励的作用下,产生粒子数反转. 由于自发辐射和受激辐射同时存在,所产生的光辐射的频率、相位均可能不同,而传播方向则是沿四面八方. 根据几何光学规律,凡是偏离轴向传播的光子,很快就逸出光学谐振腔外,只有沿轴向的光子,在光学谐振腔中受到两端反射镜的反射而不致逸出腔外. 这些光子就成为引起新的受激辐射的外界感应因素,从而产生强烈的轴向受激辐射. 受激辐射发射出来的光子和引起受激辐射的光子有相同的频率、发射方向、振动方向、偏振状态和相位. 它们沿轴线方向不断往复通过已实现粒子数反转的工作物质,因而不断引起受激辐射,使轴向传播的光子不断得到放大和振荡,从而获得很强的光. 此时从部分反射镜输出的光也很强,这就是输出的激光. 可见激光是沿光学谐振腔轴线方向传播的方向性很好的光束.

此外,由于光学谐振腔的作用,只有特定波长的光才能形成稳定的光振荡. 光在光学谐振腔内传播时形成以反射镜为节点的驻波,如图 16-13 所示. 根据驻波形成的条件,只有符合下述条件的光波才能形成驻波:

$$l = n\frac{\lambda}{2}$$

式中 l 为光学谐振腔长度,λ 为光波的波长,n 为正整数.

波长不满足上述条件的光,不能形成稳定的光振动而被淘汰. 另外,反射镜通常都镀有多层反射膜,反射膜的厚度使之对所要输出的激光有最大限

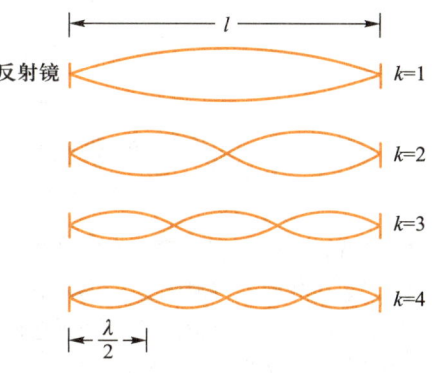

图 16-13　光学谐振腔内的驻波

度的反射(增反膜). 可见光学谐振腔具有选频的作用,只要选择合适的腔长和反射膜,就会使激光器输出频率宽度很窄,即单色性很好的激光束.

3. 光振荡的阈值条件

仅有粒子数反转的工作物质和光学谐振腔还不一定能产生激光. 这是因为光学谐振腔内还存在着许多损耗的因素,如反射、透射、衍射、吸收等,使光学谐振腔内光子数目减少. 只有减少损耗,加快光泵抽运速度,使增益达到一定条件才能产生激光,这个条件称为光振荡的阈值条件.

综上所述,要能产生激光,必须具备以下三个基本条件:

(1) 要有具有适当能级结构的工作物质;

(2) 要有光学谐振腔,以维持光振荡,并满足阈值条件;

(3) 要有合适的激励能源(光泵),以供给能量.

16.3.4 氦氖激光器

氦氖(He-Ne)激光器是气体激光器的典型代表,是实验室中常用的一种连续式的激光器,其结构如图 16-14 所示.激光管的外壳是一根长为 25~100 cm、直径 45 mm 左右的硬质玻璃管,中间有一根直径约 1 mm 的放电管,管内充满作为工作物质的氦氖混合气体,它们的气压比为(5∶1)~(10∶1),总气压为 133 Pa,谐振腔由两块反射镜 M、N 组成,激励能源采用气体放电形式,阳极用钨、阴极用铝皮制成圆筒状,外加几千伏高压.

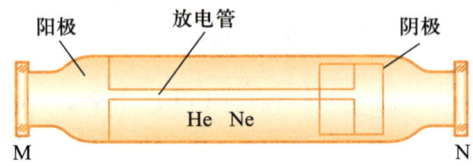

图 16-14 氦氖激光器的结构

在一般情况下,绝大多数的氦原子和氖原子都处于基态,氦原子能级中有两个亚稳态,而氖原子中也有两个与它很接近的能级 1 和能级 2,还存在两个寿命极短的能级 3 和能级 4,如图 16-15 所示.

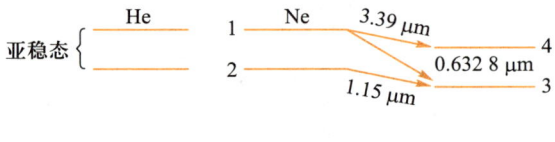

图 16-15 氦氖激光器的能级示意图

激光器工作时,放电管在几千伏高压下对气体放电,电子在电场作用下加速运动与氦原子、氖原子发生碰撞,从而把能量传递给它们,但由于高能电子与基态氦原子碰撞的概率比氖原子大,所以氦原子从基态激发到两个亚稳态的多,而氖原子由基态激发到能级 1 与 2 的少.处在亚稳态的氦原子又与处在基态的氖原子发生碰撞,把能量转给氖原子,使氖原子从基态跃迁到能级 1 和能级 2,所以氦原子实际上是起着使氖原子激发到能级 1 和能级 2 的"二传手"的作用.由于处在能级 3 和能级 4 的氖原子极少,这样在能级 1 与能级 3 之间,能级 1 与能级 4 之间,能级 2 与能级 3 之间形成粒子数反转,从这三对能级间的跃迁分别对应 632.8 nm、3390 nm 和 1150 nm 三种波长的激光.其中 3390 nm 和 1150 nm 处在红外区,若采用某些措施抑制它们,则可以得到 6328 nm 的可见光输出.

氦氖激光器是一种连续输出的气体激光器,它的输出功率不大,长 25 cm 的激光管输出功率约为 1 mW,50 cm 长的激光管输出的功率为 3~10 mW.目前,在各种常用的激光器中,氦氖激光器输出的激光单色性最好,而且其结构简单、成本低,因此在精密测量、激光导向、光学全息等方面得到了广泛的应用.氦氖激光器的缺点是效率较低,只有 0.1%.

16.3.5 激光的特性和应用

从上面的讨论可知,激光的产生机理与普通光源发光不同,这就使得激光具有不同于普通光的一系列性质.

1. 单色性好

由于光学谐振腔的选频作用,激光的谱线宽度很窄,单色性很好. 例如,氦氖激光器发出波长为 632.8 nm 的红光,对应频率为 4.74×10^{14} Hz,它的谱线宽度只有约 0.1 Hz. 而普通氦氖混合气体放电管所发出的同样频率的光,其谱线宽度达 1.52×10^9 Hz,而目前在普通光源中,单色性最好的氪灯,谱线宽度也有约 10^8 Hz. 所以,激光的单色性比普通光源高 $10^8\sim10^9$ 倍以上. 利用激光单色性好的特性,可把激光波长作为长度标准进行精密测量,或者把其周期用作时间的测量标准,还可把它用于光导纤维、激光通信、等离子体测试等方面.

2. 方向性好

一般激光束的方向性都很好,其发散角可做到 $10^{-5}\sim10^{-3}$ rad,它几乎是一束很细的平行光. 利用激光的这一特性,可把激光用于定位、准直、测距、导向等工作. 例如激光用于测量地球到月球的距离,精确度可达 5 cm.

3. 相干性好

激光器的发光是受激辐射产生的,所发出的大量光波(光子),其频率、振动方向、偏振状态和初相等都相同,因此是相干光. 利用激光的相干性,可用于对较长的(如几米至几十米)工件进行高精度测量和校验. 用激光干涉仪进行检测,比普通干涉仪速度快、精度高,用激光还可进行全息照相等.

4. 能量集中

激光的另一特点是能量在空间高度集中. 例如 10 mW 的氦氖激光器,能量集中在直径 1 mm 范围内,其亮度比太阳光高几千倍. 一台聚焦的几千瓦的连续二氧化碳激光器所产生的激光束,可以在 10 s 内把一块 6 mm 厚的不锈钢板烧穿一个洞. 如果使用脉冲激光器,把一定的能量压缩在极短时间内,以脉冲形式发射出去,再经聚焦可达到 10^{17} W/cm^2 的功率密度. 激光的这一特性可用于打孔、切割、焊接等,还可应用于核聚变等领域.

思考题

*16-6 原子的自发辐射与受激辐射有什么区别? 受激辐射有何特点?

*16-7 什么是粒子数反转? 为什么氦氖激光器必须利用粒子数反转?

*16-8 与普通光源发的光相比,为什么激光的相干性特好,光强特大,单色性特好而发散角又很小?

§16.4 固体的能带结构

固体是一种重要的物质结构形态,是当前物理学中主要的研究对象之一. 固体可分为晶体(如食盐、云母、金刚石等)和非晶体(如玻璃、松香、沥青等)两大类. 本节定性介绍固体(指晶体)能带结构的有关理论,讨论导体、半导体、绝缘体能带结构的差异和半导体的特性及其应用.

16.4.1 电子共有化

为简单起见,下面来讨论只有一个价电子的原子,这样的原子可以看成由一个电子和一个正离子(原子核)组成,电子在离子电场中运动. 单个原子的势能曲线如图 16-16(a)所示. 当两个原子靠得很近时,每个价电子将同时受到两个离子电场的作用,这时势能曲线如图 16-16(b)中的实线所示. 当大量原子作规则排列而形成晶体时,晶体内形成了周期性势场,势能曲线如图 16-16(c)所示. 实际的晶体是三维晶格,势场也具有三维周期性.

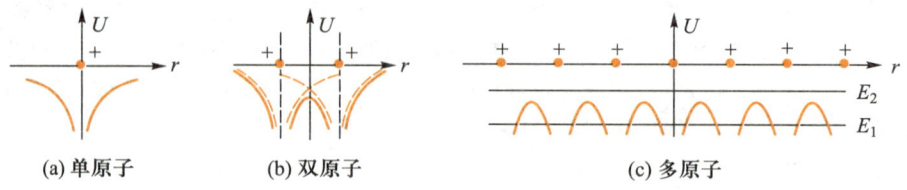

图 16-16　电子共有化

要确定电子在晶体内周期性势场中的运动状态,需要求解薛定谔方程,这里从略,仅就此作一些定性说明. 对于能量为 E_1 的电子来说,势能曲线代表着势垒. 由于 E_1 较小,相对的势垒宽度就很宽了,因此,穿透势垒的概率十分微小,基本上可以认为电子仍是束缚在各自原子核的周围. 对于能量较大(如 E_2)的电子,其能量超出了势垒的高度,所以它可以在晶体内自由运动,而不再受特定原子的束缚. 还有一些能量略大于 E_1 的电子,它们虽不能越过势垒,但却可以通过隧道效应而进入相邻原子中去. 这样,在晶体内便出现了一批属于整个晶体原子所共有的自由电子. 这种由于晶体中原子的周期性排列而使价电子不再为单个原子所有的现象,称为电子共有化.

16.4.2　能带的形成

电子共有化使原先每个原子中具有相同能量的电子能级,因相互影响而分裂成为一系列和原来能级很接近的新能级. 这些新能级基本上连成一片并形成能带. 下面定性解释能带的形成原因.

在晶体中,构成晶体的原子(分子或离子等)彼此紧密结合,而且有规则地排列着. 由于原子间的相互作用,原子在孤立状态时的各个能级发生分裂,原子数越多,每个能级分裂的能级数也越多,而且能级间的差别也越小. 一般来说,当 N 个原子接近形成晶体时,原来单个原子中的每个能级(1s,2s,2p,…)均分裂成 N 个与原来能级很接近的新能级. 在晶体中,原子数目 N 非常大,同时新能级又与原能级非常接近,两个相邻的新能级间能量差非常小,几乎是连续的,因此这 N 个新能级构成有一定能量范围的带,称为能带. 1s 能级形成 1s 能带,2s 能级形成 2s 能带,2p 能级形成 2p 能带,等等,如图 16-17 所示.

每个能带上只能容纳一定数目的电子. 因为每个能级只能容纳 $2(2l+1)$ 个电子,包含 N 个能级的能带可容纳电子的数目为 $2(2l+1)N$. 例如 1s,2s,3s,… 的 $l=0$,所以可容纳 $2N$ 个电子. 而 2p,3p,… 的 $l=1$,所以这些能带可容纳的电子数为 $6N$ 个.

在相邻的能带间一般还有一段不被允许的能量间隔,这个能量间隔称为禁带. 当两个能带重叠时,不存在禁带. 所有能级均被电子填满的能带称为满带(也称价带),所有能级均未被电子占有的能带称为空带. 当晶体加上外电场时,满带中的电子不能起导电作用. 因为所有能级都已被电子所填满,在外电场作用下,除了不同能级间电子交换外,总体上并不能改变电子在能带中的分布,所以加电场和不加电场一样,不存在定向电流.

晶体中有的能带只有一部分能级填入电子,这种能带中的电子在外电场作用下,可以进入能带中未被填充的稍高能态而形成电流,这种能带称为非满带. 由于在外电场作用下,非满带及激发到空带上的电子将参与导电,所以非满带和空带又称为导带. 图 16-18 所示为晶体能带的示意图.

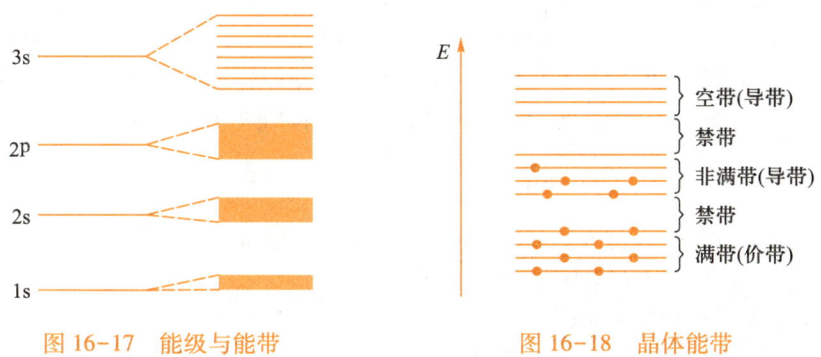

图 16-17　能级与能带　　　　图 16-18　晶体能带

16.4.3　导体、半导体和绝缘体

在一定温度下,不同固体的电阻率差异较大. 通常把电阻率在 10^{-8} Ω·m 以下的物体称为导体;电阻率在 10^{8} Ω·m 以上的物体称为绝缘体;而半导体的电阻率介于导体和绝缘体之间. 导体、绝缘体、半导体的导电性能的差异可用它们的能带结构的不同来说明.

从能带结构来看,在一定温度下,半导体和绝缘体都具有填满电子的满带与隔离满带和空带的禁带. 半导体和绝缘体的能带结构分别如图 16-19(a)和(b)所示. 半导体的禁带比较窄,禁带宽度 ΔE_g 为 0.1~2 eV. 因此用不大的激发能量(如热、光、电场等)就可以把满带中的电子激发到空带中去,这些进入空带中的电子可参与导电.

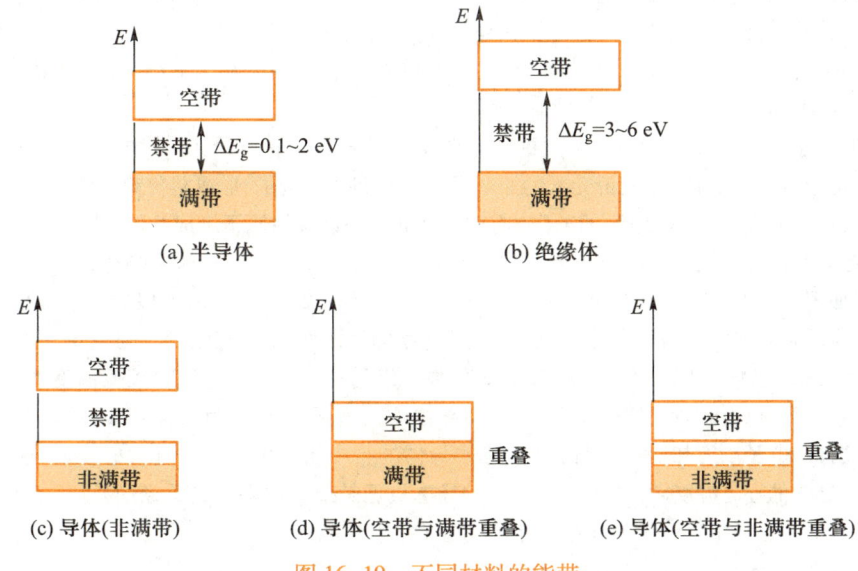

图 16-19　不同材料的能带

绝缘体的禁带一般很宽,禁带宽度 ΔE_g 为 3~6 eV. 采用一般的热激发、光照或电场作用时,满带中的电子很少能被激发到空带中去,所以在外电场中,一般没有电子参与导电,表现出电阻率很大($\rho \approx 10^{16} \sim 10^{20}$ Ω·m). 大多数非熔融状态的离子晶体(如 NaCl、KCl 等)和分子晶体(如

Cl_2、CO_2 等)都是绝缘体.

导体的情况不同,其能带结构或者是能带只填入部分电子而成为非满带;或者是空带与另一相邻满带重叠;或者是空带与另一非满带重叠,分别如图 16-19(c)、(d)、(e)所示. 如有外电场作用,它们的电子很容易从一个能级跃入另一能级,从而形成电流,显示出很强的导电能力. 例如,锂的能带结构大体如图 16-19(c)所示,一些二价金属如钡、钙、镁、锌等的能带结构大体如图 16-19(d)所示,而另一些金属如钠、钾、铜等的能带结构大体如图 16-19(e)所示.

16.4.4 半导体的导电机制

导电能力介于导体和绝缘体之间的晶体称为半导体,掺杂和升温均可改变半导体的导电性能. 按掺杂与否可分为本征半导体和杂质半导体.

1. 本征半导体(纯净半导体)

没有杂质和缺陷的纯净半导体称为本征半导体. 本征半导体的满带和空带之间存在着禁带,但这个禁带较窄,因此用不大的激发能量(热、光或电场)就可把满带中的电子激发到空带中去,这些进入空带的电子可参与导电,而在满带中由于一部分电子受激发进入空带而留下若干空位,通常称为空穴. 在外电场作用下,满带中的其他电子可受电场作用而填补这些空穴,但它们又留下新的空穴,因此引起空穴的定向移动,效果就像一些带正电的粒子在外电场中作定向运动一样. 这种由于满带中存在空穴所产生的导电性,称为空穴导电. 对于本征半导体,它的导电是电子和空穴的共同运动引起的,参与导电的电子和空穴统称为载流子,这种导电称为本征导电.

2. 杂质半导体(掺杂半导体)

在纯净半导体里,可以用扩散的方法掺入少量的其他元素的原子. 所掺进的原子,对半导体基体而言,称为杂质. 掺有杂质的半导体,称为杂质半导体. 杂质半导体的导电性能较之本征半导体有很大改变,而且导电机理也不同. 按照其导电机理,杂质半导体一般可分为两类:一类以电子导电为主,称为 n 型(或电子型)半导体;另一类以空穴导电为主,称为 p 型(或空穴型)半导体.

(1) n 型半导体

在四价元素[如硅(Si)或锗(Ge)]的纯净半导体中,掺入少量五价元素[如磷(P)或砷(As)]等杂质,可形成 n 型半导体. 四价元素的原子最外层有四个价电子,形成共价键晶体,掺入五价元素的杂质如磷后,磷原子的五个价电子中有四个和邻近的硅或锗原子形成共价键,多余的一个电子无法参与共价键而束缚在磷原子上. 理论计算表明,这种多余价电子的能级在禁带中,而且靠近空带,如图 16-20(a)所示. 这种杂质价电子很容易被激发到空带中去,所以这类杂质原子称为施主,相应的杂质能级称为施主能级(图中用不连续的短线所示). 施主能级与空带底部之间的能量差值 ΔE_D 比禁带宽度 ΔE_g 小得多. ΔE_D 的数量级约为 10^{-2} eV. 所以在较低温度下,施主能级中的电子就可以被激发到空带中去. 这种半导体中,杂质原子的数目虽然不多,但是在常温下导带中的自由电子浓度却比同一温度下纯净半导体导带中的自由电子浓度大好多倍,这就大大提高了半导体的导电性能. 由于这种半导体的导电机理是杂质中多余电子经激发后跃迁到空带而形成的,所以这种半导体称为 n 型半导体或电子型半导体.

(2) p 型半导体

如果在硅或锗的纯净半导体中,掺入少量三价元素[如硼(B)或镓(Ga)]等杂质原子,那么这种杂质原子在替代晶体中硅或锗原子而构成共价键结构时,将缺少一个电子. 这相当于出现了一个空穴. 对应于这种空穴的杂质能级也位于禁带中,并且靠近满带,如图 16-20(b)所示. 满带顶部与杂质能级之间的能量差 ΔE_A 一般不到 0.1 eV. 在温度不很高的情况下,满带中的电子很容

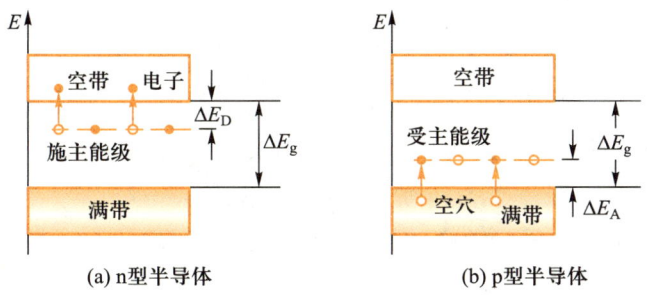

(a) n型半导体　　　(b) p型半导体

图 16-20　杂质半导体的能带

易被激发到杂质能级中,同时在满带中形成空穴,这种杂质能级接收从满带跃迁来的电子,所以这类杂质原子称为受主,相应的杂质能级称为受主能级. 这时,半导体中的空穴浓度较之纯净半导体中的空穴浓度增加了好多倍. 其导电性能显著增加. 由于这种半导体的导电机构主要取决于满带中的空穴,所以这种半导体称为 p 型半导体或空穴型半导体.

16.4.5　半导体的特性和应用

由于半导体具有特殊的能带结构,因而具有许多独特的性质,它们在科研、生产及日常生活中均有广泛的应用,下面举几个例子.

1. pn 结及其应用

把一块半导体的两侧分别做成 p 型半导体和 n 型半导体,由于 p 型半导体中空穴多而电子少,n 型半导体中电子多而空穴少,因此,n 型中的电子将向 p 型扩散,p 型中的空穴将向 n 型扩散,结果在交界面两侧出现电荷积累,在 p 型一边是负电,n 型一边是正电;这些电荷在交界处形成电偶层,称为 pn 结,厚度为 10^{-7} m,如图 16-21(a)所示. 在 pn 结内存在着由 n 型指向 p 型的电场,称为内建电场,内建电场将阻止电子与空穴的继续扩散,当达到动态平衡时扩散停止,此时,两半导体间存在着一定电势差 U_0,电势自 n 型向 p 型递减,这就是 pn 结处的接触电势差,其电势变化如图 16-21(b)所示.

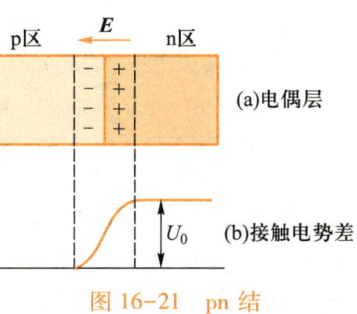

图 16-21　pn 结

在 pn 结处,势能曲线呈弯曲形状,构成势垒,它阻止 n 型中的电子进入 p 型,同时也阻止 p 型中的空穴进入 n 型,因此又称为阻挡层. 由于阻挡层的存在,把外加电压加到 pn 结两端时,阻挡层处的电势差将发生改变,如把正极接到 p 型部分,而负极接到 n 型部分(称为正向连接),如图 16-22(a)所示,外电场方向与内建电场方向相反,使阻挡层内电场减弱,阻挡层变薄,于是 n 型中

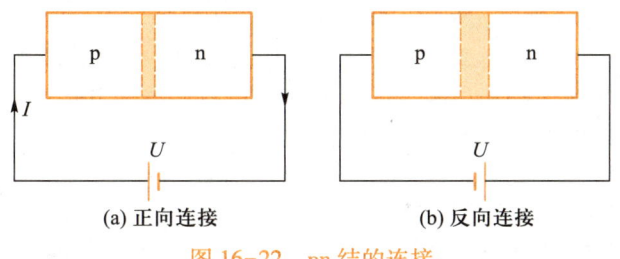

(a) 正向连接　　　(b) 反向连接

图 16-22　pn 结的连接

的电子和 p 型中的空穴就可以通过阻挡层向对方扩散,形成正向电流,使 pn 结导通,外加电压增大,电流增大.

反之,当把电源负极接到 p 型而正极接到 n 型部分(称为反向连接),如图 16-22(b)所示,则外电场方向与 pn 结中的内建电场方向相同,这样使阻挡层内电场增大,阻挡层变厚,n 型中的电子和 p 型中的空穴就更难以通过阻挡层. 只有来自 p 型的少数电子和来自 n 型的少数空穴通过阻挡层,形成微弱的反向电流,而且随着反向电压的升高,这种反向电流很快达到饱和. pn 结的伏安特性曲线如图 16-23 所示.

由于反向电流很弱,通常说 pn 结具有单向导电性. 利用 pn 结的单向导电性,可以做成晶体二极管用于整流、检波等. 也可以把各种类型的半导体适当组合,制成各种晶体管. 随着超精细加工等小型化技术的发展,各种规模的集成电路广泛应用于电子计算机、通信、雷达、宇航和电视等技术领域.

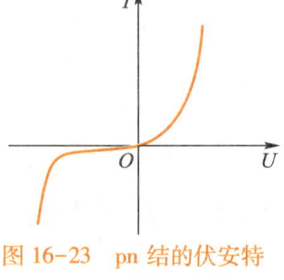

图 16-23　pn 结的伏安特性曲线

2. 热敏效应及其应用

随着温度的升高,半导体中的载流子(电子或空穴)数目将会由于热激发而显著增加,因而使得半导体的电阻值显著下降,这种现象在杂质半导体中特别明显. 电阻随温度的升高而显著变化的现象称为半导体的热敏效应,根据这一特性制作的半导体器件称为热敏电阻. 由于热敏电阻具有体积小、灵敏度高、使用寿命长,并能进行远距离操作的特点,因而被广泛地用于遥感探测及自动控制技术中.

3. 光敏效应及其应用

某些半导体(如硒)在可见光的照射下,其载流子浓度会显著增加,从而导致其电阻值急剧下降. 这种现象称为半导体的光敏效应.

利用光敏效应制作的电阻称为光敏电阻,它同样具有体积小、反应快、灵敏度高等优点,因而也被广泛地应用于自动控制及遥感测量技术中.

应该注意,光敏电阻和热敏电阻不同,热敏电阻是一种没有选择性的辐射能接收器,而光敏电阻是有选择性的. 与光电效应类似,光敏电阻要求照射光的频率大于截止频率,在此条件下,光强越强,电导率越大,电导率随光强的变化十分灵敏.

4. 温差电效应及其应用

由两种不同的金属导体组成的闭合回路,如果两个接头处于不同的温度,那么在回路中将产生温差电动势,出现电流,这种现象称为温差电效应,这个回路称为热电偶(或称为温差电偶). 这种因温度相差而引起的电动势称为温差电动势,它的大小和温度差(T_1-T_2)成正比.

如果用两种不同的半导体组成回路,并使两个接头处于不同温度,也会产生温差电动势,而且比金属组成的热电偶的电动势大得多. 这是因为半导体中的自由电子或空穴是由热激发产生的,随着温度的升高,自由电子或空穴的浓度增长极为迅速.

由于存在温差,半导体中的电子或空穴就由浓度大、运动速度较快的热端跑到冷端,同时也有少量电子或空穴由冷端运动到热端. 在 n 型半导体中,载流子是电子,结果造成冷端带负电,热端带正电;而在 p 型半导体中,则冷端带正电,热端带负电,因而在冷热两端产生电势差.

随着电势差的增加,半导体内电场也开始增强,并且阻止载流子由热端向冷端的扩散而加速其由冷端到热端的运动,最后达到动态平衡. 这种动态平衡决定了半导体中因温差而形成的温差电动势. 它比金属中的温差电动势要大数十倍,温度每差 1 ℃,温差电动势能够达到甚至超过 10^{-3} V.

实际的半导体热电偶如图 16-24 所示.

温差电效应主要应用在温度测量、温差发电和温差制冷方面,根据半导体温差电效应制作的电冰箱,不需要复杂的机械设备,还有利于环境保护.

此外,根据半导体特性制成的半导体隧道二极管、半导体光电池、半导体场致发光材料、半导体激光器等器件,被广泛应用于工农业生产及科研、通信、测量、航空航天等领域.

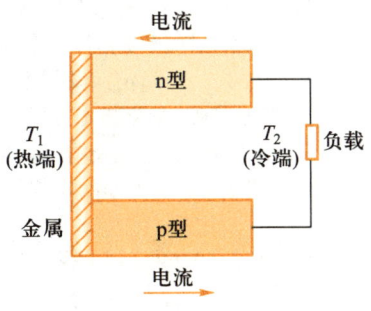

图 16-24　半导体热电偶

思考题

*16-9　硅晶体掺入磷原子后变成什么类型的半导体?这种半导体是电子多了,还是空穴多了?这种半导体是带正电,带负电,还是不带电?

*16-10　将铟掺入锗晶体后,空穴数增加了,是否自由电子数也增加了?如果空穴数增加而自由电子数没有增加,锗晶体是否会带上正电荷?

*16-11　当半导体形成 pn 结时,p 型中的空穴(或 n 型中的电子)为什么不能不受限制地迁移到 n 型(或 p 型)中去呢?

*16-12　本征半导体和单一的杂质半导体都和 pn 结一样具有单向导电性吗?

§ 16.5　纳米技术

当前,纳米技术在高科技领域异军突起,科学家普遍认为,纳米技术将会引发一次新的工业革命,对人类社会产生深远的影响.在基础领域,纳米技术主要与量子力学和混沌物理,尤其是介观物理有关,而在工程技术领域则要用到计算机、微电子和扫描隧穿显微镜等技术.本节对纳米技术的发展现状及应用作简要的介绍.

16.5.1　纳米技术的基本概念

纳米(nm)是微观领域中的一个长度单位,$1\text{ nm}=1\times10^{-9}$ m.人们发现,当物质的外形尺寸小到 $0.1\sim100$ nm 的范围之间时,许多物质的自然属性就会发生很大变化.例如,当黄金的粉末颗粒小到纳米级时,其颜色会变成黑色;把铜制成纳米级的粉末,然后再压成块状,其导热速度将是原来的 5 倍;把某些物质制成厚度为纳米级的超薄膜后,其导电性能会发生剧变,有的导体变成了绝缘体,有的半导体却成了导体;还有些材料被制成纳米级的超薄膜后对光的吸收能力成倍提高.

研究在 $0.1\sim100$ nm 尺度范围内物质所具有的奇异属性及其内在机理的科学称为纳米科学,而以纳米科学为基础,开发其可利用性、造福于人类的技术领域则称为纳米技术.到目前为止,纳米科学已包括纳米生物学、纳米电子学、纳米材料学、纳米机械学、纳米化学等学科,形成了以纳米科学为核心的纳米学科群.

16.5.2　纳米技术的发展

纳米技术的发展始于纳米材料的研究,1956 年实验科学家用超声膨胀技术获得纳米材料,直至 20 世纪 80 年代,国际上纳米材料的研究获得了迅猛发展,取得了令人瞩目的成果.1985 年发现了 C_{60} 及随后获得技术上的宏观量制备的简单方法,引起了科学界巨大的轰动,鉴于 C_{60} 及其衍生物的奇特结构和性质以及在科学上的意义,其发现者美国的化学家柯尔和斯莫利以及英国的克罗托教授共同获得了 1996 年诺贝尔化学奖. 随后各种具有纳米结构材料的奇特的光、电、磁特性不断地被发现,目前涉及的主要有纳米半导体材料、纳米磁性材料、纳米催化材料、纳米陶瓷材料、碳纳米管等. 纳米技术主要研究方向分为两方面:一方面,随着实验技术和手段的发展,对纳米材料的结构、稳定性及物理化学特性进行进一步的研究;另一方面,积极探索纳米结构构成的材料在超微器件等方面的应用.

16.5.3 纳米材料的主要特性

常规材料中的基本颗粒线度在几微米到几毫米之间,它包含几十亿个原子. 而纳米材料中的基本颗粒线度小于 100 nm,它所包含的原子顶多几万个,一个直径为 3 nm 的原子团包含大约 900 个原子,这种特殊的结构使得纳米材料与它相同材料的大尺度物体的不同物理特性.

1. 小尺寸效应

当纳米微粒尺寸小到与光波波长或超导态的相干长度等物理特征相当或更小时,晶体周期性的边界条件被破坏,非晶态纳米微粒的表面层附近原子密度减小,使得材料的声、光、电、磁、热、力学等特性发生变化而导致新的特性出现,这种现象叫纳米材料的小尺寸效应. 例如,金属由于光反射显现各种颜色,而金属纳米微粒的反射能力却很低,纳米金属微粒都呈黑色,说明它们对光的吸收能力特别强.

2. 表面效应

球形颗粒的表面与直径的平方成正比,故,比表面积(表面积/体积)与直径成反比,随着颗粒直径的变小,比表面积将呈几何级数增加,颗粒表面原子数相对增多,例如,颗粒直径从 100 nm 减小至 1 nm 时,其表面原子占粒子中原子总数从 20% 增加到 99%,从而使这些表面原子具有很高的活性且极为稳定,致使颗粒表现出不一样的特性,这种现象叫纳米材料的表面效应.

3. 量子效应

当纳米微粒尺寸达到与光波波长或其他相干波长等物理特征尺寸相当或更小时,费米能级附近的电子能级由准连续变为离散分布并使能级变宽,这种现象叫纳米材料的量子效应.

此外,纳米微粒还具有宏观隧道效应. 隧道效应原指微观粒子具有穿透势垒的能力,纳米材料的一些宏观量(如磁化强度),亦具有隧道效应,但这属于宏观量的量子隧道效应范畴.

16.5.4 纳米技术的应用

纳米技术在微电子器件方面、磁记录方面、传感器方面和机械工程方面已被广泛的应用. 此外,纳米技术在生物医学领域也是大有可为,例如,正在研制的纳米"机器人"可直接进入人体内,在血液中循环,对身体各部位进行检测、诊断,并实施特殊治疗,疏通脑血管中的血栓,清除心脏动脉脂肪沉积物;正在研制的纳米"导弹"可直接吞噬病毒,杀死癌细胞;用纳米材料制成的纳米"薄膜"能过滤、筛去医药制剂中的有害成分,清除污染物;还可以利用纳米技术研究新一代抗菌药物等. 这样,在不久的将来,被视为当今疑难病症的艾滋病、高血压、癌症等疾病都将迎刃而解.

目前,我国已将纳米技术研究列入了"攀登计划""863 计划"和"火炬计划". 1999 年,中国科学院化学研究所的科技人员利用纳米加工技术在石墨表面通过搬运碳原子而绘制出了一张世界上最小的中国地图——纳米中国地图. 同时,我国已有一系列微机电系统元件(如:微电机、微泵、微传感器、微直升机等)问世,标志着我国对纳米技术的掌握不亚于任何一个国家.

16.5.5 碳纳米管

在现有的纳米材料中,碳纳米管占有重要地位,有人称之为纳米材料之王. 对碳纳米管的研究也是目前纳米科技中最为活跃的领域. 碳有金刚石、石墨及富勒烯三类同素异形体,如果把石墨加热到 1 200 ℃ 以上,使碳气化,并用钴和镍处理即可得到长分子串,它具有空心管状结构. 管的内径约 0.4 nm,外径一般为几纳米到几十纳米,而管长一般在毫米甚至可以达到微米量级. 这种管状碳称为碳纳米管,它是碳的第四种同素异形体.

碳纳米管的特殊结构使得它具有许多特殊性能并得到广泛的应用.

1. 良好的力学性能

理论与实验研究表明,碳纳米管具有极高的强度和韧度. 其强度为钢的 100 倍(它比其他纤维的强度高 200 倍),而密度却只有钢的 1/6. 这种重量轻、强度高、韧度高的材料是做既轻便又"刀枪不入"的防弹背心的最好材料,同时它也是未来最理想的超级纤维. 用碳纳米管做成的绳索是唯一可以从月球挂到地球表面,而不被自身重量所拉断的绳索. 用这样的绳索做成"天梯",人们就可以自由地往返于地球与太空之间了.

2. 奇异的导电性

碳纳米管兼具金属性和半导体性,它可以是金属性的,也可以是半导体性的. 甚至在同一根碳纳米管上的不同部位,由于结构的变化,也可以呈现出不同的导电性. 碳纳米管的导电性能远远超过铜,它是超微导线和超微开关的首选新材料(纳米管非常细,5 万个纳米管排列起来才一根头发丝那么粗). 更有趣的是,当一个金属性单层碳纳米管与一个半导体性单层碳纳米管同轴套构而形成一个双层碳纳米管时,它就成为一种实际意义上的分子二极管,具有二极管的整流作用,电流可以沿二极管从半导体向金属的方向流动,而反向则不会形成电流. 将来碳纳米管可能会取代硅芯片,在纳米芯片和纳米电子学中扮演极为重要的角色,从而引发计算机行业的革命.

3. 极佳的电子发射性能

碳纳米管的细尖极易发射电子. 用它做电子枪,电子可以从每个细管的末端发射出来,而不像现行电视机中庞大的阴极射线管那样,用单一电子束扫描整个屏幕. 碳纳米管的这一性能可用于制作平面显示装置,以取代粗大笨重的阴极射线管,做成薄而轻巧的壁挂式电视显示屏. 纳米级的电子枪代表了新一代电视显示屏的发展方向.

4. 理想的微波吸收性能

由于特殊的结构和导电性,碳纳米管表现出较强的宽带微波吸收性能,同时它又具备重量轻、导电性可调节、抗高温氧化和稳定性好等优越性能,这就使它成为理想的微波吸收材料. 在军事上可以用它来制作隐身材料,国际上制造的隐形飞机也在考虑用纳米超细微粒作机身涂层. 纳米材料具有良好的电磁波吸收性能,故它也可以作为电磁屏蔽材料和暗室吸波材料.

5. 优异的储氢性能

氢能是一种取之不尽、用之不竭的清洁能源,但其在储运方面的诸多困难,制约着氢能的开发利用. 现有的稀土等材料由于储氢量少,因此对氢的利用受到限制. 碳纳米材料(碳纳米纤维和单壁碳纳米管)具有优异的储氢性能,这种棉花似的黑色絮状物能储存和凝聚大量的氢气,还有可能做成燃料电池而驱动汽车.

6. 催化剂载体

纳米材料表面原子比率大,使体系的电子结构和晶体结构明显改变,表现出特殊的电子效应和表面效应. 例如,气体通过碳纳米管的扩散速度比通常情况下要快上千倍,在加氢、胶氢等反应中具有很大的应用潜力. 碳纳米管若在催化上获得应用,可望极大提高反应的活性和选择性,产生巨大的经济效益.

16.5.6 扫描隧穿显微镜与纳米技术

纳米技术就是在纳米级的尺度范围内对原子、分子进行操纵组装的技术. 科技工作者借助一种先进的科学仪器——扫描隧穿显微镜（缩写为 STM）来实现对原子、分子的观测、识别和操控.

STM 是一种基于量子隧道效应的新型高分辨率显微镜. 它具有原子尺度的分辨率, 它的出现使人类长期追求的直接观察原子真面目的愿望得以实现. 利用它能够实时地观测物体表面原子的排列情况及与表面电子行为有关的物理、化学性质, 确定物体局域光、电、磁、热和机械特性. 因此, 扫描隧穿显微镜问世之后不久, 其发明者德国科学家宾尼希和瑞士科学家罗赫尔就获得了 1986 年诺贝尔物理学奖.

STM 的特点是不用光源也不用透镜, 其显微部件是一枚细而尖的金属(如钨)探针. 它的工作原理是量子隧道效应, 图 16-25 所示是其装置与原理示意图.

在样品的表面有一表面势垒, 其目的是阻止内部的电子向外运动. 由于隧道效应, 表面内的电子能够穿过此表面势垒, 到达表面外形成一层电子云. 这层电子云的密度随着与表面距离的增大而按指数规律迅速减小, 其纵向和横向分布由样品表面的微观结构决定, STM 就是通过显示这层电子云的分布而考察样品表面的微观结构的.

使用 STM 时, 先将探针推向样品, 直至两者的电子云略有重叠为止. 这时以针尖为一电极, 被测样品表面为另一电极, 两极之间加上电压, 电子便会通过

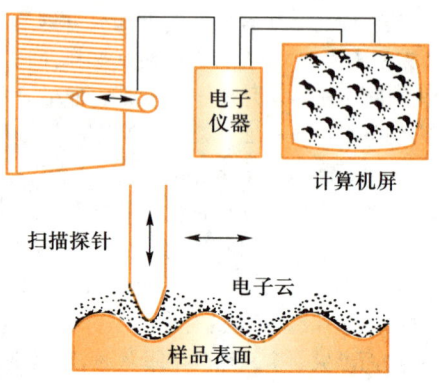

图 16-25　扫描隧穿显微镜装置与原理示意图

电子云形成隧道电流. 由于电子云密度随距离迅速变化, 所以隧道电流对针尖与表面间的距离极其敏感. 例如, 距离改变一个原子的直径, 隧道电流会变化一千多倍. 当探针在样品表面上方全面横向扫描时, 根据隧道电流的变化, 利用一反馈装置使针尖与表面间保持一恒定的距离. 把探针尖扫描所采集到的数据送入计算机进行处理, 就可以在荧光屏或绘图机上显示出样品表面的三维图像, 这一图像可放大到实际尺寸的一亿多倍.

由于 STM 工作时的针尖与样品间距一般小于 1 nm, 同时因隧道电流与隧道间距成指数关系, 因此任何微小的振动, 例如说话的声音和人的走动所引起的振动, 都会对仪器的稳定性产生影响. 许多样品, 特别是金属样品, 在 STM 的恒电流扫描模式中, 观察到的表面起伏通常为 0.01 nm, 因此, 好的仪器应具有良好的减振效果, 一般由振动所引起的隧道间距变化必须小于 0.001 nm. 隔绝振动的方法主要靠提高仪器的固有振动频率和使用振动阻尼系统. 目前实验室常用的减振系统采用合成橡胶缓冲垫、弹簧悬挂及磁性涡流阻尼三种综合减振措施来达到减震的目的.

STM 可以在各种环境中使用, 对样品不产生损伤, 所以具有广泛的适用性. 借助于 STM, 人们可以在真空、大气或液体中对有关样品进行原子级分辨率的无损观测; 也可以刻出纳米级微细线条, 目前已经有人在硅片上刻出了 0.18 nm 宽度的细线, 这种细微精加工技术将会使磁盘的存储量呈几何级数增加; 利用 STM 可以深入物质内部, 实现移动原子的实际操作, 按人的意志组装具有特定功能的产品; 利用 STM 还可以在自然条件下对生物大分子进行原子级的直接观察, 因而在生命科学中具有极大的潜力和应用前景. 显然, STM 是研究纳米科技的主要工具.

STM 的另一个十分引人瞩目的特点就是可配置原子位置, 改变材料的结构. 用探针吸住一个原子, 然后把它移位放到另一个位置, 使得通过移动原子个体, 使它们形成在自然界不可能存在的排列方式, 以制造出人们所需要的某种特异性能的物品.

需要指出, 我国科学家在 1988 年设计制成了新型的 STM, 其分辨率达到原子级, 图像质量达

到国际水平,为进一步探索微观世界的奥秘提供了必要的物质基础.

思考题

*16-13 什么是纳米材料? 什么是纳米结构?

§16.6 超导电性

超导电性的研究始于 1911 年. 迄今,超导物理学已成为凝聚态物理学的一个重要分支,本节主要介绍超导的理论及其应用.

16.6.1 超导体的发现与发展

1911 年,荷兰物理学家昂内斯在液氦温度下研究金属的电阻与温度的关系时,发现当温度降低到 4.2 K 时,水银的电阻突然降到零,如图 16-26 所示.

所谓超导电性,即指当某些金属、合金及化合物的温度低于某一值时,电阻突然降为零的现象. 当物质具有超导电性时,这种状态称为超导态,而在某一温度下能呈现出超导态的物质称为超导体. 当超导体在某一温度值时它的电阻突然消失,这个温度值称为超导体的转变温度(或称为临界温度),用 T_c 表示. 显然,材料的转变温度越高,它的实用价值就越大.

昂内斯由于发现了超导电性荣获了 1913 年的诺贝尔物理学奖. 此后,很多科学家都致力于寻找新的超导体和提高超导转变温度.经过 70 多年的努力,直到 1986 年初,才把金属及合金材料的临界温度从 4.2 K 提高到 23.2 K.

图 16-26 水银的零电阻现象

阅读材料:
超导电性唯象理论的提出

1986 年 4 月,美国 IBM 公司设在瑞士苏黎世实验室的缪勒博士和柏诺兹博士发现镧钡铜氧(La-Ba-Cu-O)化合物在 30 K 出现超导现象,成为人们研究氧化物超导体的一个新起点. 同年 12 月 24 日,日本东京大学在镧锶铜氧(La-Sr-Cu-O)化合物中获得转变温度为 37.5 K 的超导体. 同年 12 月 26 日,中国科学院物理所赵忠贤教授所领导的小组宣布获得了起始转变温度为 48.6 K 的超导体.

此后各国科学家在世界范围内掀起了超导竞赛的高潮.

1987 年 2 月 16 日,美国国家科学基金局宣布休斯敦大学朱经武教授等人制成起始转变温度为 92 K 的超导体,这就首次实现了超导转变温度在液氮温区(77 K)以上的超导电性. 同年 2 月 24 日,中国科学院物理所赵忠贤教授等人又获得的起始转变温度为 100 K 的钇钡铜氧(Y-Ba-Cu-O)化合物. 同年 3 月 18 日,在美国举行的报告会上,90 K 以上的超导电性成了很普遍的现象.

1987 年对于物理学界是很不寻常的一年,全世界展开了超导竞赛,柏诺兹和缪勒因发现高转变温度超导体而荣获 1987 年的诺贝尔物理学奖,因此称 1987 年为"超导年".

从 1988 年开始高转变温度超导体的研究又进入新的高潮,新的超导材料是不含稀土的铜氧化物超导体.

目前,寻找更高转变温度超导材料的竞赛仍在继续,值得指出的是,在高转变温度超导体的研究中,我国科学家在液氮温区超导材料的发展方面作出了国际公认的贡献.

16.6.2 超导体的基本性质

1. 零电阻效应

零电阻率是超导体的一个重要特性. 当温度低于转变温度时,超导体的电阻为零,超导体中电流的流动没有电阻影响,几乎不产生焦耳热. 在超导体闭合回路中,一旦回路内激发起电流,此回路内的电流将长久地维持下去. 而且由于没有电阻,导体内任意两点间没有电势差,整个导体是一个等势体. 这种以零电阻为特征的新物态称为"超导态".

2. 临界磁场与临界电流

超导态不仅与温度有关,还与外磁场有关. 当超导体的温度 $T<T_c$ 时,改变外界磁场强度 H,当 H 的大小超过某一值 H_c 时,超导体的电阻突然出现,而变为普通导体,即超导态受到破坏. 能够破坏超导态的外磁场的临界强度 H_c 称为临界磁场强度. 实验指出 H_c 是温度的函数,可用下式表示

$$H_c = H_0 \left[1-\left(\frac{T}{T_c}\right)^2\right] \tag{16-14}$$

式中 H_0 为 $T \to 0$ K 时超导体的临界磁场强度值. 可见外界磁场越强(小于 H_0),超导体的转变温度就越低. 而前面所说的转变温度 T_c 是指外界磁场为零时的转变温度. 由此可见,临界磁场强度 H_c 和转变温度 T_c 是超导体是否处于超导态的两个重要标志,临界磁场强度的大小 H_c 和温度的关系如图 16-27 所示.

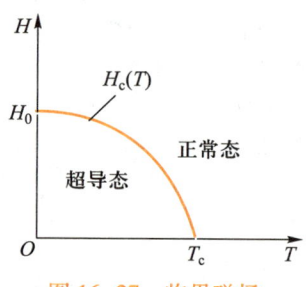

图 16-27 临界磁场

临界磁场的存在,限制了超导体中能够通过的电流. 当通过超导体导线的电流超过一定数值 I_c 后,超导态便被破坏, I_c 称为超导体临界电流. 这是因为当超导体通上电流以后,这个电流也将产生磁场. 当该电流在超导体表面所产生的磁场强度的大小等于 H_c 时,电流自身产生的磁场破坏了超导态,临界电流与温度的关系式为

$$I_c(T) = I\left[1-\left(\frac{T}{T_c}\right)^2\right] \tag{16-15}$$

式中 I 表示 $T \to 0$ K 时超导体的临界电流.

3. 完全抗磁性

在超导态时,超导体内任意两点间的电势差为零. 所以超导体内不存在电场. 由电磁感应定律

$$\oint_L \boldsymbol{E} \cdot d\boldsymbol{l} = -\frac{d\Phi}{dt} = -\int_S \frac{d\boldsymbol{B}}{dt} \cdot d\boldsymbol{S}$$

可以看出,因超导体内处处有 $\boldsymbol{E}=\boldsymbol{0}$,所以必然有 $\frac{d\boldsymbol{B}}{dt}=\boldsymbol{0}$. 也就是说,在超导体处于超导态时,其内部磁场不随时间变化. 若把处于超导态的超导体放于磁场中,只要外磁场的磁场强度的大小小于临界磁场的磁场强度的大小 H_c,超导体内的磁场强度就始终为零,就好像穿过超导体的磁场线被排斥出去了,这称为迈斯纳效应,如图 16-28 所示. 这一效应表明,处于超导态的超导体是一个具有完全抗磁性的抗磁体. 在迈斯纳效应中,超导体表面的电流是在表面薄层(约 10^{-5} cm)内产生的,在这个表面层内,磁场并不完全为零.

迈斯纳效应可用磁悬浮实验来演示. 将一永久磁铁置于一个处于超导态的超导盘上方时,由

阅读材料:迈斯纳效应的发现

于超导盘的完全抗磁性,磁铁的磁感应线将无法穿过超导盘,而是发生畸变,从而使磁铁受到一个向上的浮力. 这一浮力可等效地看成是由超导盘下方的镜像磁铁产生的,如图 16-29 所示. 同样,一个表面涂有超导材料的小盘,若放在持续电流的超导环产生的磁场中,同样可以被悬浮起来.

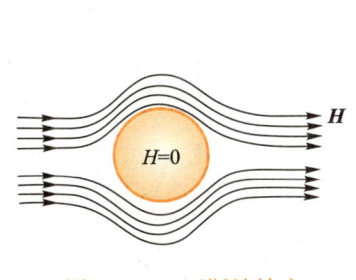

图 16-28 迈斯纳效应

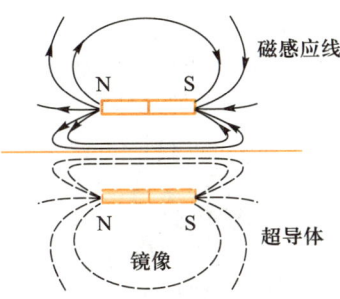

图 16-29 磁悬浮实验

4. 同位素效应

为了探讨超导转变温度与物质成分的关系,对许多同位素进行实验. 结果表明,同位素的质量数 A 越大,转变温度越低,例如,^{199}Hg 的 T_c = 4.18 K,^{203}Hg 的 T_c = 4.146 K. 1950 年,雷诺和麦克斯韦分别独立发现超导临界温度 T_c 与元素的同位素的质量数 A 有关,即

$$T_c A^{-\frac{1}{2}} = 常量 \tag{16-16}$$

这称为同位素效应. 我们知道,同一元素的不同同位素,所不同的地方在于原子核的质量,原子核的质量反映了晶格的性质,而临界温度 T_c 反映了电子的性质,同位素效应说明超导不仅与超导体的电子状态有关,而且也与金属的离子晶格有关.

16.6.3 超导电性理论简介

自 1911 年昂内斯发现超导电性以来,人们一直在探求超导电性的微观理论. 直到 1957 年,才由巴丁、库珀和施里弗三人共同创立了近代超导微观理论,常称为超导 BCS 理论.

BCS 理论中一个基本的概念就是库珀对. 根据 BCS 理论,在 $T<T_c$ 的超导态,当电子在由正离子组成的晶格中运动时,由于电子和正离子之间存在库仑引力,会引起晶格的畸变,并以波的形式在晶格点阵中传播开去,这种波称为格波. 格波也是量子化的,其量子是声子,如同电磁波又可以看作光子一样. 因此可用量子力学的语言来形象描写电子对的形成:电子运动产生格波,相当于电子发出一个声子,声子又将能量和动量传给另一个电子,相当于声子被一个电子吸收,即两个电子通过交换声子而彼此吸引和耦合起来,即

电子 A ⇌ 声子 ⇌ 电子 B

进一步的研究表明,组成库珀对的两个电子之间的距离约为 10^{-6} m,远大于晶格常量(10^{-10} m),表明库珀对要伸展到数千个原子的范围内,且库珀对中的两个电子的自旋和动量均等值相反. 因此,当材料的温度 $T<T_c$ 时,开始形成库珀对,所有这些库珀对均以相同的动量运动,材料具有超导电性. 由于库珀对数量巨大,它们朝同一方向运动时,就形成了几乎没有电阻的超导电流. 而当 $T>T_c$ 时,热运动使库珀对分裂为单个电子,于是,超导电性不复存在,由超导态转变为正常态了. 因此,提高超导体的 T_c,无论从理论上还是应用上,都具有十分重要的意义.

阅读材料:超导电性的微观理论(BCS 理论)的建立

16.6.4 超导的应用前景

由于超导体的零电阻和完全抗磁性,所以将超导体应用于科学技术和生产中具有巨大的优越性,其主要应用如下.

1. 强磁场

由超导体线圈做成的电磁铁有很多用途,例如可制成磁感应强度为 10 T 的强电磁铁. 这样强的电磁铁,能提高同步回旋加速器带电粒子的功率,减小电磁铁体积. 此外,利用超导体线圈做成超导发电机和电动机,可以大大提高电流而无热损耗,从而提高了输出功率. 目前常规发电机最大单机功率不超过 3×10^6 kW,而超导发电机却可高达 2×10^7 kW.

2. 低损耗电能传输

目前广泛使用的电能传输线均为金属材料,都有较大电阻,尤其是长距离传输,即使采用高压传输,在通常的远距离输电线路上,电能的损失也会达到 20%~30%. 对由超导材料制成的传输线,由于其为零电阻,所以线路上的电能损耗极小,大大提高了电能的利用效率. 这方面的研究,目前已进入实用化阶段.

3. 磁悬浮列车

利用如图 16-29 所示的超导体的磁悬浮实验,可以把列车悬浮在轨道上,大大减少了摩擦,提高了列车的运行速度. 其结构是在车厢下面靠近铁轨处安装超导线圈,当列车达到一定速度时,轨道中的感应电流就使列车悬浮起来. 目前,中国、日本、德国、英国和美国在磁悬浮列车的研究和制造方面处于世界前列,最高车速可达 550 km/h,悬浮高度为 10 mm. 此外,还可利用超导体的抗磁性做成无摩擦轴承等.

此外,超导在生物学、医学、地质学等科技领域也有广泛的应用. 例如,日本同和矿业公司 1994 年开发的"微小残磁化测定仪"就是利用超导装置,通过测定岩石中含有的微小磁力来勘测地热和石油等地下资源的位置,达到找矿的目的. 利用这类仪器找矿的精度要高出用其他类仪器找矿的精度近百倍.

目前,超导材料的研究及应用均处于初始阶段,还有许多理论和技术问题需要解决. 但是,已经可以看出其应用前景是十分诱人的,有朝一日它必将引发一次新的产业技术革命.

习题

*16-1 选择题

(1) β 射线的本质是( ).

(A) 质子流　　(B) 中子流　　(C) 电子流　　(D) 光子流

(2) 一质量数为 11,电荷数为 5 的原子俘获一个 α 粒子之后,发射出一个质子,问最终形成的原子核质量数和电荷数是( ).

(A) 质量数为 10,电荷数为 5　　(B) 质量数为 10,电荷数为 6

(C) 质量数为 12,电荷数为 7　　(D) 质量数为 14,电荷数为 6

(3) 1960 年,世界上第一台激光器——红宝石激光器诞生了,它的发明者是( ).

(A) 梅曼　　(B) 安德森　　(C) 温伯格　　(D) 威耳逊

(4) 在激光器中利用光学谐振腔,则( ).

(A) 可提高激光束的方向性,而不能提高激光束的单色性

(B) 可提高激光束的单色性,而不能提高激光束的方向性

(C) 可同时提高激光束的方向性和单色性

(D) 既不能提高激光束的方向性,也不能提高其单色性

(5) 下列表述中,正确的是(　　).

(A) 本征半导体是电子与空穴两种载流子同时参与导电,而杂质半导体(n 型或 p 型)只有一种载流子(电子或空穴)参与导电,所以本征半导体导电性能比杂质半导体好

(B) n 型半导体的导电性能优于 p 型半导体的,因为 n 型半导体是负电子导电,p 型半导体是正离子导电

(C) n 型半导体中杂质原子所形成的局部能级靠近空带的底部,使局部能级中多余的电子容易被激发跃迁到空带中去,大大提高了半导体导电性能

(D) p 型半导体的导电机构完全取决于满带中空穴的运动

*16-2　填空题

(1) 在原子核内,核子(质子和中子)之间存在着很强的核力. 核力具有以下性质:＿＿＿＿、＿＿＿＿、＿＿＿＿、＿＿＿＿.

(2) 已知氘核质量为 2.013 55 u,今有两个氘核组成质量数为 4、原子质量为 4.001 5 u 的氦核,经计算得氦核的结合能 $\Delta E=$ ＿＿＿＿.

(3) 粒子的电磁相互作用是在＿＿＿＿之间发生的,电磁相互作用是通过交换＿＿＿＿来实现的.

(4) 激光的理论基础是＿＿＿＿;产生激光的必要条件是＿＿＿＿;激光的三个主要特性是＿＿＿＿;在激光器中,维持光振荡,使光得到加强,并提高激光的方向性和单色性的装置称为＿＿＿＿.

(5) 若在四价元素半导体中掺入三价元素原子,则可构成＿＿＿＿型半导体,参与导电的载流子多数是＿＿＿＿.

*16-3　已知氖原子的某一激发态和基态的能量差 $E_2-E_1=16.7$ eV,试计算温度为 300 K 时在热平衡条件下,处于两能级上的原子数的比.

*16-4　一氦氖激光器功率为 3 mW,产生波长为 632.8 nm 的激光,计算每秒钟该激光器发射的光子数。

*16-5　在 $^{13}_{7}$N、$^{17}_{8}$O 和 $^{64}_{30}$Zn 中各有多少质子和中子?

*16-6　已知镭的半衰期是 1 600 年,求镭的衰变常量.

*16-7　用计数器测量某放射性同位素的放射性活度,某瞬间测得计数是 4 750 min^{-1},5 min 以后又测得计数是 2 700 min^{-1}. 求这种放射性同位素的衰变常量和半衰期.

*16-8　已知放射性碘($^{131}_{53}$I)的半衰期为 8.0 天,问:

(1) 衰变常量为多大?

(2) 1 mCi 的放射性强度需要多少质量的碘同位素?

*16-9　$^{234}_{90}$Th 的半衰期为 25 天,试计算此种放射性物质每存放一天所减少的百分率.

*16-10　在考古工作中,可以从古生物遗骸中 ^{14}C 的含量推算古生物到现在的时间 t. 设 ρ 是古生物遗骸 ^{14}C 和 ^{12}C 存量之比,ρ_0 是空气中 ^{14}C 和 ^{12}C 存量之比,试推导出公式

$$t=T\frac{\ln(\rho_0/\rho)}{\ln 2}$$

式中 T 为 ^{14}C 的半衰期.

*16-11　补全下列反应式:

(1) $^{1}_{0}$n+$^{235}_{92}$U ⟶ $^{97}_{36}$Kr+$^{137}_{56}$Ba+＿＿＿＿;　　(2) γ+$^{239}_{94}$Pu ⟶ $^{92}_{38}$Sr+3$^{1}_{0}$n+＿＿＿＿.

*16-12　(1) 1 kg $^{235}_{92}$U 裂变时释放的能量,相当于多少煤燃烧时放出的能量(已知 1 个 $^{235}_{92}$U 核裂变释放约

200 MeV 能量,煤燃烧值约为 3.0×10^7 J/kg)?

(2) 若效率为 20% 的核电站,一年内消耗 192 kg $^{235}_{92}$U,试求核电站的电功率.

*16-13　一个电子和一个正电子湮没时产生两个 γ 光子,求每个光子的能量、频率和波长.

第 16 章参考答案

> >> 附录 A

●●● 历年诺贝尔物理学奖获得者

附录 B

常用物理常量

物理量	符号	数值	相对标准不确定度	计算值	单位
真空中的光速	c	299 792 458	精确	3×10^8	m/s
真空磁导率	μ_0	$1.256\ 637\ 062\ 12(19)\times10^{-6}$	1.5×10^{-10}	$4\pi\times10^{-7}$	N/A²
真空电容率	ε_0	$8.854\ 187\ 812\ 8(13)\times10^{-12}$	1.5×10^{-10}	8.85×10^{-12}	F/m
引力常量	G	$6.674\ 30(15)\times10^{-11}$	2.2×10^{-5}	6.67×10^{-11}	m³/(kg·s²)
普朗克常量	h	$6.626\ 070\ 15\times10^{-34}$	精确	6.63×10^{-34}	J·s
约化普朗克常量	$h/2\pi$	$1.054\ 571\ 817\cdots\times10^{-34}$	精确	1.05×10^{-34}	J·s
元电荷	e	$1.602\ 176\ 634\times10^{-19}$	精确	1.60×10^{-19}	C
电子质量	m_e	$9.109\ 383\ 701\ 5(28)\times10^{-31}$	3.0×10^{-10}	9.11×10^{-31}	kg
质子质量	m_p	$1.672\ 621\ 923\ 69(51)\times10^{-27}$	3.1×10^{-10}	1.67×10^{-27}	kg
中子质量	m_n	$1.674\ 927\ 498\ 04(95)\times10^{-27}$	5.7×10^{-10}	1.67×10^{-27}	kg
电子荷质比	$-e/m_e$	$-1.758\ 820\ 010\ 76(53)\times10^{11}$	3.0×10^{-10}	-1.76×10^{11}	C/kg
里德伯常量	R_∞	$1.097\ 373\ 156\ 816\ 0(21)\times10^{7}$	1.9×10^{-12}	1.097×10^{7}	m⁻¹
阿伏伽德罗常量	N_A	$6.022\ 140\ 76\times10^{23}$	精确	6.02×10^{23}	mol⁻¹
摩尔气体常量	R	$8.314\ 462\ 618\cdots$	精确	8.31	J/(mol·K)
玻耳兹曼常量	k	$1.380\ 649\times10^{-23}$	精确	1.38×10^{-23}	J/K
斯特藩-玻耳兹曼常量	σ	$5.670\ 374\ 419\cdots\times10^{-8}$	精确	5.67×10^{-8}	W/(m²·K⁴)
维恩位移定律常量	b	$2.897\ 771\ 955\times10^{-3}$	精确	2.898×10^{-3}	m·K
原子质量常量	m_u	$1.660\ 539\ 066\ 60(50)\times10^{-27}$	3.0×10^{-10}	1.66×10^{-27}	kg
理想气体的摩尔体积（标准状态下）	V_m	$22.413\ 969\ 54\cdots\times10^{-3}$	精确	22.4×10^{-3}	m³/mol
玻尔磁子	μ_B	$9.274\ 010\ 078\ 3(28)\times10^{-24}$	3.0×10^{-10}	9.27×10^{-24}	J/T
核磁子	μ_N	$5.050\ 783\ 746\ 1(15)\times10^{-27}$	3.1×10^{-10}	5.05×10^{-27}	J/T
玻尔半径	a_0	$5.291\ 772\ 109\ 03(80)\times10^{-11}$	1.5×10^{-10}	5.29×10^{-11}	m

注：①表中数据为国际科学理事会(ISC)国际数据委员会(CODATA)2018年的国际推荐值.
②标准状态是指 $T=273.15$ K，$p=101\ 325$ Pa.

附录 C

本书中常用物理量的符号和单位

物理量名称	物理量符号	单位名称	单位符号	换算关系
电荷量	Q, q	库仑	C	
电流	I, i	安	A	
电荷线密度	λ	库仑每米	C/m	
电荷面密度	σ	库仑每平方米	C/m^2	
电荷体密度	ρ	库仑每立方米	C/m^3	
电场强度	E	伏特每米	V/m	
电矩	p	库仑米	C·m	
电场强度通量	Φ_e	牛顿平方米每库仑	N·m^2/C	
电势能	W	焦耳	J	
电势	V	伏特	V	
电势差,电压	U	伏特	V	
电容	C	法拉	F	1 F = 1 C/V
相对电容率	ε_r			
电位移	D	库仑每平方米	C/m^2	
电位移通量	Ψ	库仑	C	
电场能量密度	w_e	焦耳每立方米	J/m^3	
电场能量	W_e	焦耳	J	
电流密度	j	安培每平方米	A/m^2	
电阻	R	欧姆	Ω	1 Ω = 1 V/A
电阻率	ρ	欧姆米	Ω·m	
电导率	γ	西门子每米	S/m	
电动势	$\mathscr{E}$	伏特	V	
磁场强度	H	安培每米	A/m	
磁感应强度	B	特斯拉	T	1 T = 1 Wb/m^2
磁通量	Φ	韦伯	Wb	1 Wb = 1 V·s

续表

物理量名称	物理量符号	单位名称	单位符号	换算关系
磁链	ψ	韦伯	Wb	
自感	L	亨利	H	1 H = 1 Wb/A
互感	M	亨利	H	1 H = 1 Wb/A
磁导率	μ	亨利每米	H/m	
相对磁导率	μ_r			
磁矩	m	安培平方米	$A \cdot m^2$	
磁场能量密度	w_m	焦耳每立方米	J/m^3	
磁场能量	W_m	焦耳	J	
电磁能密度	w	焦(耳)每立方米	J/m^3	
电磁波能流密度矢量(坡印亭矢量)	S	瓦特每平方米	W/m^2	
单色辐射出射度	M_λ	瓦特每平方米	W/m^3	
辐射出射度	M	瓦特每平方米	W/m^2	
逸出功	A	焦耳	J	
概率密度	w	每立方米	m^{-3}	
势能	U, U_0	焦耳	J	
主量子数	n			$n = 1, 2, \cdots$
角量子数	l			$l = 0, 1, 2, \cdots, n-1$
磁量子数	m_l			$m_l = 0, \pm 1, \pm 2, \cdots, \pm l$
自旋磁量子数	m_S			$m_S = \pm \dfrac{1}{2}$
质量数	A			
电荷数	Z			
质量亏损	Δm	千克	kg	
核的结合能	ΔE	焦耳	J	
		电子伏	eV	1 eV = 1.602 177×10^{-19} J
比结合能	$\overline{E}_0$	焦耳	J	
衰变常量	λ	每秒	s^{-1}	
半衰期	$T_{1/2}$	秒	s	

参考文献

参考文献

郑重声明

高等教育出版社依法对本书享有专有出版权。任何未经许可的复制、销售行为均违反《中华人民共和国著作权法》，其行为人将承担相应的民事责任和行政责任；构成犯罪的，将被依法追究刑事责任。为了维护市场秩序，保护读者的合法权益，避免读者误用盗版书造成不良后果，我社将配合行政执法部门和司法机关对违法犯罪的单位和个人进行严厉打击。社会各界人士如发现上述侵权行为，希望及时举报，我社将奖励举报有功人员。

反盗版举报电话　（010）58581999　58582371
反盗版举报邮箱　dd@hep.com.cn
通信地址　北京市西城区德外大街4号　高等教育出版社法律事务部
邮政编码　100120

读者意见反馈

为收集对教材的意见建议，进一步完善教材编写并做好服务工作，读者可将对本教材的意见建议通过如下渠道反馈至我社。

咨询电话　400-810-0598
反馈邮箱　hepsci@pub.hep.cn
通信地址　北京市朝阳区惠新东街4号富盛大厦1座
　　　　　高等教育出版社理科事业部
邮政编码　100029

防伪查询说明

用户购书后刮开封底防伪涂层，使用手机微信等软件扫描二维码，会跳转至防伪查询网页，获得所购图书详细信息。

防伪客服电话　（010）58582300